高等职业教育“十四五”规划教材
辽宁省高水平特色专业群建设项目成果教材

果树生产

（北方本）

娄汉平　于小力　主编

中国农业大学出版社
·北京·

内容简介

本教材分为果树认知、果树生产基础、果树周年生产、果树设施生产、果树生产技能训练 5 个单元，由 18 个项目、25 个任务和 33 个实训组成。本着理论与实践并重、理论够用、实用的原则，注重培养学生自学能力，充分运用了项目教学法的研究成果和课程改革的实践经验，突破了以往教材编写系统的框框。在编写上，始终贯穿岗位能力本位原则、生产过程导向原则、贴近生产实际原则和适于学生学习原则。

图书在版编目(CIP)数据

果树生产:北方本/娄汉平，于小力主编. —北京:中国农业大学出版社，2020.12

ISBN 978-7-5655-2510-0

Ⅰ.①果…　Ⅱ.①娄…②于…　Ⅲ.①果树园艺-高等职业教育-教材　Ⅳ.①S66

中国版本图书馆 CIP 数据核字(2020)第 273271 号

书　名　果树生产(北方本)

作　者　娄汉平　于小力　主编

策划编辑　张　玉　张　蕊　　　　责任编辑　张　玉

封面设计　郑　川

出版发行　中国农业大学出版社

社　址　北京市海淀区圆明园西路 2 号　　　　邮政编码　100193

电　话　发行部 010-62733489，1190　　　　读者服务部 010-62732336

编辑部 010-62732617，2618　　　　出 版 部 010-62733440

网　址　http://www.caupress.cn　　　　**E-mail** cbsszs@cau.edu.cn

经　销　新华书店

印　刷　北京溢漾印刷有限公司

版　次　2021 年 3 月第 1 版　2021 年 3 月第 1 次印刷

规　格　787×1 092　16 开本　20 印张　500 千字

定　价　59.00 元

辽宁省高水平特色专业群建设项目成果教材

编审委员会

编写人员

主　编　娄汉平（辽宁职业学院）
　　　　于小力（辽宁职业学院）

副主编　武景和（辽宁职业学院）
　　　　乔维良（辽宁职业学院）

参　编　（按姓氏笔画排序）
　　　　王家华（辽宁职业学院）
　　　　王福民（铁岭市镇西堡镇农业技术综合服务站）
　　　　刘　畅（辽宁职业学院）
　　　　吴丽敏（辽宁职业学院）

总　序

《国家职业教育改革实施方案》指出，坚持以习近平新时代中国特色社会主义思想为指导，把职业教育摆在教育改革创新和经济社会发展中更加突出的位置。把发展高等职业教育作为优化高等教育结构和培养大国工匠、能工巧匠的重要方式。以学习者的职业道德、技术技能水平和就业质量，以及产教融合、校企合作水平为核心，建立职业教育质量评价体系。促进产教融合校企“双元”育人，坚持知行合一、工学结合。《职业教育提质培优行动计划（2020—2023年）》进一步指出，努力构建职业教育“三全育人”新格局，将思政教育全面融入人才培养方案和专业课程。大力加强职业教育教材建设，对接主流生产技术，注重吸收行业发展的新知识、新技术、新工艺、新方法，校企合作开发专业课教材。根据职业院校学生特点创新教材形态，推行科学严谨、深入浅出、图文并茂、形式多样的活页式、工作手册式、融媒体教材。引导地方建设国家规划教材领域以外的区域特色教材，在国家和省级规划教材不能满足的情况下，鼓励职业学校编写反映自身特色的校本专业教材。

辽宁职业学院园艺学院在共享国家骨干校建设成果的基础上，突出园艺技术辽宁省职业教育高水平特色专业群项目建设优势，以协同创新、协同育人为引领，深化产教融合，创新实施“双创引领，双线并行，双元共育，德技双馨”人才培养模式，构建了“人文素养与职业素质课程、专业核心课程、专业拓展课程”一体化课程体系；以岗位素质要求为引领，与行业、企业共建共享在线开放课程，培育“名师引领、素质优良、结构合理、专兼结合”特色鲜明的教学团队，从专业、课程、教师、学生不同层面建立完整且相对独立的质量保证机制。通过传统文化树人工程、专业文化育人工程、工匠精神培育工程、创客精英孵化工程，实现立德树人、全员育人、全过程育人、全方位育人。辽宁职业学院园艺学院经过数十年的持续探索和努力，在国家和辽宁省的大力支持下，在高等职业教育发展方面积累了一些经验、培养了一批人才、取得了一批成果。为在新的起点上，进一步深化教育教学改革，为提高人才培养质量奠定更好的基础，发挥教材在人才培养和推广教改成果上的基础作用，我们组织开展了辽宁职业学院园艺技术高水平特色专业群建设成果系列教材建设工作。

“辽宁省高水平特色专业群建设项目成果教材”以习近平新时代中国特色社会主义思想为指导，以全面推动习近平新时代中国特色社会主义思想进教材进课堂进头脑为宗旨，全面贯彻党的教育方针，落实立德树人根本任务，积极培育和践行社会主义核心价值观，体现中华优秀传统文化和社会主义先进文化，弘扬劳动光荣、技能宝贵、创造伟大的时代风尚。突出职业教育类型特点，全面体现统筹推进“三教”改革和产教融合教育成果。在此基础上，本系列教材还具有以下 4 个方面的特点：

1.强化价值引领。将工匠精神、创新精神、质量意识、环境意识等有机融入具体教学项目，努力体现“课程思政”与专业教学的有机融合，突出人才培养的思想性和价值引领，为乡村振兴、区域经济社会发展蓄积高素质人才资源。

2.校企双元合作。教材建设实行校企双元合作的方式，企业参与人员根据生产实际需求提出人才培养有关具体要求，学校编写人员根据企业提出的具体要求，按照教学规律对技术内容进行转化和合理编排，努力实现人才供需双方在人才培养目标和培养方式上的高度契合。

3.体现学生本位。系统梳理岗位任务，通过任务单元的设计和工作任务的布置强化学生的问题意识、责任意识和质量意识；通过方案的设计与实施强化学生对技术知识的理解和工作过程的体验；通过对工作结果的检查和评价强化学生运用知识分析问题和解决问题的能力，促进学生实现知识和技能的有效迁移，体现以学生为中心的培养理念。

4.创新教材形态。教学资源实现线上线下有机衔接，通过二维码将纸质教材、精品在线课程网站线上线下教学资源有机衔接，有效弥补纸质教材难于承载的内容，实现教学内容的及时更新，助力教学教改，方便学生学习和个性化教学的推进。

系列教材凝聚了校企双方参与编写工作人员的智慧与心血，也体现了出版人的辛勤付出，希望系列教材的出版能够进一步推进辽宁职业学院教育教学改革和发展，促进辽宁职业学院国家级骨干校示范引领和辐射作用的发挥，为推动高等职业教育高质量发展做出贡献。

高俊

2020年5月

前 言

本教材根据《国家职业教育改革实施方案》提出的“三教”改革任务，以培养适应行业企业需求的复合型、创新型高素质技术技能人才，提升学生的综合职业能力为目的，从产教融合的角度找准突破口，统筹规划教材编写。

《果树生产（北方本）》教材紧密围绕“生产季节”这条主线，通过项目教学，把与季节相关的生产项目，融合到生产任务中去，这样学生在各个技能项目的实训中，可以按照果树生产的实际特点进行学习。主要体现以下特色：

1. 突出了能力培养。本教材突出学生的能力的培养，把落脚点放在搞生产的能力方面。通过项目教学，把与技能相关的理论知识融汇到技能项目中去，使学生在各个技能项目的实训中，学习所需的技术及相关的知识，获得进行果树生产需要具备的能力。

2. 体现了生产的标准化。传统技术过多地注重理论知识体系完整，而高职学生本身的特点是掌握“一技之长”，学会和生产对接的“技术”。本教材体现了一定数量的技术标准，特别是企业的技术标准，把落脚点放在了“生产标准”上，使复杂的技术数量化、标准化。

3. 突出果树生产的季节性。本教材的内容安排紧密围绕“生产季节”这条主线，通过项目教学，把与季节相关的生产项目，融合到生产任务中去，这样学生在各个技能项目的实训中，可以按照果树生产的实际特点进行学习。

4. 突出以学生为主体。教材的内容符合学生学习的特点，适应学生查阅生产中需要的知识和技术要点，改变传统教材以教师的“教”为主，使教材真正成为学生学习的助手。

本教材分为果树认知、果树生产基础、果树周年生产、果树设施生产、果树生产技能训练5个单元，由18个项目、25个任务、33个实训组成。本着理论与实践并重、理论够用实用的原则，注重培养学生自学能力，充分运用了项目教学法的研究成果和课程改革的实践经验，突破了以往教材编写系统的框框。在编写上，始终贯穿岗位能力本位原则、生产过程导向原则、贴近生产实际原则和适于学生学习原则。

本教材由辽宁职业学院娄汉平、于小力任主编，武景和、乔维良任副主编。具体编写分工如下：单元一由娄汉平编写；单元二由于小力编写；单元三项目一由武景和编写；单元三项目二由乔维良编写；单元三项目三由王家华编写；单元四由刘畅编写；单元五项目一至项目七由吴丽敏编写；单元五项目八由王福民编写。本教材承蒙教授级高级农艺师王文选审稿。在编写过程得到铁岭市果蚕站等单位的大力支持，在此一并表示感谢。

由于编者水平有限，加之编写时间仓促，如有错误和遗漏，敬请各位同行和广大读者批评指正，并诚恳欢迎提出宝贵建议。编者 E-mail:louhanping@126.com。

编　者

2020 年 7 月

目 录

单元四　果树设施生产

单元五　果树生产技能训练

绪　论

果树是指能生产供人类食用的果实、种子及其衍生物的木本或多年生草本植物。一般多为木本植物。

果品种类繁多，营养丰富，是人们生活中不可缺少的副食品，是人体所需维生素、矿物质等的重要来源。另外，有些果品还含有一些特殊的蛋白质、酶、氨基酸等，对增强人们体质、强身祛病具有重要作用。

一、果树生产及特点

果树生产是指根据果树生长发育规律和对环境条件的要求，采用商品化的生产管理措施，创造适合果树生长的优良环境，来获得高产优质果树产品的过程。

果树生产主要包括品种选择、苗木培育、果园建立、栽培管理、病虫害防治等各个环节，是包括生产资料准备、人力资源管理、生产过程管理、产品营销网络的系统化产业。

它的主要任务是生产出优质的多种果品，降低生产成本，获得高效益。

果树生产的特点如下：

(一)种类多

果树树种繁多，各树种的品种丰富，如苹果有近 10 000 个品种，在生产上选择符合区域化的合适品种是果树生产的关键。

(二)生产周期长

果树大多数为多年生木本植物，寿命长，固定在相对稳定的区域内栽培，形成稳定的生态系统，有利于资源的综合利用和建设高效生态果园。但由于生产周期长，也增加了病虫害的防治难度。

(三)集约经营

果树生产的集约化程度高、技术性强。即在单位土地面积上需投入较多的生产资料和劳动，要求精耕细作，用提高单位面积产量的方法来获取较高的经济效益。

(四)鲜食为主

我国果品的消费习惯是鲜食为主，果树生产不仅要考虑高产、优质和市场销售，也要重视无公害生产和果品安全，以适应鲜食的消费要求。随着加工业的发展，也要关注加工品种的需求。

二、我国果树产业发展的现状

我国果树产业发展迅速，成效显著，地位突出，对增加农民收入和推进乡村振兴具有重要的作用。

(一)取得的成效

①生产规模迅速扩大。自 20 世纪 80 年代中期以来，随着全国农业结构调整步伐的加快

和人们生活水平的提高，果树生产规模不断扩大。

②生产结构趋于优化。果树树种向优势产区集中，形成生产区域化，为规模化奠定基础。目前已形成许多著名产区，如北京平谷大桃，每年采收收益达3.3亿元；辽宁、山东的苹果也实现了产业化。随着交通运输状况的改善和全国鲜活农产品“绿色通道”的开通，依托气候、区位优势，沿路、沿海建立规模果树生产基地，逐步向优势区域集中。设施果树栽培技术快速增长，形成了大生产、大市场、大流通的格局。都市果园、观光果园、移动果园、盆栽果园逐步兴起，使我国果树生产结构趋于优化。

③产品质量显著提高。自农业部组织实施“无公害食品行动计划”以来，果树质量安全工作得到全面加强，质量安全水平有了明显提高，品牌果品和高档果品受到了市场欢迎。

④新技术大量应用于生产。目前在果树生产上，我国处于技术更新期，随着产业化的发展，新的资金不断投入，果品质量上档次，价格和效益逐步提高，促进了新技术的应用。无病毒苗木培育、无公害生产、社会服务体系建立、设施栽培、平衡施肥、节水灌溉、果实套袋、矮化密植、采后保鲜、加工增值以及远程生产控制与诊断等技术应用使果树生产发生了巨大变化。

(二)主要问题

①基础设施建设滞后。我国果园排灌设施薄弱，配套设施简陋，贮藏保鲜设施不足，抗御灾害性天气的能力差，产量和质量低而不稳，年际间产量和价格差异较大。

②生产技术落后。我国果树生产技术推广不够，新成果入户率和转化率低，栽培人员技术水平低，文化基础差。栽培管理、贮运保鲜技术水平不高，距标准化、指标化、措施化的现代农业要求还相差甚远，果树单产低、产品质量差、档次低，国际竞争力不强。比较效益低于国际平均水平。

③产品质量安全水平不高。无公害栽培技术和高效低毒农药的研发、推广以及果树产业化进程相对滞后，标准化生产、产品监测、品牌化销售、质量追溯难度较大，无公害果树生产的长效机制还没有建立起来，产品质量安全隐患仍然存在。这不仅危及消费者的生命安全和身体健康，也影响到农业增效、农民增收，还影响到我国果树产品国际竞争力的提高。

④农民组织化程度低。我国果树生产仍以家庭承包经营为主，产区不确定的品种、数量和质量，很难与销区建立相对固定的供货渠道、占有相对稳定的市场份额，小生产很难与大市场、大流通对接，矛盾越来越突出；面对千家万户，生产管理、技术推广、质量监管难度大，严重制约了果树技术水平、产品质量以及竞争力的提高；果树生产单元小，规模效益差，抗御风险的能力弱，难以自我积累、自我发展。而辐射带动能力强的产地批发市场、龙头企业、专业合作组织和经纪人数量少，加工、营销、信息等服务跟不上，严重制约了果树产业的发展。

三、我国发展果树生产的对策

①实行标准化生产与管理，提高产品质量。无公害果树生产过程就是标准化实施过程。只有按产品标准和生产技术规程组织生产，才能确保果品质量安全。

建立从田间到市场的全程质量控制体系，对基地环境、投入品、生产过程、产品检测等关键环节进行监督管理，切实保障无公害果树的质量安全。严格禁止销售和使用高毒农药；规范农药使用技术，解决加大农药使用剂量和不严格执行安全间隔期造成农药超标等问题。无公害果树生产企业、专业合作经济组织要坚持采前自检、安全期采收、产地准出制度，做到不合格不采收，使质量问题解决在萌芽状态。

②加大技术创新和推广力度，提高产业竞争能力。果树产业竞争，说到底就是科学技术的竞争。

当前应重点从以下几个方面加强果树科技开发研究和示范推广工作。一是开发适销对路的品种和配套栽培技术，提高单位面积产量；二是开发果树无公害生产技术，并推行标准化生产，提高产品质量安全水平；三是开发果树采后商品化处理以及冷链贮运设备和技术，提高果品的档次和保鲜能力，降低损耗，扩大果品销售半径；四是研制、推广机械操作和自动化控制设备，提高劳动生产率，发展规模经营，保持我国果树低成本的国际竞争优势。

③推行商品化处理与加工，提高产品采后产值。采后商品化处理和加工是现代商品果树生产的重要环节。今后要下大力气推行商品化处理和加工，彻底改变我国果树产品"统货＋散货"的现状。首先要从改良品种着手，推广外观形状好、整齐一致、耐贮运、货架期长的鲜食和加工专用优良品种，特别是出口专用品种，并发展标准化生产，提高产品档次；二是加强果实采后分级、包装等商品化处理以及贮运设备和技术的研发和推广，提高商品化处理率和处理水平，改善产品外观质量；三是加强果树加工设备和生产工艺研究与推广，促进果树加工业向深加工、精加工方向发展，提高加工转化率，增加产品附加值。

④完善市场和信息服务体系建设，促进产销衔接。建设一批重点产区产地批发市场和销区批发、零售市场，发展现代物流业，构建果树生产、市场信息网络，充分发挥批发市场的交易拉动和信息引导功能。果树产销服务机构应加强信息搜集和研究，发布果树生产、供求和价格近期状况以及中长期预测、预警，以便为政府和果农组织果树生产和销售提供决策依据，避免盲目性。加强市场管理，规范市场行为。加强经纪人队伍建设，提高经纪人队伍素质，规范从业行为。

⑤发展产业化经营与品牌，提高产业整体效益。扶持壮大果树龙头企业、专业合作经济组织、专业市场和经纪人队伍，充分发挥他们的纽带和桥梁作用，把一家一户的小规模农民有效地组织起来，实行专业化、规模化、标准化生产和商品化加工、品牌化销售，提高我国果树产业的整体效益和国际竞争力。要完善企业与生产者的利益联结机制，建立企业与生产基地、科研单位间长期共生的合作关系。引导和培育果树合作经济组织，实现农村人力资源和耕地资源的市场化配置，提高参与市场竞争的能力。加强果树产业协会建设，充分发挥产业协会在规范生产经营行为、维护产业及业主利益等方面的作用。

四、本课程的学习方法

果树生产是综合性应用科学，学习的任务在于运用先进的技术对果树生长过程进行调节、控制、改造、利用，满足果树生产的商品化要求，最终达到生产优质丰产高效的果树产品，满足市场需要的目的。

果树生产的实践性较强，内容比较广泛，学习者要在知道相关基本知识的基础上，深入生产实践，积极动手操作，用眼观察，动脑思考，不断提高基本技能水平。通过实际观察和动手操作，一些看起来复杂的知识，也可以比较容易地掌握。

由于本课程综合性强，涉及的知识较多，学习本课程还必须掌握植物及植物生理、农业气象、土壤肥料、园艺植物保护概论等相关课程的基本知识及基本技能，树立理论与实际相结合的学风。

单元一
果树认知

项目　认识果树

▲【学习目标】

知识目标

- 了解本地常见果树的树体结构；
- 了解本地的主要果树种类及品种；
- 掌握本地主要果树种类及品种的生长结果习性。

能力目标

- 培养识别果树品种的能力；
- 培养观察果树生长结果习性的能力。

项目 认识果树

任务一 识别果树种类

【任务描述】

果树是一种多年生经济植物。全世界的果树包括野生果树在内大约有近 3 000 种,其中比较重要的有 300 种左右。我国的果树,作为商品性生产的有 20 多种。进行本次实训应具备果树分类的知识,了解果树分类的常用方法,即植物学分类、生态适应性分类、栽培学分类。

(1)按植物学分类(科、属、种)。

(2)按生态适应性分类(寒带果树、温带果树、亚热带果树、热带果树)。

(3)栽培学分类(常绿果树、落叶果树)。

通过实训能够对果树进行栽培学分类,观察主要果树树种地上部形态,初步培养学生识别果树树种的能力。

【任务分析】

材料:当地栽培的果树树种的植株和枝、叶、花、果的实物或标本。

用具:记载用具(笔记本、铅笔)等。

【相关知识】

一、果树栽培学分类

主要是根据果树形态特征、果实构造等进行综合性分类,因此也叫综合分类法。它是生产中常用的分类方法。

(一)木本果树

1. 落叶果树

叶片在冬季脱落,大多数比较耐寒,适于我国北方栽培。根据果实构造不同可分为仁果类、核果类、浆果类、坚果类以及柿、枣类,共五大类。

(1)仁果类　果实食用部分主要由花托部分发育而成,植物学上称为“假果”。如苹果、梨、山楂等(图 1-1)。

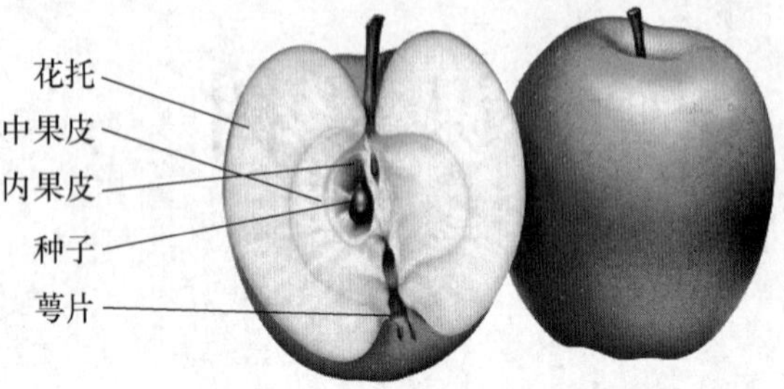

图 1-1　苹果的结构

(2)核果类　果实是由子房发育而成的,有明显的外、中、内三层果皮,内果皮硬化成坚硬的核。如桃、杏和樱桃等(图 1-2)。

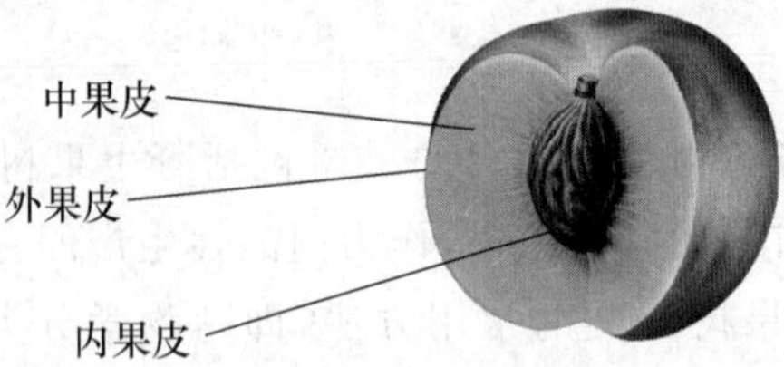

图 1-2　桃的结构

(3)浆果类　果实富含果汁,种子小而多,果实不耐贮运。如草莓、石榴、葡萄和猕猴桃等(图 1-3)。

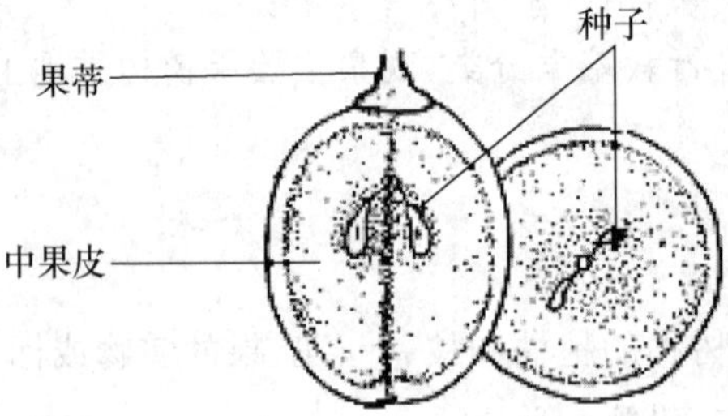

图 1-3　葡萄的结构

(4)坚果类　果实由子房发育而成,食用部分是种子。如核桃、板栗等(图 1-4)。

(5)柿、枣类　不属于上列的各类木本落叶果树,如柿、枣等。

2. 常绿果树

常绿果树叶片冬季不集中脱落,四季常青,喜温暖湿润条件,多生长在南方。常绿果树可分为柑橘类和其他热带、亚热带果树两类。我国常绿果树主要分布在秦岭以南。

(1)柑橘类　果实为真果,外果皮和中果皮界限不明显。外果皮有许多油胞,内含芳香油

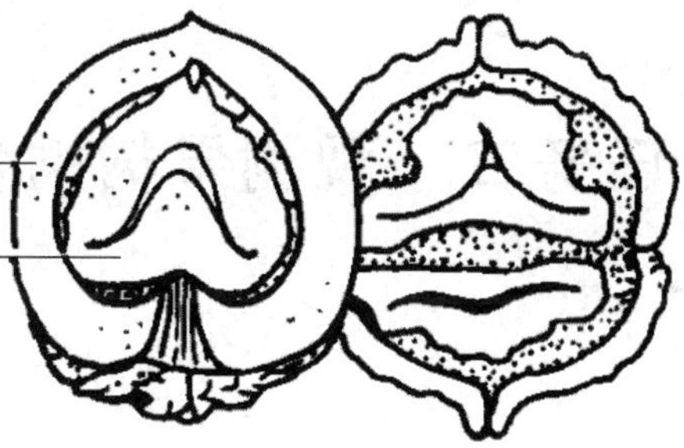

图 1-4 核桃的结构

脂;中果皮为白色海绵状物;内果皮为囊瓣,内有许多肉质化囊状物,称为“沙囊”,富含浆汁,为食用部分。果实营养丰富,维生素 C 含量高,耐贮运。鲜果供应期长,可加工成各种罐头、果汁等食品。甜橙、酸橙、柑橘、柚、金柑、柠檬、四季橘、枳等属此类。

(2)其他热带、亚热带果树类　如荔枝、龙眼、枇杷、杨梅、杧果等。

(二)草本果树

(1)乔生草本　如香蕉、椰子、番木瓜等,均属热带果树。

(2)矮生草本　如菠萝、草莓等。北方草莓栽培比较普遍。

二、生态适应性分类

根据果树对环境条件的适应能力不同而划分的方法称为生态适应性分类。一般可分为如下几类:

(一)温带果树

(1)寒温带果树　山葡萄、越橘、蒙古杏、秋子梨、蓝莓、榛、醋栗、穗醋栗、树莓等。

(2)温带果树　苹果、沙果、梨、桃、李、杏、梅、樱桃、山楂、板栗、核桃、枣、柿、猕猴桃、无花果、石榴、扁桃、葡萄等亚热带果树。

(3)暖温带果树　柑橘类、荔枝、龙眼、杨梅、枇杷、橄榄、杨桃、黄皮等。

(二)亚热带果树

香蕉类、菠萝、杧果、树菠萝、番木瓜、火龙果、椰子、番荔枝、人心果、番石榴、蒲桃等。

(三)热带果树

面包树、榴梿、腰果、巴西坚果、神秘果、槟榔果、澳洲坚果等。

【任务实施步骤】

告知(知识点、能力目标、考核标准)→引入任务→教师讲解示范(图片、实物)→学生认知(分组进行)→考核→总结、留作业

【课业】

绘制实际观察的仁果类、核果类、浆果类、坚果类的纵剖面和横剖面图,并注明各部分名称,指出哪些部分是可食部分。

任务二 观测果树树体结构

【任务描述】

果树树体结构和枝芽特性直接影响到果树生长结果习性、产量、品质和栽培管理技术。由于各种果树的枝芽特性和对环境条件的要求不同,因而不同果树的树体结构不同。同时,同一种果树在不同栽培密度和方式下的树体结构也不相同。芽的特性包括芽的异质性、芽的早熟性、萌芽率和成枝力等,枝条的特性主要包括顶端优势和层性等。通过本次任务,学生应做到:

- 明确果树树体结构及各部分的名称;
- 熟悉主要果树枝芽的类型和特点。

【任务分析】

合理的树形是树体保持生产能力的基础,树形与果树树种、品种的生产结果习性、栽植密度和栽培水平密切相关。树形要求结构合理、通风透光,能最大限度地利用光能。

【相关知识】

一、果树的树体构成

果树树体由地上部分和地下部分组成,地上部分分为主干和树冠,地下部分分为主根、侧根和须根(图 1-5)。

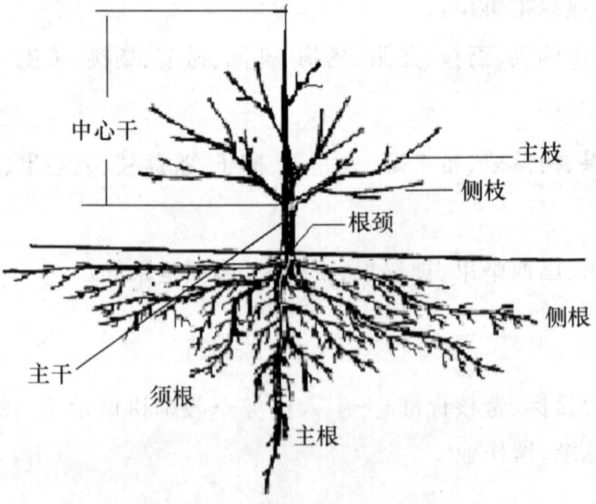

图 1-5 乔化树体结构示意图

树干 主干与中心干合称树干。

主干 从地面至第一主枝的树干部分。

中心干 树冠中第一主枝以上垂直延长的树干部分。

主枝 从树干上直接分生的枝条。

侧枝 从主枝上分生的枝条。

骨干枝 组成树冠骨架的永久性枝的统称。中心干、主枝、侧枝等均称为骨干枝。

根颈 根与茎相邻处,称为根颈。

主根 由果树实生苗产生的粗大垂直向下的永久性根。

侧根 由主根上产生的永久性根。

须根 主根或侧根上分生的细小的根,称为须根。

二、果树的根

根是果树的重要器官,它除了把植株固定在土壤中,还起到吸收水分和养分的作用。

(一)果树根系的类型

根据果树根系的发生及来源可分为实生根系、茎源根系、根蘖根系三类(图 1-6)。

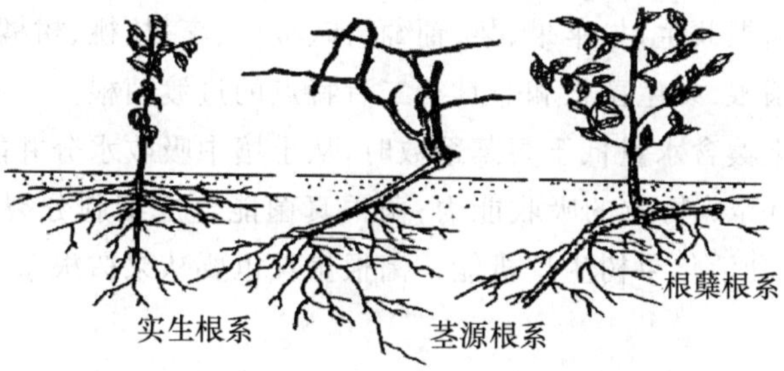

图 1-6 果树根系类型

1. 实生根系

指由种子繁殖的苗木根系。主根发达,根系较深,适应性强。如苹果、梨、桃等果树的根系。

2. 茎源根系

用枝条扦插和压条繁殖所形成的果树根系。主根不明显,根系较浅。如葡萄的根系。

3. 根蘖根系

由根上的不定芽而形成根蘖,与母体分离后形成单独的个体,其根系称为根蘖根系。

(二)果树根系的结构

果树根系与大多数植物的根系一样,由主根和侧根组成。

主根由种子的胚根发育而成,只有实生根系才具有明显的主根。

侧根是在主根上产生的根。侧根上又依次生出侧根。在根尖上具有根毛,是果树吸收水分和养分的主要部位。

(三)根系的分布

1. 水平分布

根沿土壤表层的平行方向生长,分布的远近与果树树种和砧木类型有关。60%左右的根系水平分布在树冠垂直投影区之内,伸展最长的根水平分布范围可达树冠的 3～6 倍。水平生长和分布的根称为水平根。

2. 垂直分布

果树根系垂直分布范围主要在 20～100 cm 的土层内，在土壤管理较好的果园中，根系的分布主要集中在地表以下 20～60 cm 范围内，所以耕作层和树盘管理至关重要。从根颈往下向土壤深处生长的根称为垂直根，垂直根分布深度取决于树种、砧木和土壤环境条件。桃、杏、梅、樱桃、柑橘、石榴等根系分布较浅；苹果、梨、柿、枣、核桃、板栗等根系分布较深，最深可达 10 m 以上。

(四)根颈、菌根

1. 根颈

根与茎(地上部)相邻处称根颈，由于根颈处在根与茎两种功能不同的器官交接处，因此是果树器官中机能比较活跃的部分。根颈比地上部组织成熟较晚，秋季进入休眠也晚，但春季开始活动早，因而对环境条件的变化比较敏感。如根颈深埋或全部裸露，均不利于果树的生长。生产上，幼树根颈部位最易受外界气温影响发病，影响树体生长。

2. 菌根

果树的根系常有菌根共生，如苹果、梨、葡萄、柿、板栗、李、核桃、柑橘等都有菌根。菌根的着生方式可分为内生菌根、外生菌根和兼具有二者特点的过渡菌根。

菌根的菌丝体在土壤含水量低于萎蔫系数时，从土壤中吸收水分并能分泌磷酸酶，增强对磷(P)、锌(Zn)、铁(Fe)等矿物质的吸收能力；菌根真菌能合成细胞分裂素、生长素、赤霉素和维生素，促进根系生长和活化果树生理机能。菌根生长也要从果树根系中吸取有机养分，两者相互依存、相互促进。

(五)影响果树根系生长的因素

在不同的土壤条件下树的长势不一样，其原因就是根系生长不同。根系的生长受很多因素的影响。

1. 树体的有机养分

根系的生长和吸收都必须依赖树上枝叶的光合作用制造的碳水化合物，有机营养是否充足直接影响果树根系正常生长。

2. 土壤温度

果树根系结构、根系在一年中开始生长与停止生长的时间都受土壤温度的影响。每一种果树的根系都有最适的生长温度。

3. 土壤水分和通气状况

根系生长既要求有充足的水分，又需要良好的通气。

4. 土壤养分

在肥沃的土壤和施肥条件下，根系发达，根的生长时间长。在各种养分中，磷肥能促进根系的生长。

三、果树的芽

芽是枝、叶、花等的原始体，在一定条件下，可以形成一个新植株，也可以发生变异，所以芽是果树生长、结果、繁殖更新复壮的基础。

(一)芽的类型

1.按芽的性质分类

(1)叶芽 芽较瘦长,先端尖锐,芽鳞松,萌芽后只抽枝长叶,不开花结果。

(2)花芽 芽肥大饱满,先端圆钝,芽鳞紧,萌发后能开花结果。花芽按照分化器官又可分为:

①纯花芽 萌芽后只开花的芽。如桃、李、杏、梅、樱桃的花芽以及核桃的雄花芽。

②混合花芽 萌发后既能开花结果,又能抽枝长叶的芽。如苹果、梨、葡萄、柿、板栗、枣、山楂、石榴的花芽。

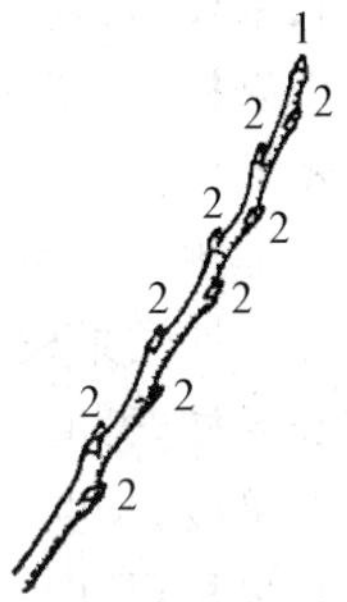

图 1-7 芽的异质性示意图

1.顶芽 2.侧芽

2.按芽的着生位置分类(图 1-7)

(1)顶芽 着生在枝条顶端的芽。

(2)侧芽 着生在枝条两侧的芽。

3.按芽在同一节位上着生的数目分类

(1)单芽 在一节上只着生一个芽的叫单芽,如柿、板栗、苹果、梨等。

(2)复芽 在一节上着生两个或两个以上的芽叫复芽。如核果类的桃、杏、李等一节上可着生 2～4 个芽,为复芽。仁果类每节只着生一个芽,称单芽。

4.按同一节上芽的大小和位置分类

(1)主芽 位于叶腋中央且最充实的芽为主芽。

(2)副芽 着生在主芽侧方或下方较小的芽叫副芽。

(二)芽的特性

(1)芽的异质性 指同一枝条上不同部位的芽质量不同的现象(图 1-8)。

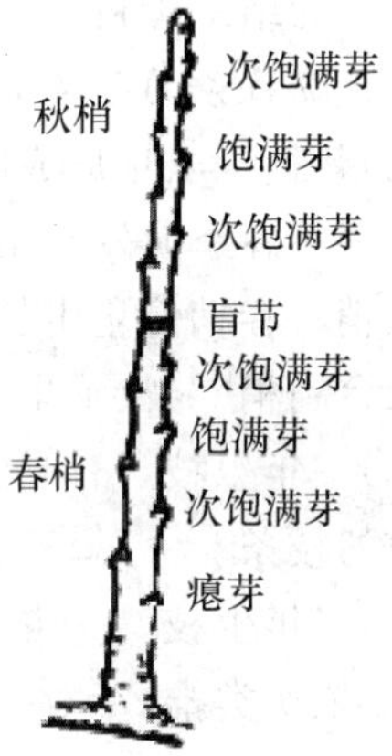

图 1-8 芽的异质性示意图

(2)芽的早熟性 当年新梢上的芽当年萌发的现象,称芽的早熟性。如葡萄、桃等,一年新梢可多次发枝。

(3)萌芽率 指同一枝条上的芽萌发数占总芽数的百分率。

(4)成枝力 指枝条上的芽萌发后抽生长枝(长度大于 30 cm)的能力,一般用抽生枝条的数量表示。一般抽生 2 个以下者为弱,4 个以上者为强。

四、果树的枝条

果树的枝条是由芽发育来的,同时它又是着生芽、叶、花和果实的地方。

(一)枝条的种类

1.按枝条性质分可将枝条分为营养枝和结果枝两大类

(1)营养枝 只有叶芽而没有花芽的一年生枝。根据营养枝生长情况又可分为:

徒长枝 由休眠芽或不定芽萌发而成,生长直立,长而粗,芽体瘦小,长度大多在 60 cm 以上。

发育枝 芽体饱满,生长健壮,是构成树冠和分生结果枝的主要枝条,长度大多在 30～

50 cm。

叶丛枝　节间极短，叶序排列呈丛状，腋芽不明显，长度一般为 1～3 cm。

(2)结果枝　着生花芽，能开花结果的枝条。根据枝条的长短和形态的不同，可分为长果枝、中果枝、短果枝、短果枝群和花束状果枝。

仁果类结果枝：

长果枝，长度＞15 cm。

中果枝，长度 5～15 cm。

短果枝，长度＜5 cm。

核果类桃、李、杏、大樱桃结果枝：

徒长性结果枝，长度＞60 cm。

长果枝，长度＞30 cm。

中果枝，长度 15～30 cm。

短果枝，长度＜15 cm。

花束状果枝枝极短，长度＜5 cm，顶芽为叶芽，围绕顶芽密集着生花芽，开花时形似花束，故名花束状果枝。

(3)果台　苹果、梨着生果实部位膨大的一年生枝。

(4)结果母枝　能够分生结果枝的枝条称为结果母枝，如葡萄、柿子、猕猴桃、柑橘等休眠期枝条均为结果母枝。

2.根据枝条的年龄分可分为新梢、一年生枝、二年生枝

(1)新梢　当年形成的带有叶片的新生枝条。

春梢　春季萌发至第一次停止生长形成的一段新梢。

秋梢　春梢停止生长后，在秋季又继续生长形成的一段枝梢。

果台副梢　梨、苹果结果枝开花结果后，由果台上抽生的副梢。

(2)一年生枝　落叶果树的新梢落叶后至第二年萌发前的枝条。

(3)二年生枝　一年生枝在春季芽萌发后称为二年生枝，依次类推。

3.按一年中抽生的连续次序分

一次枝　春季萌芽后第一次生长抽生的枝条。

二次枝　当年由一次枝上的副芽抽生的枝条。

三次枝　当年由二次枝上的副芽抽生的枝条。

(二)枝条的特性

(1)顶端优势　顶芽发育优势强，向下依次减弱的现象。生产上摘心(掐掉茎尖)或剪掉顶部，就是为了去除顶端优势，支持侧芽发育，多发枝条(图 1-9)。

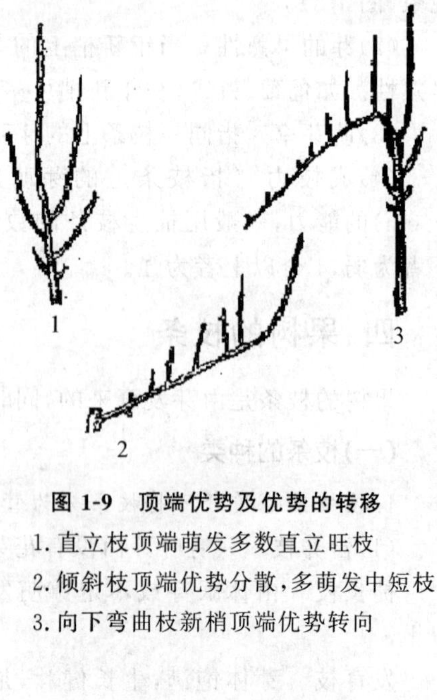

图 1-9　顶端优势及优势的转移

1.直立枝顶端萌发多数直立旺枝

2.倾斜枝顶端优势分散，多萌发中短枝

3.向下弯曲枝新梢顶端优势转向

(2)垂直优势　与地面垂直向上生长的枝条生长占有优势的现象。与地面角度越小的枝条，生长越弱。

(3)干性中心　干的强弱和维持时间的长短称为

干性。苹果、梨、甜樱桃、银杏、板栗等干性较强;桃、石榴、葡萄等干性较弱。

(4)层性　顶端优势和芽的异质性共同作用,使树冠内大枝形成明显层次分布的现象称为层性。一般顶端优势强、成枝力弱的树种、品种层性明显,如苹果、梨、柿等;顶端优势弱,成枝力强的层性不明显,如桃树、李等。

五、果树的叶

叶是果树进行光合作用,制造养分的主要器官。叶面积的大小,叶片的光合能力直接影响到果树的生长和结果,因此,了解果树叶片和叶幕的形成对果树管理具有十分重要的作用。

1. 叶片

来源于芽内生长点形成的叶原始体。叶片的大小不仅取决于叶原始体的分化程度,也取决于叶片生长期的营养物质和水分。在年生长周期中,叶片与枝条发育规律同步。不同树种、不同枝条和枝条上不同部位的叶片,从展叶至停止生长所需天数并不一样,梨需 16～28 d,苹果 20～30 d,猕猴桃 20～35 d,葡萄 5～30 d。

2. 叶幕

树冠中着生的全部叶片构成的集合体称为叶幕。叶幕层之间的空隙叫叶幕间距,它是树冠内部的主要光路。生产上通过整形修剪来控制叶幕层厚度,改善树冠内部通风透光条件,充分发挥叶片的光合效能。研究表明,主干疏层形的树冠第一、二层叶幕厚度 50～60 cm,叶幕间距 80 cm,叶幕外缘呈现波浪形是较好的丰产结构。

【任务实施步骤】

告知(知识点、能力目标、考核标准)→引入任务→教师讲解示范(图片、实物)→学生认知(分组进行)→考核→总结、留作业

【课业】

1. 绘制苹果和桃的树体结构图,并注明各部名称。
2. 通过观察,说明苹果、梨、桃的枝芽特性有何异同点。

任务三　了解果树生长发育规律

【任务描述】

果树的生长发育规律是制定栽培管理技术的主要依据。因此,了解和熟悉各种果树的生长结果习性是学习和研究果树栽培管理的基础。不同果树的生长结果习性差异很大,主要体现在干性、萌芽率、成枝力、芽的早熟性、花芽的类型及着生部位、结果枝的类型等方面。同一类果树生长结果习性有相似之处,但也存在很大的区别。通过本次任务,学生应做到:

- 掌握北方常见果树的生长发育规律;
- 了解观察果树生长发育规律的方法。

【任务分析】

果树的生长结果习性涉及内容很多，本实习进行重点观察。观察对比时应注意选择树龄、生长势等近似的植株。于休眠期或开花期进行 2～3 次，并可与物候期观察实习结合进行。

【相关知识】

一、果树一生生长发育规律

果树一生要经过生长、结果、衰老与死亡的一系列变化过程，这个过程包含了果树一生的全部生命活动，因此称为生命周期，也称年龄时期。

实生繁殖果树的年龄时期，有两个明显不同的阶段，即幼年阶段（童期）和成年阶段。幼年阶段从种子萌芽开始，到具有开花能力为止，此发育过程也称为性成熟过程。成年阶段从具备开花能力开始，直至衰老死亡为止，此发育过程又称为老化过程。

无性繁殖果树的年龄时期与实生果树不同，它不是由种子开始，而是起始于成年树体上的芽，其年龄阶段发育是母体的继续，因此没有幼年阶段，只要内外条件具备，随时可以开花结果。

无性繁殖果树的年龄时期划分：

在现代果树生产中，绝大部分果树都是无性繁殖的结果，无幼年阶段。无性繁殖指通过无性繁殖方法（扦插、压条、分株、嫁接、组培等）进行繁殖而获得的果树，一般都从定植开始，其生命过程各个阶段具有不同的生育特点，人类的栽培目标也不相同，为栽培管理方便，依其生长结果特点和栽培任务差异可划分为四个时期。

(1)幼树期　从苗木定植到开花结果为止。幼树期的长短因树种、品种、环境条件和栽培管理技术而异。如苹果、梨一般 3～6 年；柑橘 3～5 年；杏、李 2～4 年；桃、葡萄 1～3 年。若环境条件适宜，栽培管理技术得当，这一时期可以缩短，提早进入结果期。反之会延迟结果。

(2)初果期　从开始结果到大量结果前为止。苹果、梨的初果期为 3～5 年，葡萄及核果类树冠扩展快，初果期很短，一般开始结果后，很快进入盛果期。

(3)盛果期　进入大量结果，产量最高的时期。盛果期的长短与树种、品种、环境条件和栽培管理水平有关。苹果 15～40 年；梨 15～70 年；柑橘 15～50 年；桃 10～20 年。

(4)衰老期　从产量明显下降到不能正常结果。这是果树生命周期中的最后一个时期，树体衰老，成花差，产量低，品质差。

看一看　比一比

如何延长盛果期结果年限？

二、果树一年中生长发育规律

果树一年中随着季节气候的变化还要经过萌芽、开花、枝叶生长、花芽分化、果实成熟和落叶休眠等一系列有节奏的生命活动。

落叶果树在一年中的生长发育规律，有两个时期，即生长期和休眠期。从春季萌芽开始至秋季落叶为止叫生长期，从秋季落叶至来年春季萌芽前称为休眠期。

(一)根系生长

果树根系没有自然休眠期，在适宜条件下一般有两个生长高峰：一个是在 6 月前后，另一个是秋季(9 月至 11 月)，这时是果树最佳施肥时期。根系的生长与温度、水分、通气状况及土壤营养和水肥情况密切相关。

(二)萌芽和开花

1. 萌芽

萌芽是指从芽开始膨大起，到幼叶互相分离和花蕾伸长时为止。萌芽是果树由休眠期转向生长期的一个标志。

北方落叶果树萌芽所需温度较低，一般当日平均温度在 5℃以上，土温达 7～8℃时，持续 10～15 d 即开始萌芽。幼树一般比老树萌芽早；壮树比弱树萌芽早；发育充实的芽比瘦弱芽萌发早；过弱芽不萌发，呈休眠状态。

2. 开花

从花蕾的花瓣开始松裂，到花瓣脱落时为止称为开花期。开花期一般分为三个时期：

(1)初花期　全树有 5%的花开放。

(2)盛花期　全树有 25%以上的花开放。

(3)终花期　花全部开放到花瓣脱落。

果树种类不同，开花期也不一样。按开花早晚依次为杏→桃→李→梨→苹果→猕猴桃。同一株树上，一般短果枝先开，中果枝次之，长果枝最晚；腋花芽比顶花芽晚开。

花期持续时间长短与树种、品种和气候条件有关。苹果花期 10～15 d，桃 5～11 d，枣 21～37 d，柑橘 5～9 d，枇杷可持续 100 d 左右。干燥、高温气候花期短，湿润冷凉气候花期长。

(三)果实的生长发育

果树的产量在很大程度上取决于果实的数量。那么，果树开花后怎样才能结果？为什么有些花和果实落掉了？果树开花结果的习性又是如何呢？

1. 果树花的构造和类型

花是果树的生殖器官，果树的花大多数都是由花梗、花托、花萼、花瓣、雄蕊和雌蕊六部分组成。花有两大类型：

(1)两性花　同时具有雄蕊和雌蕊的花。

(2)单性花　仅有雄蕊或雌蕊的花。若只有雄蕊，则称为雄花，仅有雌蕊称为雌花。雌、雄花同生于一株树上的叫雌雄同株，如核桃。雌、雄花分别着生于不同的植株上，称为雌雄异株，如猕猴桃。

2. 传粉受精

传粉是指花粉由雄蕊的花药传到雌蕊的柱头上的过程。受精是指花粉落到柱头上后，花粉萌发，花粉管生长，并抵达胚囊与卵子结合的过程。果树花粉的传播有昆虫传粉和风传粉两种方式。

果树传粉受精受树体营养、温度、风力、阴雨等因素的影响。

3. 果树结实的几种情况

自花结实：果树依靠同一品种内相互授粉而结实的现象。如葡萄、部分桃品种等。

异花结实：果树靠不同品种间相互授粉才能结实的现象。如苹果、梨、山楂、大樱桃等树种。

单性结实：有的果树不经过受精也可结实的现象。如柿子。由单性结实而产生的果实都是没有种子的，称为"无籽果"。

4. 落花落果现象

果树每年都开很多花，但最后只有一部分果实坐住了，很多花和幼果都落掉了，这是什么原因呢？一般果树落花落果有三次高峰：

第一次是落花，出现在开花后。落花的原因有的是花芽质量差，不具备授粉受精的条件；有的则是由于受各种条件的限制未能授粉受精。

第二次是落幼果，出现在花后 1～2 周。主要原因是授粉受精不充分，子房内激素不足，不能调运足够的营养，子房停止生长而脱落。

第三次落果出现在花后 4～5 周，在 6 月上旬左右，所以又称为六月落果。主要是营养不足，分配不均引起的。

5. 果实坐果的原因

经过授粉受精后，子房或花托膨大发育成果实的现象叫坐果。之所以能坐住，是因为授粉受精可使子房内产生内源激素，高浓度的激素提高了果实调运营养物质的能力，保证了坐果。

6. 果实的生长发育

果树开花后，能坐果的果实就开始生长，一直到果实成熟。那么不同果实的生长速度有什么不同？为什么有的果实大，有的果实小？为什么果实会有不同的颜色？

(1)果实的生长

①果实生长发育过程　从受精、子房膨大到果实成熟称为果实发育期。不同的树种、品种，果实发育期有一定的区别：樱桃 45～50 d，杏 70～100 d，桃 70～190 d，苹果 60～200 d，枣 95～120 d，核桃 120～130 d。

从受精后到果实成熟的整个发育期间，果实体积和重量可增长千万倍。一般葡萄品种大约可增长 4 000 倍，苹果可增长 6 000 倍，增长最多的是鳄梨，可达 30 万倍。由此可见，果实体积和重量在较短时期内的迅速增长，是果实发育的明显特点。

②果实生长发育规律　果实体积与重量的增加，主要是果肉细胞的数目、细胞体积和细胞间隙增大的结果，果实发育初期是细胞分裂迅速，中、后期是细胞体积和间隙开始扩大。在花后细胞旺盛分裂时，果实纵径增长迅速，在细胞停止分裂后，细胞体积增大迅速，这时果实横径增长较快。但总的来说，果实体积的增大基本表现为两种类型：

- 果实生长初期和后期增长速度相对较慢，而在生长中期迅速增长。如苹果、梨、草莓、核桃等。
- 果实生长在前期和后期有两个速长期，中间有一个缓慢生长期。如桃、杏、葡萄、枣等。

果实的生长受树体有机营养、矿质养分、水分、温度和光照等因素的影响。

(2)果实的品质　果实的品质包括外观品质和食用品质。

①外观品质　外观品质包括果实大小、果形、果面光洁度和色泽。如果果实偏大，果形端正好看，果面光洁，色泽艳丽，那么它的外观品质就好。

②食用品质 食用品质包括果实硬度、风味、香气和果汁含量。如果果实硬度较大(吃起来较脆),风味甜酸、香气浓,果汁多,则它的食用品质就好。

不同种类和品种果实的色泽不同。这主要取决于果实内的色素种类和含量。决定果实色泽的色素有叶绿素、类胡萝卜素和花青素。它们分别表现为绿色、橙色和红色。

(四)花芽分化

花芽分化是果树年周期中非常重要的物候期,果树的花和果实是由花芽形成的,花芽形成的数量和质量,决定来年的产量和质量。芽由叶芽的状态转化为花芽的状态(图1-10)称为花芽分化。

图1-10 苹果花芽解剖示意图

1.果树花芽分化的条件

果树花芽分化是一种复杂的过程,需要很多条件:

(1)有机营养 花芽分化需要叶片光合作用制造的大量的碳水化合物作保证。

(2)光照 光是花芽形成的必需条件,遮光导致花芽分化率降低。苹果在花芽分化期间,如遇10 d以上阴雨,分化率减少5.5%~8.1%。延缓花芽分化。

(3)温度 温度对果树的光合作用、呼吸作用、吸收和激素分泌都有影响,因此对花芽分化发生作用。不同果树花芽分化要求的最适温度不同,杏树在24℃下比16℃花芽分化多40%左右,苹果花芽分化期的适宜日平均温度为20~27℃;杧果在昼夜温度19℃/13℃时,花芽分化率为87%,25℃/19℃和31℃/25℃时分化率只有60%和70%;柑橘花芽分化适温在13℃以下;草莓则要求5℃以上,10℃以下,才能形成花芽。温度过高或过低,特别是长期的高温和低温,极不利于花芽分化。

(4)水分 花芽分化期适度的干旱有利于花芽分化,适量的水分供应则有利于花芽的进一步发育。而雨水过多或过多的灌水,则使枝条贪青徒长,消耗营养多,不利于花芽分化。但若过度干旱,则使果树生命活动受阻,也不利于花芽分化。

(5)矿质养分 氮肥太多,会使新梢旺长而影响花芽分化。充足的磷肥则有利于花芽分化。

(6)内源激素的平衡 内源激素是在植物体内一定部位产生的,只需要微量就能对植物生长发育起到显著的影响。赤霉素(GA)产生于种子,对花芽的形成有抑制作用;细胞分裂素(CTK)产生于根尖,可以刺激花原基的发生与分化。脱落酸(ABA)由于和GA拮抗,引起枝条停长,有利于糖的积累,对成花有利,乙烯和生长素(IAA)都能促进花芽的形成。果树花芽分化要求生长促进剂和生长抑制剂达到动态平衡。才有利于营养积累,进而促进花芽的形成。

2.花芽分化时期

花芽分化过程大体可分为三个时期:

(1)生理分化期 芽内生长点由叶芽的生理状态转向形成花芽的生理状态的过程。

(2)形态分化期 由叶芽生长点的细胞组织形态转化为花芽生长点的细胞组织形态过程。

(3)性细胞形成期 雄蕊和雌蕊的形成及成熟过程。不同种类的果树,花芽分化期是不同的。

①夏秋分化型 大部分温带落叶果树在夏秋新梢生长缓慢后开始分化,通过冬季休眠,雌

雄蕊才正常发育成熟，于春季开花。

②冬春分化型　如柑橘及某些常绿果树一般在冬春进行花芽分化，并进行花器官各部的分化与发育，不需经过休眠就能开花，花芽开始分化至开花通常只需要1.5～3月时间。

③多次分化型　如柠檬、金柑、杨桃、葡萄等树种，一年内能多次分化花芽，多次开花结果。

④不定期分化型　如香蕉、菠萝等植株，一年花芽仅分化一次，但可以在一年中的任何时候进行，其主要决定因素是植株大小和叶片多少。

花芽开始分化的时期，一般幼树比成年树晚；旺树比弱树晚。同一株树上，短果枝分化最早，中、长果枝次之，长果枝分化较晚；顶芽分化早，腋花芽分化迟；小年树分化早，大年树分化迟；夏季干旱，花芽分化早，持续时间短；夏季水分多，新梢停长晚，花芽分化迟，持续时间也长。

想一想

1.采取哪些措施能促使果树形成更多的花芽？

2.你了解果树的大小年现象吗？根据果树花芽分化的有关知识，分析产生这种现象的原因。

(五)落叶和休眠

落叶和休眠是落叶果树在生长过程中，为了适应不良环境，免受冬季低温冻害而形成的一种自我保护习性。这一时期是指果树开始落叶起至第二年春萌芽前为止。

1.落叶

落叶是果树进入休眠的标志。温带果树的正常落叶，是在日照短于12 h，日平均气温降到15℃以下时进行的，最后在叶柄基部形成离层而脱落。

落叶果树的叶片在秋冬全部脱落，次年春季再生新叶。常绿果树如柑橘，叶片寿命长达2～3年，而且不同时脱落(一般在春季新叶产生后，老叶逐渐脱落)，所以树冠呈现常绿。

果树落叶的早晚，与树种、品种、树龄、树势、枝条类别及环境条件等因素有关。一般枣、杏、桃、梅等落叶较早；梨次之；苹果较晚。成年树较幼年树落叶早，弱树较旺树早。若落叶延迟或提早，都将降低光合产物积累，对当年果实发育、花芽分化及来年的结果和生长产生不良影响。

2.休眠

果树的芽或其他器官生长暂时停顿，仅维持微弱的生命活动的现象，称为休眠。果树进入休眠，此时从外观上看，树体生命活动逐渐减弱，但树体内生理生化活动仍在进行，体内大量淀粉，随气温下降转化为糖，同时细胞液营养成分浓度增加，树体抗寒力增强。因此，果树休眠是一种自我保护行为。

果树休眠根据其生理活性状态可分为自然休眠和被迫休眠。

自然休眠：是指即使给予适宜生长的环境条件仍不萌芽生长，需要经过一定的低温条件才能解除休眠而开始萌芽生长的休眠状态。落叶果树在冬季发生的落叶休眠就属于自然休眠。

果树的需冷量：在设施栽培中，为了打破果树自然休眠，常需一定的低温处理。果树所需0～7.2℃的有效累计低温时数，称为果树的需冷量。7.2℃是果树通过休眠的最高界限温度。

一般北方落叶果树自然休眠期适宜的日平均温度大致在 3～5℃。

在 0～7.2℃温度下，苹果和梨打破休眠约需 1 200～1 500 h(12 月上旬至 1 月下旬)；杏、李、桃约 600～1 100 h(30～40 d)；葡萄、核桃、枣约 1 000～2 100 h(70～90 d)才能结束自然休眠(表 1-1)。

表 1-1　果树打破休眠最低需冷量(Chider，1976)

树种	低于 7.2°/h	树种	低于 7.2°/h
苹果	1 200～1 500	欧洲李	800～1 200
核桃	700～1 200	中国李	700～1 000
梨	1 200～1 500	杏	600～1 000
酸樱桃	1 200	扁桃	200～5 000
大樱桃	1 100～1 300	无花果	200
桃	300～1 200	葡萄	1 000～1 600
草莓	0～800	枣	1 600～2 100

自然休眠期内，若温度偏高，低温需冷量不能满足，果树将不能打破休眠。如红富士、元帅苹果在南亚热带的泰国、越南等国家栽培，即使在海拔 1 900 m 左右也因冬季需冷量不足，无法打破休眠，导致翌年春萌芽开花参差不齐，落花落蕾严重。由此说明冬季的果树的需冷量是落叶果树能否南移的关键因素。在落叶果树南移时尤需注意。

被迫休眠：指自然休眠通过后，常因不利环境条件的限制，如低温、缺水等，致使果树不能萌芽，果树处于被迫休眠状态，叫作被迫休眠。在被迫休眠期，如温度回暖再转寒时，树体容易遭受冻害。生产上常采用树干刷白、早春喷水灌水、喷布生长延缓剂等措施，迫使果树继续休眠，避免早春霜冻。

【任务实施步骤】

告知(知识点、能力目标、考核标准)→引入任务→教师讲解示范(图片、实物)→学生认知(分组进行)→考核→总结、留作业

【课业】

1. 果树萌芽需要哪些条件？
2. 如何打破果树休眠？

单元二

果树生产基础

项目一　果品生产基地建立

项目二　土肥水管理

项目三　花果管理

项目四　整形修剪

▲【学习目标】

知识目标

- 掌握北方果树土肥水管理,花果管理,整形修剪的基本知识。
- 熟悉北方果树常见树形及整形修剪原理与方法。
- 了解果品基地建设相关知识。

能力目标

- 能够根据当地果园特点制订科学的果园管理方案,并指导果树生产。
- 能正确进行果园土、肥、水管理,花果管理,果实采收,整形修剪,完成田间管理任务。

项目一

果树生产基地建立

任务一 调查生产基地环境条件

【任务描述】

果树是多年生作物，建园之后往往要连续生产十几年至几十年，因此必须认真调查和分析当地的气候条件、果园立地条件、社会条件及栽植品种的适应性等，扬长避短，充分发挥自身优势，才能实现较高经济和社会效益。通过本次任务，应使学生做到：

- 学会果树生产基地调查方法；
- 应用已学的果树知识，对果园进行分析，提出存在问题。

【任务分析】

对现有果园进行园地和果树生长发育的调查。根据调查材料和数据，对现有果园加以研究和分析，以便为果园管理和建园提出意见。

【相关知识】

一、调查园地气象指标

在自然条件下，气候决定着果树的地理分布。而在人工栽培条件下，气候则是决定果树栽培能否成功及效益高低的最重要因素，因此建园时首先要调查当地的气象指标，主要包括年平均温度、年极端低温和高温、生长期活动积温、休眠期的低温量、无霜期、日照时数、年降水量及其在生长季节的分布、小气候条件和冰雹、龙卷风、旱灾、涝灾等灾害性天气的出现频率。这些方面的气象条件都必须能够满足某种果树生长发育的需要，才可以建立果园。尤其是灾害性气候往往使多年经营的果园毁于一旦，给生产和经济造成巨大损失，因此更应着重考虑。

二、调查园地立地条件

园地的立地条件主要包括地形、地势、土质、地下水位、土壤 pH、水资源、环境污染情况等。

1. 地形、地势、海拔高度

一般情况下，平地或坡度低于 20°的坡地均可建果园，但须避免在排水不良的凹地及地下水位常年较高的地带建园。对坡地来说，要考虑坡向的影响，南坡光照最好，背风向阳，最适合建园；东坡的小气候条件一般稍好于西坡；北坡光照最差，一般不在北坡建立果园。对谷地和小型盆地来说，容易出现排水不良和冷空气沉集，因而要调查其排水条件和霜害、冻害情况。对高海拔地区来说，果树虽然表现为花芽分化良好、果实着色鲜艳、品质好等，但要注意温度和降水情况。

2. 土壤情况的调查

土壤情况主要包括土壤的类型、土层厚度、地下水位、酸碱度、有机质含量、盐分含量等。一般在沙壤土、壤土、细沙土上均可建立果园，但以透气性好、保肥水能力较强、土壤 pH 为中性、肥沃的沙壤土或壤土为最好，土壤的常年地下水位应在 1.5 m 以下。

3. 水资源及环境污染情况的调查

水果类果树需水量较大，建立果园时必须有充足的水资源，如河流、湖泊等，在年降水量较小的地区必须有灌溉条件做保证。

环境污染包括水资源、空气、土壤等的污染。首先应保证园地附近不存在污染源，如化工厂、冶炼厂、发电厂、化肥厂、造纸厂、水泥厂、砖瓦厂等，并按照《农产品安全质量无公害水果产地环境要求 GB/T 18407.2—2001》和《绿色食品产地环境质量标准 NY/T 391—2013》的规定对空气、土壤和灌溉水进行检测，检测结果符合表 2-1、表 2-2 和表 2-3 的要求才可建立果园。

表 2-1　果园灌溉水质量指标

项目	指标
氯化物	≤250 mg/L
氰化物	≤0.5 mg/L
氟化物	≤3.0 mg/L
总汞	≤0.001 mg/L
总砷	≤0.1 mg/L
总铅	≤0.1 mg/L
总镉	≤0.005 mg/L
铬(六价)	≤0.1 mg/L
石油类	≤10 mg/L
pH	≤5.8～8.5

表 2-2 果园土壤质量指标

项目	指标/(mg/kg)		
	pH<6.5	pH6.5～7.5	pH>7.5
总汞	≤0.30	≤0.50	≤1.0
总砷	≤40	≤30	≤25
总铅	≤250	≤300	≤350
总镉	≤0.30	≤0.30	≤0.60
总铬	≤150	≤200	≤250
六六六	≤0.5	≤0.50	≤0.50
滴滴涕	≤0.5	≤0.50	≤0.50

表 2-3 果园空气质量指标

项目	指标	
	日平均	1 h 平均
总悬浮颗粒物(TSP)	≤0.30 mg/m^3	
二氧化硫(SO_2)	≤0.15 mg/m^3	≤0.50 mg/m^3
氮氧化物(NO_x)	≤0.10 mg/m^3	≤0.15 mg/m^3
氟化物(F)	≤7 μg/m^3	≤20 μg/m^3
	≤1.8 μg/(dm^2·d)(挂片法)	

三、调查园地周围的社会条件

1. 调查市场需求情况

建园时必须考察了解拟建果园附近的果品销售市场状况、销售对象、居民消费习惯和消费水平等，绝不可盲目建园，否则产品滞销，就会造成不可弥补的损失。

2. 调查交通和运输状况

建园地点必须有便利的交通条件，否则产品不能及时运输到市场上，就可能会烂掉，给生产带来严重损失。

3. 调查当地的劳动力状况

劳动力的数量、价格、文化素质和技术水平直接影响到果园的生产管理水平和经济效益，因此在建立果园时也必须对当地的劳动力状况进行考察了解。

4. 调查当地果树生产情况

调查当地果树栽培的历史和经验，现有果园的总面积、果树种类和品种、单位面积产量、经营模式、经济效益以及不同成熟期品种的搭配等，在此基础上确定新建果园的果树种类、品种、面积等。

四、调查和分析栽植果树种类、品种的适应性

每一种果树及品种都有其最适宜生长的环境，因此发展果树生产要做到适地适栽。对拟栽植果树种类和品种的特点、特性要了解清楚，不能光看其优点，更重要的是要了解其缺点，最

关键的是要对所栽植果树的适应性进行调查研究。

调查果树品种的适应性主要通过两条途径：一是调查该品种在本地其他果园的表现；二是调查该品种在其他生态条件相似地区的表现。

调查的内容主要有：丰产性，早果性，果实品质，生长势，抗寒性，抗旱性，耐涝性，抗病性，耐盐碱能力，生长期活动积温需要量，对无霜期长短的要求，休眠期的需冷量等。

【任务实施步骤】

告知(知识点、能力目标、考核标准)→引入任务→教师讲解示范(图片、实物)→学生认知(分组进行)→考核→总结、留作业

【课业】

1.在你的家乡具备哪些果树生产优势条件?

2.你的家乡适合发展哪些果树?

任务二　果树生产基地规划设计

【任务描述】

果树生产基地规划设计直接关系到以后十几年或者几十年果树的生长发育、果园操作管理的方便程度、工作效率和经济效益等。尤其是建立大型的果树生产基地时，更应慎重考虑、周密设计。通过本次任务，应使学生做到：

- 能进行园地测量；
- 能写出果园规划设计书；
- 能绘制果园规划图。

【任务分析】

要求学生在学完果树生产基地规划设计相关知识的基础上。结合本地情况进行果园设计。通过实际设计，学会果园规划设计的步骤和方法。因实训的内容较多，亦可安排在教学实训内进行。

【相关知识】

一、现代果园的模式

1.观光果园

观光果园是建立于大城市近郊或经济发达地区，兼具果品生产、销售、旅游观光和产品展示等功能的果园。果园的经营理念应围绕为人们提供休闲度假服务场所，内容上包括绿色果品销售及采摘、餐饮、旅游、娱乐、住宿等，便于人们在节假日或工作之余来果园游玩，既能使身

心得到放松，同时又能感受到农村的生产生活气息，呼吸到农村新鲜的空气，享受到果实累累的丰收喜悦。

在果园的规划设计上，观光果园应明显不同于普通商品果园，总体布局要体现出公园式的设计理念。果园的果树种类和品种应比较齐全，使游客几乎一年四季都能到果园观花赏果，同时也要考虑到便于生产管理，应按果树种类分片种植，如分散设置苹果园、桃园、葡萄园等，不能进行树种间混栽。为便于游客观瞻和采摘，各个单一树种果园均应沿游玩路线设置，并注意加大果树的行距。

2. 生态果园

生态果园模式很多，一般情况下组成要件包括沼气池、畜禽舍和果园等。例如，在"猪、沼、果"模式中，沼气池为果园的生产提供沼肥和沼气，畜禽圈养为沼气发酵提供原料，这种模式以牧促沼，以沼促果，果牧结合，建立起生物种群互惠共生、食物链结构健全、能量流和物质流良性循环的生态果园系统，充分发挥果园内的动植物及光、热、气、水、土等环境因素的作用，从而实现绿色果品的产业化和农业的可持续发展。

建立生态果园，要根据当地的气候条件、水资源、热能资源和果园的经济状况等选用适宜的生态模式。例如，在果园中散养鸡、鸭就是一种最简单而投资最小的生态果园模式，鸡、鸭散养可消灭果园中的许多害虫，其粪便可为果树提供肥料，而果园则为鸡、鸭的生活提供了良好场所，从而形成良好的生态循环，为生产绿色果品打下基础。

生态果园在我国有多种模式，比较典型的有"猪—沼—果"模式和西北"五配套"模式等。见图 2-1、图 2-2。

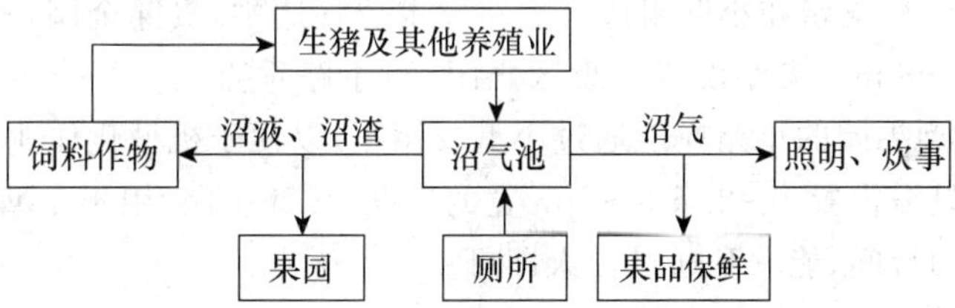

图 2-1　我国"猪—沼—果"模式组成及能质流动示意图

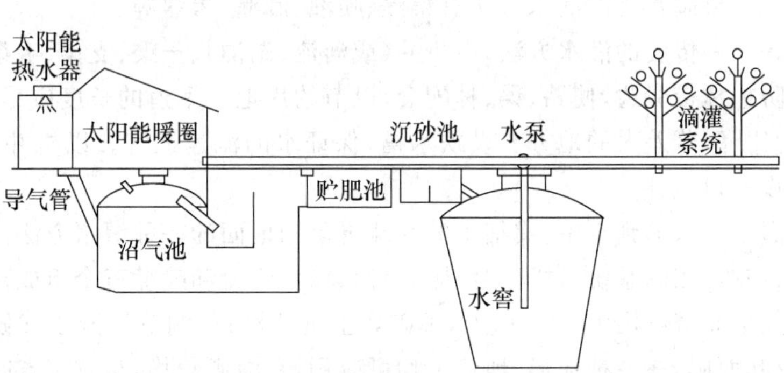

图 2-2　我国西北"五配套"模式结构布局示意图

模式结构布局安排的总体指导思想是在符合生态学原理的基础上，结构布局应有利于实现物质和能量的良性流动，有利于使用者的管理和操作，有利于平面和空间资源的最大限度开发和利用。因此，猪舍和沼气池原则上应建在果园内或者旁边，不宜远离果园。在基本内容相同的前提下，每种模式要充分考虑与其应用区域的地貌、气候、水土等特征相适应。“中部地区生态果园”模式考虑到当地冬季气候寒冷，增加猪舍火炕；“五配套”模式考虑到我国西北地区缺水的现实，增加水窖、滴灌等内容。

二、平地商品果园规划设计

大型果园通常各类用地的比例应为：果树栽植面积占 80％～85％，防护林占 5％～10％，道路占 5％，其他占 5％。

1. 小区的规划

小区是果园生产管理的基本单位，是为方便果园的生产管理而设置的作业区。划分小区一般遵循以下原则：①同一小区内土壤、地势等条件基本一致，栽植的果树品种在生长势、成熟期等方面也尽量接近，便于管理。②坡地果园划分小区时，要考虑有利于防止水土流失，尽量使小区的长边与等高线方向一致。③有利于机械化作业和防止果园风害。尽量采用长方形小区，长宽比为(2～5)∶1 为宜，使小区的长边与当地主要害风方向垂直，与防护林方向一致。④小区大小要适宜，既要便于生产管理，还要尽量减少道路占地，一般每小区以 4～8 hm^2 为宜。

2. 道路系统规划

果园规划良好而合理的道路系统，是现代化果园的重要标志，既可以减轻劳动强度，提高工作效率，同时又能节约土地。

道路系统应与小区、排灌系统、防护林统筹规划。大、中型果园的道路系统一般可分为 2～3 级，由主路(干路)、支路和小路组成。主路要求位置适中，贯穿全园，外连公路，最好与防护林带伴行，宽度 6～8 m。支路设置在小区之间，与主路垂直，宽度 4～6 m。小路与支路垂直，宽度 1～3 m，大型果园的小路应能通过小型农用车，以便于机械化作业。

小型果园一般只需设置 1～2 条 3～5 m 宽的道路，贯穿全园，用于小型机动车通行。小路可临时设置于果树的行间，能顺利通过行人即可。

3. 灌排水系统规划

(1)灌溉系统　果园常用的灌水方法有渠灌、喷灌、滴灌、渗灌等。

①渠灌：这是一种传统的灌水方法，由机井(或河流、湖泊)、干渠、支渠、毛渠组成。渠道一般设置在道路、防护林带旁边，使路、渠、林配套，以节约用地。渠道的长度应尽量缩短，并保持 0.1％～0.3％的比降，落差大的地方要设跌水槽，保证水的流速适宜。以机井作为水源的，一般每 3～4 hm^2 设一口机井。

②喷灌：喷灌是把水喷到空中，成细小的水珠再落到地面的一种灌水方法。喷灌系统包括首部枢纽(取水、加压、控制系统、过滤和混肥装置)、输水管道和喷嘴三个组成部分。此种灌水方法的优点是：较渠灌节约用水 50％以上，不破坏土壤结构；可调节果园小气候；除灌水外，还可兼喷洒农药及叶面肥；在各种地形、地势上均可应用，且灌溉较均匀，省工省时。缺点是设备投资较大，微喷灌的喷头易堵塞，对水质要求较高。

③滴灌：滴灌是近代发展起来的自动化的先进灌溉技术。它是将有压力的水，通过一系列的管道和滴头，把水一滴滴灌入果树根系集中分布区域的土壤。滴灌系统由首部枢纽、输水管网和滴头组成。首部枢纽包括水泵、过滤器、混肥装置等。输水系统由干管、支管、分支管、毛管组成，在毛管上每隔一定距离安装一滴头。滴灌的优点是：更节省水分，比渠灌节水 60％～

70%；灌溉时不破坏土壤结构，可维持较稳定的土壤水分；灌溉还可结合追肥，省工省力。缺点是：成本较高，滴头易堵塞，冬季结冻期不便使用。

滴灌的毛管道要铺设在果树根系的集中分布区域，稀植果园一般在树冠下铺设成环状，密植果园一般沿树行铺成直线。

④渗灌：渗灌系统由首部枢纽和输水管网组成，它的毛管上有许多孔眼，毛管埋于地下，水分不断从毛管的孔眼中渗出，浸润土壤。渗灌的优点是保持土壤结构，不造成土壤板结，减少蒸发，不占用地面，便于耕作，灌水与其他农事操作可同时进行；缺点是造价高，易堵塞，检修难，在透水性好的土壤中，渗漏损失大。

(2)排水系统 雨水较多地区的果园，必须设置排水系统。排水系统由集水沟和总排水沟组成。集水沟和排水沟均按 0.1%～0.3%的比降设计，但水流方向与灌水系统相反。

4.防护林的设置

防护林具有降低风速，保持水土，改善果园小气候条件的作用，有利于果树的生长发育，因而，大、中型果园均应设置防护林。

(1)防护林的类型及效果 防护林的类型主要有两种：①稀疏透风型林带。这种林带使大部分气流越过林带上部，而小部分气流穿过林带进入果园但风速已降低。它的防护范围一般为树高的 25～35 倍。②紧密不透风型林带。由数行大乔木、中等乔木和灌木组成，透风能力差，在迎风面形成高气压，迫使气流上升，跨过林带的上部后，迅速下降恢复原来的速度，因而防护范围较小，但在保护范围内的防风效果较好。缺点是：由于透风能力低，冷空气容易在林带附近的果园中沉积而形成辐射霜冻，林带附近易形成高大的雪堆或沙堆。

(2)防护林树种的选择 用作防护林的树种必须能满足以下条件：①能适应当地环境条件，抗逆性强，尽可能选用乡土树种。②生长迅速，枝多叶密，寿命较长。③与果树无共同病虫害，也不是果树病虫害的中间寄主，根蘖少。④具有较高的经济价值。

常用的树种：乔木树种可选杨、柳、楸、榆、刺槐、椿、泡桐、黑枣、核桃、银杏、山楂、枣、柿等；灌木树种可选紫穗槐、酸枣、杞柳、柽柳、白蜡条、毛樱桃等。

(3)防护林的营造 防护林应设主林带和副林带，形成防护林网。主林带的方向尽量与当地主要害风方向垂直，偏角最多不超过 30°，副林带与主林带垂直。

主林带一般由 5～7 行树组成，林带间距以 200～300 m 为宜；副林带由 2～4 行树组成，林带间距为 300～500 m。防护林栽植的行株距为：乔木树为(2.0～2.5) m×(1.0～1.5) m，灌木树为 1.0 m×1.0 m。同一种乔木树种应栽植成一行，不宜混栽。防护林距离最近一行果树的距离应不小于 10 m。

5.其他附属设施的规划

果园内的附属设施主要有生产生活用房、生产资料仓库、果品贮藏库、包装及选果场、蓄水池、积肥场、养殖场、沼气池等，应根据果园规模及生产生活需要，按照方便、高效、安全、生态、环保的原则进行合理规划设计。

6.果树树种和品种的选择

栽植果树的种类和品种应按以下原则确定：第一，所选果树及品种适应当地的气候和土壤条件，表现丰产优质，病虫害较轻。第二，适应市场需求，适销对路，经济效益高。第三，既要考虑不同成熟期品种的合理搭配、授粉品种与主栽品种的配套，同时还要考虑品种不能过于杂乱，每个品种都要达到一定的生产规模。

另外，还应该注意，作为商品化果园，栽植的树种尽量单一，不要搞各种果树混栽，主栽品种亦不宜过多，一般大、中型果园2～4个主栽品种即可。

7. 授粉树的配置

果树大部分具有自花授粉不实的特性，栽植单一品种时，往往表现花而不实或坐果率极低，因而，建立果园时必须配置授粉品种。

作为授粉品种应满足以下条件：①必须与主栽品种同期开花，且花粉量大、花粉发芽率高。②与主栽品种授粉后坐果率高，最好能相互授粉，且授粉后果实品质无劣变。③与主栽品种长势相近，树冠大小相当，同时进入结果期。④稳产性好，不易出现大小年结果现象。

授粉品种的配置方式主要有中心式、行列式和复合行列式三种(图2-3)。①中心式，采用这种配置方式时授粉效果好，而且授粉树所占比例小，但生产管理不太方便。②行列式，授粉树与主栽品种的比例一般为1∶(2～4)，若授粉品种同时也做主栽品种时，其比例也可为1∶1。按这种方式配置授粉树时，果园生产管理较方便，但授粉树所占的比例较大。③复合行列式。当两个品种不能完成相互授粉、需配置第三个品种进行授粉时，须按此方式配置授粉树。

××××××	××○××××○×	○△××○△×
×○××○×	××○××××○×	○△××○△×
××××××	××○××××○×	○△××○△×
××××××	××○××××○×	○△××○△×
×○××○×	××○××××○×	○△××○△×
××××××	××○××××○×	○△××○△×
中心式	**行列式**	**复合行列式**

图2-3　授粉品种配置方式

“×”表示主栽品种，“○”“△”表示授粉品种

8. 栽植方式

平地果园的栽植方式主要有以下几种：①长方形栽植。是生产上应用最广泛的栽植方式。特点是行距较大，株距稍小，行间留有作业道。行距一般大于树冠高度，株距与冠幅相当，通风透光良好，便于操作管理。一般要求南北行向，这样树冠受光量大而均匀，果实品质好。②正方形栽植。即行距和株距相等。植株呈正方形排列，稀植时便于管理，但密植时易郁闭，不利于机械化操作。③带状栽植。即宽窄行栽植，一般两行成一带，带内行距较小，带间行距较大。带间的通风透光好，但带内通风透光较差且不便于管理，一般较少采用。

9. 栽植密度

确定果树的栽植密度主要考虑以下几个方面：①树种和品种的特性。一般生长势旺、树冠较大、结果晚的果树适当稀些，反之，则密些。如葡萄＞桃＞苹果、梨。②品种类型。短枝型品种树体较矮小、紧凑，密度可大些，而普通型品种的密度则应小些。③砧木种类。乔化砧苗木，栽植应稀些；矮化砧苗木，则可密些。④自然环境条件。气候和土壤条件均较好、适宜果树生长时，树冠往往较大，应栽稀些；反之，则应密些。⑤栽培技术水平。技术水平高者，能够通过栽培方法有效控制树冠扩大，促进早结果早丰产，可适当密些；反之，则不宜过密。⑥栽植密度要与未来的整形修剪配套。如苹果拟采用自由纺锤形或小冠疏层形时，行株距宜为5 m×(3～4)m，拟采用细长纺锤形时，行株距4 m×2 m较适宜；桃树拟采用二主枝开心形整形时，行株距4 m×

2 m较适宜，拟采用三主枝开心形时，行株距(4～5)m×(3～4)m较适宜；葡萄小棚架栽培拟采用独龙干整形时，株距为0.8 m左右较适宜，拟采用双龙干整形时，株距应为1.5～2.0 m。

另外需注意的是，为便于机械化作业，提高工作效率，现代化密植果园在建园时要适当加大行距，实行宽行密植。

北方主要果树的栽植密度可参考表2-4。

表2-4　北方主要果树的栽植密度

果树种类	苗木类型、架式、栽培方式	栽植距离(m)		每公顷株数	备注
		行距	株距		
苹果	普通型品种/乔化砧	4～5	3～4	500～833	山地、丘陵
		5～6	3～4	416～667	
	普通型品种/矮化中间砧 或短枝型品种/乔化砧	4～5	2～3	667～1 250	
	短枝型品种/矮化中间砧	3～4	1.5	1 667～2 222	山地、丘陵
	短枝型品种/矮化中间砧	3～4	2	1 250～1 667	
梨	普通型品种/乔化砧	5～6	3～4	416～667	
	普通型品种/矮化砧 短枝型/乔化砧	4～5	2～4	500～1 250	
桃	普通型品种/乔化砧	4～5	2～4	500～1 250	
杏	普通型品种/乔化砧	4～6	3～4	416～833	
李	普通型品种/乔化砧	4～6	3～4	416～833	
葡萄	小棚架	3.0～4.0	0.5～2.0	1 250～6 667	龙干形整枝
	单篱架	2.0～2.5	1.0～2.0	2 000～5 000	
	双篱架、“T”形架	2.5～3.5	1.0～2.0	1 428～4 000	
樱桃	大樱桃	4～5	3～4	500～833	
核桃	早实型品种	4～5	3～4	500～833	
	晚实型品种	5～7	4～6	238～500	
板栗	普通型品种/乔化砧	5～7	4～6	238～500	
	短枝型品种/乔化砧	4～5	3～4	500～833	
柿	普通型品种/乔化砧	5～8	3～6	208～667	
枣	普通型品种	4～6	3～5	333～833	
		8～12	4～6	139～313	枣粮间作
山楂	普通型品种	4～5	3～4	500～833	
石榴	普通型品种	4～5	3～4	500～833	
猕猴桃	“T”形架	3.5～4	2.5～3	833～1 142	
	大棚架	4	3～4	625～833	

三、山地、丘陵地果园规划

山地、丘陵地建立果园时，重点应建好水土保持工程，在此基础上参考平地建园的相关原理进行规划设计。主要的水土保持工程有以下几种。

(1)梯田　梯田是山地果园水土保持的重要措施，造梯田可加厚土层、提高肥力，有利于果树的生长发育，且便于生产管理。

梯田由梯壁、梯面、边埂和背沟组成(图2-4)。一般情况下，梯面采用内倾式或水平式。在多雨地区要采用内倾式梯田，在少雨地区可采用水平梯田。内倾式梯面的坡度一般为3°～5°，在梯面的内侧沿梯面走向设一小排水沟，即背沟。背沟一般宽30 cm，深20 cm，沟中每隔10 m左右设一小土坎（或用石块做成），形成“竹节沟”，使其既能减轻土壤冲刷，还能蓄水。梯田的外沿修筑边埂，宽30 cm，高15～20 cm。梯田修成后，梯面内侧的土层一般较外侧薄，肥力较外侧差，应注意改良。

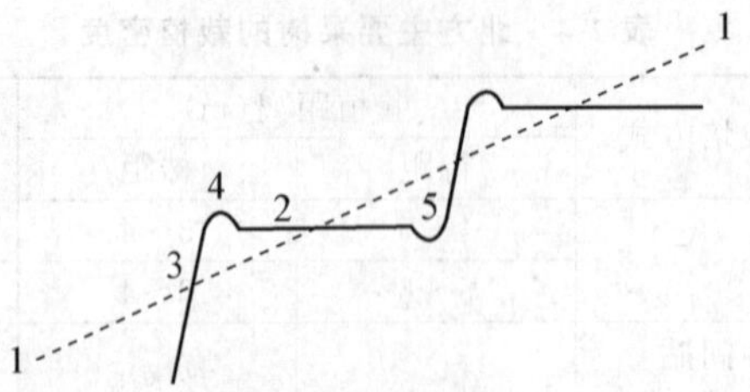

图 2-4 梯田的构造

1.原坡面 2.梯田面 3.梯壁 4.边埂 5.背沟

一般梯面宽度为3 m的梯田，每个梯面可栽植1行果树；缓坡地的梯面较宽，可栽2～3行果树，采用三角形栽植方式。

(2)撩壕 在坡面上按等高线挖横向浅沟，在沟的外侧堆成垄，在垄的外侧栽植果树，即为撩壕（图2-5）。此法能有效地控制地面径流，拦蓄雨水，保持水土，当雨量过大时，壕沟可以排水。撩壕的工程量不大，但与梯田相比，果园管理不太方便，且壕的外侧还会存在一些水土流失。撩壕一般适于不超过15°的缓坡地。

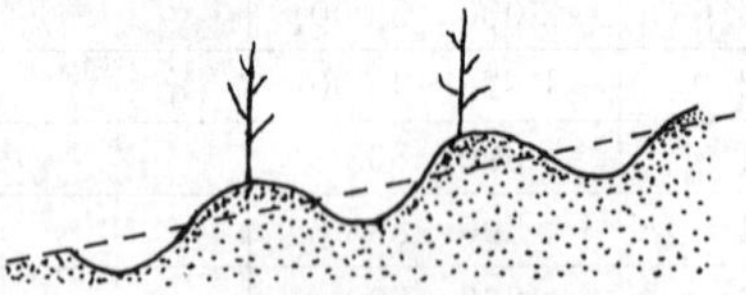

图 2-5 撩壕示意图

壕沟的深宽指标一般为：自壕顶至沟中心宽1.0～1.5 m，沟底至原坡面深20～30 cm，原坡面至壕顶高20～30 cm，在沟内每隔一定距离设一小水坝，其高度低于壕顶，既可以排水，又可拦蓄雨水，防止土壤冲刷。

(3)鱼鳞坑 鱼鳞坑实质上是一种小面积的单株台田，适用于坡度较陡，地形复杂，坡面上乱石较多，修筑梯田较难的山坡地。鱼鳞坑的台面直径一般为2～5 m，中心位于等高线上。台面向内倾斜，外侧一般用土和石块堆砌成壁，以便拦蓄雨水（图2-6）。每个鱼鳞坑一般栽植1株果树。

大面积挖鱼鳞坑时也应沿等高线进行。

(4)生草植被 生草植被对防止水土流失的作用非常明显。梯田、撩壕和鱼鳞坑修筑后，应该在梯田的梯壁、壕的外坡、鱼鳞坑的外侧壁上种植耐冲刷的草、紫穗槐等，进行植被覆盖。一些没有修筑水土保持工程的缓坡地果园更应生草植被，以减轻土壤冲刷，保持水土。

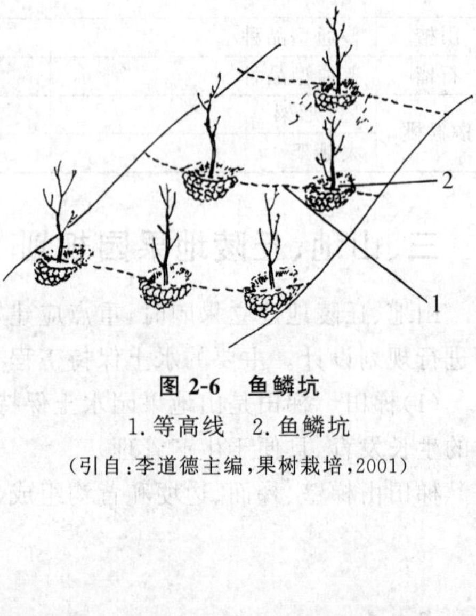

图 2-6 鱼鳞坑

1.等高线 2.鱼鳞坑

（引自：李道德主编，果树栽培，2001）

四、编写果园规划设计报告书

编写果园规划设计报告书是果园规划设计的一个必不可少的环节，在此基础上才可以开展果园建立的一系列工作，如修筑道路和排灌系统、建造房屋、购置苗木、栽植防护林和定植果树等。向上级部门申报立项时正规果园规划设计报告书应包含以下内容：

1.建园目的和依据

(1)建立果园的背景。介绍当地的各类产业结构、群众收入情况、果树生产的种类和品种、面积、产量、生产水平、经济效益、国家有关政策及园区所具备的优势等。

(2)果园的经营目的、经营方向、经营规模和经营方式。

(3)已做的前期工作。介绍基地环境调查情况，如社会调查、市场调查的资料，关于地形、地貌的勘查和测绘资料等。

2.园区的基本情况

(1)地理位置　介绍园区所处的区域位置、经纬度、四邻和交通状况等。

(2)气候条件　介绍园区的年日照时数、年平均温度、年极端高温和极端低温、年活动积温或有效积温、年降雨量、无霜期天数及灾害性气候(旱、涝、冻、雹、沙尘暴)等。

(3)水资源状况　介绍过境的河流、湖泊和地下水资源情况，包括水污染情况等。

(4)土壤状况　园区的土壤质地、土层厚度、地下水位、土壤 pH、有机质含量、盐分含量、土壤污染情况等。

(5)劳动力资源状况　介绍当地劳动力的数量和价格、文化程度、技术水平等。

3.果园总体规划设计

(1)园区的总体规划　介绍园区的总面积及果树、防护林、道路、房屋、包装场、堆肥场、养殖场等各部分所占的面积及比例。

(2)水土保持工程设计　对山地、丘陵地果园，要设计梯田、撩壕、蓄水池等工程。

(3)小区的规划　在图纸上标明各小区的位置，在文本中写明各小区的面积、形状及栽植果树的品种、行株距和株数。

(4)道路系统规划　在图纸上标明各级道路的位置，在文本中写出各级道路的规格要求。

(5)灌排水系统规划　在图纸上标明机井(河流)、干渠及支渠的位置，在文本中说明渠道的规格要求；若采用滴灌设备，则在图纸上标明头部枢纽装置及主管道的位置，在文本中需说明设备的规格及生产厂家。

(6)防护林的设计　在图纸上标明防护林主、副林带的位置，在文本中写出主、副林带的行数、所用树种及栽植的行株距。

(7)配套设施的设计　在图纸上标明办公室、生活用房、仓库、包装场、养殖场等的位置，在文本中说明建造的规格和要求。

(8)树种与品种设计　写明选用的主栽品种、授粉品种及其数量，早、中、晚熟品种的数量及比例。

(9)果树栽植设计　在图纸上标明主栽品种与授粉品种的配置方式、栽植方式，在文本中写清主栽品种与授粉品种的配置方式及比例、栽植方式、栽植的行株距、栽植沟(穴)的规格、栽植技术要求等。

4.技术服务和保障体系

主要介绍三个方面的内容：①园区技术力量，介绍高、中、初各级别技术人员的数量及比例结构。②信息服务体系，包括生产资料采购信息服务体系、产品销售信息服务体系等。③生产组织管理体系。

5.建园投资预算

写明预算所遵循的原则、参考的价格标准或依据。并附预算表格:①果园建设投资总预算表,将各大项开支预算和总开支预算列于此表。②各项目分细目预算表,将各项目的细目开支预算分项列于此表。

6.经济效益分析

对果园的近期和长期经济效益进行分析,预计年总产值、年总支出、年纯利润。

7.果园规划设计平面图

要求线条规范,图例明晰,比例适当,一目了然,附有说明。

作为个体投资经营的单纯生产性大型果园,不一定各项内容都写,但与建园实施密切相关的内容都应写详细,才可实施建园。

【任务实施步骤】

告知(知识点、能力目标、考核标准)→引入任务→教师讲解示范(图片、实物)→学生认知(分组进行)→考核→总结、留作业

【课业】

绘出一份果园规划图,并写出果园设计书。

任务三 建立商品化生产基地

【任务描述】

商品化生产基地建立的主要内容为果树的定植,在选定的果园进行果树的栽植工作,需要完成定点、挖穴、栽植和管理工作。要求提前熟悉工作程序,保质保量完成。可以组合为栽植小组,提倡团队合作。每栽植小组可以进行一行的果树栽植。果树栽植要素有栽植穴的大小、回填土的好坏、苗木的质量、根系是否舒展、覆土的深浅、浇水的多少以及栽植后补水和除草等。为提高成活率,应分步骤完成工作和进行检查。通过本次任务,应使学生做到:

- 了解果树栽植工作的程序;
- 能够进行果树栽植工作。

【任务分析】

建立果品生产基地除了需具备果树栽培的知识和能力外,还应具备一定的测量学、土壤肥料学、生态学、经济学、市场营销、畜牧养殖等方面的知识和能力,并了解国家相关的政策、法规及绿色食品生产要求,因此本任务是知识综合性很强的内容。学生除了学习本次任务的相关知识外,还应学习其他相关学科的知识和技术。并充分利用课内和课外时间积极参与社会调查、市场调查、气象条件调查、土壤及水资源调查、果树种类及品种调查、现有果园分析、果园规划设计和果树栽植等实训活动。

【相关知识】

一、了解商品化基地建立要求

建立一个商品化果树生产基地，至少应符合以下要求。

1. 因地制宜，选择果树种类

不同种类和品种的果树有不同的生态适应区域。在建园时，首先要考虑当地的生态环境条件，选择适宜的树种及品种，这是果树生产实现丰产、优质的前提条件。除此之外，还必须考虑当地的交通状况、地理位置、居民消费习惯、市场情况等，一些不耐贮运的果树品种只有在交通方便、距离城市较近的地区发展才会取得好的效益。

2. 基地要规模化、标准化，大型果园要考虑生产的机械化

建立大宗水果及加工品种生产基地时，要集中成片，统一规划，形成规模，这样才有利于统一指导和组织生产，建立生产、销售、贮藏加工一条龙的商品化生产体系，实现专业化生产和经营，提高效益，增强抵御市场风险的能力。

大型果园在建园时要适当加大行距，以便机械化作业，提高工作效率。

3. 大型果品生产基地要以大宗水果为主，城市近郊要考虑果品多样化、时令化

不同种类的水果在市场上的销售量差别很大。在建立大型果树生产基地时，要突出苹果、梨等大宗水果的主导地位；在城市近郊、大型工矿区等地，则应适量发展一些稀有水果、时令水果、特色水果，做到果品市场多样化，以满足不同消费层次和消费习惯人们的需求。

4. 基地环境及生产过程符合国家绿色食品质量标准的要求

作为商品化果品生产基地，其产品对人们必须是安全、无害的，因而基地环境和生产过程必须符合国家绿色食品质量标准的要求。

二、果树栽植

1. 栽植时期

果树栽植也叫定植，北方落叶果树一般在秋季或春季进行。

(1)秋季栽植　秋栽一般在落叶后至土壤封冻前进行。秋栽有利于根系伤口的愈合，根系当年就能得到一定程度恢复，翌春发新根快、萌芽早、长势好，但在冬季严寒、干旱、风大的地区易出现冻害或抽条，若在这些地区秋季栽植，应加强保护，如埋土、包草、套塑料袋等。

(2)春季栽植　春栽在土壤解冻后至萌芽前进行，比较适合冬季严寒、干燥的地区。栽植时要把握宜早不宜晚的原则。

2. 栽前准备

(1)土壤准备

①土壤改良　目前，我国发展果树主要在山地、丘陵地、沙滩地等理化性质不良的土地上进行。为实现优质、丰产的栽培目的，需要对园地的土壤进行改良。改良的方法一般有：深翻改土、增施有机肥、种植绿肥等。

②定点挖穴(沟)　先按设计的行株距在田间标出栽植点或树行的位置，并以栽植点为中心挖栽植穴，或以树行线为中心挖栽植沟。稀植果园可挖栽植穴，密植果园宜挖栽植沟。栽植穴一般长、宽各 1.0 m，深度为 0.8～1.0 m；栽植沟宽度为 1.0 m，深度为 0.8～1.0 m。

挖栽植穴(沟)时,表土和心土要分开放置。栽植穴(沟)挖好后,最好先经风吹、日晒、冻融1个月以上,再进行回填土。回填土时,先将穴(沟)内挖出的表土与碎秸秆、树叶、杂草等有机物混匀填入穴(沟)的下层,再取行间的表土与充分腐熟的厩肥(按15 kg/株)混匀后填入穴(沟)内,填土至距地面10～15 cm时,浇透水,使穴(沟)内的土壤充分沉实,待定植。

(2)苗木准备

①苗木分级　栽植前将苗木分级可避免壮苗和弱苗混栽,保证果园树相整齐。苗木分级主要依据以下几个方面:a.根系发达且较完整;b.地上部生长健壮,整形带内芽体饱满完好;c.嫁接苗的接口愈合良好;d.无病虫害,尤其是检疫性病虫害。

②苗木浸泡与处理　对于从外地购置的苗木,在运输途中易失水,要用清水浸泡根系12～24 h,使之充分吸水。另外,为促进生根,可在栽植前用生根粉、萘乙酸、吲哚丁酸等处理根系,并对劈裂根、毛茬根、过长根进行修剪。

③苗木消毒　为控制病虫害的发生,尤其是检疫性病虫害的扩散,要进行苗木消毒处理。

④苗木假植　苗木不能立即栽植时,应先假植起来。假植方法是:在避风、背阴、易排水的地点挖南北向假植沟,沟深60～80 cm、宽100 cm,苗干向南倾斜45°放入沟中,将苗干埋土1/3～1/2,使根系与土壤密接,浇透水。

⑤品种核对　栽植时必须核对苗木品种,以免品种杂乱,给以后的生产管理带来麻烦。

3.栽植方法

栽植时,先在栽植穴中央做一小土丘(图2-7),栽植沟内可培成一个龟背形的小垄,然后拉线确定栽植点。将苗木放于栽植点上,对齐行株距,使根系自然舒展开,过长根可剪断,一人扶苗,一人填土,保持苗木的根颈部位与地面平(矮化中间砧苗木宜采用“深栽浅埋,分批覆土”法栽植,最终使中间砧段入土1/2～2/3)。填土时根系周围要用细碎的湿润表土,边填土边轻轻抖动苗木,使根系与土壤密切接触,填完土后踩实,浇透水。待水完全下渗后再覆盖一层半干碎土,以利保墒。

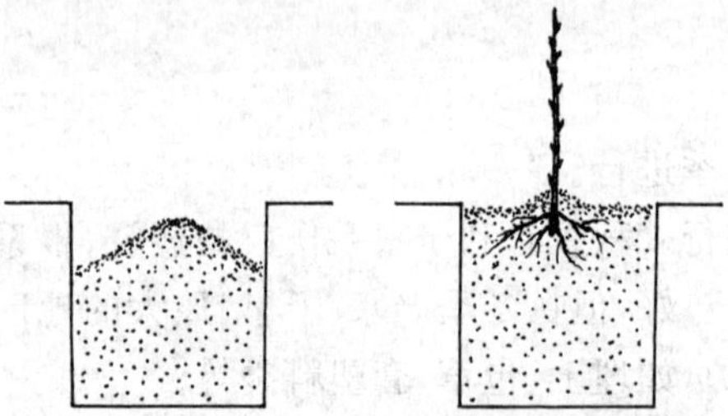

图2-7　苗木栽植方法

大树移栽要点:①移栽前1～2年在距树干80 cm左右的位置挖环状断根沟(最好分两年进行,每年半环),切断大根,沟内施入有机肥并灌水,以促使发须根。②移栽前要对树冠进行较重修剪,粗大的剪锯口用漆封,以保持树体的水分平衡。③挖树时应尽量挖大坑,多带根,最好能带土(外包草袋)移栽,装运过程中要注意保护根系和枝干。④高大的树栽植时要设支架,并确定大枝方位。⑤施入一些充分腐熟的精细有机肥,土填实,浇足水。⑥摘掉当年的全部花朵,减少营养消耗,促进生长。

4.栽后管理

(1)定干　苗木栽植后至萌芽前要进行定干,定干高度因树形而定,定干后剪口下25 cm以内应有8～10个饱满芽,以便以后整形。

(2)覆膜　套袋栽植后,即应在树盘内覆盖地膜,这样既能保墒,又能提高早春的地温,促进根系生长。在干旱、多风地区,为防止苗干被抽干或降低萌芽率,定干后应在苗干上套一细长形的塑料袋,待萌芽后再解开、逐步除掉。

(3)检查成活、补栽　萌芽后检查成活情况,发现死亡的苗木,要及时补栽。

(4)追肥、浇水　萌芽后要根据土壤墒情，适时灌水。当幼树的新梢长到 15～20 cm 长度时，每株施尿素 50 g；第一次追肥后 20～30 d，每株再追施尿素 50 g；7 月中、下旬，每株施复合肥 80～100 g，每次追肥均应结合灌水。除土壤追肥外，还可结合喷药进行叶面喷肥，生长前期喷 0.3％的尿素液，7 月下旬以后喷 0.3％～0.5％的磷酸二氢钾液或交替喷施光合微肥、腐殖酸叶面肥等。

(5)夏季修剪　萌芽后，要把整形带以下的萌芽全部抹掉。以后根据树形要求，及时进行摘心、捋枝、拉枝等，不断调控枝条生长，控制无用枝的生长。

(6)病虫防治　主要防治金龟子、蚜虫、红蜘蛛、卷叶虫、浮尘子及早期落叶病等。

【任务实施步骤】

告知(知识点、能力目标、考核标准)→引入任务→教师讲解示范(图片、实物)→学生认知(分组进行)→考核→总结、留作业

【课业】

如何提高果树的栽植成活率？

项目二 土肥水管理

任务一　果园土壤管理

【任务描述】

土壤是果树生长的基础，是养分和水分的源泉。绿色果品生产要求土壤肥力较好，须达到NY/T 391—2013中土壤肥力要求，要求产地土壤须达到肥力分级的1～2级肥力要求，有全面而充分的营养供给；具备果树根系吸收水分、养分的良好根际环境；每种果树所需的各种营养成分、水分能够长期保持并得到提高。

通过本次任务，应使学生做到：

- 掌握土壤管理的适宜的时期；
- 掌握土壤改良的方法。

【任务分析】

绿色果园土壤管理主要任务是改良土壤，积极种植绿肥，加强果园生草覆盖土壤耕作制，改善果树根际环境，保护果树浅层根系，为果树根系创造一个疏松、肥沃、营养的环境条件，以满足不同果品优质丰产的需要。

【相关知识】

果树的根系从土壤中吸取养分和水分以供其正常生长和开花结果。土壤疏松，通气良好，微生物活跃，土壤肥力提高，有利于果树根系的发展。土壤管理的目的就是要创造良好的土壤环境，使分布其中的根系能充分地行使吸收功能。这对果树健壮生长、连年丰产稳产具有极其重要的意义。

一、土壤改良

果树在丘陵、山区、沙滩地上栽植较多，这些地方一般土壤瘠薄，结构不良，有机质含量低，不利于果树根系的生长发育，必须加以改良，才能使土壤中的水、肥、气、热得到协调。果园土壤改良主要包括深翻熟化，加厚土层，淘沙换土，培土掺沙，低洼盐碱地排水洗碱等。

1. 果园深翻

果园深翻　可以增加土壤团粒结构，增加土壤孔隙度，提高土壤蓄水、保水能力，更好地促进果树生长发育。果园深翻一年四季都可进行，但以秋季果实采收后结合施基肥进行效果为好。这时正值果树叶片所制造的有机养分回流的大好机会，有利于伤根的愈合和产生新根。这时深翻还能延长土壤风化时间，有助于冬季积雪。但对于冬季干旱地区，深翻后必须灌水，使土壤下沉，防止透风冻根。

秋季深翻　一般结合秋施基肥于9—10月进行。深翻深度以80～100 cm为宜，最浅不少于60 cm。而且深翻后有条件地区应立即灌水，有助于有机物的分解和根系对养分的吸收。

深翻的方法　土质黏重地区幼园应随着树体扩大逐年扩穴深翻，放大树盘，直至全园扩盘接通为止。成年树可以根据果园土壤情况每隔3～4年深翻一次。

2. 培土、淘沙换土

北方沙地果园一般在晚秋初冬于果园培土，加厚表土，可起保温防冻，积雪保墒的作用，也可以增强土壤蓄水保墒能力。温暖沙壤土果园可以采取淘沙换土，增施秸秆等有机肥。以及掺入塘泥、河泥、牲畜粪便等形式，加厚下层土壤深度，创造深厚土壤，促进果树发育。

3. 果园掺沙

土壤黏性较强果园保肥保水能力强，但透气性差，可进行土壤掺沙，增强土壤通气性。沙性土壤通常采用填淤结合增强土壤保水保肥能力。

另外，盐碱地可以采取冲水洗碱方法降低果园盐碱度。也可以应用土壤改良剂提高土壤肥力，改善土壤理化性质及生物活性，提高土壤渗水性，调节土壤酸碱度等。

二、果园生草

(1)果园生草条件　在果园年降水多于500 mm的地区或水源充足的地区可进行生草栽培，若年降水少于500 mm且无灌溉条件，则不宜进行生草栽培。在行距为5～6 m的稀植园，幼树期即可进行生草栽培，高密度果园不宜进行生草，而宜覆草。目前果园普遍采用行内生草、株间清耕方式进行果园生草。

(2)果园专用草种　主要有白三叶、红三叶、黑麦草、百麦根、百喜草、草木樨、毛苕子和田青等。

(3)生草方式　果园生草一般采取行间生草的方式。无论采取哪种方式，都要掌握一个原则，即应该对果树的肥、水、光等竞争相对较小，对土壤生态效应较佳，且对土地的利用率高。

(4)种植时间　根据果园生草草种的特性决定。白三叶草、多年生黑麦草，春季或秋季均可播种；放牧型苜蓿春季、夏季或秋季均可播种；百喜草只能在春季播种。

(5)播种方法　果园生草的播种方法应视所播草种的大小而定，白三叶草的种子较小，千粒重仅有0.5～0.7 g，因而播种要求较高。要求播种前应施足基肥，以每667 m^2 结果2 000 kg为宜；采用条播、撒播均可，播种深度以1～1.5 cm为宜，播种量每亩0.5～0.8 kg、播后要镇实保墒；苗期要加强管理，特别要剔除杂草。

(6)苗期管理　出苗后加强肥水管理，促其旺盛生长。草高30 cm时刈割覆盖树盘，每年割2～4次。连续生草5～7年后，草逐渐老化，表层土壤板结，应及时耕翻，休闲1～2年后重新播种。

三、果园覆盖

在年降水量不足 500 mm 地区采用各种农作物秸秆、杂草、枯枝落叶或塑料薄膜进行地面覆盖较好。覆膜时期以夏、秋季为好，它可延缓地温升降，保护浅表层根系，明显促进新根的产生，冬季起到保温防冻，春季可提高地温，减轻春旱。夏秋减少高温灼烧地表，覆盖有机物宜在春末至夏初进行。覆草厚度为 15～20 cm。还可采用上半年覆膜，下半年覆草。覆草可招致虫害和病害，使果树根系变浅等不利影响，生产上应加以注意。

(1)覆盖绿肥　行间春播或夏播一年生耐阴绿肥作物(其迅速生长期要和果树大量需肥、水时期相错开，以免竞争肥水)秋季刈割覆盖于树盘。厚度依草量多少而定，一般为 15～20 cm。

(2)覆盖作物秸秆　一般于秋季果实采收后，将作物秸秆、杂草、麦衣等覆于果园内，厚为 15～20 cm，上面适当压土，以防作物秸秆被风刮走，并注意防火，待作物秸秆腐烂后翻入土中。也可于春季覆盖；春季覆盖时宜早不宜迟，以免影响地温回升。

(3)地膜覆盖　必须在覆盖前通过耕翻、施肥、灌水、耙地、做畦、整地等一系列措施，为果树的生长创造一个良好的土壤环境条件，并通过覆盖，使被保护的这些条件不被破坏并能充分发挥其作用。覆膜时间以早春萌芽前为好，覆膜的质量要求是：地膜与地面紧密接触，松紧适中，地膜平展无褶皱，无斜纹，膜边缘入土深度不小于 5 cm，并且垂直压入沟内。人工覆膜时最好三人一组，即一人伸展并固定地膜，二人分别对畦两侧培土，以固定压严地膜。覆膜宽度根据地膜种类，一般小树只覆盖树盘，大树可按行做畦覆盖，以树冠投影为准。

【任务实施步骤】

告知(知识点、能力目标、考核标准)→引入任务→教师讲解示范(图片、实物)→学生认知(分组进行)→考核→总结、留作业

【课业】

1. 说说果园生草有什么作用与优点？
2. 如何进行果园覆盖与管理？

任务二　果园施肥

【任务描述】

果树生产上要求生产者可以根据果园实际，科学合理地制定施肥计划，根据计划落实施肥工作任务。并且在操作中根据单株果树的具体情况进行相应的变化，达到施肥的良好效果。相关的准备工作是调查果树生长情况，包括树势强弱、土壤养分高低、产量高低、花芽量多少等。一般在春季制订全年的施肥计划并实施。

通过本次任务,应使学生做到:

- 掌握果园施肥适宜的时期;
- 掌握果园施肥的方法。

【任务分析】

果树的施肥方法,直接影响肥效。因此,正确地确定施肥方法在果树的栽培管理过程中是很重要的。

【相关知识】

一、果树肥料

1. 肥料种类

绿色果品生产肥料使用必须符合 NY/T 394—2013 绿色食品肥料使用准则,重点使用农家肥、堆肥、沼肥、厩肥、泥肥、饼肥及商品肥料。

(1)农家肥料　指就地取材、就地使用的各种有机肥料。它由大量生物物质、动植物残体、排泄物、生物废物等积制而成的。

(2)堆肥　以各类秸秆、落叶、山青、湖草为主要原料并与人畜粪便和少量泥土混合堆制经好气微生物分解而成的一类有机肥料。

(3)沤肥　所用物料与堆肥基本相同,只是在淹水条件下,经微生物嫌气发酵而成一类有机把料。

(4)厩肥　以猪、牛、马、羊、鸡、鸭等畜禽的粪尿为主与秸秆等垫料堆积并经微生物作用而成的一类有机肥料。

(5)沼气肥　在密封的沼气池中,有机物在嫌气条件下经微生物发酵制取沼气后的副产物。主要由沼气水肥和沼气渣肥两部分组成。

(6)绿肥　以新鲜植物体就地翻压、异地施用或经沤、堆后而成的肥料。主要分为豆科绿肥和非豆科绿肥两大类。

(7)作物秸秆肥　以麦秸、稻草、玉米秸、豆秸、油菜秸等直接还田的肥料。

(8)泥肥　以未经污染的河泥、塘泥、沟泥、港泥、湖泥等经嫌气微生物分解而成的肥料。

(9)饼肥　以各种含油分较多的种子经压榨去油后的残渣制成的肥料,如菜籽饼、棉籽饼、豆饼、芝麻饼、花生饼、蓖麻饼等。

(10)商品肥料　按国家法规规定,受国家肥料部门管理,以商品形式出售的肥料。包括商品有机肥、腐殖酸类肥、微生物肥、有机复合肥、无机(矿质)肥、叶面肥、掺合肥等。

2. 施肥准则

绿色果品施肥准则严格遵循《绿色食品　肥料使用准则 NY/T 394—2013》,A 级绿色果品限量、限品种允许使用少量化学合成肥料,例如尿素、磷酸二铵、硫酸钾等肥料,禁止使用未经无害化处理的城市生活垃圾和污泥,禁止使用未腐熟的人粪尿、饼肥、厩肥等有机肥及硝态氮肥。

AA 级绿色果品禁止使用任何化学合成肥料,禁止医院的粪便垃圾和含有害物质(如毒气、病原微生物,重金属等)的工业垃圾。

化肥必须与有机肥配合施用，有机氮与无机氮之比不超过1∶1。

3.施肥要求

①绿色果品生产应重点建立以有机肥为主的施肥制度，扭转目前果园以化肥施用为主的不良局面；②要广开肥源，切实增加有机肥的施入量，提高有机质含量；③化肥的施用量、施肥时期要达到精准化，施肥方法、部位科学化，同时注意肥水互动，提高肥料利用率。

二、施肥量的确定

果树需肥量根据果树需肥规律、土壤供肥性能和肥料效应综合确定，在以有机肥为基础的条件下，通过土壤分析和叶片营养诊断，提出果树大量元素氮、磷、钾和微肥的适宜施肥量及搭配比例，确定适宜施肥量，减少环境污染。不同地区、不同树种施肥量要结合当地的实际情况、土壤条件、树种品种，选定施肥方案，推行配方施肥，才能获得明显成效，不能生搬硬套。

1.果树施肥量的确定

要确定果树施肥量首先应该进行土壤营养测试，了解土壤营养状况，通过采集土样、测试土样养分，根据土壤养分丰缺确定需要施肥种类，然后根据施肥种类再估算施肥量(图2-8)。

图2-8　果树配方施肥量确定流程图

(1)取土　由于果树施肥比较集中，造成果园土壤的养分分布不均匀，所取的土壤样品能否反映果园土壤的营养状况就显得更为重要，所以所取的土壤样品，一定要能代表果园的养分供给状况，每个土壤样本应该是按施肥区域面积与非施肥区域面积的比例所取的混合样品，取土深度0～50 cm。例如，某果园施肥区域面积与非施肥区域面积的比例是2∶5，那么取土时应在施肥区域打2钻，非施肥区域打5钻，然后将7钻土样混合为一个土壤诊断样品。取土时间一般在秋收后。

(2)土壤测试　土壤样品的测试值是估算栽植土壤供肥能力的基础，测试标准执行全国统一的测试方法，测定土壤的有机质、碱解氮、速效磷、速效钾，有效微量元素锌、锰、硼、铁。

(3)确定施肥的种类　根据土壤样品测试值的丰缺状况确定施肥的种类，当各种营养元素在土壤中的含量低于果树生长所需要的临界浓度时，需施肥补充该元素。

(4)估算施肥量

①氮、磷、钾肥施肥量的估算：

肥料用量＝目标产量×单位产量养分吸收量×(1－土壤养分贡献率)
÷肥料当季利用率÷肥料养分含量

- 目标产量　一般以当地前2年在正常气候条件下的平衡产量增加10%～20%来确定。
- 单位产量养分吸收量　指每生产一个单位经济产量所需吸收的养分数量。
- 土壤养分贡献率　指果树吸收的养分当中，来自土壤供给部分所占的比例。
- 土壤养分贡献率＝土壤有效养分含量÷临界浓度值。
- 当土壤有机质含量＜1%或土壤质地偏沙时，氮的临界浓度值取150，磷的临界浓度值取35，钾的临界浓度值取220；当土壤质地偏黏时或土壤有机质含量＞1%时，氮的临界浓度值取 120,磷的临界浓度值取 30,钾的临界浓度值取 190。

- 肥料当季利用率 根据施肥栽培方式不同而不同,若果树施肥采用土壤施肥,且基肥加追肥,肥料按果树生育阶段合理分配时,氮肥的当季利用率取 45%,磷肥的当季利用率取 30%,钾肥的当季利用率取 60%;当果树施肥采用基肥加滴灌随水施肥时,氮肥的当季利用率取 70%,磷肥的当季利用率取 40%,钾肥的当季利用率取 80%。

②有机肥的施用量估算 土壤有机质含量<2%时,施用有机肥,按每生产 1 000 kg 水果施有机肥 1 000～1 500 kg 计算。

③微量元素施用量估算 土壤微量元素有效含量,有效锌<2 mg/kg,有效锰<10 mg/kg,有效硼<2 mg/kg,有效铁<15 mg/kg 时,就应该补充微量元素,可在秋季结合基肥同有机肥混合一并施入,施 1～2 kg/667 m^2 微量元素肥料,也可采用叶面追肥,喷施 2～3 次微量元素肥料。施用充足有机肥补充微量元素,使其达到平衡。

想一想

测土配方施肥好吗?当地果园测土配方施肥技术进展如何?

三、施肥方法

1. 基肥

基肥是较长时期供给果树多种营养的基础肥料,是果树 70%营养的主要来源。基肥施用不仅为果树提供营养,而且还要利于土壤理化性状的改善。

基肥的组成以有机肥料为主,配合氮、磷、钾和微量元素。

(1)基肥施用时期 以早秋为好,一般在 9—10 月施用。①此期温度高,湿度大,微生物活动有利于基肥的腐熟分解,肥效高。②9—10 月正值根系生长第三次(后期)高峰,施肥后有利于伤根愈合,促发新根。③果树的上部新生器官趋于停长,有利于提高贮藏营养。

(2)基肥施用方法

①环状施肥 在树冠外沿开环状沟,沟宽 30～50 cm,深 40～60 cm,将肥料施入沟中后,覆土填平,幼树根底根系分布范围较小,当用此法,每年随着根系扩展,逐渐扩大环形沟。若肥少,劳力不足,则可用半环状沟施,即每年挖半环施肥,分两年完成。详见图 2-9。

②放射状施肥 在树冠下顺水平根生长方向,离树干 1 m 处开始,向外挖放射沟 4～8 条,沟的深度是里浅外深,宽度与环状沟相同,长度达树冠外缘,隔年更换开沟位置,以加大施肥面积,此法伤根较小,多用于成龄果园。详见图 2-10。

③条状施肥 以树冠大小为标准,于果树行间或株间开 1～2 条沟。沟宽 50～100 cm,深 30～60 cm。将肥料施入沟内,覆土。如果两行树冠接近时,可采用隔行开沟,次年更换的方法。此法可用拖拉机开沟。适用成年果树施基肥。详见图 2-11。

④全园撒施 秋耕时将肥料均匀撒在地面,然后翻入土中,此法施肥较浅,仅 15～20 cm,根系有趋肥性,易使主要吸收根系上浮土表,果树抗旱力减弱,可与放射状沟施交叉使用。成年果园或密植果园,适于此法。

⑤穴状施肥 于冠下挖若干孔穴,穴深 20～50 cm。在穴内施入肥料。挖穴的多少,可根据树冠大小及需要而定。此法适用于追施磷、钾肥料或干旱地区施肥。

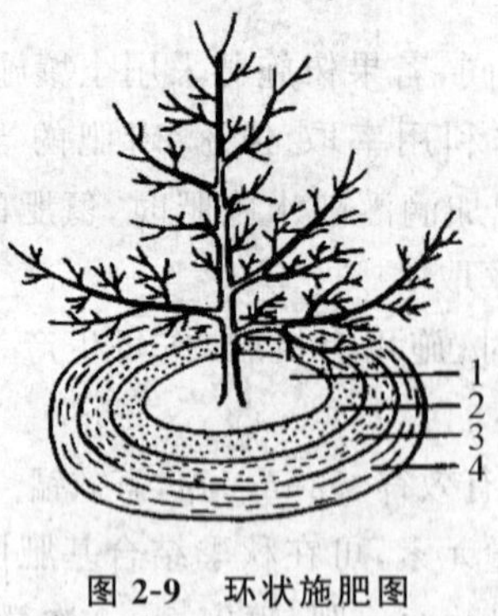

图 2-9 环状施肥图

1.定植穴 2.第一年施肥沟

3.第二年施肥沟 4.第三年施肥沟

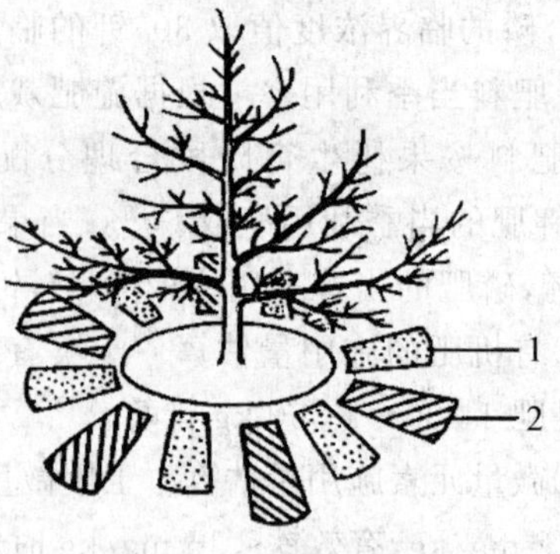

图 2-10 放射状施肥图

1.上一年施肥沟 2.当年施肥沟

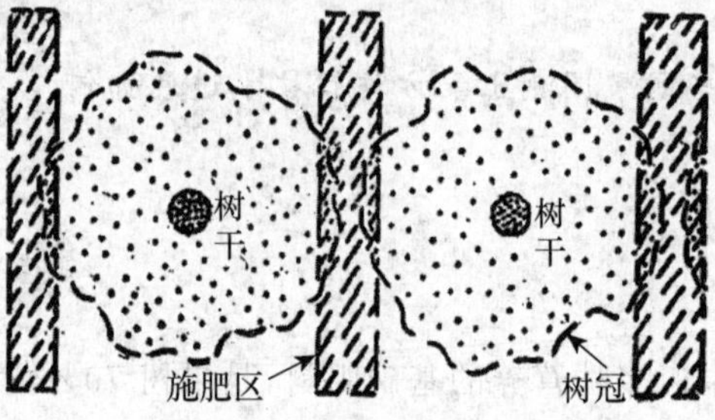

图 2-11 条状沟施肥图

⑥翻压绿肥 压绿肥的时期，一般在绿肥作物的花期为宜。压绿肥的方法，可在行间或株间开沟，将绿肥压在沟内。一层绿肥，一层土。压后灌水，以利绿肥分解。

2.追肥

(1)追肥特点 追肥是果树急需营养的补充肥料。在土壤肥沃和基肥充足的情况下，没有追肥的必要。当土壤肥力较差或肥力不足时，需要适时追肥补充树体营养的短期不足。追肥一般使用速效性化肥，追肥时期、种类和数量应结合树体产量、生长情况灵活确定。

(2)追肥时期 成龄树追肥主要考虑以下几个时期。

①催芽肥(又称花前肥) 果树早期萌芽、开花、抽枝展叶都需要消耗大量的营养，树体处于消耗阶段，主要消耗上一年的贮藏营养。催芽肥以氮肥为主，可以促进春梢生长、提高坐果率和枝梢抽生的整齐度、促进幼果发育和花芽分化。

②花后肥(5月上中旬) 幼果生长和新梢生长期，需肥多，上一年的贮藏营养已经消耗殆尽，而新的光合产物还未大量形成。追肥除氮肥外，还应补充速效磷、钾肥，以提高坐果率，并使新梢充实健壮，促进花芽分化。

③果实膨大和花芽分化期追肥 是追肥的主要时期。N、P、K 配合施用。

④壮果肥(果实膨大后期) 通常在果实迅速膨大、新梢第二次生长停止时施用，一般于7月进行。施肥的目的在于促进果实膨大、提高果实品质、充实新梢、促进花芽的继续分化。肥料种类以磷、钾肥为主。

⑤采后肥 通常称为还阳肥，为果实采收后的追肥。肥料种类以氮肥为主，并配以磷、钾肥。果树在生长期消耗大量营养以满足新的枝叶、根系、果实等的生长需要，故采收后应及早

弥补其营养亏缺，以恢复树势。还阳肥常在果实采收后立即施用，但果实在秋季成熟的果树，还阳肥一般可结合基肥一起施用。

(3)追肥方法

①环状施肥法　先在树盘内，远离主干，在主枝2/3处挖环形施肥坑，深度20～30 cm撒施肥料，与表土混匀后翻入土中。施肥后浇水促进肥料吸收。

②穴施法　在距树干0.5 m以外、果树根系集中部位挖四条放射沟，内浅外深，深度20～30 cm，将肥料注入沟内与表土混匀，施肥后浇水促进肥料吸收。

③根外追肥　又叫叶面施肥。将肥料配成一定浓度的溶液，直接喷洒到果树枝叶上。具有肥效快、节省肥料、施用方便等特点。但根外追肥不能代替土壤施肥，只是施肥的辅助手段之一，树体的营养绝大部分仍要靠土壤施肥来供给。

根外追肥应在阴天或晴天的早晚进行，浓度过大会引起药害。常见肥料的施用如表2-5所示。

表2-5　常见肥料的施用

化肥名称	浓度/%	施用时期	次数
尿素	0.3～1.0	花后至采收后	2～4
	2～5	落叶前1个月	1～2
	5～10	落叶前2周	1～2
过磷酸钙	1～3	花后至采收前	3～4
硫酸钾	1	花后至采收前	3～4
磷酸二氢钾	0.2～0.6	花后至采收前	2～4
硫酸镁	2	花后至采收前	3～4
硝酸镁	0.5～0.7	花后至采收前	2～3
硫酸亚铁	0.5	花后至采收前	2～3
	2—4	休眠期	1
螯合铁	0.05～0.1	花后至采收前	2～3
氯化钙	1～2	花后4～5周内	1～7
	2.5～6.0	采收前1个月	1～3
硝酸钙	0.3～1.0	花后至采收前	1～7
	1	采收前1个月	1～3
硫酸锰	0.2～0.3	花后	1
硫酸铜	0.05	花后至6月底	1
	4.0	花后至采收前	1
硫酸锌	0.05～0.1	花期落瓣前、萌芽前	1
	2～4	休眠期	1
硼砂	0.2～0.3	花期落瓣前后	1
钼酸铵	0.3～0.6	花后	1～3

【任务实施步骤】

告知(知识点、能力目标、考核标准)→引入任务→教师讲解示范(图片、实物)→学生认知(分组进行)→考核→总结、留作业

【课业】

1. 通过操作，体会几种施肥方法各有何优缺点。简述如何根据不同树龄、肥料种类、施肥时期采用不同施肥方法？

2. 为什么根外追肥要着重喷在叶背面？

任务三　果园水分管理

【任务描述】

果园的水分管理包括灌水和排水。水是果树的重要组成部分，枝、叶、根等器官含水量约为总重的50%，新鲜果实为80%～90%。水是有机物合成的主要原料，也是植物体有机物、无机物运输的主要载体。果树一切生命活动都与水有密切的关系。要充分发挥水分对果树的良好影响，必须适时地进行灌水与排水，以满足果树生长发育的要求。由于水分是通过土壤供给果树根系，所以土壤质地将直接影响果树对水分的吸收。因此，果园的灌水与排水，必须建立在优先改良土壤的基础上，否则不但增加灌水排水的投入，而且也会降低果树对水的吸收效果。

通过本次任务，应使学生做到：

- 了解果树生长结果对水分的要求；
- 能够完成果园的灌水和排水工作。

【任务分析】

水分管理和当地的降雨情况关系密切，在任务实施中要特别注意。如辽宁在春季和春夏相交季节容易发生干旱，而在夏秋季节容易雨水过多。根据果园、果树、天气、土壤湿度等因素来确定果园灌水和排水的方案。进行灌排后，应该调查和评估实际效果，提出参考性的果园水分管理意见。

【相关知识】

一、果树需水规律

果树树种、品种、树龄不同，抗旱能力不一(表2-6、表2-7)，枣、柿、板栗、杏、抗旱力最强，核桃、葡萄次之，苹果、梨、桃、柑橘抗旱力较弱。不同果树耐涝力也不同，葡萄、枣耐涝力强，梨、苹果中等，桃、杏、李的耐涝力最差。

几种主要的落叶果树需水量从大到小的排列次序：梨＞李＞桃＞苹果＞樱桃＞杏。不同品质种间的需水量也存在差别，一般来讲，晚熟品种的需水量要大于早熟品种。

从水分对果树的产量和品质这两个主要方面的影响来考虑，桃、苹果这两种主要果树的需水关键时期如下。

表 2-6 主要果树的需水量及耐旱、耐涝力

树种	需水量(m^3)	耐旱、耐涝力
苹果	146～415	较耐旱
砂梨	404～564	耐涝
西洋梨	248～353	较耐旱
桃	369	较耐旱、极不耐涝
欧洲葡萄	113～502	较耐旱
欧亚葡萄	342～422	较耐旱、较耐涝
柑橘	292	较耐涝

表 2-7 果树新梢停长和开始萎蔫的土壤湿度

果树种类	土壤湿度(RH%)	
	新梢停长	枝叶萎蔫
桃	20.4	18.7
葡萄	22.1	20.8
柿	23.1	21.7
梨	24.1	24.1

桃的需水量关键时期　花期及果实最后迅速生长期。

苹果的需水关键时期　果实细胞分裂期和果实迅速生长期。

需要强调的是，在果树生产对水分反应的某些敏感时期，栽培中必须维持较高的土壤供水能力，否则果树的产量或品质会受影响。但是也不可提供过高的水分供应，如桃和苹果，早期过多的灌溉，会导致树体营养生长过旺，从而加剧树体营养生长和生殖生长对养分的竞争。

二、果园灌溉方法

绿色果园现代灌水方法主要有以下几种形式：

(1)喷灌　利用专门设备，将水压提到一定高度后，发射出来，如下雨一般均匀落在果树上。其优点是：节省用水，土壤结构破坏较少；可调节小气候，避免低温、高温、干热(旱)风对果树的危害；还可喷洒农药及叶面追肥，也可以在地形复杂的山地果园使用；工效高，省劳力，但投资较大。

(2)滴灌　是以水滴或细小水流缓慢灌入果树根系的一种灌水方法。特点是节省用水，比喷灌省水一半左右，提高产量，滴灌结合施肥，可以结果树创造适宜的水、气、热、养分等条件；大幅度地提高旱地果园产量；适宜山地、丘陵地果园采用；省劳力，但投资较大。

(3)移动式灌溉系统　固定式喷灌设备网投资多而应用较少。移动式喷灌主要在坡地等不平整土地果园上使用，具有省水、省工等优点。在密植平地果园，现在有一种软管移动式微喷系统，很有推广前途。移动式喷灌系统，一般由水源、水泵、干管、支管、竖管和喷头组成。详见图 2-12。

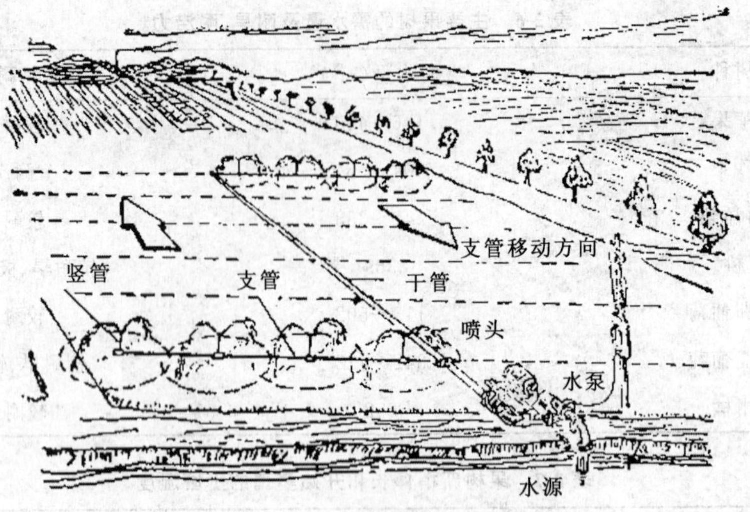

图 2-12　喷灌系统示意图

三、果园灌溉量的确定

一般最适宜的果园灌水量要求果树根系分布层内的土壤湿度达到土壤最大持水量的60%～80%。苹果、梨等深根性树种，要求一次灌水浸润 0.6 m 深的土层，全年多次灌水量累计浸润土层达 1.2 m；桃等浅性树种可稍浅，一次灌水浸润 0.4 m 深的土层，全年多次累计达 1 m 左右。综上所述，灌溉量可用下式计算：

灌溉量＝土壤深度×土壤中可利用的水量×灌溉面积/总面积×k

式中：k 是土壤中易被果树利用的水占总可利用的水量，单位为 mm^3/cm。

以桃园为例，在黏壤土条件下，假设其主要根系的分布深度为 60 cm，每次的灌溉深度约为 40 cm，相当于 400 mm^3/hm^2 水。若采用微喷灌或沟灌，如果湿润面积占总面积的 40%，则每次的灌溉深度约为 16 cm，相当于 160 mm^3/hm^2 水。

使用滴灌进行灌溉的果园，每次的灌溉量为前一天树体的蒸腾量，灌溉深度通常为 3～6 cm。

四、果园灌水时期

灌水时期应根据果树在一年中各个物候期对水分的要求，以及气候特点、土壤水分状况等来确定。果树生长前期，一般水分应充足，维持土壤最大持水量的 80%左右，以保证新梢生长，开花坐果。后期要适当控制水分，维持土壤最大持水量的 60%～70%，以保证新梢及时停长，使果树按时进入休眠，安全越冬。当土壤最大持水量低于 50%～60%时，一般应进行灌水，灌水大致分为以下几个时期。

(1)萌芽至开花前灌水　此期土壤水分充足，可以促进萌芽和新梢生长，使开花整齐，坐果率提高，同时还可以减轻春寒和晚霜危害。

(2)新梢生长和幼果膨大期灌水　此期果树的生理机能最旺盛，若水分不足，则叶片夺取幼果水分，使幼果膨大受影响。如果严重干旱，则影响根的吸收，导致生长减弱，产量显著下降，因此，雨水不足则必须灌水。

(3)果实迅速膨大期灌水 此期也是花芽大量分化期,及时灌水不但可以满足果实肥大对水分的要求,同时还可以促进花芽分化,为连年丰产创造条件。

(4)果实采收后和休眠期灌水 此期果树进入营养物质积累阶段,养分贮存的多少与来年生长结果有密切关系。这时结合秋耕、深翻、施基肥充分灌水,能促进肥料较快腐烂分解,有利根系吸收。土壤封冻前灌一次封冻水,能提高地温,减少冻害。

五、果园保墒

(1)积雪保墒 利用冬季积雪,增加土壤水分,可提高地温,果树根系免受冻害。为减少蒸发,保证雪水渗入土内,须将雪整平压实,待其溶化后供果树吸收利用。

(2)覆盖保墒 果园灌溉或降雨后,利用细土、杂草、农膜进行树盘覆盖,减少水分蒸发,增加土壤水温,可提高地温,减少杂草丛生。

(3)应用防蒸腾蒸发剂 近年来诸多抗旱剂已在一些果园中初步得到应用,其效果较为明显。

【任务实施步骤】

告知(知识点、能力目标、考核标准)→引入任务→教师讲解示范(图片、实物)→学生认知(分组进行)→考核→总结、留作业

【课业】

当地果园灌水常用的方法有哪些?你认为哪种方法最好?

项目三　花果管理

任务一　保花、保果与疏花、疏果

【任务描述】

花果管理，是指直接对花和果实进行管理的技术措施。其内容包括生长期中的花、果管理技术和果实采收及采后处理技术。花果管理是果树现代化栽培中的重要的技术措施。采用适宜的花果管理措施，是果树连年丰产、稳产、优质的保证。通过本次任务，应使学生做到：

- 掌握果树保花保果的方法；
- 掌握果树疏花疏果的方法。

【任务分析】

保花保果是保证果树产量的基础，疏花疏果是果树合理负载的关键。首先，结果过多易造成树体营养消耗过大，果实不能进行正常的生长发育，导致果实偏小，着色不良，含糖量降低，风味变淡，严重影响果实的商品品质。其次，在超量结果的情况下，幼果内种胚产生过多数量的生长激素，使营养物质集中于幼果，影响花芽分化所需的营养积累，导致第二年花芽减少，严重减产而成为小年。大小年现象是生产中必须避免的不良现象。再次，过量结果使树势明显削弱。树体内营养水平低，新梢、叶片及根系的生长受到抑制，不利于同化产物的积累和矿质元素的吸收。超量负载的苹果大年树，其根系第二、三次生长明显减弱，或缺乏第二次生长高峰，活跃的吸收根数量较小年树约少70%～75%，对以后几年的生长都会产生不良影响。

【相关知识】

一、保花保果

目前在果树生产中，果树单位面积产量低的主要原因之一是落花落果严重。引起落花落果的原因很多，例如春冻、雨涝、冷害、营养不良、缺乏授粉受精条件、本身的特性等。需要综合治理，才能达到提高坐果率，减少落果的目的。

(一)选好授粉树

合理搭配授粉树是果树保花保果关键，苹果、梨、大樱桃、李、杏等果树自花结实率低，建园时应合理配置授粉树。一般主栽品种与授粉品种按照(4～5)∶1搭配比较适宜，授粉树要求花粉量大，与主栽品种花期相遇，亲和力强。

(二)加强果园管理

加强肥水管理，保证营养充分供给，使树体生长健壮，花芽分化及花器发育良好，为提高坐果率打下基础。

(三)辅助授粉

1.人工授粉

在授粉品种缺乏或花期天气不良时，应该进行人工授粉。其常用的方法有以下几种。

(1)液体授粉花期　喷营养液，即初花期—盛花期上午8:00—10:00配喷"0.3%硼砂+0.1%尿素+1%糖(最好是蜂蜜)"混合营养液+花粉100 g+4%农抗120水剂800倍液(预防霉心病)。配好后要在2 h内喷完，时间在主要花朵盛开时为好。

(2)高接花枝　当授粉品种缺乏或不足时，在树冠内高接授粉品种带有花芽的多年生枝，以提高坐果率。对高接枝在落花后进行疏果，否则常因坐果过多，当年花芽形成不好影响来年授粉。

(3)花期　人工点授花前采集蕾期花朵，剥取花粉阴干散出花药后，将花药于初开花1～2 d早晨8:00—10:00人工点在雌蕊柱头上即可。具体实施步骤如下：

花药采集　花粉应在授粉前4～5 d采集，主要采集大蕾期和初花期的花朵。此期，花粉含量高，为适宜采花期，而盛花后花粉含量开始降低。通常1 000 m^2的果园需要采集花朵10 000～15 000个来提供花粉。

花药的剥取与晾晒　若花朵量大可利用脱药机剥取花药；若花朵较少，用手搓下花药即可。将采集的花药在20～25℃条件下阴干24～48 h，相对湿度保持60%～80%为宜。如果气温超过30℃将加快花粉死亡的速度。花粉囊自然破裂后，用小型磨粉机研磨2～3遍，可得到授粉用的纯花粉。

花粉的配制　若直接点授纯花粉，花粉用量过大，同时授粉时花朵也不易辨认。果农在实践中采用了石松子花粉与苹果花粉混合授粉的方法，使苹果人工授粉花朵呈红色，易于辨认，使果农对授粉一目了然。石松子花粉在花期阴雨低温时，与苹果花粉的比例宜为(3～5)∶1；而在晴天温度适宜时，与苹果花粉的比例可加大到(11～15)∶1，以节约苹果花粉。为保证柱头有效授粉受精，石松子与苹果花粉的安全比例为5∶1左右。

授粉的时间　一般在开花当天至第二天上午9:00至下午4:00，苹果柱头分泌旺盛，为授粉的最适时间。授粉时只给中心花授粉，以便生产果个较大的优质果实。边花不授。每蘸一次花粉(用羽状花粉刷)可点授30个左右的中心花朵为好，每667 m^2点授2万～3万朵花。有条件的可重复点授。

2.果园放蜂

苹果属虫媒花植物，果园放蜂可提高坐果率15%～20%。目前果园放的蜂主要有蜜蜂、壁蜂(角额壁蜂、凹唇壁蜂)、熊蜂、豆小蜂等,在现有授粉昆虫当中,由于壁蜂、熊蜂适应范围广,授粉效率高,将是未来授粉主力军(表 2-8)。

表 2-8 不同授粉蜂类授粉效率比较

授粉蜂类名称	活动温度范围	成虫活动范围	授粉果树	授粉效率	每 667 m^2 放蜂量
角额壁蜂	12～30℃	30～50 m	有蜜源果树	每 1 h 访花 300～400 朵	130～150 只
熊蜂	8～35℃	5 000 m	有无蜜源果树均可	每 1 h 访花 420～720 朵	50～80 只
蜜蜂	14～27℃		有蜜源果树	100%	50～100 只

(四)提高坐果率的其他措施

加强病虫防治,特别是直接危害花器和果实的各种病虫害要及时防治。套袋可以减轻果实病虫危害,具有防落果的效果,同时还有防霜、防旱、防雨涝等作用。

二、疏花疏果

疏花疏果是人为及时疏除过量花果,保持合理留果量,以保持树势稳定,实现稳产、高产、优质的一项技术措施。

(一)合理确定负载量

合理的留果量,必需根据品种、树势、树冠大小和坐果多少及栽培管理水平等方面的情况来确定。由于不同树种、品种在栽培管理条件下成花和坐果能力差异很大,因此,很难确定统一的留果标准。目前确定适宜留果标准的方法主要有:

1. 间距法

梨、苹果等大型果一般 25～30 cm 留一个果,中型果 20 cm 选留一个果,小型果 15 cm 选留一个果,按照间距选留,剔除主枝内膛与梢头果,重点选留树冠中上部优质果。

2. 枝果比

枝梢数与果实数的比值,是苹果、梨等果树确定留果量普遍参考的指标之一。据调查,树势稳定的盛果期苹果树,平均单枝叶片数为 13～15,当梢果比为 3∶1 时,叶果比约为(39～45)∶1;梢果比为 5∶1 时,叶果比约为(65～75)∶1。在当前的生产条件下,小型苹果品种梢果比(3～4)∶1,大果型品种梢果比(5～6)∶1;枝果比比梢果比小 1/3～1/4 左右。小型梨品种枝果比 3∶1 左右;大型梨品种枝果比(4～5)∶1。

枝果比因树种、品种、砧木、树势以及立地条件和管理水平的不同而异,因此在确定留果量时应综合考虑,灵活运用。

3. 叶果比

指总叶片数与总果数之比,是确定留果量另一个主要指标。每个果实都以其邻近叶片供应营养为主,所以每个果必须要有一定数量的叶片生产出光合产物来保证其正常的生长发育。即一定量的果实,需要足够的叶片供应营养。对同一种果树、同一品种,在良好管理的条件下,叶果比是相对稳定的。如苹果的叶果比为:乔砧树、大型果品种为(40～60)∶1;矮砧树、中小型果品种为(20～40)∶1。鸭梨叶果比(30～40)∶1;洋梨(40～50)∶1;桃(30～40)∶1。根据叶果比来确定负载量,是相对准确的方法,但在生产实践中,由于疏果时叶幕尚未完全形成,叶果比的应用有一定困难,可参考枝果比、果间距及经验指标,灵活运用。

4. 干周留果法

根据果树的干周来确定果树负载量的方法。具体方法是在疏果前，用软尺测量树干距地面 20～30 cm 处的周长，通过公式计算单株留果量。山东烟台市果树所提出苹果树干周法留果的公式：$Y=0.08AC^2$，式中 Y 为单株负载量(kg)；A 为每平方厘米干截面积应负载产量；C 为干周长(cm)。汪景彦(1986)提出了不同树势的苹果树干周留果法计算公式：

$$Y_{中}=0.025C^2；Y_{强}=0.025C^2+0.125C；Y_{弱}=0.025C^2-0.125C$$

干周留果法简便易行，在良好的综合管理条件下，按干周法控制产量，可保证大小年幅度不超过 5%。

(二)疏花疏果

常言道："疏果不如疏花，疏花不如疏蕾，疏蕾不如疏芽"。这是因为疏除越早，树体贮藏营养的无效消耗越少，使所留花果获取更充足的营养，发育更好。但在实际操作时，不可一步到位，一般按以下程序进行。人工疏花疏果一般分四步进行。

第一步疏花芽，第二步疏花，第三步疏果，第四步定果。定果依据负载量指标(枝果比、叶果比、距离法、干周及干截面积法等)确定单株留果量，以树定产。一般实际留果量比定产留果量多留 10%～20%，以防后期落果和病虫害造成减产。定果可在花后 1 周至生理落果前进行，1 个月内完成。

果实套袋是促进果实着色、改善果面外观，减轻农药、化肥及病虫污染，提高果园经济效益的有效措施之一。

不同果树套袋材料、套袋时期、套袋对象都不一样，为了提高套袋质量，发挥套袋效益，必须明确不同果树、不同品种套袋差异。详见表 2-9。

表 2-9 不同树种果实套袋一览表

<table>
<tr><th>树种</th><th>品种</th><th>套袋材料</th><th>套袋对象</th><th>套袋时期</th><th>除袋时期</th><th>备注</th></tr>
<tr><td rowspan="5">苹果</td><td>中早熟红色品种</td><td>单层遮光袋</td><td>秦阳、早红嘎拉、信浓红</td><td>5 月 10—15 日</td><td>7 月 20—25 日</td><td rowspan="4">陕西渭北南部地区</td></tr>
<tr><td>中熟品种</td><td>单层、双层遮光袋</td><td>皇家嘎拉、丽嘎拉、金世纪、新红星</td><td>5 月 15—20 日</td><td>8 月 1—5 日</td></tr>
<tr><td>中晚熟易上色品种</td><td>两层三色或单层遮光袋</td><td>新世界、华冠、新红星、秋红嘎拉、弘前富士</td><td>6 月 5—10 日</td><td>9 月 10—15 日</td></tr>
<tr><td>晚熟难上色品种</td><td>两层三色遮光袋</td><td>富士系品种、元帅、北斗</td><td>6 月 20—25 日</td><td>9 月 25—10 月 5 日</td></tr>
<tr><td>黄、绿色品种</td><td>石蜡单层袋
原色单层袋</td><td>王林、黄元帅、金矮生</td><td>花后 10～30 d</td><td>黄、绿色苹果可不除袋</td><td>黄元帅为了防锈可在花后 10 d 进行套袋</td></tr>
<tr><td rowspan="2">梨</td><td rowspan="2">黄、绿、红色品种</td><td>黄、黑双层袋</td><td>砂梨、西洋梨品种</td><td rowspan="2">落花后 20～30 d</td><td rowspan="2">梨可不除袋</td><td rowspan="2">单果重大于 250 g 选用单层袋，小于 250 g 选用双层袋</td></tr>
<tr><td>黄、黑单层袋</td><td>白梨、秋子梨品种</td></tr>
</table>

续表 2-9

树种	品种	套袋材料	套袋对象	套袋时期	除袋时期	备注
葡萄	欧美杂交种	白色、透明葡萄专用袋	巨峰系品种	花后 2～3 周	不除袋	
	欧亚种	白色、透明葡萄专用袋	红提、黑提、里扎马特、京秀、无核白鸡心等	花后 2～3 周	成熟前 10～15 d	黄、绿色品种可不除袋采收
桃	易着色油桃和不易着色桃	单层遮光纸袋	瑞光 3 号、秦光	花后 50～55 d	采前 4～5 d	
	中熟着色品种	单层黄、橙色纸袋	北京八号、大久保、仓方早生		采前 6～7 d	
	晚熟着色品种	双层深色纸袋	中华寿桃、寒露蜜、重阳红		采前 10～15 d	
猕猴桃	美味品种	单层米黄色薄蜡质木浆纸袋	秦美、海沃德、金香、徐香	花后 35～40 d	采前 3～5 d	

【任务实施步骤】

告知(知识点、能力目标、考核标准)→引入任务→教师讲解示范(图片、实物)→学生认知(分组进行)→考核→总结、留作业

【课业】

1. 果树落花落果的时期和主要原因有哪些?
2. 果树疏花疏果的方法有哪些?

任务二　果实套袋

【任务描述】

进行果实套袋,是提高果实品质的主要技术措施之一。近年来,我国在苹果、柑橘、梨、桃、葡萄等果树栽培中,推广了套袋技术,因果实外观品质改善,市场竞争力和售价明显提高。套袋技术除能改善果实色泽和光洁度外,还可减少污染和农药的残留,预防病虫和鸟类的危害,避免枝叶擦伤。

通过本次任务,应使学生做到:

- 进行果袋类型的选择;
- 掌握果实套袋时间及方法。

【任务分析】

纸袋的纸质需是全木浆纸，具有耐水性较强，耐日晒，不易变形，经风吹雨淋不易破裂等优点。纸袋若经药剂处理，还可防治病虫。对较难着色的红色品种，如长富 2、秋富 1、北海道 9 号、北斗等，宜选套双层纸袋，外层袋的外表面为灰、绿等颜色，里表面为黑色；内层袋为蜡质红色袋，不封底筒。对较易着色的品种如元帅系短枝品种、新乔纳金、千秋、嘎拉等，可选用单层纸袋，其外表面为灰、绿等颜色，里表面为黑色，也可用外层为灰、绿色，内层为蜡质黑色的双层袋。对于黄、绿色品种，如金冠、金矮生、王林、白龙等及梨的一些品种，为了保持果实表皮细嫩及防止果锈等，多选用具有透光性能的蜡质黄褐色条纹纸袋，也可用蜡质白色纸袋。梨套袋应选择果实大的品种，可以采用单层袋。

【相关知识】

(一)果袋质量要求

优质果袋是实现套袋成功的基础。要选购有注册商标、优质名牌、有厂家担保、并在本地应用效果较好的果袋。

双层纸袋要求外袋纸质能经得起风吹、日晒、雨淋、透气性好，不渗水，遮光性好，纸质柔软，口底胶合好，内袋蜡质好且涂蜡均匀，日晒后不易蜡化；袋口要有扎丝，内外袋相互分离。鉴别方法是：一看有无商标生产厂家。二看纸袋的抗水性和透气性。好的纸袋在水中浸泡 8 h 以上揉搓不易破碎。三看纸袋规格。较理想的纸袋规格是外袋 19.5 cm×15 cm，内袋 16.5 cm×14.5 cm。四看纸袋的外观质量，不开胶，不掉丝，通气孔、排水口适中。

(二)套袋技术

1. 套袋时间

套袋在定果后进行，套袋期确定后还应掌握具体套袋时间，一般情况下，自早晨露水干后到傍晚都可进行。但在天气晴朗、温度较高和太阳光较强的情况下，以上午 8:30—11:30 和下午 2:30—5:30 为宜(图 2-13)。这样可以提高袋内温度，促进幼果发育，并能有效地防止日灼。需要强调的是，早晨露水未干时不能套袋，否则，果实萼端容易出现斑点。因为露水通常具有一定的酸性，会增加药液溶解度，导致果皮中毒产生死斑点。同理，药液未干或下雨期均不能套袋。

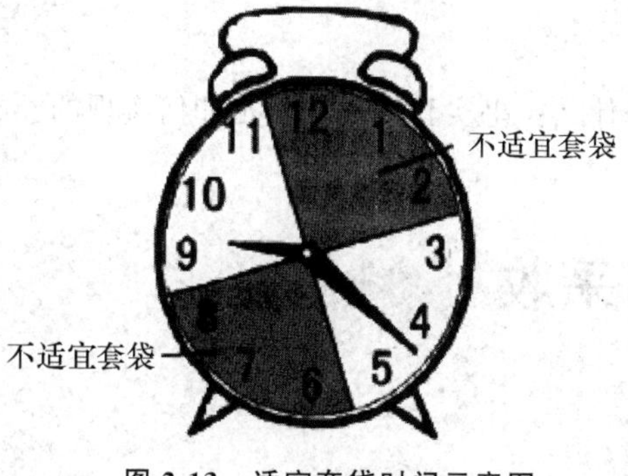

图 2-13 适宜套袋时间示意图

2. 套袋方法

套袋前应对果实全面喷施杀菌剂及杀虫剂一次，以清除果实上的病虫。

纸袋套袋前浸水。用 0.2%多菌灵液浸水 2 min，袋口向下，在潮湿地方放置半天。

持袋 左手掌心向上，两个手指夹住果袋，袋口向下与手腕平行。

撑袋 左手拇指、食指和中指捏住袋角，撑开袋口，向袋中吹气，使袋膨开。

推果 右手持袋，左手食指和中指夹住果梗，双手拇指伸入袋里，推果入袋。

合拢、折叠袋口　两手折叠袋口2～3折。

封口　把袋口金属丝在袋长7/10的部位折叠成V形。

3.除袋

苹果黄绿色品种的单层袋，可在采收时除袋；红色品种使用单层袋的，于采收前30 d左右，将袋体撕开呈伞形，罩于果上防止日光直射果面，过7～10 d后将全袋除去，以防止日灼，加速着色；红色品种使用双层袋的，于果实采收前30～40 d，先摘外袋，外袋除去后经4～5个晴天再除去内袋。桃摘袋的时间在采收前30～35 d一次去袋。梨、葡萄采收前不去袋。一天中适宜除袋时间为上午9:00—11:00，下午3:00—5:00，上午除南侧的纸袋，一定要避开中午日光最强的时间，以免果实受日灼。摘袋方法，摘除双层袋时先沿除袋切线撕掉外袋，待5～7 d后再摘除内层袋；除单层袋时，首先打开袋底通风或将纸袋撕成长条，几天后即可除掉。

4.除袋后增色管理

(1)摘叶和转果　摘叶和转果的目的是使果实全面着色。摘叶一般分几次进行，套袋果在除外袋的同时进行第一次摘叶，非套袋果在采收前15～20 d开始，此次摘叶主要是摘掉贴在果实上或紧靠果实的叶片，采前5～10 d再进行第二次摘叶。第二次主要是摘除遮挡果实着光的叶片。摘叶时期在果实刚上色时为宜，不可过早，两次摘叶量一般不超过全树总叶量的25%，否则影响树体光合作用，且会导致果实日灼发生。

转果是在果实阳面均匀着色时，轻轻将果实阴面转向阳面，促使阴面着色，根据果实着色情况反复转动，促进果实全面着色，切记转果时动作要轻，以免果实脱落。为防止果实回转，可用透明胶带固定果实，促进果实稳定全面上色。

(2)铺反光膜　摘叶和转果只能解决果实正面和侧面的光照条件，但果实下部的光照很难解决。在树下铺反光膜，可显著地改善树冠内部和果实下部的光照条件，生产了全红果实。铺反光膜一定要和摘叶结合使用，在果实进入着色期进开始铺膜。

【任务实施步骤】

告知(知识点、能力目标、考核标准)→引入任务→教师讲解示范(图片、实物)→学生认知(分组进行)→考核→总结、留作业

【课业】

保花保果的措施有哪些？疏花蔬果的作用及意义是什么？果实套袋的技术是如何实现的？

任务三　果实采收

【任务描述】

采收是果园生产的最后工作，同时又是果品贮藏的开始，因此采收起到承上启下的作用，

是果树生产的重要环节。如果管理不善，会使产量降低、品质下降，还会影响果实的贮藏性能，大幅度降低果园的经济效益。

通过本次任务，应使学生做到：

- 学会判断不同果品的适宜采收期；
- 掌握不同果品的采收方法及主要事项。

【任务分析】

果实采收包括采前准备、采收期的确定及采收方法，在采摘过程中，应根据不同果实种类、品种及不同的果品用途及销售方式，采取相应的措施。

【相关知识】

采收是果园生产的最后工作，同时又是果品贮藏的开始，因此采收起到承上启下的作用，是果树生产的重要环节。如果管理不善，会使产量降低、品质下降，还会影响果实的贮藏性能，大幅度降低果园的经济效益。

一、采收前的准备

1. 估产

采收是时间性很强的工作，特别是对一些核果类果树，其成熟速度快，适采时间短，必须及时完成，否则会造成不应有的损失。因此，在采收前需对果园的产量进行估测。之后根据估产的结果，合理安排劳力，准备采收前用具和包装材料等。

估产一般在全年进行两次，即 6 月落果后和采前一个月，后一次尤为重要。估产的方法是根据果园的大小，按对角线方式随机抽取一定数量的果树，调查其产量情况，再换算成全园的产量。抽样时应注意所调查的树应具有代表性，要避开边行和病虫为害严重的树。调查时一般按每公顷 10 株抽样。

2. 采收工具的准备

估产后，应根据劳力状况合理安排采收进程，并准备采收用具。我国采收多用果筐，筐内应用柔软材料垫衬，以防止果实碰伤，国外采收用采果袋由金属和帆布做成，可减轻果实损伤。

除采收工具外，还必须根据估产结果，准备包装容器。包装容器不可有锐利边角。我国现在主要用纸箱。

二、采收期的确定

采收期的早晚对果实的产量、品质及耐贮性都有很大影响。采收过早，果实个小，着色差，可溶性固形物含量低，贮藏过程中易发生皱皮萎缩；采收过晚，果实硬度下降，贮藏性能降低，树体养分损失大。

1. 果实成熟度

根据用途，果实成熟度可分为可采成熟度、食用成熟度和生理成熟度三种：

(1)可采成熟度　此时果实体积已达到可采收的标准,但并未完全成熟,其应有的风味还未充分表现出来,果肉硬度大,不适宜立即鲜食。需要远途运输、贮藏和加工成蜜饯的果实在此时采收。

(2)食用成熟度　此时果肉已充分成熟,并表现出该品种特有的色、香、味。果实内可溶性固形物含量达到最高,食用品质最佳。此时采收适用于当地销售、加工果酒、果酱、果汁等,但不适于长途运输和贮藏。

(3)生理成熟度　此时不但果实充分成熟,种子在生理上也达到充分成熟。此时果肉内有机物已开始水解,硬度下降,风味变淡,食用品质降低。但达到生理成熟度后,果实的种子饱满,贮藏营养充足。以种子为可食部位或育种时采种的果树,应在此时采收。

2.成熟度的确定与果实采收

对于有些果实上述三种成熟度是一致的,有些则相差甚远。前者如就地销售的晚熟品种桃,采收时种胚已充分发育成熟,后者如西洋梨的绝大部分品种,采收后必须经过一段时间的后熟才可食用。在生产中应根据具体需要,在不同的成熟期采收果实。果实成熟度的确定主要有以下几种方法:

(1)果实的色泽　大部分果实在成熟过程中果皮的色泽会发生明显的变化。如:果皮中叶绿素逐渐分解,底色中绿色减退,黄色增加,红色品种逐渐显现出其特有的色泽。对大多数品种来说底色由绿转黄是果实成熟的重要标志。目前我国大部分果园采用这种方法。此法的优点是简便易行,容易掌握。缺点是判断准确性差,缺少具体指标,主要靠经验。

(2)根据盛花期后的天数　果实从坐果至成熟所需的发育天数,在一定的条件下是相对稳定的。因此可根据某一品种的果实盛花期后发育期的天数,来推算其成熟期。

(3)糖量(或可溶性固形物含量)　果实的含糖量也是果实成熟的标准之一。酿酒葡萄在采收时要求可溶性固形物含量达到17%～18%。

(4)硬度　随着成熟度增加,果实的硬度逐渐降低,因此,根据果实的硬度可判断其是否成熟。金冠苹果适采时的果肉硬度约为6.8 kg,元帅系为6.4～17.3 kg。

(5)碘—淀粉反应　一些树种的果实(如苹果)在成熟前,含有较多的淀粉。成熟后,果实中的淀粉被分解为糖。利用碘化钾与果实中的淀粉反应生成紫色的程度,可判断果实的成熟度。测定时将苹果横切两半,用5%的碘化钾溶液涂抹切面,根据染色体的面积,将其分为六级。

在判断果实成熟度时,不同的品种要求不同的反应指数,如津轻、元帅系品种一般要求在3.5级以下才能采收。

采收期的确定除要考虑果实的成熟度外,更重要的是要根据果实的具体用途和市场情况来确定。如不耐贮运的鲜食果应适当早采,在当地销售的果实要等到接近食用成熟度时再采收。如果市场价格高,经济效益好,应及时采收应市。相反,以食用种子为主的干果及酿造用果,应适当晚采,使果实充分成熟。有些果树种的果实需经后熟后才可食用,如西洋梨、涩柿、香蕉等,这些果实在确定采收期时,主要根据果实发育期、果实大小等指标。表2-10为苹果各品种采收期。

表 2-10　苹果各品种采收期

品种	胶东地区	辽南辽西地区
辽伏	6月中旬	7月上旬
藤牧一号	7月中上旬	7月中旬
美国八号	8月上旬	8月中旬
津轻	8月中上旬	8月下旬
嘎拉	8月中旬	8月下旬
金冠、元帅	9月中旬	9月下旬
乔纳金	9月底	9月底
红将军	9月底	10月初
王林	9月底至10月初	10月上旬
华冠	9月底	10月初
寒富	10月初	10月上旬
华红	10月初	10月下
富士、国光	10月中旬	10月下

3. 采收方法

果实采收的方法，因树种不同而有很大差别。根据是否使用机械可分为人工采收和机械采收两类。

(1)采收的要求　果树的种类很多，果实形状千差万别，其采收的方法也各不相同，但采收的要求原则上是相同的。

采收时应尽量避免损伤果实，如压伤、指甲伤、碰伤、擦伤等，果实受伤后，病菌容易侵染果实，导致果实腐烂。受伤的果实即使不腐烂其贮藏性也降低。为减轻果实受到的伤害，采收时最好戴手套，做到轻拿轻放。

一株树采收时应按先下后上，先外后内的顺序进行，以免碰伤和碰落果实。采收时还要注意避免碰伤枝芽，造成来年的产量损失。

对成熟度不一致的树种或品种应分期采摘，以提高果实的品质和产量。国外为了提高果实品质，在包括苹果在内的许多树种上均采用分期采收。

(2)采收方法　对果柄与果枝易分离的树种，如核果类和仁果类果树可用手直接采摘，对于柑橘、葡萄枝等果柄不易脱离的果实，应用剪刀剪取果实或果穗，仁果类采收时用手轻握果实，食指压住果柄基部(靠近枝条处)，向上侧翻转果实，使果柄从基部脱离。采收果实时注意要保留果柄，以免果实等级降低，造成经济损失。核果类中的桃、杏等果实果柄短，采收时不保留果柄。采收时应用手轻握果实，并均匀用力转动果实，使果实脱落。樱桃采收时应保留果柄。有些品种的桃果柄很短但梗洼较深，如部分蟠桃及圣桃等，在采收时近果柄处极易损伤。最好用剪刀带结果枝剪取果实。

4. 机械采收

机械采收效率高，可大幅度降低劳动强度与生产成本，是将来果树生产的发展方向。但现在采收机械还不十分完善，完全的机械采收还主要用于加工果实，而鲜食果仍以人工采收为主。

国外机械采收主要有以下方式：

(1)机械振动　这是目前国外使用最多的方法，对于大多数加工用果实，均可采用振动采收。振动采收机有很多种,但主要由振荡器和接果架两部分组成。振荡器上带有一个装着钳子的长臂。采收时振荡器伸出长臂,用钳子夹住树的主干摇动,把果实振动下来。下面用倒伞形的接果盘接住被振落的果实。然后用传送带将果实送到果箱中。

采收机振动的频率因果实的种类不同而不同。振动频率苹果为 400 次/min,樱桃为 1 000～2 000 次/min。

(2)机械辅助采收　发达国家在鲜食水果采收时虽未实现完全机械化,但采用了较多的辅助机械。应用最多的是可移动式升降采收台。采收时人站在采收台上,可根据果实的部位调节采收台的高低。

【任务实施步骤】

告知(知识点、能力目标、考核标准)→引入任务→教师讲解示范(图片、实物)→学生认知(分组进行)→考核→总结、留作业

【课业】

1.请自行选择一个果树品种,确定其采收期。

2.选择一个果树品种,确定其采收方案。

项目四

整形修剪

任　务　整形修剪的基本方法

【任务描述】

初学者学习整形修剪的难度较大，关键技术的学习应按由浅入深的规律进行分解。明确果树整形修剪的意义，熟练整形修剪的基本方法和技能，在实际果园的果树上应用整形修剪的方法，体会修剪反应。

通过本次任务，应使学生做到：

- 掌握果树整形修剪的基本方法；
- 掌握实施不同果树修剪方法的适宜时期。

【任务分析】

掌握果树整形修剪的基本方法并不难，但难点是对于不同树种、品种及不同时期的果树，如何应用这些方法。要想掌握好果树的整形修剪方法，首先要了解果树的枝芽特性，这样才能更好理解修剪反应。

【相关知识】

一、果树整形修剪

整形修剪包括整形和修剪两项密切关联的操作技术。“修”是修整树形的意思，“剪”是剪截枝条的意思，二者合起来就是整形和剪枝。在习惯上，常用整形和修剪两个名词。整形修剪是果园综合管理的一个环节，它与土肥水管理、花果管理和病虫草害防治等密切相关，只有合理运用各种栽培管理措施，才能充分发挥整形修剪应有的作用和增产潜力。任何片面强调修剪技术的行为，都不能达到丰产优质栽培的目的。

(一)整形修剪的基本原则

果树整形修剪应遵循以下基本原则：

因地制宜，因树选形　应根据果园立地条件、品种、砧木、密度树龄的不同，因地、因园、因树，选择合理树形，随枝做形，最大限度地利用空间，体现“形”的科学性。

通风透光，增强树势　整形的目的就是实现产量和质量的有机统一。其核心是改“三密”（树密、枝密、果密）为“三稀”（稀植、稀枝、稀果），关键是解决果园通风透光、营养分配，调节树“势”，以“势”为基础，达到主从分明，通风透光。

动态管理，灵活适度　果树形随树龄的变化而变化。不同树龄阶段树形不一样，不同砧木树形不一样，树形在果树一生中动态变化。

简便易行，省工省时　树形确定后，整形修剪技术要趋于简单、易学、好懂、便于操作，省工省时，降低成本。

统筹兼顾，四季修剪　现代果树整形修剪推行“四季修剪”，统筹兼顾，将整形修剪的工作重心放在春季、夏季、秋季三季修剪上，冬季修剪只是生长季修剪的补充环节，使果树促花保果环节与树势调控环节协调、统一。

(二)常见主要树形结构(图 2-14)

1. 有中心干形

(1)疏散分层形　主枝 5～7 个，在中心干上分 2～3 层排列，一层 3 个，二层 2～3 个，三层 1～2 个，各层主枝间有较大的层间距，此形符合果树生长分层的特性。

(2)主干形　干高 0.7～0.9 m，树高 3.5～4.0 m，在中心干上着生 30～40 个大、中、小型枝组，枝组长度 0.7～1.2 m，中心干上主枝层不明显，树形较高。

(3)自由纺锤形　干高 0.9～1.0 m，树高 2.5～3 m，冠径 3 m 左右，在中心干四周培养 10～15 个长度小于 1.5 m 的近水平主枝，不分层，全树下长上短，呈纺锤形。

(4)细长纺锤形　干高 90～100 cm，树高 2.5～3.0 m，冠径 1.5～2.0 m，树上均匀配备 14～15 个小主枝，插空排列，螺旋上升，间距 15 cm 左右，开张角度 95°～100°，主枝长度 0.5～1.2 m，全树上下短、中部略长，呈细纺锤形。

2. 无中心干形

(1)单层高位开心形　干高 0.6～0.7 m，中心领导干高 1.6～1.8 m，树高 3.0～3.5 m，在中心干上或基轴上培养 10～12 个长放枝组。最上部 2 个枝组呈水平反弓弯拉向行间，各基轴与主干夹角 70°左右。最终使全树只有一层，叶幕厚度 2～2.5 m。

(2)自然开心形　三个主枝在主干上错落着生，直线延伸，主枝两侧培养较壮侧枝，充分利用空间。此形适合桃等干性弱、喜光性强的树种，树冠开心，光照好，容易获得优质果品。缺点是初期基本主枝少，早期产量低些。梨和苹果上也有应用，同样有利生产优质果实。

(3)开心形　干高(低干 1.0～1.2 m，中干 1.5 m 左右，高干 1.8～2.0 m)，四个主枝向四周均匀分布，在主干上保留 3～5 个永久性主枝，间距 40～60 cm，主枝角度 50°～60°，每个主枝上各配 2～3 个大侧枝。

3. 篱架形

其特点是需设置篱架，以固定植株和枝梢，整形较方便。常用于蔓性果树。随着果树生产的发展，欧洲、澳洲和美国在苹果、梨等树种上广泛应用。如棕榈叶形、双层栅篱形、Y 形等。

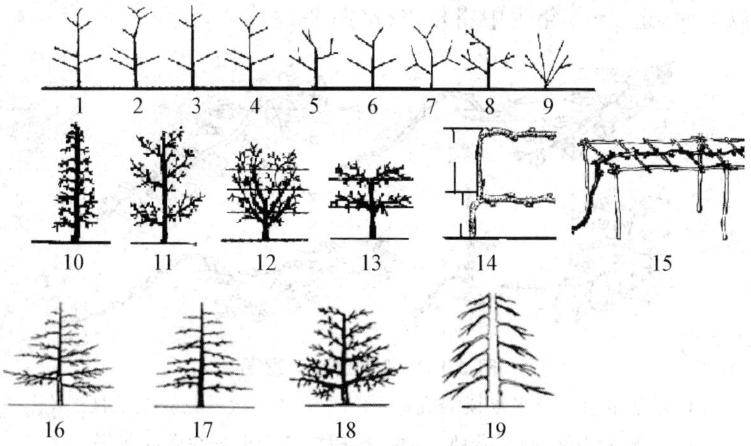

图 2-14　常见果树结构示意图

1.疏散分层形　2.三主枝半圆形　3.十字形　4.自然圆头形　5.三主枝开心圆头形　6.多主枝自然形　7.自然杯状形　8.自然开心形　9.丛状形　10.圆柱形　11.自然扇形　12.棕榈叶形　13.双层栅篱形　14.F形　15.倾斜棚架形　16.自由纺锤形　17.细长纺锤形　18.改良纺锤形　19.主干形

二、修剪方法及作用

1.生长季修剪

刻芽　可定向促发健壮发育枝，促发中短枝，增加枝量，有利于补空、成花。萌芽前到萌芽期，对2～4年生的中心干和多年生枝主枝两侧、中心干的光秃部位及衰弱枝组的基部，可定向于芽的上(前)方0.3～0.5 cm处用小钢锯条、小手锯顺齿刺一道，伤及木质，长度为枝干周长的1/3～1/2，深度为枝干粗度的1/10～1/7。需抽生强枝者应按照“早、近、深、长”的要求；需抽生小弱枝者应按照“迟、远、浅、短”的要求。抽生骨干大枝宜在萌芽前7～10 d进行，抽生中小枝宜在萌芽期进行(图2-15)。

抹芽　萌芽后用手抹除或用刀削去嫩芽，留优去劣，减少枝量；调整分布，加快成形；减少伤口，节省养分。对主干上(全部)、延长枝头上(留一顶芽)、主枝背上及骨干枝基部20 cm以内及剪锯口周围无空间的萌芽全部抹除。

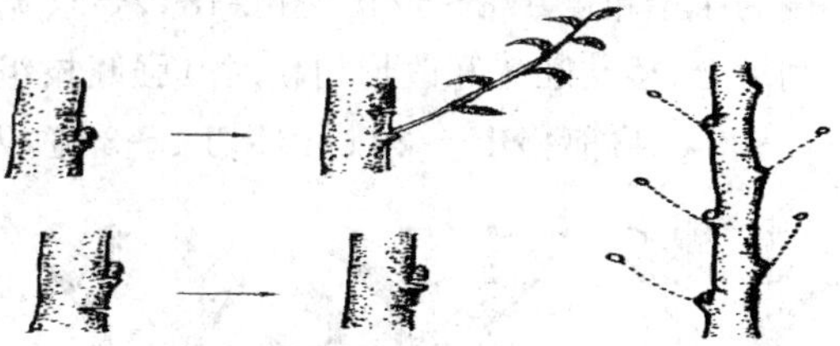

图 2-15　刻芽示意图

摘心　摘除新梢顶端部分嫩梢称摘心。削弱顶端优势，促生分枝，增加养分积累。生长旺盛的新梢于15 cm处摘心，促生副梢；7月中旬对部分强旺副梢再次摘心，形成短枝，部分可成花；当果台副梢长至25 cm左右时，保留8～10片叶摘心，提高坐果，并促进幼果生长发育。

扭梢　扭转枝梢下部，伤及皮层和木质部，改变枝向，削弱长势；改善光照，积累养分，促进成花。一般在春梢旺长期对中心干上过多新枝、主枝北生旺枝，当长至15～20 cm时，用手指从基部5 cm处扭转180°向缺枝的一侧补空。6月上中旬对2～3年生长较强的营养枝从基部扭转半圈，使之呈斜生或下垂状态(图2-16)。

拿枝　对旺梢自其基部到顶部用手揉捋3～4次，伤及木质部，折响而不断的称为拿(揉)枝。有缓和长势、积累养分的作用，对提高来年萌芽率、促生中短枝效果显著。夏季6月，当新梢长到 50 cm 以上时，选 2～3 年生中庸枝进行(图 2-17)。

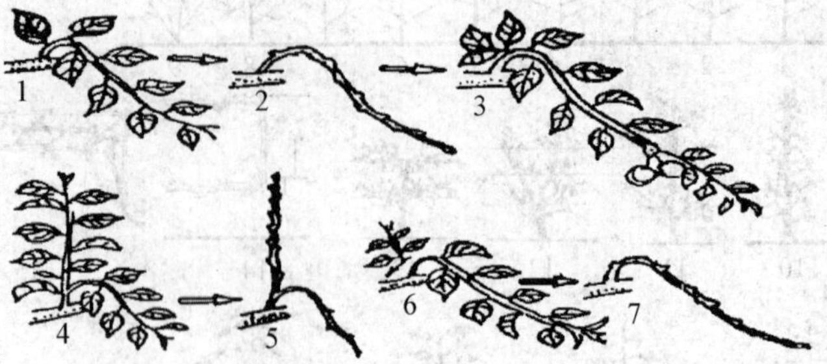

图 2-16　扭梢过程示意图

1. 夏季扭梢　2. 当年顶端成花　3. 次年结果状　4、5. 扭梢枝二次梢未去除时，成花难　6、7. 扭梢枝二次梢去除后成花好

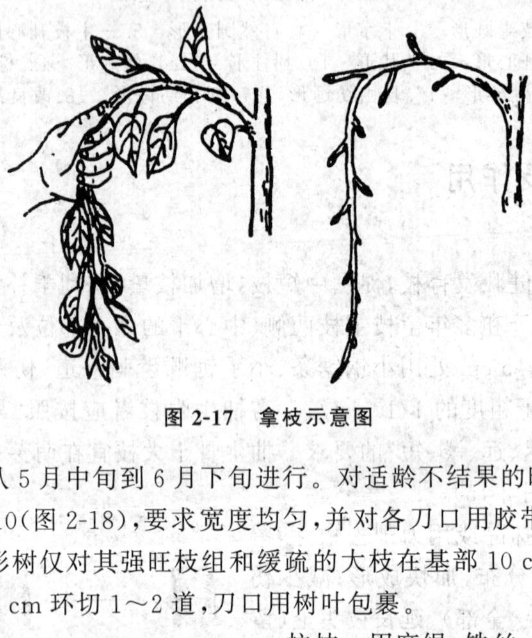

图 2-17　拿枝示意图

环剥、环切　一般从 5 月中旬到 6 月下旬进行。对适龄不结果的旺树可采取主干环剥，宽度为主干粗度 1/8～1/10(图 2-18)，要求宽度均匀，并对各刀口用胶带或报刊纸包裹伤口，以利愈合；矮砧旺树和改形树仅对其强旺枝组和缓疏的大枝在基部 10 cm 处环切 1～2 道，间隔 7～10 d，再前移 10～20 cm 环切 1～2 道，刀口用树叶包裹。

图 2-18　主枝环剥示意图

1. 完全环剥　2. 半周环剥　3. 错位环剥

拉枝　用麻绳、铁丝、扎带将枝条人为地拉至整形要求的方位和角度，称为拉枝。有利于扩大树冠、加速成形；改善通风透光条件，促使成花，充分利用空间，实现立体结果。1～2 年生枝，秋季拉枝效果最好，拉枝后易固定，来年萌芽分布均匀，背上“冒条”少。一般采取“一推、二揉、三压、四固定”手法进行。

1～2 年生枝及未结果的多年生枝宜在 8 月中旬至 9 月上旬拉枝，骨干大枝和多年生强旺枝组宜在 5 月中下旬春梢旺长期进行。肥水条件好、不易成花的大冠品种，拉枝角度要大，拉至 100°～120°；矮砧、易成花的品种，拉枝角度宜小，拉至 90°即可(图 2-19)；红富士品种一般根据枝类需要分别拉至 90°～115°。对于小主枝和结果枝组可用“E”型开角器开张角度(图 2-20)。

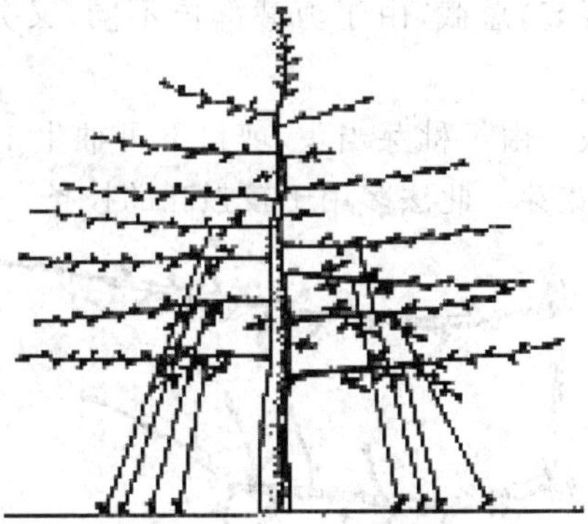

图 2-19　拉枝示意图

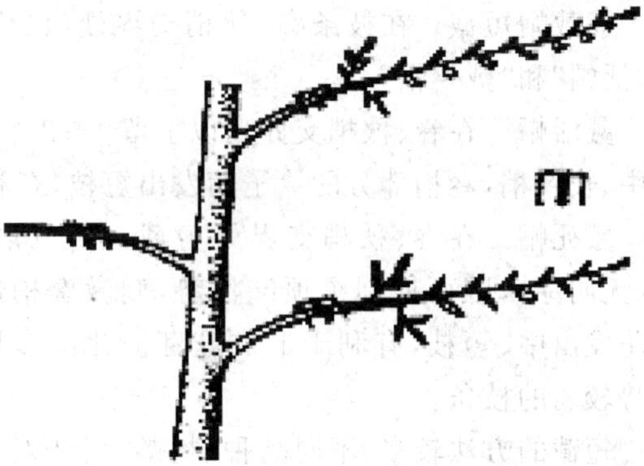

图 2-20　E 形开角器

疏梢　将当年抽生枝梢剪除称疏梢。一般于果实成熟前 20～30 d，将内膛萌生枝和细弱枝外围遮光枝和较大枝组的两侧枝及强旺的果台副梢(去强留弱、去直留斜)剪除。

2. 休眠期修剪

(1)短截　即剪去一年生枝条的一部分。短截的主要作用是刺激剪口下侧芽萌发和抽枝，剪口下第一芽受刺激作用最强，向下依次减弱。短截越重，刺激作用越强，但发枝不一定旺。因为发枝强弱还与剪口芽的质量有关。所以，短截部位不同，其反应不同(图 2-21)。

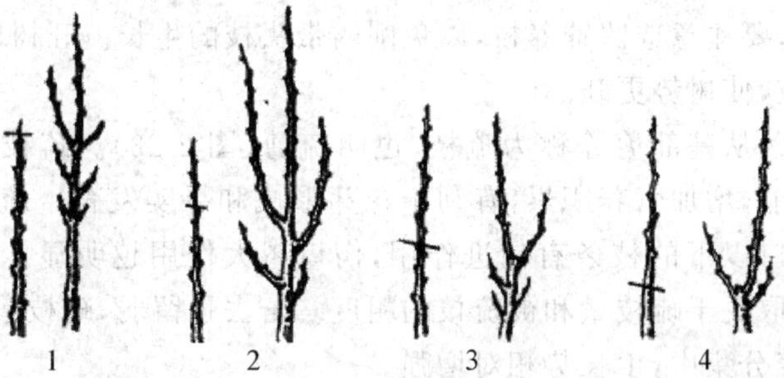

图 2-21　一年生枝不同部位短截反应示意图

1. 轻短截　2. 中短截　3. 重短截　4. 极重短截

①轻短截　只剪去枝条顶端一部分(1/4 左右)。由于剪口下芽多为次饱满芽，剪后抽生的长枝较少，生长势弱，但发出的中、短枝多，全枝势力缓和，有利于花芽形成。

②中短截　在枝条春梢中上部饱满芽处剪截(剪去 1/2 左右)。剪口下多为饱满芽，剪后可抽生几个强旺枝条，中、短枝发生较少，成枝力强，单枝生长势强。此法多用于骨干枝延长头的修剪及培养大型枝组等。

③重短截　在枝条中下部次饱满芽处剪截(剪去 1/3～1/4)。虽短截较重，但剪口下芽质量较差，可抽生 1～2 个较强旺的长枝，成枝率较低，中、短枝抽生较少，不利于成花。重短截对局部的刺激作用较大，但对全枝有削弱作用。一般多用于培养枝组、改造徒长枝等。

④极重短截　在枝条基部留 2～3 个秕芽短截，也叫台剪。由于剪口下芽质量差，只能抽生 1～3 个中、短枝条，可降低枝位，缓和枝势，有利于形成果枝。但用在幼树和对修剪反应比较敏感的品种上，也能抽生出长枝。所以，应用时必须配合夏季扭梢、摘心或绿枝短截进行控制，才能取得良好效果。此法多用于对竞争枝的处理和培养靠近骨干枝的紧凑型枝组。

⑤戴帽短截　在枝条春、秋梢交界处(也称轮痕、盲节)短截,由于剪截部位不同,又分为“戴活帽”和“戴死帽”。

戴活帽　在春、秋梢交界处以上留 1～2 个秕芽剪截。由于秕芽当头,剪口下可抽生 1～2 个中、长新梢,春梢部分的芽子萌发出短枝,有利于形成花芽。此法多用于较强旺的枝条。

戴死帽　在春、秋梢交界处剪截,由于剪口处盲节(无明芽),因而抑制了顶端优势,刺激春梢部位的芽萌发出中、短枝,有利于形成花芽。此法多用于生长势较弱的枝条。

短截的方法较多,不同品种、树龄、树势对各种短截方法敏感程度各异,应用时必须灵活掌握。

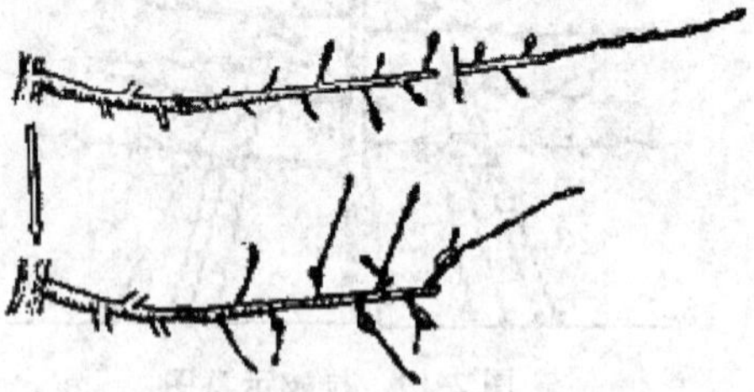

图 2-22　回缩

(2)回缩　对二年生以上的枝进行剪截叫回缩,又称缩剪(图 2-22)。回缩对局部生长有促进作用。一般主要用于回缩主枝延长头和主干延长头控冠、控高。可改善通风透光条件,有利果实发育和花芽形成。但回缩对全树的生长有削弱作用,回缩越重,削弱也越大。

回缩常用于衰弱枝组和骨干枝的更新复壮;对较大辅养枝的改造;对交叉重叠枝的清理;对骨干树角度的调整;对树冠的控制;解决通风透光和调整树势等,在冬季修剪中应用范围较广。具体运用时,一定要掌握好回缩部位和轻重程度,防止造成失误。更新性回缩必须缩到健壮部位,伤口过大时,要注意选留辅养枝,以免削弱带头枝的生长。旺树回缩不宜过多过重,以防刺激萌发大量旺枝,使树势更旺。

(3)疏枝　将枝条从基部剪除称为疏枝,也叫疏剪(图 2-23)。疏枝可以改善树冠光照条件,提高叶片光合效能,增加营养积累,有利于花芽形成和果实发育。疏枝对伤口以上的枝条有削弱作用,而对伤口以下的枝条有促进作用,伤口越大作用越明显。疏枝对全树有削弱作用,削弱作用的大小取决于疏枝量和被疏枝的粗度。若去强留弱,疏枝量大,削弱作用就大;去弱留强,疏枝量小,养分集中,生长势相对增强。

(4)长放　对枝条不进行任何剪截,任其生长,称为长放,也叫甩放或缓放(图 2-24)。由于长放枝条未经修剪刺激,枝条上留芽多,养分分散,长势缓和,萌芽率高,易形成中、短枝,停止生长早,有利于营养物质积累,花芽容易形成。

图 2-23　疏剪示意图

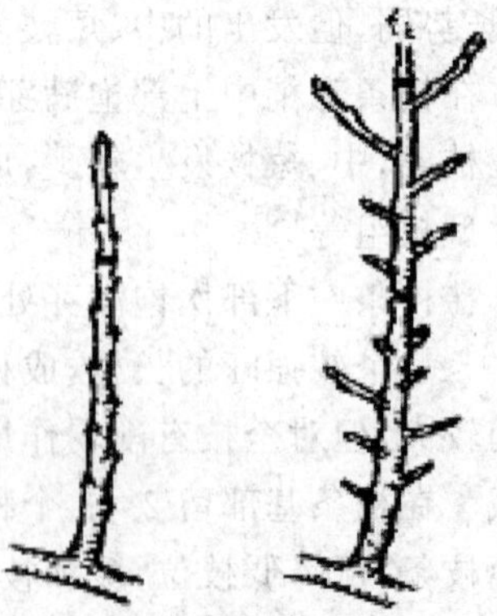

图 2-24　长放

长放对象主要是中庸枝，过旺枝不宜长放，否则会引起徒长。过弱枝长放后效果不佳，也不宜长放。

三、不同年龄时期的修剪

1.幼树期

主要任务是促进树体迅速扩大，增加枝量，提早成形；搞好辅养枝的转化，促其成花，提早结果。

(1)按树形要求定干　定干高度为主干高度加整形带高度。不同树形主干高度不一，因此定干高度也不相同。整形带是抽生第一层主枝部位，在 20～30 cm 整形带内应有 8～10 个饱满芽，以便抽生出良好分枝。如在规定高度整形带内没有足够数量的饱满芽，可适当抬高或降低定干高度。切忌不论芽质优劣盲目定干，强求一样高，以免影响基部主枝培养。

(2)加速骨干枝培养　骨干枝培养要根据所选树形结构，确定其数目、方位、角度、长度、层次及层间距离等。对骨干枝要以促为主，使树冠迅速扩大，尽快增加枝量，为早期丰产奠定基础。对辅养枝要轻剪缓放，促发短枝，以利成花，提早挂果。

结果枝组的培养：

- 小型枝组采用“先放后缩法”，即对一年生枝不剪长放，待成花结果后再回缩。此法在幼树和初果树上应用较多；
- 大型结果枝组采用“先截后放再缩”法培养。即对一年生枝轻短截或戴帽剪，促发中、短枝，成花结果后，适当回缩，可形成中、小型枝组，缺点是结果晚，在初果期树上不宜应用。

(3)落头开心　完成整形任务后，要注意控制树冠高度以 3.0～3.5 m 为好，对超高树必须及时落头开心。方法是对准备去掉的一段中央领导干，在冬季修剪时只疏去旺枝而不短截，次春萌芽前，在预定落头部位，将中干上部揉拿拉平，插向空间，萌芽后及时抹除背上萌蘖，夏季环割或环剥，促花结果，以果压顶，控制树高。

2.盛果期

进入盛果期的果树整形工作已经结束，修剪任务是维持健壮树势，调节生长与结果的关系，改善光照条件，搞好枝组培养、调整和更新复壮，争取丰产、稳产、优质和延长盛果期年限。

(1)调节营养生长和生殖生长平衡　要根据树体营养情况和花芽形成花情况确定修剪量，在花芽多时，以疏为主，降低花量；对花量少的树，采取环切、拉枝、变向等措施促花，使树冠体积达到 1 200～1 500 m^3，剪后留枝量达到 5 万～8 万枝，枝类比达到长枝 10%～15%，中枝 20%，短枝 60%～70%。

(2)改善冠内光照条件　进入盛果期的树，因枝叶量大，常易使树冠郁闭，光照条件差，影响树体成花，应及早对枝条进行控制，以拉枝为主，控制新梢长度和粗度，结合疏枝、增光，提高成花质量和果实品质。

(3)结果枝组修剪　结果枝应根据不同情况，采取合理的修剪措施，才能维持健壮长势和良好的结果性能。

强旺枝组，营养枝多而旺，长枝多，中、短枝少，花芽不易形成，结果不良。这类枝组应疏除旺长枝和密生枝，其余枝条尽量缓放。夏季加强捋枝，缓和长势，促进成花。

中壮枝组，营养枝长势中庸健壮，长、中、短枝比例适当，容易形成花芽，结果稳定。这类枝组要调整花、叶芽比例，按“三套枝”修剪法修剪。即对一部分形成花芽的果枝不剪，使其当年结果;另一部分轻剪或不剪,使其当年形成花芽,下年结果。其余枝条中短截,促其发枝,下年轻剪缓放,促生花芽,后年结果。这样轮换更新,交替结果,才能保持果枝连续结果能力。

衰弱枝组,一般中、短枝多,长枝少,花芽多,坐果少。这类枝组应疏除大量花芽,减轻负担,采取去远留近、去斜留直、去老留新、去密留稀、去下留上的更新修剪,恢复枝组长势。

3.衰老期

主要任务是更新骨干枝和结果枝组,恢复树势,延长结果年限。

更新　在衰老树上要提前培养徒长枝,然后对结果枝进行逐年更新,应分年疏除过多的短果枝,短截长果枝,减轻树体负担,增强生长势。若树势极度衰弱,主、侧枝的延长头很短,甚至不能抽生枝条时,要及时回堵换头,抬高枝头角度,恢复长势。后部潜伏芽发生的徒长枝,要充分利用,培养成新的结果枝组。

复壮　要适当降低衰老树的产量,加强病虫害的防治,同时增施有机肥和氮肥,促进树势恢复,延长经济寿命。

四、修剪步骤

确认品种、判断树势和花量。修剪之前,要分清品种,观察长势,了解花量。做到修剪前心中有数。然后根据不同品种、不同树势、不同花量确定具体的修剪方法。

(1)修剪操作原则　先剪大枝,后剪小枝;先剪上部、外部,后剪下部、内部;先剪衰弱病虫枝,后剪健康枝。

(2)调整骨架,处理大枝　主要以调整骨干枝的角度和从属关系为主。修剪时,先根据既定树形要求,调整骨干枝数量、角度、体积和从属关系。骨干枝尚未配齐者应继续选留培养。多余的骨干枝疏除,或重回缩改造成枝组。角度过小的应设法开张。体积过大,扰乱从属关系者,应回缩控制,使树体骨架良好,结构合理,从属关系明确。

(3)辅养枝修剪　检查辅养枝的着生位置、体积、长势和延伸方向等是否合适。对妨碍骨干枝生长、扰乱树形和影响通风透光的密生枝、交叉枝、重叠枝、竞争枝、病虫枝等辅养枝,应予以疏除。对所保留的辅养枝,注意控制体积,内大外小,对背上大枝疏除,背下较大的下垂枝,回缩体积。达到枝条布局合理,通风透光良好。

(4)结果枝修剪　主要选留靠近主干,果台副梢多的水平枝或背下枝为好,要求枝长在5～15 cm的中果枝结果为宜,短果枝多数果形不正,长果枝所结果实偏小,均不宜多用。

(5)延长头修剪　对中心干、主枝及侧枝延长头剪截,应根据需要区别对待。凡需要继续扩冠者,在延长枝饱满芽处短截;不需要延伸或长势过旺者,长放不剪。中心干过强时,换头弯曲上升,树冠达到预定高度后,落头开心,使其不再长高。主枝延长头若与相邻树冠交接或长势衰弱者,应回缩换头。辅养枝枝头延伸方向应与主枝头相交错,不并列重叠,单轴延伸。

(6)枝组修剪　枝组应根据长势和花量进行细致修剪。强旺枝组,适当疏除密生枝、旺枝,其余缓放不剪,促进花芽形成。中庸健壮、结果良好的枝组,按“三套枝”法修剪,调整好花、叶芽比例,稳定结果能力。衰弱枝组,应疏去部分花芽,减轻负担,增加营养枝量,并适当回缩,更新复壮,主、侧枝背上直立大型枝组,要压缩控制,较长的下垂枝组应收缩紧凑,使各类枝组保持适宜的体积和长势。

(7)查漏补缺　修剪完成之后,将全树检查一遍,主要检查枝条分布,病虫枝处理的干净程度及骨干枝调整的合理性等。如果发现处理不当及时更正,以便提高修剪质量。

果树进行修剪时，由于品种和树龄的不同，修剪中需要考虑很多的因素，解决一些综合性问题，灵活全面地使用技术。因此，采用一定的程序，分步骤进行修剪，有助于简化技术，提高效率。果树冬季修剪可按照以下程序进行。

看

即树下观察，调研。修剪开始前要全面调查和研究果园修剪的整体状况和动态。如品种、栽植密度、选用的树形和整形目标及产量要求，研究过去修剪的得失。

定

即定具体措施。具体修剪某一类果树之前，要通过不同的方位仔细观察该树的树相和修剪反应，观察树势、花量、树冠郁闭情况。重点是骨干枝的数量、角度，辅养枝的位置、长势及对骨干枝的影响，枝组的类型、数量及配置是否合理，树体存在的突出问题，在此基础上决定修剪的措施，确定方案。

调

即调整骨架，处理大枝。按照树形方案疏除回缩多余的骨干枝，处理妨碍树形、影响通风透光的辅养枝、株行间交叉枝、重叠枝，去除密生枝、病虫枝、竞争枝、徒长枝、轮生枝等有害大枝。

剪

即枝组修剪。将全树以骨干枝为单位划分修剪小区，按照从上到下的顺序依次进行修剪。具体修剪从延长枝头开始，自上而下依次进行，看每一枝组的基本状况、着生位置、大小和作用，想它在主枝中的位置及发展前途，定它的去留、伸缩、方向、花芽留量；最后剪到合适的部位。

查

即全树检查、均衡产量。修剪完成后应检查是否有漏剪或错剪之处，及时补充修剪。全树修剪完成后，应对果树的产量进行估产，全树进行平衡，并清理修剪现场和整理修剪工具。

【任务实施步骤】

告知（知识点、能力目标、考核标准）→引入任务→教师讲解示范（图片、实物）→学生认知（分组进行）→考核→总结、留作业

【课业】

1. 说明不同修剪方法的作用。
2. 制订某个当地树种的修剪方案。

单元三

果树周年生产

项目一　仁果类果树周年生产
项目二　核果类果树周年生产
项目三　浆果类果树周年生产

▲【学习目标】

知识目标

- 了解仁果类、核果类、浆果类果树特性；
- 掌握仁果类、核果类、浆果类果树不同季节管理流程。

能力目标

- 管理仁果类、核果类、浆果类果树的能力；
- 掌握建立仁果类、核果类、浆果类果园的能力。

项目一

仁果类果树周年生产

任务一　苹果周年生产

【任务描述】

本任务主要介绍常见果树苹果的生物学特性，苹果安全生产的基本要求，苹果春季管理技术、夏季管理技术、秋季管理技术、冬季管理技术，系统阐述了现代苹果周年规范化栽培技术，为现代苹果技术的发展指明了方向。

【任务分析】

要完成本项目学习任务，必须具备以下条件：

教学环境　幼龄果树园、成龄园，多媒体教室，生产录像或光碟。

教学工具　修剪工具，植保机具、常见肥料与病虫标本。

师资要求　专业教师、企业师傅、生产人员。

工作一　观测苹果的生物学特性

一、生长特性

1. 根系生长

根无自然休眠期，在温度适宜时可全年生长，根系生长一般比地上生长早，停止晚，幼树一年有三次生长高峰，并与地上根系生长高峰交替出现，根系生长主要取决于土壤理化性状和砧木类型，乔化砧根系深，主要根群垂直分布在土层 20～60 cm 范围内，以 20～40 cm 土层中居多。水平根分布范围大于树冠，可超过树冠 2～3 倍。但主要吸收根分布在树冠的 2/3 以外，是肥水的主要吸收部位。

春季苹果根系活动早于地上部分，当土温3～4℃时产生新根，7℃以上时生长加快，15～25℃时生长最适，超过30℃时根系停止生长，到了冬季，当地温下降到0℃时，根系被迫休眠。

苹果根生长与周围环境密切相关，要求最适宜的湿度为田间持水量的60%～80%，土壤空隙中的氧气含量达到10%～15%时较好，降到3%以下时，根生长就会停止，同时，土壤肥力、酸碱度及树体营养等因素均会影响根的正常生长。

2. 枝条生长

苹果树枝条在一年之中有三个生长阶段，春季当日平均温度达到10℃时，叶芽萌动，此后全树的新梢都处于缓慢生长期，枝轴加长不明显，呈叶丛状态，此时称为叶丛期或新梢的第一生长期，这个时期短，一般仅7～10 d。全年只进行第一期生长的枝为短枝或叶丛枝，由于停长早，营养积累充分，所以花芽质量高。

叶丛期过后，多数新梢进入旺盛生长期，直到5月下旬至6月上旬逐渐停止生长，这一阶段为新梢的第二生长期，这时形成顶芽不再生长的枝，多数为中枝；中枝叶片多，营养好，易成芽。经过第二期生长后，仍有部分停长的新梢又继续生长，一直持续到9月中下旬至10月上旬停止，为新梢第三阶段生长期，这次生长的新梢部分为秋梢，形成顶芽而又萌发生长的，由于芽鳞脱落，有明显的盲节，为春、秋梢的分界。

3. 树体生长

苹果是落叶乔木果树，通过根系生长和枝条发育，树冠扩展迅速，在自然情况下，树高可达8～14 m，在栽培条件下，通过人为控制，高度达3～5 m，树冠横径2.5～6 m。树冠发育受砧木和品种双重因素制约，树冠一般表现为乔化砧＞短枝形＞矮化中间砧＞矮化砧＞自根砧。

二、结果特性

1. 结果年龄

苹果栽植后一般3～6年开始结果，品种不同，砧木不同，结果早晚也不同，如矮化的秦冠、红香脆、粉红女士等易成花品种，栽后3年挂果，矮化红富士及短枝型品种栽后4年挂果，乔化红富士、王林、津轻、千秋等品种栽后4～6年挂果。苹果结果早晚除与不同品种、砧木有关外还与管理措施、立地条件有关，管理良好，水肥方便的果园，结果较早，否则相应较迟。

2. 结果枝类型

苹果树结果枝按其长度分为短果枝（长度≤5 cm）、中果枝（长度在5～15 cm）、长果枝（长度＞15 cm）三种类型，以中短果枝为主，尤其以5 cm左右结果枝结果品质较好，2～3 cm结果枝所结果实存在果形不正现象，商品率较低，长果枝结果果形正，但果实偏小。幼旺树中长结果枝较多，果实偏小；进入盛果期后中短果枝结果较多，果实较大，商品率较高。

3. 花芽分化

苹果花芽分化分为生理分化、形态分化、性细胞形成三个阶段，随着生长物候期不同，其生理分化由南向北多数在5月中、下旬到6月上、中旬，所有促花措施都在此时进行，形态分化主要集中在6—9月，在这段时期完成花芽分化任务的70%，到9月下旬至11月中旬进入花芽缓慢分化期，12月至翌年2月，苹果由于低温被迫进入休眠期，翌年春季萌芽后至开花前，完成性细胞的分化过程，从此完成整个花芽分化过程。

苹果花芽分化较难，除满足必要的环境条件以外，关键取决于自身营养的积累水平。短果枝停长最早，营养积累快，花芽分化早，花芽质量高；中果枝次之；长枝停长晚，花芽分化难，花芽质量差。因此，具备一定营养水平，是促进成花的关键因素。

4.开花结果习性

苹果花芽为混合花芽，分为顶花芽和腋花芽，以顶花芽结果为好，花芽在春季绽放后，先在顶端抽生一段较短的新梢（长 2～3 cm），花序着生在结果枝顶端和侧面，一般选顶花芽抽生的花序结果（图 3-1），疏除腋花序所结的果，每个花序开 5～8 朵花，中心花先开，结果最好。

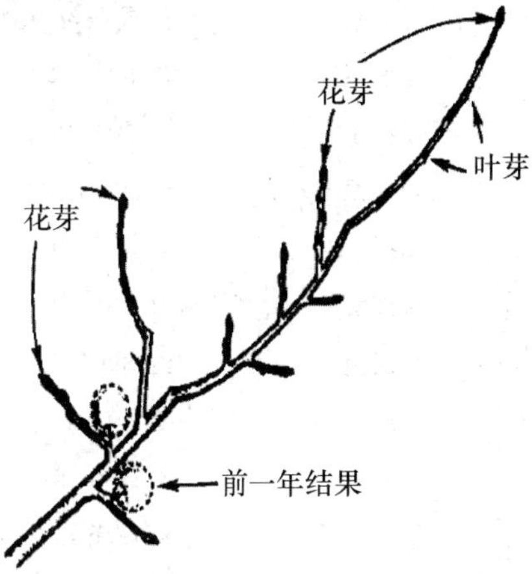

图 3-1 苹果结果习性

苹果单花开放至谢落持续 4～5 d，一个花序花期从开放至谢落一般需 5～8 d，一株树花期需 12～15 d，开花后 1～2 d 内，柱头分泌黏液较多，是人工授粉最佳期。

苹果属典型的异花授粉果树，多数品种自花结实率较低，如红富士自花结实率仅为 1.5%，常见的品种如乔纳金、秀水、新红星、秦冠、嘎啦等自花结实率在 0～15%，因此，建园时一定要合理配置授粉树，使授粉树占全园总量的 20%～30%为宜。

5.果实发育

发育过程　苹果果实发育主要包括三个阶段，即细胞分裂期、细胞体积膨大期和果实成熟期。其中细胞分裂期又称幼果膨大期，受精后花托和子房同时加速细胞分裂，经 3～4 周或 5～6 周结束细胞分裂，这一阶段果实加长生长快于加粗生长，然后转向细胞体积膨大，这一阶段果实以加粗生长为主，果实由长形逐渐变为圆、椭圆或扁圆形，直至成熟期停止发育。

发育时期　一般早熟品种果实发育需 70～110 d，中熟品种 120～150 d，晚熟品种 160～180 d，同一品种成熟期在不同地区随物候期不同而不同。一般南部地区比北部地区早熟 15～20 d。

工作二　了解苹果安全生产的基本要求

一、果品质量要求

苹果是我国目前生产规模大、产量高的主要水果之一，作为一种国内外主流商品水果，它的质量指标要求主要包括感官质量要求、理化质量要求和卫生质量要求三个方面。

1.感官质量要求

苹果生产以绿色食品生产为主线，是安全、优质、营养丰富的优质果品，产品质量要求必须符合《鲜苹果 NY/T 10651—2008》标准及《绿色食品　温带水果 NY/T 844—2017》标准，绿色食品苹果感官指标主要指苹果的果型、色泽、果梗、果面缺陷、喷压伤、日灼、药害、裂果、裂纹、病虫果、果锈、网状浅层锈斑等质量指标，详见表 3-1 和表 3-2。

表 3-1 鲜苹果主要品种色泽等级指标要求

品种	等级		
	优等品	一等品	二等品
富士系	红或条红 90%以上	红或条红 80%以上	红或条红 55%以上
嘎啦系	红 80%以上	红 70%以上	红 50%以上
藤牧 1 号	红 70%以上	红 60%以上	红 50%以上
元帅系	红 95%以上	红 85%以上	红 60%以上
华夏	红 80%以上	红 70%以上	红 55%以上
粉红女士	红 90%以上	红 80%以上	红 60%以上
乔纳金	红 890%以上	红 790%以上	红 50%以上
秦冠	红 90%以上	红 80%以上	红 55%以上
国光	红或条红 80%以上	红或条红 60%以上	红或条红 50%上
华冠	红或条红 85%以上	红或条红 70%以上	红或条红 50%以上
红将军	红 85%以上	红 70%以上	红 50%以上
珊夏	红 75%以上	红 60%以上	红 50%以上
金冠系	金黄色	黄、绿黄色	黄、绿黄、黄绿色
王林	黄绿或绿黄色	黄绿或绿黄色	黄绿或绿黄色

表 3-2 鲜苹果外观质量等级指标要求

项目	等级		
	优等品	一等品	二等品
果型	具有本品种应有特征	允许果型有轻微缺点	果型有缺点,但仍保持本品种基本特征,不得有畸形果
色泽	红色品种的着色面比例的规定参照附录 A,其他品种应具有本品种成熟时应有的色泽		
果梗	果梗完整(不包括商品化处理造成的果梗缺省)	果梗完整(不包括商品化处理造成的果梗缺省)	允许果梗轻微损伤
果面缺陷	无缺陷	无缺陷	允许下列对果肉无重大伤害的果皮损伤不超过 4 项
刺伤及划皮伤	无	无	无
碰压伤	无	无	允许轻微碰压伤,总面积不超过 1.0 cm^2,其中最大处面积不得超过 0.3 cm^2,伤处不得变褐,对果肉无明显伤害
磨伤(枝磨、叶磨)	无	无	允许不严重影响果实外观的磨伤,面积不超过 1.0 cm^2
日灼	无	无	允许浅褐色或褐色,面积不超过 1.0 cm^2

续表 3-2

项目		等级		
		优等品	一等品	二等品
药害		无	无	允许果皮浅层伤害，总面积不超过 1.0 cm^2
雹伤		无	无	允许果皮愈合良好的轻微雹伤，总面积不超过 1.0 cm^2
裂果		无	无	无
裂纹		无	允许梗洼或萼洼内有微小裂纹	允许有不超出梗洼或萼洼内有微小裂纹
病虫果		无	无	无
虫伤		无	允许不超过 2 处 0.1 cm^2 的虫伤	允许干枯虫伤，总面积不超过 1.0 cm^2
其他小疵点		无	允许不超过 5 个	允许不超过 10 个
果锈		各本品种果锈应符合下列限制规定		
褐色片锈		无	不超出梗洼的轻微锈斑	轻微超出梗洼或萼洼之外的锈斑
网状浅层锈斑		允许轻微而分离的平滑网状不明显锈痕，总面积不超过果面的 1/20	允许平滑网状薄层，总面积不超过果面的 1/10	允许轻度粗糙的网状果锈，总面积不超过果面额 1/5
果净(最大横切面直径)(mm)	大型果	≥70		≥65
	中小型果	≥60		≥55

2. 理化质量要求

绿色食品苹果理化质量指标应符合《绿色食品　温带水果 NY/T844—2017》中苹果理化指标要求，详见表 3-3。

表 3-3　温带水果 13 种水果理化指标要求

水果名称	指标			
	硬度/(kg/cm^2)	可食率/%	可溶性固形物/%	可滴定酸/%
苹果	≥5.5	—	≥11.0	≤0.35
梨	≥4.0	—	≥11.0	≤0.30
葡萄	—	—	≥14.0	≤0.70
桃	≥4.5	—	≥10.0	≤0.60
猕猴桃	—	—	生理成熟果≥6.0	≤1.50
			后熟果≥14.0	

续表 3-3

水果名称	指标			
	硬度/(kg/cm²)	可食率/%	可溶性固形物/%	可滴定酸/%
樱桃	—	—	中国樱桃≥15.0	≤0.60
			大樱桃≥14.5	≤0.80
枣	≥5.0	≥93.0	≥25.0	≤1.00
杏	≥4.5	—	≥9.0	≤1.80
李	≥4.5	—	≥11.0	≤1.60
柿	—	—	普通柿≥18.0	—
			甜柿≥16.0	
草莓	—	—	≥8.0	≤0.80
山楂	—	—	≥9.0	≤2.0
石榴	—	≥85%	≥14.0	≤0.60

注 1:表中各种水果理化指标,可参考附录中水果各品种的具体指标执行。
注 2:猕猴桃果实的维生素 C 含量≥400 mg/kg。

3. 卫生质量要求

绿色食品苹果卫生质量要求应符合《绿色食品　温带水果 NY/T 844—2017》卫生指标要求,详见表 3-4。

表 3-4　温带水果卫生指标要求

序号	项目	指标/(mg/kg)
1	砷(以 As 计)	≤0.2
2	铅(以 Pb 计)	≤0.2
3	镉(以 Cd 计)	≤0.01
4	汞(以 Hg 计)	≤0.01
5	氟(以 F 计)	≤0.5
6	铜(以 Cu 计)	≤10
7	锌(以 Zn 计)	≤5
8	铬(以 Cr 计)	≤0.5
9	六六六	≤0.05
10	滴滴涕(DDT)	≤0.05
11	乐果(dimethoate)	≤0.5
12	敌敌畏(dichlorvos)	≤0.2
13	对硫磷(parathion)	不得检出(检出限≤0.001)

续表 3-4

序号	项目	指标/(mg/kg)
14	马拉硫磷(malathion)	不得检出(检出限≤0.001)
15	甲拌磷(phorate)	不得检出(检出限≤0.001)
16	杀螟硫磷(fenitrothion)	≤0.2
17	倍硫磷(fenthion)	≤0.02
18	溴氰菊酯(deltamethrin)	≤0.1
19	氰戊菊酯(fenvalerate)	≤0.2
20	敌百虫(trichilorfon)	≤0.1
21	百菌清(chlorothalonil)	≤1
22	多菌灵(carbendazim)	≤0.5
23	粉锈宁(triadimefon)	≤0.2
24	亚硝酸盐($NaNO_2$ 计)	≤4
25	二氧化硫(sulfur dioxide)	≤50

注 1:其他农药施用方法及其限量应符合 NY/T 393—2020 的规定。

注 2:标准中未规定的其他温带水果可参照本表执行。

二、对环境条件的要求

绿色食品苹果生产对温度、光照要求同一般果树栽培,但对土壤、水分要求比较严格,必须符合 NY/T 391—2013 绿色食品 产地环境要求。

1.温度

苹果属温带主要落叶树种之一,喜欢冷凉而干燥的气候,6—8 月间平均气温 15~22℃生长良好,26℃以上生长较差,12 月至翌年 2 月平均气温 −10~10℃,完成自然休眠,需≤7.2℃积温 1 400 h,苹果适宜在年平均温度 7~14℃的地区栽培。根适宜生长的温度是 20~24℃,当土壤 1℃时越冬的新根可继续生长,3~4℃时可发新根,当气温高于 30℃或低于 0℃时根系停止生长。苹果在深冬季节最抗冻,但在 −30℃以下时会发生冻害,−35℃时会冻死,低于 −17℃ 时根系会冻死,春季花蕾可耐 −7℃低温,花期 −3℃雄蕊受冻,−1℃ 雌蕊受冻,幼果 −1℃ 时会有冻害发生。

2.光照

苹果属喜光树种之一,一般要求年日照在 1 500 h 以上,光照越充足,光照时间越长,树体生长越好,枝叶茂盛,花芽分化良好。目前,国内外著名苹果产区年日照均在 2 000~2 500 h 之间,如日本长野为 2 056.3h,意大利都灵 1 998 h,美国加州 2 442 h,法国里昂为 2 018 h,中国烟台为 2 559.2 h,洛川为 2 520.8 h,完全可以满足苹果生长需求。苹果光饱和点为 18 000~40 000 lx,在树冠内要使开花率>50%,必须使透光率>50%。花后 7 周内的光照对苹果花芽分化十分重要,如果缺光,花芽分化不良,后期难以补充。在果实成熟期,树冠内光照>70%时,苹果着色良好,光照<40%时基本不着色。

3. 水分

绿色苹果生产要求使用深井水或水库等清洁水源，水域或水域上游没有威胁苹果安全生产的污染源，灌溉水质需达到绿色食品对环境条件的要求。若4—10月降水总量达到300～600 mm，月平均降水量达到50～150 mm，就能基本满足苹果生长需求，我国苹果优生区年降水量多数在500～800 mm，生育期降水在50～150 mm，完全能够满足苹果正常生长需求。但全年降水量分布不均，主要表现为冬、春干旱，夏、秋多雨现象普遍，因此，要求果园要有排灌设施，做到旱能灌，涝能排。

4. 土壤

绿色食品苹果生产要求土壤肥力达到土壤肥力分级1～2级指标，要求未受到任何污染，土质疏松的中性至微酸性壤土或沙壤土。良好的土壤环境可以充分满足苹果树对水、肥、气、热和生物五大因素的要求，促进新根生长和发育；苹果适宜的土壤酸碱度范围在pH 5.3～6.8，土壤含氧量大于10%时最适宜苹果根系生长，低于2%根系将停止生长，土壤田间持水量以占最大持水量的60%～80%时为宜，若土壤含水量小于7.2%，根系就会停止生长，地下水位以1 m以下为宜。

三、建园要求

（一）园地选择要求

1. 苹果适宜生态指标要求

苹果环境生态指标是决定苹果是否适宜生长的关键指标之一。详见表3-5。

表3-5　苹果生态适宜指标

<table>
<tr><th colspan="2" rowspan="2">产区名称</th><th colspan="4">主要指标</th><th colspan="3">辅助指标</th><th rowspan="2">符合指标项数</th></tr>
<tr><th>年均温/℃</th><th>年降雨量/mm</th><th>1月中旬均温/℃</th><th>年极端最低温/℃</th><th>夏季均温（6～8月）/℃</th><th>≥35℃天数</th><th>夏季平均最低气温/℃</th></tr>
<tr><td colspan="2">最适宜区</td><td>8～12</td><td>560～750</td><td>＞−14</td><td>＞−27</td><td>19～23</td><td>＜6</td><td>15～18</td><td>7</td></tr>
<tr><td colspan="2">黄土高原区</td><td>8～12</td><td>490～661</td><td>−1～−8</td><td>−16～−26</td><td>19～23</td><td>＜6</td><td>15～18</td><td>7</td></tr>
<tr><td rowspan="2">渤海湾区</td><td>近海亚区</td><td>9～12</td><td>580～840</td><td>−2～−10</td><td>−13～−24</td><td>22～24</td><td>0～3</td><td>19～21</td><td>7</td></tr>
<tr><td>内陆亚区</td><td>12～13</td><td>580～740</td><td>−3～−15</td><td>−18～−27</td><td>25～26</td><td>10～18</td><td>20～21</td><td>7</td></tr>
</table>

2. 产地环境要求

绿色食品苹果生产基地要求选择空气清新，水质纯净，土壤未受任何污染的环境建园。以A级绿色果品为例，应符合以下条件：

（1）大气环境中二氧化碳、氮氧化物、总悬浮微粒、氟的浓度，不得超过国家NY/T 391—2013大气环境质量标准所规定的限值。

（2）农田灌溉水pH、总汞、总镉、总砷、总铅、铬（六价）、氯化物、氟化物、氰化物的含量，不得超过国家NY/T 391—2013绿色果品对灌溉水质的要求。

(3)果园土壤条件,不同土壤类型、20 与 40 cm 土层深度中的汞、镉、铅、砷、铬等含量,不得超过绿色果品对土壤污染物的限量要求。

(4)大气、水质、土壤的综合污染指数,A 级标准均不得超过 1。

(5)园地规模应达到 333 hm^2 以上,便于商业化运作,规模化发展。

(二)栽植管理要求

1. 栽植品种要求

绿色食品苹果生产要求栽植良种必须选用国家或有关果业主管部门登记或审定的优良品种,目前,我国生产上栽培的苹果良种,主要有鲜食品种与加工品种两个系列,详见表 3-6。

表 3-6 苹果主要栽培鲜食、加工品种一览表

品种名称	来源	平均单果重/g	形状,色泽	成熟期(月/旬)	备注
泰山早霞	山东农大	238	果实宽圆锥形,底色淡绿,面色鲜红,条纹红	6 月/下(山东泰安)	结果早、品质优、丰产性强
秦阳	西北农林科技大学	200	果实近圆形,底色黄绿,面色鲜红	7 月/中下旬(渭北地区)	结果早、坐果高、较丰产、常温下贮藏期 15 d
长果 12	西北农林科技大学	200	圆锥形、果面浓红,带有条纹	7 月/上至 8 月/上	早果丰产、果实常温下可贮藏 15~20 d
金世纪	西北农林科技大学	210	果实长圆形、高桩,果个较大,底色黄,面色鲜红;	8 月/上(渭北地区)	结果早、成熟不一致,宜在肥水条件较好的地区栽植
美国八号	美国	200	果实近圆形或短圆锥形,果皮底色黄白,面色鲜红带有条纹	8/上	结果早、丰产性好。成熟期不太一致,需分 2~3 次采摘
藤牧 1 号	美国	200	短圆锥形、底黄绿覆红霞和宽条纹	7 月/中至 8 月/上	结果早、较丰产、采前落果、成熟不一致
红盖露	新西兰	190	圆锥形、果面全红,色泽艳丽	8 月/上	上色早、成熟期一致、无采前落果现象
玉华早富	日本	231	果实圆形到近圆形,底色黄绿或淡黄,着条纹状鲜红色	9 月/上	室温下可贮存至春节,特别可满足"双节"市场的需求,是目前富士系中最好的中熟品种之一
富红早嘎	西北农林科技大学	220	果实长圆锥形,五棱明显,果实鲜红	8 月/上	质优丰产、常温下可贮藏 15 d
红香脆	新西兰	228	果实近圆形,高桩、底黄绿、面色鲜红	9 月/上、中	早果、丰产、常温下可贮存 4~5 个月品质不变
新嘎拉	新西兰	150	卵圆或短圆锥形、底黄绿着全面鲜红霞	9 月/中、下	质好耐贮藏、优系有烟嘎 1 号、烟嘎 2 号
千秋	日本	160	圆或长圆形、底黄绿覆鲜红霞和断续条纹	9 月/下	品质好、水分失调易裂果
华冠	郑州果树所	180	圆锥或近圆形、底黄绿覆鲜红霞和细条纹	9 月/下	结果早丰产、较耐贮

续表 3-6

品种名称	来源	平均单果重/g	形状,色泽	成熟期(月/旬)	备注
蜜脆	美国	330	果实圆锥形,果面着鲜红色条纹红	9月/上	果个大、极耐贮藏,常温下可放3个月以上
华帅	郑州果树所	210	圆锥形或近圆形、底黄绿、暗红色、间具深红条纹	9月/下至10月/初	果实不返沙,较元帅系品种耐贮
金冠	美国	200	圆锥形、金黄色	9月/中、下	早果丰产、品质好,易生果锈、易皱皮
新乔纳金	美国	220～250	圆锥形、底黄绿覆鲜红霞	10月/上、中	易成花丰产,有采前落果、三倍体品种
金晕	美国	170	圆锥形、底绿黄着橙红淡红晕	10月/中	不生果锈、不皱皮
陆奥	日本	400	短圆锥形、底黄绿着淡红晕	10月/上、中	三倍体品种
长富2号	日本	274	长圆或近圆柱形、果面着鲜红条纹红,颜色艳丽	10月/上、中	果实硬度大,耐贮,风味好,深受市场欢迎
秦冠	西北农林科技大学	200～300	圆锥形、暗红色、果点大	10月/下	适应性强、品质稍差
岩富10号	日本	210	果实圆形或长圆,全面着浓红或鲜红色,属着色1系	10月/上	适应性强、品质极上,是富士系全面着色最好的品种之一
王富	日本	200	果实椭圆形、底绿黄、浓红色,条纹	10月/中、下	不裂果、易着色、不落果、耐贮藏
望山红	辽宁果树所	260	长圆或近圆柱形、果面着鲜红条纹红,颜色艳丽	10月/上	果实硬度大、耐贮、风味好、无锈斑
粉红女士	澳大利亚	160	果实近圆柱形,高桩,面色鲜红	11月/上	早果、丰产、果实极耐贮藏,室温下可贮至翌年5月
澳洲青苹	澳大利亚	200～230	果实近圆形,面色翠绿	10月/下至11月/上	常温下,可贮存到翌年4—5月;属国际鲜食、加工兼用优良品种
瑞丹	法国	120～160	果实近圆形,果实底色黄绿,果面3/4条红	9月/中、下	出汁率70.6%～73.4%,制汁专用品种
上林	法国	100～150	果实近圆形、果实黄色	10月/下	出汁率为70%～75%,适宜制汁或制果泥
甜麦	法国	38～64	果实圆锥形,果实果面金黄着片红	11月/上	出汁率为63%,制酒专用品种
甜格力	法国	50～70	果实圆锥形,果实皮黄有红晕	11月/上	出汁率为65%,制酒专用品种

2.栽植要求

(1)品种必须选用优质、丰产、抗病品种。

(2)苹果苗木必须符合 GB/9847—2003 标准。

(3)苹果树栽植密度:普通乔化园株行距(4～6)m×(3～4)m;短枝乔砧园株行距(4～5)m×(2～3)m;矮化砧园株行距(4～4.5)m×(1.5～2)m;矮化自根砧园株行距(3.5～4.0)m×(1.5～2.0)m。

(4)授粉树搭配主要以行列式与中心式为主,主栽品种与授粉树比例为(3～4)∶1。

3.果园管理要求

(1)覆盖率指果园内果树的总投影面积占果园面积的百分率。幼龄果园覆盖率要求达到40%～60%,成龄果园覆盖率要求达到60%～80%。

(2)透光率指树冠下光斑占树冠投影面积的百分率以15%～25%为宜。苹果喜光,树冠内低于30%光照的枝叶,其光合产物因呼吸消耗入不敷出,花芽难形成,从而出现寄生叶和无效枝叶。

(3)行间空带以1.5 m～2.0 m 为宜,保证在一定阳光高度前提下,果树可接受直射光的要求。

(4)树高要求不超过行距的2/3～3/4,树高和行距共同构成保证树体接受直射光的光照要求,适宜的树高是保证树体全面受光的重要因素之一。

(5)植株树相整齐度是指一个果园中,树冠单株之间的整齐程度,这是放心绿色果品生产的重要参数之一。一般要求植株整齐度在90%以上。

(6)亩留枝量一般成龄园要求达到3万～5万枝,亩留果量大型果8 000～10 000个;中型果10 000～12 000个;小型果12 000～15 000个。保证亩产1 500～2 000 kg 的栽培目标。

(7)叶面积系数2.5～3.0;百叶鲜重发育枝120g以上,叶丛枝90g以上。

(8)全园优果率85%以上,9月底保叶率90%以上。

四、生产过程要求

苹果生产过程,黄土高原产区遵循 NY/T 1083—2006 黄土高原苹果生产技术规程,渤海湾产区必须遵守 NY/T 1084—2006 渤海湾地区苹果生产技术规程,农药、化肥使用完全按照绿色食品农药使用准则 NY/T 393—2020 和绿色食品肥料使用准则 NY/T 394—2013 进行执行,苹果采收遵循 NY/T 1086—2006 苹果采摘技术规范。苹果生产过程严格按照苹果生产相关标准执行。

工作三　春季生产管理

一、春季生产任务

春季修剪:刮翘皮、花前复剪、刻芽、抹芽、拉枝、多道环切、嫁接;花果管理:花期防冻、疏花疏果、放蜂、人工授粉;土肥水管理:清园、追肥、灌水、种植绿肥、松土保墒;树体保护遮阴、病虫害防治等工作。

二、春季树体生长发育特点

早春，随着气温的升高，当根系分布层土壤温度达到 2.5～3.5℃时，根系开始活动并吸收养分，6℃以上时根系开始生长，随着根系生长，树液开始流动，树体枝芽萌动，枝梢也开始生长。在陕西渭北地区，一般在 3 月中下旬至 4 月上旬萌芽。4 月中旬至 4 月下旬开花，5 月上旬后果实开始发育，随着气温逐渐升高，根系生长速度加快，新梢迅速逐渐加快。

三、春季生产管理技术

(一)地下管理

1. 春季追肥

进入春季后，随着气温上升，苹果春季根系开始吸收水分，枝叶开始生长，生长速度逐渐加快，因此，为了促进果树萌芽、开花，提高坐果率，必须在萌芽前追施一定量肥料。

追肥方法　幼树主要采用环状施肥、穴施法、成龄园主要采用全园撒施、放射状施肥，施肥后灌水。

追肥时期　一般弱树在 3 月萌芽前后施入，旺长树在开花后施肥，此时正值根系快速生长期，有利于根系吸收。肥料种类主要施入以氮肥为主的速效化肥。施肥主要时期有萌芽期、花期前后两个时期。

追肥量　主要根据树龄和结果量综合确定，主要追施氮、磷肥，宜选用磷酸二铵或多元复合肥，每 667 m^2 幼树施肥 20 kg，成龄树施肥 50 kg。

2. 春季耕翻

我国北方苹果产区春季普遍干旱，土质黏性强，耕性差，一般在土壤解冻后，进行果园耕翻，随后追肥，耕翻深度一般为 30 cm，以消灭杂草，疏松土壤，促进根系生长。

3. 播种绿肥

春季 3—4 月播种白花三叶草，在旱地果园，播前应细致整地，施足底肥，每 667 m^2 施入尿素 15 kg，过磷酸钙 30 kg，实行果园行间生草，株间清耕。每 667 m^2 行间播种量 0.3～0.5 kg，以条播为主，播后种子覆土厚度为种子直径的 1～3 倍。

4. 覆膜

1～3 年生幼树需采取带状、块状地膜覆盖，增温保墒，增光灭草；提高成活率，促进生长。

(二)地上管理

1. 刻芽

在萌芽前，对 2～4 年生的中心干和多年生枝主枝两侧、中心干的光秃部位及衰弱枝组的基部，可定向于芽的上(前)方 0.3～0.5 cm 处用小钢锯条、小手锯顺齿刺一道，伤及木质，长度为枝干周长的 1/3～1/2，深度为枝干粗度的 1/10～1/7，促枝补空，需抽生强枝者应按照“早、近、深、长”要求刻芽；需抽生弱枝者应按照“迟、远、浅、短”要求刻芽。抽生大枝者需在萌芽前 7～10 d 进行，抽生小枝者宜在萌芽期进行。

2. 抹芽

萌芽后用手抹除或用刀削去嫩芽，留优去劣，减少枝量；调整分布，加快成形；减少伤口，节省养分。对主干上(全部)、延长枝头上(留一顶芽)、主枝背上及骨干枝基部 20 cm 以内及剪锯口周围无空间的萌芽全部抹除。

3. 多道环切

对萌芽率低的 1～3 年生强旺枝条每隔 20～30 cm 环切一道,促进萌芽。

4. 剪病梢、刮翘皮

在苹果树开花前,结合苹果露红期、花芽数量及分布情况,再次进行修剪,调整花量及结果枝与营养枝布局,完成苹果花前复剪,同时剪除果树上的所有病梢、虫梢,老树还需要刮翘皮,消灭越冬病原菌及虫卵、幼虫等,降低越冬病虫基数。

5. 树体保护

春季 3 月下旬至 4 月初,及时收看、收听天气预报,在倒春寒来临前,采取树盘灌水、树冠喷 1%石灰水或"富万稼"有机钾肥 500 倍液等措施,降低地温,推迟花期。冻害来临、降霜当晚 22 时前后,在果园四周每隔 20～30 m 堆放柴火、树叶、麦糠等,24 时后点燃,熏烟增温,化霜防冻。

冻害发生后加强肥水管理,冲洗被沙尘所糊枝芽,及时回剪受冻枝芽,延迟疏花定果,搞好病虫防治,尽快恢复树势。

6. 花果管理

(1)保花保果

①授粉树调整。补栽、高接授粉树,使授粉树与结果树比例达到(3～4)∶1。

②人工授粉。可提高坐果率 70%～80%。是目前方便、安全提高坐果率的有效措施之一。

花粉采集在授粉前 3～4 d 采集大蕾期和初花期的花朵,用手搓下花药即可。将采集的花药在 22℃条件下阴干 24～48h,相对湿度保持 60%～80%为宜。花粉囊自然破裂后,用小型磨粉机研磨 2～3 遍,可得到授粉用的纯花粉。

授粉时间一般在开花当天至 7—10 时,苹果柱头分泌旺盛,为授粉的最适时间。授粉时只给中心花授粉,边花不授。每蘸一次花粉(用羽状花粉刷)可点授 20 个左右的中心花朵为好,每 667 m^2 点授 2 万～3 万朵花为宜。

③果园放蜂。苹果属虫媒花植物,果园放蜂可提高坐果率 15%～20%,目前果园放的蜂主要有蜜蜂、壁蜂(角额壁蜂、凹唇壁蜂)、熊蜂、豆小蜂等,苹果花期每 5～10 亩果园放蜂 1～2 箱,壁蜂 100 头/亩。

④花期喷营养液。即初花期—盛花期上午 7—10 时配喷"0.3%硼砂+0.1%尿素+1%糖(最好蜂蜜)"混合营养液加花粉 100 g+4%农抗 120 水剂 800 倍液(预防霉心病)。

国外科技瞭望

豆小蜂的利用

豆小蜂是一种野生蜂,大约在 40 年前,被日本青森县一个叫竹岛仪助的果农发现,并开始饲养与开发。目前日本 90%的果园都在应用豆小蜂授粉,豆小蜂授粉技术已成为日本苹果生产中的一项非常重要的技术措施。

利用豆小蜂进行苹果授粉的技术,关键是调节豆小蜂的出蛰活动期。自然状态下,豆小蜂成虫活动和采集花粉的高峰期,比苹果花期早。为了使这两个时期相吻合,必须推迟豆小蜂成虫出蛰时期。方法是在早春把盛放豆小蜂卵的苇管放入 0～5℃的冷库内，待苹果花序分离接近开花时，再将苇管从冷库中取出，按一定距离、一定方式摆设在果园内。成虫最佳活动范围为 50 m 左右。蜂群的活动为一个月左右。另外，使用豆小蜂授粉应特别注意，在花期和豆小蜂活动期，不要喷洒对其有杀伤作用的农药。

与蜜蜂相比，豆小蜂的授粉质量高、效果好，原因是豆小蜂以采集花粉为主，在花药与柱头上活动，因此容易授粉，而且授粉均匀充分；而蜜蜂主要以采集花蜜为主，主要活动在柱头下部的蜜盘部位，授粉的概率相对较低。

(2)疏花疏果　疏花疏果是苹果生产的重要环节之一。尽早疏除无用花果，减少树体营养无效消耗，促使所留花果迅速发育至关重要。但在实际操作时，不可一步到位，一般按以下程序进行。

①修剪时，将花、叶芽比例调整为 1：(3～4)。

②疏蕾从花序伸长至花序分离期进行。按留果距离先定果台(20～25 cm)，多余者整序疏除，呈空台，仅保留莲座叶。保留的花序，一般整序保留。

③疏花在开花期进行，保留中心花和开花较早的 1～2 个边花，其余边花全部疏除。对管理优良、树势健壮、花芽饱满、分布均匀、授粉树配置合理的果园，可将所留花序上的边花全部疏除，仅留中心花，一次疏到位。此法称为“以花定果”，可节省劳动力，节约大量营养。有晚霜危害的地区和花期天气不好时，不能使用，以免造成减产。

④疏果自谢花后一周开始，四周内结束，主要疏除病虫果、畸形果、边果，保留中心果。在树体正常生长情况下，留果标准须达到初果期树 2 000～3 000 个/亩、盛果树 10 000～15 000 个/亩。

⑤留果量的确定　苹果留果量确定主要有以下方法：

叶果比法　一般乔化砧、小果型品种的叶果比(30～40)：1；大果型品种(50～60)：1 较适宜。短枝型品种和矮化砧叶功能较强，叶果比适当减少，前者 30：1；后者(20～30)：1 为宜。

枝果比法　一般树平均每个枝条有 13～15 片叶，按 3～4 个枝条留 1 个果，可保证每果占有 40～60 片，中、小果型品种枝果比(3～4)：1；大果型品种(4～5)：1 较好。

间距法　一般小型果如嘎啦每 15 cm 选留一个果，中型果如黄元帅每 20 cm 选留一个果，大型果如富士每 25 cm 选留一个果。

以产定果。根据产量指标推算出留果量，作为疏果的依据。如《陕西省优质苹果园栽培管理技术细则》规定，盛果期树产量指标为 2 000～2 500 kg/亩。以红富士为例，优质果的单果重为 250～300 g，由此计算出不同密度条件下的单株留果量(表 3-7)。

表 3-7　盛果期富士园单株产量及留果量参考标准

株行距/m	每亩株数	株产量/kg	单株留果量/个
2×3	111	18～23	72～76
2×4	83	24～30	96～100
3×4	55	36～45	144～150

7.春季病虫害防治

(1)萌芽至花芽萌动期(3—4月上旬)　主要防治腐烂病、干腐病、枝干轮纹病、白粉病、叶螨、蚜虫、康氏粉蚧、绿盲蝽、绵蚜和卷叶虫等。

防治方法为树上喷干枝:40%福星5 000倍+进口毒死蜱1 000倍+200倍渗透剂(或清园宝600倍+绵介净1 000倍;或3～5波美度石硫合剂+1 500倍中性洗衣粉)。

花露红期:树上喷布1波美度石硫合剂(花前8 d)或8 000倍福星+绵停1 500倍(吡虫啉3 000倍)+蜡死净2 000倍+花果保1 000倍。为提高坐果率,预防花期冻害,喷施花果卫士600～800倍,效果较好。

(2)开花期(4月下旬至5月上旬)　主要防治霉心病、苦痘病、缩果病,金龟子、蚜虫等。

防治方法为在初花和末花期可用扑海因1 000倍+花果保1 000倍+1%蔗糖液(或速硼钙2 000倍或钙硼双补1 500倍等)。

(3)谢花后至幼果套袋前(5月上旬～6月中旬)　主要防治果实轮纹病、炭疽病、苦痘病、斑点落叶病、早期落叶病、潜叶蛾、红白蜘蛛、卷叶虫类和金纹细蛾、食心虫等。

防治方法:谢花后连喷三遍药。

第一遍药谢花后7～10 d:可用75%猛杀生1 000倍+3%多氧清500倍+阿维高粉2 500倍(或90%万灵3 000倍)+20%螨死净2 000倍(或阿维菌素原粉5 000倍)+1 000倍花果保(或钙硼双补1 500倍)。

第二遍药在果毛脱除期(5月中旬):70%甲基托布津800倍+50%多菌灵800倍+吡虫啉3 000倍+阿维菌素原粉5 000倍+速硼钙2 000倍。

第三遍药套袋前(5月下旬):68.75%易保1 500倍+70%甲基托布津1 000倍+20%蛾螨灵可湿性粉剂2 000倍(或阿维菌素粉5 000倍)+钙硼双补1 500倍(或花果宝1 000倍)。5月中旬地面防治桃小食心虫,在桃小食心虫出土盛期用进口毒死蜱1 500倍喷洒树冠下地面,消灭越冬出土幼虫。

第三遍药后间隔一天可进行果实套袋,于上午无露水、下午3时后套袋,避开中午高温时间。

套袋结束的果园可喷:68.75%易保1 500倍+25%戊唑醇3 000倍+钙肥,根据害虫、螨类发生情况,选混杀虫、杀螨剂。

工作四　夏季生产管理

一、夏季工作任务

夏季是苹果快速生长季节,主要任务是土肥水管理:追施花芽分化肥、中耕除草、果园覆盖;夏季修剪:摘心、扭梢、拿枝、拉枝、环剥;花果管理:果实套袋;夏季病虫害防治。

二、夏季树体生长发育特点

进入夏季以后,苹果树进入第二个生长高峰(6月上旬至7月上旬),果实正在膨大,花芽分化进入盛期(6—9月),同时此季气温高,日照时间长,空气干燥,苹果红蜘蛛、食心虫危害逐步严重,褐斑病、白粉病开始侵染为害,另外梨星毛虫、卷叶虫、蚜虫随雨水增多也有加重趋势,

6月上中旬苹果新梢封顶，根系活动旺盛，正是追施花芽分化肥的最佳时机，而6月下旬后新梢继续生长，果实迅速膨大，果实膨大与新梢生长交替进行，7月中、下旬根系生长逐渐减弱，而果实进入快速生长期，到8月份，果实继续膨大。花芽分化进入关键时期，各种食叶害虫如舟形毛虫、卷叶虫、军配虫等进入危害盛期。

三、夏季生产管理技术

(一)地下管理

1.追施花芽分化肥

5月下旬至6月上旬追肥，能有效促进花芽分化，有利幼果生长发育，减少生理落果。肥料种类以磷、钾为主，主要用三元复合肥，每亩追肥量，初果期树为20～25 kg，结果树为50～70 kg。施肥后灌水。

2.夏季灌水

进入夏季，由于苹果枝梢与果实迅速生长，且苹果叶片大、蒸发量大，因而需水量较大，应结合追肥及时灌水。一般5—6月，应少灌水，保持土壤适度干旱，有利于花芽分化，7—8月正值果实迅速膨大期，应适度灌水。应使20～40 cm土壤田间持水量维持在60%～70%为宜。灌水方法与春季相同。

3.中耕除草

北方地区夏季温度较高，园内杂草种类多、生长快，因此要及时中耕锄草，中耕时要注意翻压春播的绿肥。

4.果园覆盖

夏季高温来临前，在树冠下覆盖杂草、秸秆、绿肥等，一般覆盖厚度为15～20 cm。覆盖后，草上压土，以防风吹，可防旱保墒，降低地温，保护浅表层根系，增加土壤肥力，促进果树花芽分化。

(二)地上管理

1.夏季修剪

夏季修剪主要任务是抹芽、摘心、拿枝、拉枝、疏梢、环剥等，通过夏剪控制树体旺长，解决树体通风透光，促进当年果实膨大和来年花芽分化。

抹芽　新梢长到5 cm时，疏去直立向上的徒长枝及过密枝，达到新梢均匀分布。

摘心　生长旺盛的新梢于15 cm处摘心，促生副梢；7月中旬对部分强旺副梢再次摘心，形成短枝，部分可成花；当果台副梢长至25 cm左右时，保留8～10片叶摘心，提高坐果率，并促进幼果生长发育。

扭梢　一般在春梢旺长期对中心干上过多新枝、主枝北生旺枝，当长至15～20 cm时，用手指从基部5 cm处扭转180°向缺枝的一侧补空。6月上中旬对2～3年生长较强的营养枝从基部扭转半圈，使之呈斜生或下垂状态。

拿枝　夏季6月份，当新梢长到50 cm以上时，选2～3年生中庸枝进行。

环剥、环切　一般从5月中旬到6月下旬进行。对适龄不结果的旺树可采取主干环剥，宽度约为主干粗度1/8～1/10，要求宽度均匀，并对各刀口用胶带或报刊纸包裹，以利愈合；矮砧旺树和改形树仅对其强旺枝组和缓疏的大枝在基部 10 cm 处环切 1～2 道，间隔 7～10 d，再前移 10～20 cm 环切 1～2 道，刀口用树叶包裹。

拉枝 用麻绳、铁丝、扎带将枝条人为地拉至整形要求的方位和角度。加速扩冠、成形；一般采取“一推、二揉、三压、四固定”手法进行。

5—6 月主要拉 2 年生以上骨干大枝，8 月中旬至 9 月主要拉 1～2 年生枝条。宜在上旬拉枝，骨干大枝和多年生强旺枝，不易成花的大冠品种，拉枝角度要大，拉至 100°～120°；矮砧、易成花的品种，拉枝角度宜小，拉至 90°即可；红富士品种一般根据枝类需要分别拉至 90°～115°。对于小主枝和结果枝组可用“E”型开角器开张角度。

2.果实套袋

果实套袋能抑制叶绿素，促进花青苷和胡萝卜素形成，使果面干净，果点细小，防止果锈和裂果产生，降低农药污染和病虫危害，显著提高果实的品质，为提高套袋效果，应把好以下几关。

(1)套袋前的果园管理

● 选好园、选良种、选壮树、选好果

套袋果园应选园貌整齐、综合管理水平高的果园。一般要求土壤比较肥沃、群体结构和树体结构较好，生长期树冠下透光率在 18%以上，果园覆盖率在 75%以下，花芽饱满，树龄较轻，树势健壮。主要套果形端正、果梗粗长、萼部突出的优质果。

● 套袋前喷药。套袋前要细致喷布 1～2 次杀虫、杀菌剂，铲除果面病菌。喷药后 3 d 内套袋。

(2)套袋技术

①袋种选择 根据果园生产实际，主要选择日本小林袋、我国台湾佳田袋等高质量纸袋，红色品种选遮光袋，绿色及黄色品种选择透光袋。生产优质果品应使用符合标准的双层纸袋，检查果袋质量。纸袋外层纸应有力度，耐拉耐雨，蜡纸层要薄，耐高温。

②套袋时期 红富士、粉红女士等晚熟苹果最佳套袋时间在定果后 30～40 d 开始，金冠品种易生果锈，应早套，以花后 15～20 d 套袋为宜。

③套袋方法同前。

④套袋后管理 作好病虫防治及时防治叶片病虫，特别要防治好炭疽病、斑点落叶病、霉心病及红蜘蛛、金纹细蛾、星毛虫、金龟子等虫。选用 25%灭幼脲 3 号、10%世高、菌立灭、农抗 120、甲基托布津、波尔多液等。

及时灌水和施肥。天气长期干旱，果袋内温度过高，易产生果实灼伤，膜袋应适量减少环割次数。适量追施磷钾肥料和微量元素，如果氨宝、芸薹素 481、黄腐酸旱地龙、巨金钙、高效钙肥等。

摘叶防虫，疏除树冠下部过密枝叶，保持冠下通风。定期检查套袋果实生长情况，对果实生长及病虫害情况进行调查记载，并及时采取相应对策。

3.夏季病虫害防治

(1)麦收后(6 月下旬春梢停长期)

主要防治褐斑病、早期落叶病、轮纹病、斑点落叶病、食心虫、潜叶蛾、红白蜘蛛、食心虫、苦痘病等。

防治方法 树上喷 1∶2.5∶200 倍波尔多液＋阿维灭幼脲 2 000 倍。

(2)秋梢迅速生长期(7月上中旬)

主要防治斑点落叶病、红蜘蛛、绵蚜、潜叶蛾等。

防治方法为树上可喷40%福星8 000倍+1.8%阿维菌素乳油3 000倍+1 000倍果树渗透剂。

(3)果实膨大期(8月上至8月下)

主要防治轮纹病、斑点落叶病、红白蜘蛛、食心虫、潜叶蛾等。树上可喷1∶2∶200倍波尔多液+2 500倍灭幼脲。

斑点落叶病、褐斑病、红白蜘蛛、食心虫、潜叶蛾、苦痘病等树上可喷:易保1 500倍+25%戊唑醇3 000倍+0.3%苦参碱1 000倍+15%哒螨灵2 000倍(或25%三唑锡1 000倍)+钙硼双补1 500倍(或速硼钙2 000倍)+渗透剂1 000倍。

交替使用倍量式波尔多液和其他内吸性杀菌剂,每15 d左右喷一次,防治各种病害,斑点落叶病较重的果园,结合防治轮纹病,喷布50%异菌脲悬浮剂1 500倍或40%福星乳油6 000倍防治。

工作五　秋季生产管理

一、秋季工作任务

秋季是苹果成熟季节,主要任务是秋施基肥、深翻改土、中耕除草、秋季修剪、果实采收、秋季病虫害防治。

二、秋季树体生长发育特点

进入秋季后,根系又继续加快生长,9月底至10月上旬出现第三次生长高峰,10月中下旬生长减弱,10月底至11月初停止生长,逐步进入休眠。进入秋季后新梢生长缓慢,与根系同时停止生长,进入落叶期。果实进入成熟采收期。

三、秋季生产管理技术

(一)地下管理

1.追施果实膨大肥、营养积累肥

(1)果实膨大肥　7月中旬至9月上旬(中熟品种稍早,晚熟品种稍晚)追施,主要追施速效钾肥。肥料种类为硫酸钾,磷酸二氢钾等肥料。每亩追肥量初果期树为35～50 kg,结果树为60～90 kg。

(2)营养积累肥　中熟品种采后到10月底,早施为好。主要施复合肥,每亩追肥量初果期树为20～30 kg复合肥,结果树为30～40 kg复合肥,有利结果树的产后恢复,提高花芽质量,增加树体贮藏营养,有利来年果树的生长与结果。

2.秋施基肥

苹果树秋季基肥是苹果树全年肥料的主要来源,苹果树70%以上肥料来自基肥,因此基肥施用非常重要。

(1)施肥要求

①绿色苹果栽培应重点建立以有机肥为主的施肥制度，扭转目前以化肥为主的不良局面；②广开肥源，切实增加有机肥的施入量，提高有机质含量；③化肥的施用量、时期要达到精准化，施肥方法、部位科学化，同时注意肥水互动，提高肥料利用率。

(2)施肥种类　重点施用腐熟的厩肥、堆肥、沤肥、沼肥、生物菌肥等。严格按照《绿色食品肥料使用准则》NY/T 394—2013 的规定执行。

(3)苹果树需肥特点　苹果幼树至初果期主要需求氮、磷等大量元素，氮磷钾比例为 2：2：1，进入结果盛期后，需钾量迅速增加，氮磷钾比例变为 2：1：2。

苹果树一般每生产 50 kg 苹果，需从土壤中吸收纯氮 102.9～110.8 g、磷 80.5～170.3 g、钾 114.6～161.9 g，前期主要需氮。需氮高峰在 6 月份之前，后期主要需钾，钾的吸收高峰主要在果实膨大期。苹果对磷的吸收全年比较稳定。有机肥施肥量达到每千克果 1.5～2.0 kg 有机肥，使无机氮、有机氮小于 1：1 为好。

(4)施肥方式　主要以配方施肥为主。各地区施肥方式均有差异，渤海湾及黄河故道地区苹果施肥的配方 N、P、K 比例为幼树期 2：2：1 或 1：2：1(旺树)；结果树 2：1：2。以上比例说明幼树需氮、磷较多，以促进枝叶生长和根系发育；结果树需氮、钾较多，以维持营养生长，提高产量和品质。黄土高原地区土壤缺磷，一般结果树 N、P、K 比例 1：1：1 或 2：1.5：1 较为合理。微量元素的使用，根据树体表现，结合营养诊断后土施或叶喷补充。

(5)施肥时期、用量及种类　基肥于 9 月上旬至 10 月上旬，即晚熟品种采前，中熟品种采后施肥。

施肥种类及用量，幼树有机肥 1～4 年生施入厩肥、沼肥、绿肥和秸秆肥 1 500～3 000 kg，畜禽粪 1 000～1 500 kg，饼肥 150～200 kg。

结果树按斤果 1.5～2.0 斤肥施入，一般每亩施肥量须达到 4 000～5 000 kg，并施入全年氮肥用量的 70%，全年磷肥用量的 100%，及全年钾肥用量的 40%，混匀后施入。

以渭北黄土高原红富士为例，不同树龄施肥量详见表 3-8。

表 3-8　红富士不同树龄时期施肥标准　　kg/亩

树龄(年生)	产量	有机肥	硫酸铵	过磷酸钙	草木灰
1～4	—	1 000～1 500	15～30	25～50	—
5～7	500～2 000	1 500～2 000	60～140	60～140	60～120
8～16	2 500～3 000	3 000～4 000	160～220	160～220	150～180
16～20	2 500 左右	3 000 以上	100	180	150 左右
20 年以上	2 000 以上	3 000 以上	80～90	140～160	120～130

3. 秋季深翻

秋季果实采收后，结合秋耕施入基肥，进行果园耕翻，疏松土壤，促进新根产生，加速基肥吸收利用。

4. 增色管理

苹果上色环节主要任务是摘袋、摘叶、覆反光膜。

(1)摘袋　红富士等晚熟品种，苹果在袋内为 90 d，中熟品种金冠、津轻在袋内时间为 70 d

左右，一般而言，早熟品种采前5～7 d除袋，中熟品种采前10～15 d除袋，晚熟品种采前15～30 d除袋。除内袋时间在10月6日以后，同一品种在高海拔地区上色快，宜迟除袋，低海拔区上色慢，应早除袋。袋除后第7～9 d为果实最佳采收期。

摘袋方法　单层袋先从下向上撕成伞状，过3～5 d后，于晴天下午16:00—18:00除去即可；

双层袋，先摘外袋，一般在上午8:00—10:00或者下午16:00—18:00摘袋，外袋摘去后3～5 d后，再摘内袋。

(2)摘袋后的管理　主要任务是增加着色、预防病害。

秋剪　通过疏除无用徒长枝及秋季萌发出的直立嫩梢等，改善光照条件，提高果实品质。

摘叶　转果除袋后，首先摘除直接遮光的叶片，然后摘除果实周围挡光的叶片，主要摘除老叶片，摘叶量以不超过总叶量25%为宜。当果面着色达到30%时，开始转果，将果实着色面转向阴面，将阴面转向阳面，用透明胶布固定，7～10 d一次，反复转动，促进上色。

铺设反光膜　主要采取冠区覆膜，以树冠四周投影线为中心，在地面上铺1.0～1.5 m宽的乳白色、银白色反光膜，促使果实全面着色。

及时防治果实病害　除袋2～5 d后喷一次对果面刺激性小的杀菌剂和600倍的钙宝，杀菌剂选用易保1 200～1 500倍、"农抗120"500倍液等，保护好细嫩果面，防治套袋果实的黑红斑点病、轮纹烂果病，促进果实着色。

5.果实采收

(1)采收期的确定

①按果实外观标准。当果实充分发育，并已充分表现出该品种的固有大小、色泽和风味时，进行采收。

②按果实生育天数确定采收期。每一个苹果品种，都有一定的果实生长发育的天数，果实生长发育时间一到，就进行采收。一般元帅系155 d，金冠160 d，乔纳金系165 d，富士系180～190 d，秦冠180 d。

(2)采收方法　果实采收也是果实管理的一个重要环节，也是一年劳动收益的关键时期，采收不科学，好果也会变成烂果，因此，选择科学采摘方法十分重要。

采前准备　果实采摘人员要剪手指甲，以免采摘时刺伤果面；盛放果实的器具如篮子、筐子应用柔软的物品铺垫，防止发生碰压伤、刺伤等，严禁用受到农药或其他有毒、有害物质污染的物品盛装果品。

采摘顺序　按照从外向内，由下而上的顺序进行采摘。其方法是，用手托起果实底部，轻轻转动果柄，果实即带柄采下。切记不要硬拽。要随采随放，轻拿、轻放，减少人为损伤。

采后装卸与运输　装卸要轻装轻卸，运输要缓慢行驶、冷链运输，提高运输商品率。

6.分级包装

严格按照国家规定的标准和市场要求进行分级包装，包装时应防止碰伤、压伤。

7.秋季病虫害防治

10月中旬前后。

防治对象　腐烂病、轮纹病、炭疽病、红点病、黑点病、苦痘病及苹小卷叶蛾等。

防治方法　树上可喷：甲基托布津800倍(或70%甲托800倍或宁南霉素800倍)+4.5%高效氯氰菊酯1 000倍+速硼钙2 000倍。腐烂病严重果园，刮治腐烂病，涂抹50倍菌毒清。

工作六　冬季生产管理

一、冬季工作任务

冬季是苹果休眠季节，主要工作任务有：冬季修剪、灌封冻水、培土、冬季清园、树干涂白、冻害预防等工作。

二、冬季树体生长发育特点

苹果冬季进入休眠状态，叶片脱落，枝条成熟，根系缓慢活动，树体发育缓慢，许多病虫害随气温降低，陆续停止了危害活动，在树皮、落叶、杂草、病疤等处越冬，树体抗寒能力增强，花芽分化活动仍在缓慢进行。

三、冬季生产管理技术

(一)地下管理

灌封冻水　在秋冬干旱地区，在落叶后至土壤封冻前，应及时灌透水，可使土壤中贮备足够的水分，有助于肥料的分解，有利于提高树体的抗寒能力，从而促进翌春的生长发育。灌水深度一般浸湿土层达到 80 m 左右，灌水量一般灌后 6 h 渗完为好。

幼树培土　在冬季寒冷地区，为了预防幼树抽干，可在树根培土 30 cm 加强果树根颈保护，提高栽植成活率，预防干腐病滋生。

树干涂白　为了预防防日灼及兽害，进行树干涂白，涂白剂配方为：水 10 份、生石灰 3 份、石硫合剂原液 0.5 份，食盐 0.5 份，动植物油少许。

清园　清扫落叶、烂果，摘除虫苞、僵果，剪除病枝、枯枝等，结合深翻树盘施肥，集中深埋或烧毁。

(二)地上管理

1. 整形修剪

(1)适宜树形选择　1～7 年生每亩栽 44～56 株的乔化、半矮化果园宜选择自由纺锤形；亩栽 67～76 株的矮化或短枝型果园宜选择细长纺锤形。

8～15 年生乔化、半矮化果园宜将栽植密度逐步降至 22～28 株/亩，树形应选用变则主干形，矮化园、短枝型果园仍保持细长纺锤形。

16 年生以上乔化、半矮化果园应将变则主干形逐步改为小冠开心形，矮化园、短枝型果园仍保持细长纺锤形，详见图 3-2。

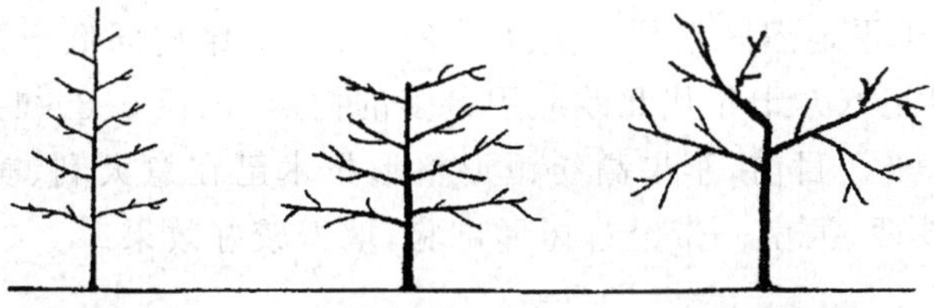

图 3-2　乔化树一生树形变化过程示意图

(2)树体结构　自由纺锤形　属中小冠树形，定干高度 80 cm 左右，特别粗壮的苗木也可不定干，这样发枝分散，不受剪口刺激，利于选留主枝。栽植密度越大，定干越高。在中央领导干上按一定距离(15～20 cm)或成层分布 10～15 个伸向各方的小主枝，其角度基本呈水平状态。随树冠由下而上，主枝由大变小、由长变短，其上无侧枝，只有各类枝组。树高可达 3～3.5 m，该树形树体结构比较简单、成形快、易修剪、通风透光，易于管理，详见图 3-3。

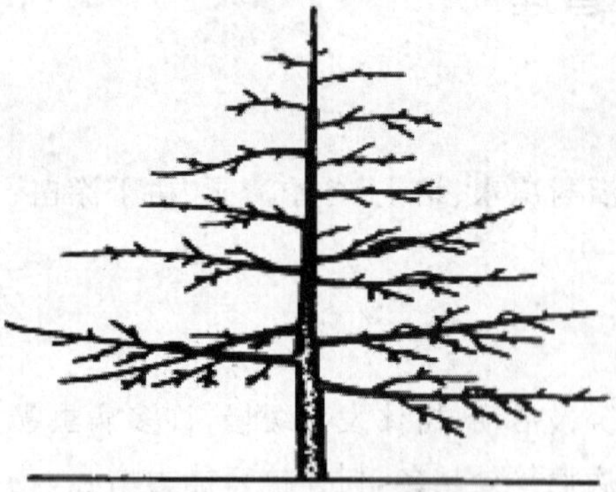

图 3-3　自由纺锤形

变则主干形　树高 2.5～2.8 m，干高 1.0～1.2 m，主枝数量 6～8 个，主枝上配备松散、下垂、均匀的小型结果枝组，是自由纺锤形与开心形的中间过度树形。

细长纺锤形　该树形适合亩栽培 66～83 株[(2.0～2.5 m)×4 m]的矮化苹果园。树体干高 90～100 cm，树高 2.5～3.0 m，冠径 1.5～2.0 m，为行距的 3/4。中心干直顺健壮，其上均匀配备 14～15 个小主枝，插空排列，螺旋上升，间距 15 cm 左右，开张角度 95°～100°，主枝长度由下向上逐渐减少，长度 0.5～1.2 m，中心干与小主枝粗度比为(3～4)∶1，小主枝两侧每隔 15 cm 左右错生培养一个单轴呈下垂状的小枝或结果枝，主枝与枝组直径比为(4～5)∶1，全树上下短、中部略长，呈细纺锤形，详见图 3-4。

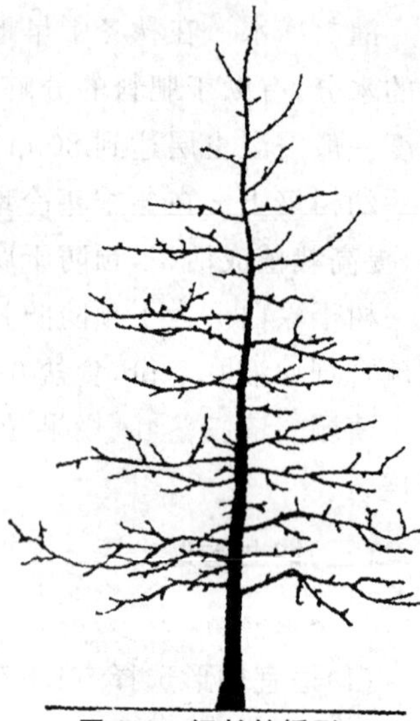

图 3-4　细长纺锤形

开心形　适用于树龄 16 年生以上，亩栽 56 株以下乔化苹果园；或改造为其他树形较困难的无中心干、层间光秃、间距较大的小冠疏层形的树；开心形可分为低干、中干、高干开心形，详见图 3-5。

低干开心形适合于山地果园。干高 1.0～1.2 m，树高 2.0～2.5 m，在主干 1.0～1.6 m 之间保留 3～5 个永久性主枝，间距 40～60 cm，主枝角度 50°～60°，每个主枝上各配 2～3 个大侧枝，侧枝之间用中小型结果枝组填充。主枝排列方位为东南方向处于低位，西北方向处于高位，结果枝组呈松散下垂状结果枝串，叶幕厚度 2 m 左右，叶幕上部呈侧斜平面状态。

中干开心形适合于坡地果园。干高 1.5 m 左右，结构同低干开心形。

高干开心形适合于平地灌区果园。干高 1.8～2.0 m，结构同低干开心形。

高纺锤形　20 世纪八九十年代北欧应用最多的树形，冠径 0.8～1.2 m，树高 3 m，干高 0.7～0.8 m，详见图 3-6。目前，苹果高纺锤形整形技术已在意大利、美国等苹果生产先进国家推广应用，我国陕西、河南一带经过树形试验，取得较好效果。

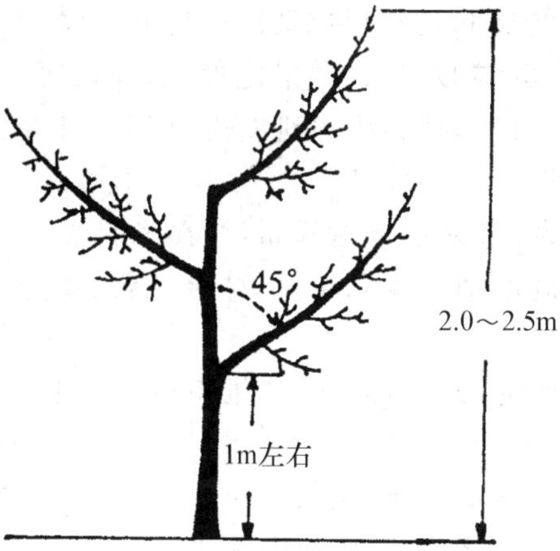

图 3-5 低干开心形

图 3-6 南欧苹果高纺锤形示意图

观察对比

1. 观察对比当地苹果主要树形有哪些？各有什么优缺点？
2. 讨论为什么日本苹果栽培采用开心形？该树形的优点是什么？

(3)不同年龄时期的修剪

①幼树期 主要任务是促进树体迅速扩大，增加枝量，提早成形；搞好辅养枝的转化，促其成花，提早结果。

按树形要求定干 定干高度为主干高度加整形带高度。不同树形主干高度不一，因此定干高度也不相同。整形带是抽生第一层主枝部位，在 20～30 cm 整形带内应有 8～10 个饱满芽，以便抽生出良好分枝。如在规定高度整形带内没有足够数量的饱满芽，可适当抬高或降低定干高度。切忌不论芽质优劣盲目定干，强求一样高，以免影响基部主枝培养。

加速骨干枝培养 骨干枝培养要根据所选树形结构，确定其数目、方位、角度、长度、层次及层间距离等。对骨干枝要以促为主，使树冠迅速扩大，尽快增加枝量，为早期丰产奠定基础。对辅养枝要轻剪缓放，促发短枝，以利成花，提早挂果。

结果枝组的培养

- 小型枝组采用“先放后缩法”，即对一年生枝不剪长放，待成花结果后再回缩。此法在幼树和初果树上应用较多。
- 大型结果枝组采用“先截后放再缩”法培养。即对一年生枝轻短截或戴帽剪，促发中、短枝，成花结果后，适当回缩，可形成中、小型枝组，但结果晚，在初果期树上不宜应用。

落头开心 完成整形任务后，要注意控制树冠高度在 3.0～3.5 m 为好，对超高树必须及时落头开心。方法是对准备去掉的一段中央领导干，在冬季修剪时只疏去旺枝而不短截，次春萌芽前，在预定落头部位，将中干上部揉拿拉平，插向空间，萌芽后及时抹除背上萌蘖，夏季环割或环剥，促花结果，以果压顶，控制树高。

②盛果期 进入盛果期的果树整形工作已经结束，修剪任务是维持健壮树势，调节生长与结果的关系，改善光照条件，搞好枝组培养、调整和更新复壮，争取丰产、稳产、优质和延长盛果期年限。

调节营养生长和生殖生长平衡　要根据树体营养情况和花芽形成情况确定修剪量，在花芽多时，以疏为主，降低花量；对花量少的树，采取环切、拉枝、变向等措施促花，使树冠体积达到 1 200～1 500 m^3，剪后每亩留枝量达到 3 万～5 万支，枝类比达到长枝 10%～15%，中枝 20%，短枝 60%～70%为宜。

改善冠内光照条件　进入盛果期的树，因枝叶量大，常易使树冠郁闭，光照条件差，影响树体成花，应及早对枝条进行控制，以拉枝为主，控制新梢长度和粗度，结合疏枝、增光，提高成花质量和果实品质。

结果枝组修剪　结果枝应根据不同情况，采取合理的修剪措施，才能维持健壮长势和良好的结果性能。

强旺枝组，营养枝多而旺，长枝多，中、短枝少，花芽不易形成，结果不良。这类枝组应疏除旺长枝和密生枝，其余枝条尽量缓放。夏季加强捋枝，缓和长势，促进成花。

中壮枝组，营养枝长势中庸健壮，长、中、短枝比例适当，容易形成花芽，结果稳定。这类枝组要调整花、叶芽比例，按“三套枝”修剪法修剪。即对一部分形成花芽的果枝不剪，使其当年结果；另一部分轻剪或不剪，使其当年形成花芽，下年结果。其余枝条中短截，促其发枝，下年轻剪缓放，促生花芽，后年结果。这样轮换更新，交替结果，才能保持果枝连续结果能力。

衰弱枝组，一般中、短枝多长枝少，花芽多，坐果少。这类枝组应疏除大量花芽，减轻负担，采取去远留近、去斜留直、去老留新、去密留稀、去下留上的更新修剪，恢复枝组长势。

③衰老期　主要任务是更新骨干枝和结果枝组，恢复树势，延长结果年限。

更新　在衰老树上要提前培养徒长枝，然后对结果枝进行逐年更新，应分年疏除过多的短果枝，短截长果枝，减轻树体负担，增强生长势。若树势极度衰弱，主、侧枝的延长头很短，甚至不能抽生枝条时，要及时回堵换头，抬高枝头角度，恢复长势。后部潜伏芽发生的徒长枝，要充分利用，培养成新的结果枝组。

复壮　要适当降低衰老树的产量，加强病虫害的防治，同时增施有机肥和氮肥，促进树势恢复，延长经济寿命。

2. 树体越冬保护

(1)选好果园　一般地势低洼、闭合谷地容易积累冷空气，造成霜冻，因此，应避免在低洼地建园，应在避风向阳坡地段或平地建园。

(2)延迟发芽　春季多次灌水，树干涂白，降低地温，延迟发芽。

(3)熏烟　在果园低温到来前，用杂草、秸秆、落叶等大量易燃材料，堆成高 1.5 m，直径 1.5～2.0 m 的烟堆，烟堆上面覆盖一层薄土，然后点燃烟堆，拉烟提升果园温度。

(4)烟雾剂　配方硝酸铵 20%～30%，锯末 50%～60%，废柴油 10%，细煤粉 10%，每亩用量 150 kg，低温来临前点燃即可。

(5)保护伤口　为了防止病害、虫害和冻害，枝条剪口和锯口直径超过 1 cm 的要涂保护剂。常用的保护剂有：白乳胶漆、防水漆、石灰乳和 843 康复剂等。

3. 冬季病虫害防治

11 月至翌年 2 月

主要防治对象：腐烂病、干腐病、枝干轮纹病、斑点落叶病等越冬病病源和红蜘蛛、蚜虫、绵蚜、康氏粉蚧类、潜叶蛾类越冬虫螨。

防治方法：

(1)彻底清园 结合冬剪,剪除病虫枝梢、清除枯枝落叶、病虫果及杂草,刮除老粗翘皮、病瘤、病斑等,集中烧毁或深埋。

(2)刮治和涂治 对腐烂病斑、轮纹病瘤进行刮治,将病斑坏死组织彻底刮除,并应刮掉一些好皮,用5～10波美度石硫合剂进行伤口消毒。涂治,涂抹500倍福星+200倍果树渗透剂(或5～10倍轮腐净或农抗120原液等)每周涂一次共涂3次可治愈。亦可用3倍浓碱水涂3～5遍效果明显。

工作七 制定苹果周年管理历

苹果周年管理历是苹果周年生产操作技术规程,全国各地可根据当地具体情况参照绿色苹果生产技术规程执行,苹果产地环境须符合NY/T 391—2013绿色食品产地环境要求,农药使用必须符合NY/T 393—2020准则要求,肥料使用必须符合NY/T 394—2013化肥使用准则要求,果树栽植按照NY/T 441—2017的5.1～5.6执行,果实品质必须符合NY/T 844—2017绿色食品温带水果质量标准。实现苹果产前、产中、产后全程质量控制,生产高质量的优质苹果产品。以我国苹果主产区陕西苹果周年生产为例,制定绿色食品苹果周年管理历。

渭北绿色食品苹果周年管理历

一、休眠期管理(11月下旬至翌年3月上旬)

(1)修剪 根据不同密度选用不同树形,每亩栽植55～44株的乔化果园,采用改良纺锤形,每亩栽培66～83株的矮化苹果园,采用细长纺锤形。

(2)清园 清除落叶、病果、僵果、病枝、杂草等,集中烧毁。

(3)树体保护 入冬时树干涂白,防止日灼、冻害及兽害。

(4)灌水 于11月下旬或12月中旬灌好封冻水。

(5)施肥 土壤解冻后,及时追肥补充营养。

二、萌芽前后管理(3月中下旬)

(1)刻芽 萌芽前7～10 d,对长放主枝在缺枝处,芽的上方或下方1 cm处刻芽,促其发枝。

(2)拉枝开角 对多年生枝于枝条萌芽后,拉到80°～105°,开张角度,缓和树势。

(3)病虫防治 喷5波美度的石硫合剂,或菌毒清500倍液,防治越冬病虫。同时刮治腐烂病疤,涂抹腐必清2～3倍液。

三、萌芽至花后管理(4～5月上旬)

(1)追肥 灌水盛果树株施尿素0.3～0.4 kg,幼果树为0.2 kg,施肥后灌水中耕。

(2)花前复剪 剪除冬剪遗漏的病虫枝、干枯枝、冻害枝。调整树势,使花、叶芽比例达到中庸树1∶3,弱树1∶4,强树1∶2。

(3)疏花疏果 花序分离期按果实大小,要求隔15 cm、20 cm、25 cm留一花序,花后10 d开始疏果,留中心果结果。每亩留果1.0万～1.5万个。

(4)果实套袋 苹果花后15～30 d套袋,根据不同品种选用不同纸袋,早中熟品种花后

15～20 d 套袋，晚熟品种采前 30～40 d 套袋。

(5)病虫防治　此期主要喷施 2 000 倍液扫螨净或蛾螨灵加 600 倍农抗 120，重点防治红蜘蛛、星毛虫、卷叶虫、介壳虫等。

四、春梢速长期至麦收后管理(5 月中下旬至 6 月下旬)

(1)定果　花后 10 d 开始，到 5 月底 6 月初结束，主要选留叶片多，果顶朝下的，生长正常的优质结果枝上的中心果，剔除病虫果、侧向果等畸形果。

(2)夏剪　5 月中下旬进行摘心、疏枝、拉枝、变向等操作，改善通风透光条件，促进花芽形成。

(3)追肥　5 月下旬至 6 月上旬，盛果树株施三元复合肥 0.75～1.0 kg，幼树株施 0.5～0.75 kg，以满足当年果实膨大和来年花芽分化。

(4)病虫防治　此期重点防治斑点落叶病、轮纹病、白粉病、炭疽病及红蜘蛛、桃小卷叶虫等，主要喷施：大生 M-45、菌立灭 2 号、宝丽安等杀菌剂及绿色功夫、灭幼脲三号、蛾螨灵等杀虫剂。

五、果实膨大期管理(7—8 月)

(1)夏剪　对当年新梢拿枝软化，改变方向；疏除内膛无用徒长枝，8 月下旬对红富士进行戴帽修剪；撑吊结果过多的结果枝，增加光照，促进着色。

(2)肥水管理　1—7 月幼树株施硫酸钾 0.3 kg，二铵 0.2 kg，盛果树株施分别为 0.5 kg 和 0.3～0.4 kg，施肥后灌水。交替喷 500 倍液高美施，0.4%磷酸二氢钾，CA2000 钙宝，促进果个增大。

(3)病虫防治　此期主要病虫害有炭疽病、黄叶病、食心虫、椿象等，宜选用大生 M-45、绿乳铜、多菌灵等杀菌剂，果虫净、敌杀死、绿色功夫等杀虫剂进行防治。

六、果实着色至成熟期管理(9—11 月中旬)

(1)秋剪　疏除无用徒长枝、过密枝、摘叶，拉枝，吊枝，改善通风透光条件。

(2)覆膜　果实成熟前 30～40 d，在树盘下或行间覆膜，采收前将膜收起，洗净保存，待来年使用。

(3)除袋　红富士代表品种，苹果在袋内 90 d 以上，中早熟品种苹果在袋内 70 d 左右，采前 10 d 除袋较好，晚熟品种采前 25～30 d 除袋较好，除袋方法同上。

(4)病虫防治　采收前 50 d 和 30 d、40 d 分别喷施 0.5%硝酸钙防治水心病、苦痘病等。另外喷施多菌灵、甲基拖布津防治果实腐烂病，增强贮藏能力。

(5)施肥　结合深翻于 9—10 月，施入有机肥，盛果树株施有机肥 100～150 kg，过磷酸钙 3 kg，尿素 0.5 kg，幼树株施有机肥 40～50 kg，过磷酸钙 1.0～1.5 kg，尿素 0.25 kg。

【课业】

1. 说说适合当地栽培的苹果优良新品种有哪些？
2. 说明苹果树的结果习性。
3. 苹果树对环境条件有哪些要求？
4. 苹果园土壤管理制度有哪几种？各有何优点？当地适合采用哪几种？

6. 苹果树追肥主要在什么时候？各用哪些肥料？有何作用？
7. 苹果动态修剪的特点是什么？
8. 说明苹果不同年龄时期的修剪要点。
9. 苹果如何进行人工授粉？
10. 如何提高苹果的坐果率？
11. 苹果乔化园、矮化园如何进行整形？
12. 苹果主要病害有哪些？主要虫害有哪些？如何进行防治？
13. 提高苹果品质的途径有哪些？
14. 如何进行果实套袋？
15. 如何促进苹果着色？
16. 果园生草覆盖有什么好处？如何生草、覆盖？
17. 苹果需肥特点是什么？怎样进行苹果施肥？

任务二 梨周年生产

【任务描述】

本项目主要任务是完成梨树认知，了解梨树生长发育特点及春季、夏季、秋季和冬季的生产任务与综合管理技术要点，全面掌握梨树土肥水管理技能、整形修剪技能、花果管理技能与病虫害防治技能。

【任务分析】

要完成本项目学习任务，必须具备以下条件：

教学环境 幼龄果树园、成龄园，多媒体教室，生产录像或光碟。

教学工具 修剪工具，植保机具，常见肥料与病虫标本。

师资要求 专业教师、企业师傅、生产人员。

工作一 观测梨生物学特性

一、生长特性

1. 根

梨根系发达，一般情况下梨树的根系垂直分布，深 2～3 m。以 20～60 cm 土层中根分布最多、最密，80 cm 以下根很少。水平分布一般为冠幅的 2 倍左右，少数可达 4～5 倍。越靠近主干根系越密集，树冠外一般根很少，并多细长少分叉的根。根系分布的深广度和稀密状况，受砧木、树种品种、土质、土层深度和结构、地下水位、地势、栽培管理等的影响较大。

梨树根系生长一般每年有两次高峰:第一次出现在新梢停止生长后,第二次出现在采果后。根系生长最适温度为21~23℃。

2.芽的类型与特性

梨芽的外部被覆着较多革质化的鳞片,芽个体发育程度高,芽体较大并与着生枝条形成分离状。梨树的枝条除基部有少量芽不萌发外,绝大多数当年都能萌发,萌发率很高。但一般梨树形成长枝的能力很低。梨树芽的异质性不明显,成年梨树大部分品种当年新梢无二次生长,停止生长早,营养枝上除基部3个左右瘪芽外,中上部芽子都表现比较饱满。在主芽两侧各生一个极微小、肉眼不易见到的副芽,主芽萌芽抽梢后,鳞片脱落,副芽在枝条基部潜伏为隐芽。当主芽受损伤时,能萌发。

3.枝条类型及特性

梨树体高大,秋子梨最高可达30 m,白梨次之,砂梨比白梨稍矮。梨的寿命长,砂梨比白梨寿命稍短。梨树枝叶量少,枝干加粗生长比较慢。顶端优势比苹果、桃等果树明显,因此梨树从幼年起萌发的枝条多集中在顶部,一年一层向上生长,层性明显,树冠抱合。进入盛果期后,枝条生长势减弱,结果后主枝逐渐开张,树冠呈圆头形。

中国梨新梢只有春季一次加长生长,一般无秋梢,梨的新梢生长期短,在北方,长梢多在6月下旬、7月上旬前停止生长,中短梢在5月中、下旬前停止生长。所以,梨的新梢生长集中在萌芽后的1个月之内。

梨树叶片具有生长快,形成早的特点,5月下旬以前形成的叶面积占全树的85%以上。梨树在展叶后的25~30 d有一个亮叶期,亮叶期表示叶功能已经达到最强的时期,也表示中、短梢顶芽鳞片形成,开始向花芽转化。

二、结果特性

梨树结果早晚依种类、品种而异。一般说砂梨系统的梨品种结果较早,一般嫁接后3~4年就可结果;秋子梨系统的梨品种结果较晚,一般需5~7年才能结果。梨树进入盛果期一般在10年以后,密植栽培的梨树有的4~5年后也可进入盛果期。对梨树适当控制顶端优势,开张角度,轻剪多留,加强肥水,可提早结果。

1.结果枝

梨树一般以短果枝结果为主,中长果枝结果较差,也有腋花芽结果的,如京白梨、慈梨等。梨结果新梢极短,开花结果后,结果新梢膨大形成果台,果台上一般可发一、二个果台副梢,条件好时,可连续形成花芽结果,果台副梢经多次分枝成短果枝群(图3-7)。一个短果枝群可结果2~6年,长的可达8~10年,随树龄增长,短果枝群的结果能力衰退。

2.开花习性

梨树花芽为混合芽,芽萌发后,由雏梢发育成结果新梢。梨花序为伞房花序,每花序有花5~10朵,边花先开,中心花后开,先开的坐果好。大部分品种可坐2果以上。梨的花芽多着生在中、短枝的顶端,部分品种中、长枝腋芽也可形成花芽。梨花芽分化一般在6月上旬至9月中旬,少数可迟到10月上旬。凡短枝上叶片多而大、枝龄较轻、母枝充实健壮、生长停止早的,花芽分化开始早,芽的生长发育也好。能及时停止生长的中长梢,顶花芽分化早于腋花

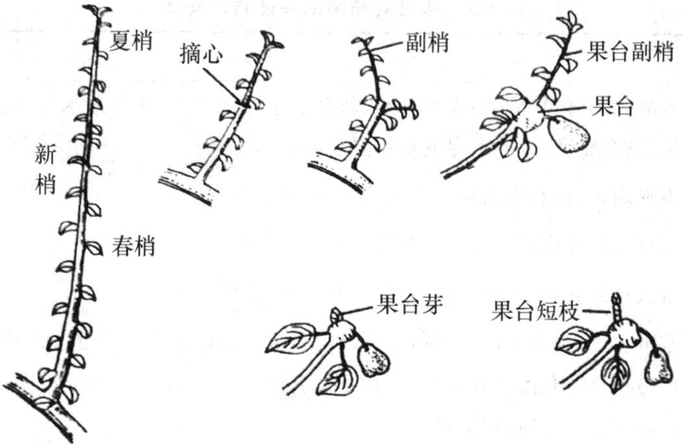

图 3-7 梨的新梢、副梢和果台副梢

芽。生长强壮,停止生长迟的旺枝,腋花芽分化又早于顶花芽。梨的自花结实率多数很低,多数品种需要配置授粉品种。

3. 果实发育

梨的果实生长发育分为三个时期。

果实迅速膨大期　这期间种子增大,胚乳细胞、花托、果心部分细胞迅速增殖,幼果生长快,纵径生长比横径快。

胚发育吸收胚乳期　这时期果实增长缓慢。

果实成熟期　细胞迅速增大,为果实生长最快时期,是影响果实产量的重[illegible]

4. 落花落果

梨树落花落果主要有三次。落花发生在花后 7～20 d 左右,主要是没有授粉受精引起的,有些梨园落花严重者可达 80%以上。落果发生在开花后 30～40 d,幼果在胚乳发育时,如果营养物质不足则胚乳停止生长发育,进而造成落果。梨树采收前也易出现落果,这与树势衰弱、早期落叶、食心虫危害以及大风等有关。

工作二　了解梨安全生产的基本要求

一、果品质量要求

为了提高梨果食用的安全性,保护消费者身体健康,生产过程中使用的肥料和农药应完全按照《NY/T 393—2020 绿色食品　农药使用准则》和《绿色食品　肥料使用准则 NY/T 394—2013》执行。绿色食品梨是安全、优质、营养丰富的优质果品,产品质量必须符合《绿色食品　温带水果 NY/T 844—2017》的规定,该标准从感官要求、理化要求和卫生要求三个方面对绿色食品梨的质量做出了专门规定。

(1)感官质量要求　具体的感官指标应符合表 3-9 要求。

表 3-9　绿色食品梨果实感官质量要求

项目	要求
基本要求	各品种的鲜梨都必须完整良好，新鲜洁净，无不正常的外部水分，无异臭及异味，精心手采，发育正常，具有贮存或市场要求的成熟度。
果形	果形端正，具有本品种固有的特征，果梗完整。
色泽	具有本品种成熟时应有的色泽。
果实横径(mm)	特大型果≥80，大型果≥75，中型果≥65，小型果≥55。
果面缺陷	基本上无缺陷，允许下列不影响外观和品质的轻微缺陷不超过 2 项： (1)碰压伤：允许轻微者 1 处，其面积不超过 0.5 cm^2，不得褐变。 (2)刺伤、破皮划伤：不允许。 (3)磨伤(枝磨、叶磨)：允许轻微磨伤面积不超过果面的 1/12，巴梨、秋白梨不超过果面的 1/8。 (4)水锈、药斑：允许轻微薄层，总面积不超过果面的 1/12。 (5)日灼：不允许。 (6)雹伤：不允许。 (7)虫伤：不允许。 (8)病果：不允许。 (9)虫果：不允许。

(2)理化质量要求　绿色食品梨的理化指标必须符合《绿色食品　温带水果 NY/T 844—2017》中有关梨理化指标要求，详见表 3-10。

表 3-10　绿色食品鲜梨的理化指标要求

品种	果实硬度 N/[cm^2(kg/cm^2)]	可溶性固形物含量/%	总酸/%	固酸比
鸭梨	39～54(4.0～5.5)	≥10.0	≤0.16	≥62.5：1
酥梨	39～54(4.0～5.5)	≥11.0	≤0.16	≥110：1
茌梨	63.7～88(6.5～9.0)	≥11.0	≤0.10	≥110：1
雪花梨	68.6～88(7.0～9.0)	≥11.0	≤0.12	≥92：1
香水梨	58.8～73.5(6.0～7.5)	≥12.0	≤0.25	≥48：1
长把梨	68.6～88(7.0～9.0)	≥10.5	≤0.35	≥30：1
秋白梨	107.9～117.7(11.0～12.0)	≥11.2	≤0.20	≥56：1
早酥梨	69.6～76.5(7.1～7.8)	≥11.0	≤0.24	≥46：1
新世纪梨	54～68.6(5.5～7.0)	≥11.5	≤0.16	≥72：1
库尔勒香梨	54～73.5(5.5～7.5)	≥11.5	≤0.105 6：1	≥115：1

注：未列入的其他品种，根据品种特性参照表内近似品种的规定掌握。

(3)卫生质量要求　绿色食品梨的卫生指标应符合《绿色食品温带水果 NY/T844—2017》卫生指标要求。

二、生态环境要求

梨树在我国分布广泛，最主要的栽培区在辽宁、河北、山东、黄河故道、晋中南及关中平原地区，不同地区的气候条件差别较大，不同种类的梨对环境条件的要求也不同。

(1)温度　秋子梨、白梨喜干燥冷凉的气候，抗寒力较强，其中秋子梨最为抗寒，可耐－30～－35℃的低温，白梨能耐－23～－25℃的低温。砂梨喜温暖湿润气候，抗寒力较弱。西洋梨喜夏季干燥气候而不耐夏湿，抗寒力也较差。梨树开花要求10℃以上的气温，开花最适温度14～15℃。梨的花芽分化以20℃左右的温度为好。梨树根系在土壤温度达到0.5℃时开始活动，而新根的生长在土温升至5～7℃时才开始。在梨果成熟过程中，昼夜温差较大的地区，有利于着色和糖分积累，所产果实品质优良，耐贮运。

(2)光照　梨树喜光，年需日照在1 600～1 700 h。梨树光合作用的光补偿点为800 lx，在1 d内应有3h以上的直射光，这些指标对于确定梨树栽培密度、树冠高度、枝叶留量都非常重要。成龄梨园每亩土地面积的枝量宜为8万～10万条，叶量为450万片，叶面积系数3～4为宜。

(3)水分　砂梨需水量最多，在年降水量1 000～1 800 mm地区，仍生长良好。白梨、西洋梨主要产在500～900 mm雨量地区，秋子梨最耐旱，对水分不敏感。但总的来说，梨树对水分供应要求较高，需水量大于苹果。梨每平方米叶面积日蒸发水分40 g左右。梨树比较耐涝，素有“涝梨”之称。但是如果土壤中水分过多，则会因氧气不足影响根系的生长、呼吸和吸收功能，长期积水还会导致根系腐烂死亡。

(4)土壤　梨对土壤要求不严，砂土、壤土、黏土都可栽培，但仍以土层深厚、土质疏松、排水良好、地下水位不太高的沙壤土为好。梨喜近中性的土壤，pH在5.8～8.5均可生长良好。不同砧木对土壤的适应力不同，砂梨、豆梨要求偏酸，杜梨可偏碱。梨亦较耐盐，但在0.3%含盐量时，即受害。杜梨比砂梨、豆梨耐盐力强。

三、建园要求

(1)选择优良品种　梨属植物有35种，主要原产于地中海、高加索及我国。我国梨的主要种类有秋子梨、新疆梨、麻梨、西洋梨、木梨、白梨、砂梨、杜梨、豆梨、褐梨等，其中主要的栽培种类是秋子梨、白梨、砂梨及西洋梨。现将其主要优良品种介绍如表3-11所示。

表 3-11　梨主要优良品种

种类	品种	产地	成熟期	单果重(g)	果实品质	贮藏期
秋子梨	红南果梨	燕山、辽宁	9月下旬	112	柔软多汁、芳香浓郁，品质极上	可贮藏 1～3 个月
	京白梨	北京、昌黎	8月中下旬	93	汁多、味甜、有香气，品质上	贮藏 20 d
白梨	鸭梨	河北泊头、山东阳信	9月中下旬	150～200	汁多、味甜、有香气，品质上	可贮存至翌年 2—3月
	雪花梨	河北赵县	9月上中旬	300	脆而多汁、味甜、微香，品质上	可贮至翌年 2—3月
	酥梨	黄河故道	9月上旬	270	肉稍粗，但酥脆爽口，品质上等	可贮至翌年 2—3月
	茌梨	山东莱阳	9月中下旬	220～280	味浓甜、微香，品质上	可贮至翌年 1—2月
	库尔勒香梨	新疆库尔勒地区	9月下旬	90	质脆、汁多、香气浓郁，品质极上	可贮至翌年 4 月
	苹果梨	辽宁	10月上旬	250	肉质细脆、甜酸适度，品质中上。	贮至翌年 5—6月
	早酥	山东	7月下旬	200～250	果心较小，质极细酥脆，汁特多，味甜稍淡，品质上	室温下可贮存 20 d 左右
	红香酥	河南郑州	9月中下旬	220	果皮绿黄色，向阳面红色。肉质细脆致密，石细胞较少，汁多，味香甜，品质极上	可贮至翌年 3—4月
白梨	中华玉梨（中梨 3 号）	河南郑州	9 月底至 10月上	250	果心小，肉质细嫩松脆，石细胞极少，汁多，甜酸爽口，品质极上	可贮至翌年 3—4月
	玉露香	晋中地区	8月下至 9月上旬	250	果皮薄，果心小，肉质细，汁液多，石细胞极少，味甜具清香，品质极上	土窑可贮至翌年 2—3月
	黄冠	河北昌黎	8月下旬	250	肉质细嫩多汁，石细胞少，味酸甜，香味浓，品质上	常温下可贮存 20 d

续表3-11

种类	品种	产地	成熟期	单果重(g)	果实品质	贮藏期
砂梨	苍溪梨	四川	8月下至9月上旬	300～500	质脆,汁多味甜,品质中上	可贮至翌年1—2月
	丰水	四川	7月中旬	253	肉质细脆、柔软多汁味甜品质上等	不耐贮藏
	爱宕	河南	9月上旬	450	果面光滑,果皮褐色,石细胞少,肉质细腻,甜脆多汁	耐贮藏
	新高	胶东地区	10月中下旬	450～500	果面较光滑,果肉乳白色,致密多汁,无残渣,味甜	常温下可贮存3～4周
	金二十世纪	山东	8月底	300	肉质细,汁多,风味浓甜,品质特优	极耐贮藏
	七月酥	河南郑州	7月初	210	肉质细嫩而松脆,汁多,味甘甜香味浓郁,品质极上等	可贮15 d
	中梨1号(绿宝石)	河南郑州	7月中旬	220	果心中等偏小,肉质细嫩,汁多,石细胞少,味香甜,品质极上	常温可贮20 d
	圆黄	河南西华	8月上中旬	380	肉质细嫩,石细胞少,果心小,汁多,有香味,品质佳	常温可贮20 d
	黄金梨	山东惠民	9月上中旬	300	果肉细嫩,石细胞极少,汁多味甜,有香气,品质极上	常温可贮存款额15～20 d。
	满天红	河南郑州	9月下旬	280	肉质酥脆,汁多,味酸甜适口,香气浓,果心小,石细胞少	较耐贮运
	美人酥	河南郑州	9月中下旬	275	果肉细嫩,酥脆多汁,风味酸甜,略有涩味,品质上	较耐贮运,贮后风味、口感更好
	红酥脆	河南郑州	9月上中旬	260	果心极小,肉质细嫩酥脆,汁多,石细胞很少,味甘甜,略有清香,品质上	较耐贮
西洋梨	红巴梨	胶东半岛、辽宁大连	8月下至9月上旬	250	肉质柔软、味浓甜、有芳香,品质极上	不耐贮藏
	早红考密斯	陕西	7月下旬	280	肉质细,柔软,汁多,酸甜具浓香,采后经10 d左右后熟食用最佳,品质上	常温下可贮藏30 d
	日面红	山东青岛	8月下旬	208	肉质柔软多汁、味浓,品质中上	不耐贮藏

想一想

当地梨还有哪些野生种类和优良品种?其主要特性是什么?

(2)园地选择　要求绿色食品梨建园环境必须符合《绿色食品　产地标准 NY/T 391—2013》的要求,同时要求栽培区年平均气温、生长季有效积温、年日照时数、年降雨量、土壤条件等适宜梨树的生长发育。

(3)栽植要求　栽植时期分为秋栽和春栽两个时期。秋栽从落叶起至封冻前都可进行；春栽在春季土壤解冻后至梨树萌芽前进行。目前梨园多采用株距 2～2.5 m，行距 4～5 m，每公顷栽植 750～1 200 株，主栽品种和授粉品种的比例一般为 4∶1 或 5∶1。

四、生产过程要求

绿色食品梨标准化生产过程要符合绿色果品生产要求，生产过程中使用的肥料和农药完全按照《中华人民共和国农业行业标准绿色食品　农药使用准则 NY/T 393—2020》和《中华人民共和国农业行业标准绿色食品　肥料使用准则 NY/T 394—2013》执行，生产出生态、安全、优质、营养的梨产品。

工作三　春季生产管理

一、春季生产任务

春季生产任务主要有春季修剪：拉撑开角、撑梢、环剥、摘心、除萌；花果管理：疏花疏果、放蜂、人工授粉；土肥水管理：追肥、灌水、松土保墒；病虫害防治等工作。

二、春季生产管理技术

(一)地下管理

(1)春季追肥　萌芽前追肥可促进萌芽、开花、坐果和新梢的前期生长。此期以速效性氮肥为主。结果树每亩追施尿素 20～30 kg。也可根据结果量确定追肥量，已结果的梨园一般每生产 100 kg 果实，全年需追施尿素 0.5～1 kg 或硫酸铵 1～2 kg，也可追施碳酸氢铵 1.5～3 kg；此外还需追施过磷酸钙 1～2 kg、硫酸钾 0.5～1 kg。幼树及初果期树，可根据树体大小每株施尿素 0.1～0.5 kg。

(2)春季翻耕　春季耕翻一般在土壤解冻后趁墒及时进行。耕深约 10～20 cm，耕翻后耙平，春季耕翻有利于增温保墒，可促进根系生长和春梢生长，能提高坐果率。

(3)春季灌水

①萌芽前灌水　北方梨区春季干旱，而此时正是果树萌芽、抽梢、开花期，需水较多，灌水后松土保墒。

②落花后灌水　此时新梢迅速生长和幼果发育，需水量较大。灌水后中耕。

(二)地上管理

1. 春季修剪

(1)拉撑开角　对角度过小的大枝可采用拉、撑等方法开角。

(2)摘心　摘心具有促生分枝、加速整形、培养枝组、调节生长势和促进花芽形成的作用，是幼旺树夏剪的主要措施。

(3)拿枝　软化是幼树控势、开角变向的主要方法。主要对象是一年生至二年生的直立枝、竞争枝和角度过小的辅养枝。

(4)环剥和环割　此法是幼旺树促花、控冠的有效措施，环剥或环割的时期因目的不同而异。以促花为主要目的时，在 5 月下旬至 6 月上旬进行为宜；为提高坐果率则以盛花期为宜。剥口宽度为枝干直径的 1/10 左右。梨树环割一般只环割 1 圈，不适合搞多道环割，当环割效果较小时，可进行多次1道环割。

(5)除萌和疏枝 在剪锯口及变向枝背上的极性位置处会长出很多萌蘖，它们影响树形和正常的生长发育，应通过除萌和疏枝的方法加以控制。如有空间可通过摘心、拿枝变向加以利用。对枝头竞争枝、背上直立枝、内膛徒长枝应根据其能否被利用而对其进行控制、培养或疏除。

2. 花果管理

梨树是严格自花不实植物，要保证授粉受精，关键是在建园时合理配置授粉品种，其次，要采用果园放蜂、人工授粉等技术。要严防花期前后用药、创造洁净环境，确保蜜蜂授粉。

(1)人工放蜂 梨花为虫媒花，花期放蜂有利于梨树授粉并提高坐果率。一般每0.5～1 hm^2 放1箱蜂即可。花期放蜂的果园，应禁止在花期喷药。

(2)人工授粉 在花处于气球期时进行采粉。将采下的花朵带回室内取出花药，将花药放于光滑的纸上，摊成薄薄的一层，在18～25℃条件下自然干燥，1～2 d后花药即开裂散出花粉，过细筛去除花药壁、花丝等杂质(人工点授可不过筛)，收集花粉装在洁净、干燥的小瓶内，放于低温干燥处贮藏。授粉分为人工点授、机械喷粉和液体授粉，一般机械喷粉效率高，但花粉用量大。喷粉时一般1份花粉加入200～300倍填充剂，混合后宜在4 h内喷完。液体授粉是将花粉混入糖液中于50%花朵开放时于中午用喷雾器喷洒到花朵上，但不宜喷至花朵滴水。花粉液的配制方法是干花粉25 g、白糖0.5 kg、水10 kg、硼酸10 g和尿素30 g，花粉液要随配随用。

生产经验瞭望

梨树人工辅助授粉

采花 花多的树多采，花少的树少采；弱树多采，旺树少采；树冠外围多采，中部和内膛少采；花多的枝多采，花少的枝少采；梨树先开边花，采粉时应采中心花留边花。

取粉 人工取粉两手各拿一朵花，花心相对相互摩擦，将花药、花丝、花瓣全擦落到纸上，清除花瓣和花丝，将花药薄薄地摊在纸上，置25℃左右的室内晾干，一般两昼夜花药即开裂，可以使用。

授粉时期 在初花期，即气球状花苞时采花取花药；盛花初期，即25%的花已开放，转入人工点授，此期为花序边花的第一至三朵，争取在2～3 d内完成授粉工作。

授粉方法 引蜂传粉适于授粉树占20%以上，并配置均匀的梨园，为提高坐果率，可从外地引入蜂群，每10 m×667 m放入1箱蜂。

人工点授 人工点授法是指开花时用自制的授粉器(纸棒、橡皮头、毛笔等)蘸取花粉去点授，授粉时把蘸有划分的授粉器向花的柱头上一碰就行，优先选粗壮的短果枝花授粉。

液体喷粉 花粉悬浮液的配制方法是5 kg水、10 g花粉、250 g糖、15 g硼砂和15 g尿素，混合后喷布，随配随用。

花粉袋授粉法 将采集的花粉加入2～4倍滑石粉，过细箩3～4次，使滑石粉与花粉混匀，装入双层纱布袋内，将花粉袋绑在竹竿上，在树上振动撒粉。

2. 疏花疏果

(1)疏花 在花序分离期进行，每花序保留2～3朵发育最好的边花即可，如果花序过密亦可疏除一部分，花序间距保持15 cm左右比较适宜。疏果在一次落果后至生理落果前均可进行，其间早疏比晚疏好，可减少贮藏营养消耗，最迟也应在 6 月上旬完成；留果量多采用平均果间距法，一般大果型品种如雪花梨、酥梨等果间距应拉开 30 cm 以上；中、小果型品种，果间距可缩至 20 cm 左右。

(2)疏花疏果　疏花　首先疏除弱花序、弱枝组上的花序、枝杈间的花序、梢头上的花序、腋花序以及过密的花序。疏花序后使花序间距控制在 15～25 cm。小型果距离小些。大型果距离大些。留下的花序将中心花去掉，只留边缘的 1～3 朵花。疏花序时注意要保留果台莲座叶。

疏果　于脱萼品种脱萼时或宿萼品种生理落果后进行。一般疏果要在 5 月底前完成。根据生产经验，华北梨区在叶面积系数为 4 时，其适宜的叶果比，鸭梨、香水梨等中型果品种为 (15～20)：1，在梨、晚三吉等大型果品种为 25：1。枝果比一般中型果品种 3：1，大型果品种 (4～5)：1。一般每平方厘米干截面积负载量为 1 kg 左右。

(3)果实套袋　套袋可有效地改善梨果的外观品质并提高市场竞争力，套袋宜在落花后 25～30 d 内完成。套袋前喷 1 遍杀虫和杀菌剂。套袋时用手把袋撑开，将果实套入袋内，将袋口叠起用卡子或铁丝封口。注意不要扭伤果柄，以防脱落。

3. 春季病虫害防治

我国北方梨园春季发生较普遍的病害防治方法详见表 3-12。

表 3-12　梨春季病虫害防治一览表

物候期	防治对象	防治措施	注意事项
萌芽前后（3 月）	黑星病 黑斑病 腐烂病 梨木虱 红蜘蛛 黄粉蚜	1. 梨树萌芽前喷 3～5 波美度石硫合剂，或用硫酸铜 10 倍液进行淋洗式喷洒，或在梨芽膨大期用 0.1%～0.2%代森铵溶液喷洒枝条 2. 2.5%的高效氯氰菊酯 1 500 倍液或 48%的乐斯本 1 500 倍液，防治梨大食心虫、梨木虱、介壳虫和椿象等害虫 3. 于地面喷 50%的辛硫磷 200 倍液可有效杀死梨实蜂幼虫和正在出土的成虫，以及梨小食心虫的幼虫、金龟子和草履蚧等多种越冬害虫	
开花前后（4 月）	黑星病 黑斑病 腐烂病 轮纹病 褐斑病 梨木虱 梨星毛虫	1. 花序分离期或落花 2/3 时喷 40%的福星乳油 8 000 倍液，防治梨黑星病 2. 4 月下旬芽萌动至花前喷药杀死越冬螨，落花后喷药杀死嫩叶上的瘿螨 3. 锈病严重的果园可在梨树展叶后 10 d 和 20～25 d 各用 1 次药。常用药剂有 20%的粉锈宁 2 000 倍液、20%的萎锈灵 400 倍液 4. 梨落花 70%～90%时喷施 10%吡虫啉可湿性粉剂 2 500 倍液防治梨木虱，可兼治梨大食心虫、黄粉蚜、天幕毛虫和星毛虫等	
幼果期（5 月）	黑星病 黑斑病 轮纹病 炭疽病 梨木虱 梨网蝽 桃小食心虫	1. 落花后 10 d 左右用第一次药，以后每隔 15～20 d 用药 1 次，常用药剂有甲基托布津、多菌灵、疫菌灵等，可防治黑斑病、锈病、褐斑病炭疽病等 2. 5 月上旬花后 10～15 d 是防治梨木虱第一代成虫的关键时期。 3. 梨果实长到拇指大小时用菊酯类农药可防治梨大食心虫幼虫，可结合梨木虱的防治 1 次用药	桃小食心虫 5 月下旬开始出土，土壤湿度大时有 1 个出土高峰，及时用药

工作四 夏季生产管理

一、夏季工作任务

主要任务是土肥水管理：夏季追肥、夏季灌水、中耕除草、果园覆盖、排水、遮阴；夏季修剪：拉枝、疏枝、回缩；夏季病虫害防治。

二、夏季生产管理技术

(一)地下管理

(1)夏季追肥　6月正值幼果发育和花芽分化期，需大量营养物质，5月未追肥的应在此期追肥。果实膨大和花芽分化时需肥量较大，此时追肥以磷钾肥为主，若基肥中磷肥充足可只追钾肥，氮肥不足的树可加施少量氮肥。磷钾肥用量一般为全年用量的1/3～2/3。

(2)夏季灌水　此时气温高，叶片蒸腾量大，应根据土壤墒情灌1～2次水。7月正值北方的雨季，一般不需灌水，但若土壤干旱，要及时灌水。

(3)中耕除草　麦收前杂草还未结籽时是中耕除草的关键时期，中耕深度5～10 cm。

(4)果园覆草　果园覆草在春、夏季均可进行，但麦收后雨季来临前果园覆草较普遍。

(5)雨季翻压绿肥　进入雨季后，绿肥植物生长迅速，营养含量高，翻压后易腐烂分解，是翻压绿肥的好时机，人工种植的绿肥作物和野生的杂草、荆条、紫穗槐等植物均可作为翻压材料。

(二)地上管理

1.夏季修剪

夏季修剪主要任务是拉枝、疏枝、回缩等工作。

(1)摘心　对结果枝和营养生长旺盛的新梢进行摘心，控制旺长，促进营养积累和花芽分化。

(2)拉枝　对幼树长度在60 cm以上枝条进行拉枝，控制直立生长，调整生长方向，根据树冠空间进行整形。

(3)疏枝　成龄大树适度疏除枝头竞争枝、背上直立枝、内膛徒长枝和过密枝，抹除剪口萌蘖枝，控制营养生长。

2.夏季病虫害防治

夏季高温多雨，果树长势强旺，病虫害发生严重。防治技术详见表3-13。

表3-13　梨夏季病虫害防治一览表

月份	防治对象	防治措施
6月	白粉病 黑星病 炭疽病 卷叶蛾	1.6月下旬开始每隔15～20 d喷一次25%的粉锈宁1 500～2 000倍液，连续喷2～3次，可有效防治白粉病 2.每隔15～20 d喷一次70%的代森锰锌1 000倍液，或75%百菌清可湿性粉剂800倍液。用药1～2次可防治黑星病、轮纹病等病害 3.6月中下旬，用性诱剂诱测桃小食心虫的成虫

续表3-13

月份	防治对象	防治措施
7月	黑星病 轮纹病 黑斑病 梨星毛虫 梨网蝽 黄粉蚜	1.雨季来临后,高温高湿有利于黑星病的传播、侵染,可用内吸性杀菌剂和保护性杀菌剂交替使用 2.70%的甲基托布津1 200～1 500倍液加90%的乙磷铝800倍液可防治轮纹病、炭疽病、白粉病、霉心病等 3.7月下旬园内用糖醋液、性诱剂或黑光灯诱蛾并结合查卵预测梨小食心虫的虫情,卵果率0.5%～1%时,可喷2.5%的溴氰菊酯2 000～2 500倍液 4.7月可人工摘除叶背面产卵的树叶防治梨星毛虫
8月	褐斑病 白星金龟子 梨木虱	1.90%疫霜灵700倍液可有效防治疫腐病,对干基疫腐病可进行刮治,刮后涂抹200倍90%的乙磷铝 2.摘除被害梨果、虫叶,拣拾落地病虫果集中处理,消灭幼虫 3.糖醋液诱杀梨小食心虫和白星金龟子,人工捕捉天牛和吉丁虫幼虫

工作五　秋季生产管理

一、秋季工作任务

此时梨晚熟品种开始采收,主要任务有秋施基肥、深翻改土、中耕除草、灌冻水、果实采收、秋季病虫害防治。

二、秋季生产管理技术

(一)地下管理

1.秋施基肥

(1)施肥时期　从果实采收后到土壤冻结前均可施基肥。但9月中下旬晚熟种采收前后施肥为最佳施肥期。

(2)施肥量　基肥以有机肥,如圈肥、厩肥和秸秆等为主,还应配合施入一定量的速效性化肥。一般幼树为每亩施用1 000～2 000 kg;初果期用量随产量增加而增加;盛果期多按"斤果斤肥或斤果1.5斤肥"施用,一般每亩施用量为3 500～5 000 kg。速效性化肥的用量视有机肥用量的多少而定,一般速效性化肥的用量为全年用量的1/3～1/2。对于缺素症严重的果园,可在施基肥的同时加施微量元素肥料,如硫酸锌、硫酸亚铁和硼砂等。

(3)施肥方法　梨园施基肥的方法主要有环状沟施、穴施、条状沟施肥和全园施肥,也可结合秋季深翻进行。施基肥后应立即灌水沉实。

2.秋季耕翻

果实采收后耕翻树盘或全园土壤,以利根系更新、扩大吸收范围,可改善冬春土壤水分和通气状况,能减少宿根杂草和果树根蘖,还可消灭地下害虫。秋季耕翻深度为20 cm左右。

3.灌冻水

梨树秋后灌冻水一般应在10月下旬至11月上旬及早进行,也可结合秋施基肥进行。

(二)地上管理

1.秋季修剪

对生长过强的树,疏除少量新梢和徒长枝,对长度在 80 cm 以上枝条拉枝剪梢、变向,控长促花,按规定树形整形。

2.果实管理

秋季果实管理主要任务有除袋和果实采收两项工作:

(1)除袋着色　品种应于采收前 25 d 除袋,其他品种可在果实采收前 15~20 d 除袋,或采收时连同果袋一起采下。

(2)果实采收　需要长途运输和长期贮藏的梨果应适当早采,鲜食果和就地销售的果可适当晚采。采收时宜在晨露已干、天气晴朗的午前和下午 4 点以后,不宜在有雾、露水未干和降雨时采收。

采前准备　采果篮的底部和四周用麻袋片、软布或旧编织袋铺衬好,防止果实被压伤、刺伤。给采收人员采购、发放手套等采收用品。

采收过程　目前主要是手工采收。用手托住果实,偏转角度,再用拇指或食指去顶果柄。严禁抓住梨果强拉,以免把果柄和果枝拉伤或折断。无果柄的果实不符合商品要求,并且易因感染病害而腐烂。采收时轻采、轻放,避免碰伤。倒筐、倒堆时要逐个拣拾,禁止倾倒。采下梨果后及时剔除病虫果、畸形果、碰刺伤果。此时气温较高,采后应就近入冷库贮存或销售。

采后增色　有些梨的品种,如鸭梨和香水梨等,由于在树上时光照不足,采收时底色重而面色不足,对此可人工增色。方法是选择地势高燥、排水良好的树行或空地,先在地面铺 3 cm 厚的细河沙,摆上果实,白天见光,晚上放露。如果晚上露水较少,可在傍晚洒水,使果面布满水珠。为防止日灼,可在晴天上午 10 点后用纸、苇席或杂草等覆盖,下午 4 点后揭去继续见光,一般经过 4~5 d 即可达到应有的着色度。

3.秋季病虫害防治

秋季阴湿多雨,温度逐渐走低,发生的主要病虫害详见表 3-14。

表 3-14　梨秋季病虫害防治一览表

物候期	防治对象	防治措施	注意事项
果实采收期 9 月	黑星病 轮纹病 疫腐病 白星金龟子 红蜘蛛	1.采前 10~15 d 喷一次广谱内吸性杀菌剂防治黑星病、轮纹病 2.诱杀或震树捕捉白星金龟子,果实采收后于树干下部绑草把儿,诱引越冬雌螨及其他越冬害虫 3.拣拾病虫落果、摘除虫果后及时处理	雪花梨园要注意选择防治黑斑病的有效药剂
越冬保护期 10、11 月	腐烂病 梨木虱	1.采收后,腐烂病有 1 个侵染发病高峰,要及时查治 2.梨木虱严重的果园,采果后喷 1~2 次药进行防治,兼治其他害虫 3.成虫上树产卵期(10 月上中旬)喷布杀虫剂,消灭浮尘子成虫 4.清除落叶、杂草和病虫落果,集中处理	一般不再用化学农药

工作六　冬季生产管理

一、冬季工作任务

冬季是梨树休眠季节，主要工作任务有：冬季修剪，树体保护，减轻越冬伤害，休眠期病虫害防治等。

二、冬季生产管理技术

(一)冬季整形修剪

1.梨树冬剪的时期

从正常冬季落叶后至春季萌芽前均可进行，以冬季严寒期至春季树液流动之前冬剪树体营养损失最少，此期为最佳冬剪时期。

2.梨树常用树形的结构特点

(1)单层高位开心形　适用于株距2～3 m，行距4～5 m，45～83株/亩的密植梨园。干高0.6～0.7 m，中心领导干高1.6～1.8 m，树高3.0～3.5 m，在中心领导干上均匀培养枝组基轴或枝组，不配置侧枝。基轴长度30 cm左右，在中心干上或基轴上培养10～12个长放枝组。最上部2个枝组呈水平反弓弯拉向行间，各基轴与主干夹角70°左右。最终使全树只有一层，叶幕厚度2～2.5 m，如图3-8。

(2)疏散分层形　疏散分层形又称主干疏散分层开心形，适宜于栽植密度为500～626株/hm^2的梨园。干高60～70 cm。主枝分2～3层排列于中心干上，第一层主枝3～4个，第二层主枝2个，第三层主枝1～2个。第一、第二层的层间距为80～100 cm，第二、第三层的层间距60～80 cm。第一层主枝上配备3～4个侧枝，第二层主枝上配备2～3个侧枝，第三层上配备1～2个侧枝或不留侧枝。下层主枝的角度大于上层主枝的角度。一般幼树期主枝角为30°～45°，结果期树的主枝角度为60°～70°。

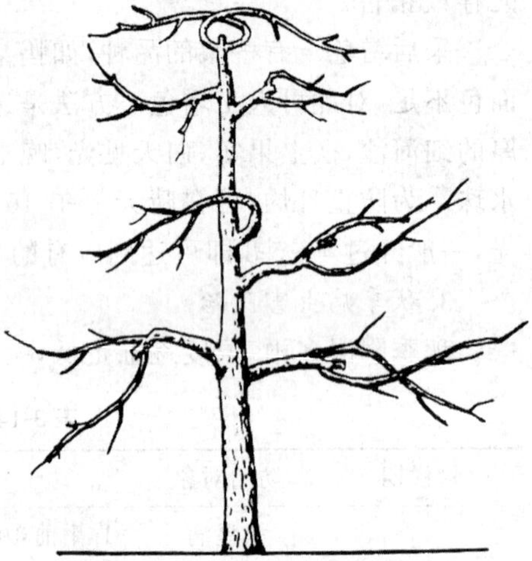
图3-8　单层高位开心形

此外，在梨树生产中应用较多的树形还有适宜大冠稀植树的主干双层形、适宜密植的纺锤形和适宜中等密度的3主枝开心形。

3.不同年龄时期梨树的修剪特点

(1)幼树期　主要任务是培养强壮的骨干枝，配置主、侧枝，调节各类枝的开张角度和方位角，迅速扩大树冠，后期注意培养结果枝组。对有生长空间的辅养枝应继续保留，如妨碍骨干枝生长或生长势已缓和，并形成大量短果枝枝时，可适当回缩，用以结果，或从基部疏除。对竞争枝的修剪，主要根据主枝与竞争枝的生长情况而定，如竞争枝的生长势、着生方向、角度都比较合适，可用竞争枝代替原领导枝；无法利用的竞争枝及早疏除。

(2)初果期　此期主要修剪任务是继续整形，培养骨干枝，保持树势平衡，管理好辅养枝，培养结果枝组，继续处理好竞争枝。

(3)盛果期 这一时期修剪任务是维持树势,调节结果和生长的平衡,及时更新复壮。一般轻剪1～2年或2～3年后,当植株生长有转弱趋势时,就应及时加重修剪,促使树势复壮。树势复壮后,再适度轻剪。以后,树势再转弱时,再行重剪复壮。这就是轻重结合。对开张角度较大的骨干枝,尤其是先端已下垂的大枝,可行较重的回缩。对于交叉枝及重叠大枝,适当疏间或回缩。在盛果期,树冠内枝条数量多,徒长枝一般应疏除。盛果后期内膛枝逐渐衰亡,使骨干枝下部光秃,这时骨干枝上萌发的徒长枝应适当保留,利用其培养成结果枝组充实内膛。对于结果枝组,要注意修剪和更新复壮,以保持其较强的结果能力。

(4)衰老期 此期修剪的主要任务是更新复壮,增强树势,促发新枝,少留花果,充分利用徒长枝和背上直立枝更新大枝和枝组,以充实树冠,维持结果能力,延长经济寿命。

(二)树体保护

1.树干涂白

一般在入冬前给主干和大枝干涂白,可减轻冬季和早春枝干的日灼、冻害和霜冻。涂白液的配法有以下两种:①水10份,优质生石灰3份,石硫合剂原液0.5份,食盐0.5份,动植物油少许。②水15份,优质生石灰6份,食盐1份,豆浆或600倍“6501”黏着剂0.5份。

2.剪、锯口的保护

为防止剪、锯口感染病害及失水抽干和促进伤口愈合,一般在修剪后对较大的剪、锯口及时涂抹保护剂。常用的保护剂有以下几种:①清油铅油合剂。清油3份,白铅油1份,混合均匀即成。②桐油铅油合剂。桐油3份、白铅油1份,混合均匀即成。③液体接蜡。松香8份、油脂1份、酒精3份、松节油0.5份,混匀即成。④直接用防水漆。

(三)休眠期病虫害防治

(1)清扫果园。

(2)刮树皮。

(3)剪除病虫枝。

(4)药剂防治:冬剪结束后,全园喷布4～5波美度的石硫合剂或喷100～300倍的五氯酚钠溶液,铲除多种越冬病菌和越冬害虫。梨圆蚧等害虫较重的果园,可喷1遍5%的柴油乳剂。腐烂病、轮纹病较重的果园,要刮治病斑,刮治后涂抹40%的福美胂50倍液。

工作七 制定梨园周年管理历

生产案例

河北省梨周年管理历

三月管理:(惊蛰、春分)

(1)预防幼树抽条:可于3月初及早进行树盘地膜覆盖。树上于3月上旬再喷涂1遍抑蒸保护剂,早春早灌解冻水。

(2)春耕:早春土壤解冻后即可耕翻土壤,深度以10～20 cm为宜,耕翻后耙平,多风地区还要镇压。

(3)施肥:萌芽前成龄树每株施尿素1～2 kg,未施基肥的可再加过磷酸钙1 kg、硫酸钾0.75 kg。幼树按树龄大小的不同每株追施尿素0.1～1.0 kg。

(4)病虫害防治:梨树萌芽前全园喷布3～5波美度的石硫合剂,或喷一遍5%的柴油乳剂或3.5%煤焦油乳剂,可防治多种病害及虫害。也可于地面喷50%的辛硫磷200～400倍液,可杀死多种越冬害虫。

四月管理:(清明、谷雨)

(1)疏花　人工疏花:首先疏除弱花序、弱枝组上的花序、枝杈间的花序、梢头的花序、腋花序及过密花序,疏后花序间距在15～25 cm;化学疏花:时期为盛花末期,药剂有40～80 mg/kg的萘乙酸,0.1～0.2波美度的石硫合剂等。

(2)防霜　花前灌水、枝干涂白、熏烟可防霜。

(3)提高坐果率　花期放蜂,一般每0.5～1 hm^2 放1箱蜂即可;人工授粉;花期喷肥和应用生长调节剂:喷布0.3%的硼砂、0.3%的尿素、40 mg/kg的赤霉素可提高坐果率。

(4)地下管理　梨树萌芽前未追肥的树可在花前或花后追肥,已结果树每公顷追施尿素300 kg、过磷酸钙150 kg,追肥后灌水,水渗后中耕除草。

(5)病虫害　此期注意梨黑星病、褐斑病等病害,梨木虱、梨实蜂、梨二叉蚜、金龟子、梨大食心虫等虫害的防治。

五月管理:(立夏、小满)

(1)疏果　于脱萼品种脱萼时或宿萼品种幼果明显膨大时进行,叶果比为(15～25):1,枝果比(3～5):1。

(2)果实套袋　套袋前喷1遍杀虫和杀菌剂,套袋在落花后25～30 d内完成。

(3)肥水管理　于5月下旬幼果期进行土壤追肥,追肥量为全年计划施氮量的1/3左右,可配合一定量的磷钾肥。花后每隔15～20 d于叶面喷1次0.3%的尿素和0.3%的磷酸二氢钾,连续喷3～4次。落花后及时灌水,浇水后中耕除草,中耕深度5～10 cm。

(4)修剪　此期注意拉、撑开角,拿枝软化,环剥,摘心,除萌和疏枝。

(5)病虫害防治　此期病害主要有黑星病、黑斑病、轮纹病、炭疽病和锈病等,从落花后7～10 d开始喷药,每隔15 d喷1次,常用药剂有甲基托布津、多菌灵、波尔多液等。此期主要虫害有梨木虱、梨茎蜂,桃小食心虫等,可喷10%吡虫啉可湿性粉剂1 500～2 000倍液+20%速灭杀丁乳油1 500倍防治。

六月管理:(芒种、夏至)

(1)果园覆草　麦收后雨季来临前覆草。

(2)施肥、灌水和除草　6月上旬正值幼果发育和花芽分化期,需大量营养物质和水分,要保证肥水的供应。6月份气温高,叶片蒸腾量大,应根据土壤墒情灌1～2次水。麦收前杂草还未结籽时是中耕除草的关键时期,中耕深度5～10 cm。6月份应继续进行叶面喷肥。

(3)病虫防治　病害主要有白粉病、黑星病、轮纹病。可从6月下旬开始,连续喷布2～3次杀菌剂进行防治,每隔15～20 d喷1次。虫害主要有桃小食心虫、梨木虱、梨星毛虫等,常用农药可参考5月份的用药。

七月管理:(小暑、大暑)

(1)追肥　此期磷钾肥用量一般为全年用量的1/3～2/3。

(2)雨季翻压绿肥。

(3)病虫防治　此期病害主要有黑星病、腐烂病、轮纹病等,可用70%甲基托布津800～1 200倍液加90%的乙磷铝800倍液;主要虫害有梨小食心虫、梨星毛虫、梨木虱,可用2.5%的溴氰菊酯2 000～2 500倍液喷雾。

八月管理:(立秋、处暑)

(1)夏季修剪　对幼树进行秋季拉枝,控制、利用竞争枝和直立旺枝,调整生长方向和角度进行整形。成龄大树疏除或改造枝头竞争枝、背上直立枝、内膛徒长枝和过密枝，回缩交叉重叠枝，改善光照条件。

(2)早熟品种的采收。

(3)病虫防治 此期病害主要有黑星病、轮纹病、炭疽病、疫腐病、褐腐病、黑斑病等，防治可参见7月份内容；主要害虫有梨小食心虫、黄粉虫、梨木虱、梨椿象、金龟子等，可摘除被害梨果、虫叶，捡拾落地病虫果并集中处理，用糖醋液诱杀梨小食心虫和金龟子等，人工捕捉天牛和吉丁虫幼虫进行人工防治，药剂防治参见6、7月用药。

九月管理：(白露、秋分)

(1)晚熟品种的果实采收 采收时宜在晨露已干、天气晴朗的午前和下午4点以后。

(2)秋施基肥 果实采收后到土壤冻结前可采用条沟施肥、环状沟施肥或全园施肥，也可结合秋季深翻进行，施基肥后应立即灌水沉实。

(3)采收前10～15 d应喷1次杀菌剂防治黑星病、轮纹病、褐斑病、黑斑病。主要害虫有黄粉虫、梨小食心虫、桃小食心虫、红蜘蛛等，可采用人工防治和药剂防治相结合。

十月至十一月管理：(寒露、霜降、立冬、小雪)

(1)秋季耕翻 深度为20 cm左右。

(2)采果后根外追肥 以速效性氮肥为主，可配合喷施磷酸二氢钾及微量元素肥料，肥液浓度为0.5%～3%。

(3)灌冻水 在10月下旬至11月上旬及早灌冻水。

(4)病虫防治 采收后，腐烂病有1个侵染发病高峰，要及时查治，在浮尘子成虫产卵期喷布杀虫剂，消灭成虫。清除落叶、杂草、病虫落果，集中处理。

十二月至翌年二月管理：(大雪、冬至、小寒、大寒、立春、雨水)

(1)冬季整形修剪 幼树期梨树主要任务是培养树形骨架，加速扩冠。对初果期梨树主要是继续整形，培养强壮稳定的骨干枝，保持树势平衡及主从分明。对盛果期梨树应保持树势中庸健壮，生长与结果平衡，枝组年轻化，改善光照，使树冠内外上下结果稳定。对衰老期树进行更新复壮。

(2)树干涂白保护树体 同时注意剪锯口的保护，可用松香8份、油脂1份、酒精3份、松节油0.5份混合制成液体接蜡，也可直接用防水漆保护剪锯口。

(3)病虫害防治 首先保持果园卫生，冬剪结束后，全园喷布3～5波美度的石硫合剂，也可喷一遍5%的柴油乳剂或3.5%煤焦油乳剂。腐烂病、轮纹病较严重的果园要刮治病斑，刮后涂抹50%菌毒清乳油50倍液。

【课业】

1. 调查了解我国北方梨主要栽培品种、特征、特性。
2. 简述梨树开花结果特性。
3. 梨树肥水管理要点有哪些？
4. 简述梨树疏花疏果的技术要领。
5. 目前生产上常用的梨树形有哪些？它们各有哪些优缺点？

项目二 核果类果树周年生产

任务一 桃周年生产

【任务描述】

本项目主要任务是完成桃生产认知，了解桃安全生产要求、生产良种及春季、夏季、秋季和冬季的生产任务与操作技术要点，全面掌握桃土肥水管理技能、整形修剪技能、花果管理技能与病虫害防治技能。

【任务分析】

要完成本项目学习任务，必须具备以下条件：

教学环境　桃幼园、成龄园，多媒体教室，桃生产录像或光碟。

教学工具　修剪工具，植保机具，常见肥料与病虫标本。

师资要求　专职教师、企业师傅、生产人员。

工作一　观测桃的生物学特性

一、生长特性

1. 根

桃为浅根性果树。垂直根不发达，垂直分布在 10～40 cm 土层中，水平根较发达，分布范围约为冠经的 2～3 倍，但主要分布在树冠外围附近。

在年周期中，桃根在早春生长较早，地温在 0℃以上，根即能顺利地吸收并同化氮素，5℃左右即有新根开始生长，在 7.2℃时营养物质可向上运输。一年中根有两次生长高峰。桃耐涝性差，因为桃根系呼吸旺盛，需氧量比其他果树多，土壤含氧量保持在 10%左右，根才能正常生长，土壤水多则造成缺氧。

2. 芽的类型与特性

桃芽按性质分为花芽和叶芽。按萌发时间，分为早熟性芽和潜伏芽。

叶芽外有鳞片，比较瘦小，着生在枝条顶端或叶腋处，当年形成后进入休眠，第二年萌芽后抽生枝叶。桃树的各种类枝条的顶芽都是叶芽。但在长势强的新梢上，有的叶芽无鳞片，随着新梢的生长而萌发，这种芽即为早熟性芽。花芽为纯花芽，外有鳞片，芽体饱满，着生于新梢叶腋间，多数是一芽一花。桃枝条基部瘪芽在第二年如不萌发，则进入潜伏状态，成为潜伏芽。

桃枝条一个节上如果只着生 1 个芽，称为单芽，单芽又有单花芽和单叶芽。如果一个节上着生 2 个以上的芽称为复芽，复芽实际上是短缩枝。常见的复芽为一个叶芽和一个花芽的双芽并生和两侧为花芽、中间为叶芽的三芽并生（图 3-9）。花芽充实，着生部位低，排列紧凑，复花芽多是桃树的丰产性状。

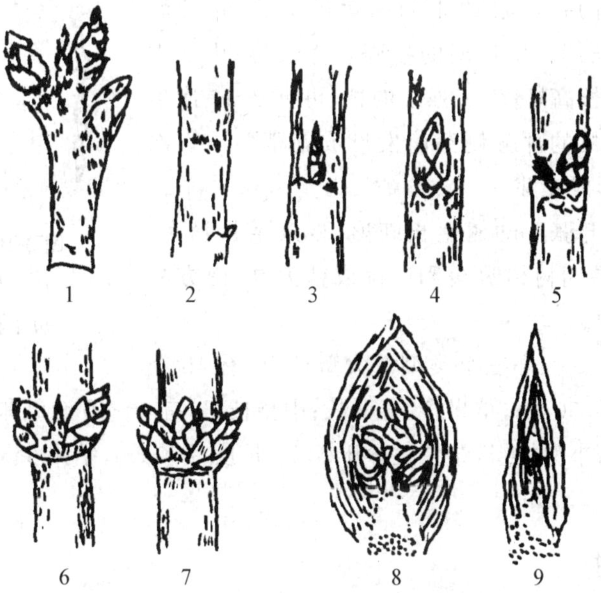

图 3-9 桃芽的类型

1. 短果枝上的单芽 2. 隐芽 3. 单叶芽 4. 单花芽 5～7. 复芽 8. 花芽剖面 9. 叶芽剖面

桃长势强的新梢上的早熟性芽当年萌发，芽当年形成、当年萌发的现象称为芽的早熟性，是桃树一年发生多次副梢的基础。

3. 枝条类型及特性

桃树干性弱，枝条生长量大。幼树生长旺盛，一年中可有 2～3 次生长高峰，形成 2～3 次副梢，树冠形成快。盛果期树树势缓和。

桃树除多年生骨干枝构成树体骨架外。按性质和功能，可将一年生枝分为生长枝和结果枝。生长枝按其生长强弱，又分为徒长枝、发育枝和叶丛枝。粗度 2 cm 左右，长度 80 cm 以上，生长过旺而节间长、组织不充实的生长枝为徒长枝。徒长枝常发生在树冠内膛和剪锯口附近。发育枝生长强旺，长度 60 cm 左右，粗度约 1.5～2.5 cm，其上多为叶芽，有少量花芽，有大量副梢。叶丛枝是只有一个顶芽的极短枝，长约 1 cm 左右，生长势弱，寿命短，但在营养、光照好的条件下，能诱发壮枝。

结果枝按长度，分为徒长性果枝、长果枝、中果枝、短果枝和花束状果枝（图 3-10）。徒长性果枝生长较旺，长 60 cm 以上，粗度 1～1.5 cm，有少量副梢，有复芽，花芽质量较差，坐果率低，但有的品种结实较好。长果枝生长适度，长 30～60 cm，一般无副梢，复芽多，花芽比例高、充实，坐果能力强，是多数品种的主要结果枝。中果枝长 15～30 cm，单芽、复芽混生。短果枝长 5～15 cm，顶芽为叶芽，其余多为单花芽。花束状果枝，长度小于 5 cm，顶芽为叶芽，其余均为单花芽，结果后发枝能力差，易于衰亡，多在老弱树上发生。

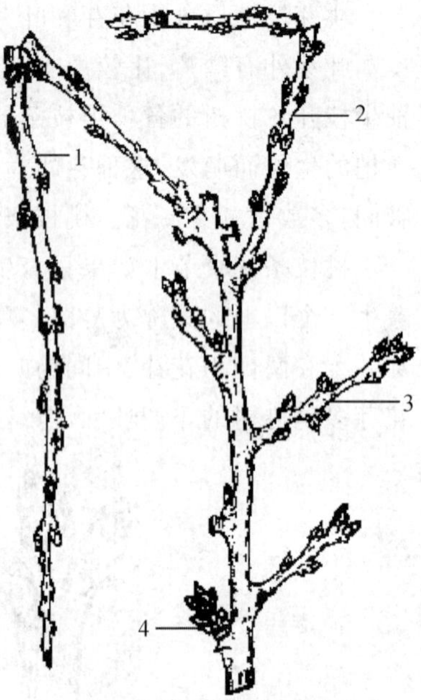

图 3-10 桃结果枝类型

1. 长果枝 2. 中果枝 3. 短果枝 4. 花束状果枝

桃叶芽萌芽展叶后，经过约 1 周的缓慢生长期（叶簇期），即进入迅速生长期。生长弱的枝停止生长早；生长中庸的枝有 1～2 次生长高峰；生长强旺的枝，可有 2～3 次生长高峰。同时，旺长枝的部分侧芽萌发形成副梢（二、三次枝），早期副梢亦能形成花芽。

桃干性弱，树冠开张。幼树生长旺盛，枝条生长量大，使树冠形成快。盛果期树树势缓和。桃成枝力高，南方品种群高于北方品种群。

桃的枝组分为大、中、小三个类型。大型枝组，有 10 个以上的结果枝，长度≥50 cm，结果多，寿命长；中型枝组，有 5～10 个结果枝，长度 30～50 cm，一般 7～8 年后衰老；小型枝组，结果枝少于 5 个，长度≤30 cm，结果少，寿命短，一般 3～5 年后衰老。

二、结果特性

1. 结果年龄

桃树易结果，栽后 2～3 年结果。

2. 花芽分化

桃树花芽分化主要集中在 7、8、9 三个月，一般花芽分化到雌蕊原基形成需要 1～2 个月，花芽形成的全过程需 8～9 个月，桃树花芽形成有两个集中期，即 6 月中旬和 8 月上旬，与桃树两个新梢缓慢生长期一致。桃树要形成花芽首先要具备足够的树体营养积累，其次必须使枝叶充分受光，减少过度修剪，重施磷肥、钾肥，适度控水，达到树体健壮，树势平稳，才有利于花芽分化，提高花芽质量。

3. 开花

花开放经过花芽膨大→露萼→露红（露瓣）→蕾期→初花→盛花→谢花等物候期。花芽比叶芽萌动早，当气温稳定在 10℃以上时桃树开花，适宜花期温度为 12～14℃。

4. 授粉受精

桃除雌能花品种外，多数自花结实率高，但异花授粉可提高坐果率。通常柱头在开花 1～2 d 内分泌物最多，是授粉的最适时期，雌蕊保持授粉能力的时间，一般可延续 4～5 d。如花期遇干热风，柱头在 1～2 d 内即枯萎，失去授粉能力。

5. 果实发育

果实的生长发育过程可分为三个时期。

第一期　幼果迅速生长期。从子房膨大至果核开始木质化前。一般持续 36～40 d，此期果实体积和重量迅速增加，果核也相应扩大，不同品种增长速度大致相似，在北方地区大约在 5 月下旬或 6 月上旬结束。

第二期　果实缓慢生长期(硬核期)。从果核开始木质化到胚乳消失、子叶达应有大小、果核完全硬化为止。此期持续时间各品种之间差异很大，早熟品种 2～3 周，中熟品种 4～5 周，晚熟品种 6～7 周或更长。子叶达到一定大小，果核坚硬为结束此期的标志。

第三期　果实迅速膨大期。从果实第二次迅速生长开始到果实成熟。持续时间因品种而异，约为 35 d 左右。果重增加量约占总果重的 50%～70%。成熟前 7～14 d，果实横径增长迅速，并随着内含物、硬度、色泽等变化，果实逐渐成熟。

工作二　了解桃安全生产的基本要求

一、果品质量要求

1. 感官质量要求

绿色食品桃产品质量必须符合《绿色食品　温带水果 NY/T 844—2017》，绿色食品鲜桃感官指标详见表 3-15。

表 3-15　绿色食品桃感官质量要求

项目	指标
基本要求	果实充分发育，新鲜清洁，无异常气味或滋味，不带不正常的外来水分，具有适于市场或贮存要求的成熟度
果形	果形具有本品种应有的特征
色泽	果皮颜色具有本品种成熟时应具有的色泽
横径(mm)	极早熟品种≥60，早熟品种≥65，中熟品种≥70，晚熟品种≥80，极晚熟品种≥80
果面	无缺陷(包括刺伤、碰压、磨伤、雹伤、裂伤、病伤)
容许度	产地验收(%)≤3，发货站验收(%)≤5

注：某些品种果形小，如白凤桃，横径等级的划分不按此规定。

2. 理化质量要求

绿色食品桃理化指标主要指桃可溶性固形物、总酸、固酸比等指标要求，必须符合《绿色食品　温带水果 NY/T 844—2017》中有关桃理化指标的相关规定。

3. 卫生质量要求

绿色食品梨的卫生指标应符合《绿色食品　温带水果 NY/T 844—2017》卫生指标要求。

二、对环境条件要求

1. 温度

桃以冷凉温和气候生长最佳。我国主要桃产区，南方品种群适栽地区年平均温度为 12～17℃，北方品种群 8～14℃，南方品种群更耐夏季高温。

桃的生长适温为 18～23℃，果实成熟适温 24.5℃；温度过高，果顶先熟，味淡，品质下降，枝干也易灼伤。夏季土温高于 26℃，新根生长不良。

冬季严寒和春季晚霜是桃栽培的限制因子，一般品种在－22～－25℃可能发生冻害。桃花芽萌动后，－1.7～－6.6℃即受冻，开花期－1～－2℃、幼果期－1.1℃受冻。

2. 光照

桃喜光，对光照反应敏感。光照不足，树体同化产物减少，根系发育差，枝叶徒长，花芽分化少、质量差，落花落果严重，果实品质差，内部小枝迅速枯死，树冠内部光秃，结果部位上移、外移。

3. 水分

桃耐旱忌涝。桃树对水分反应敏感，尤其早春开花前后和果实第二次迅速生长期必须有充足的水分。适宜的土壤田间持水量为 60%～80%。桃不耐涝，在桃园中短期积水就会黄叶、落叶，甚至死亡。

4. 土壤

桃适宜在土质疏松、排水良好的沙壤土或沙土地上栽培。要求土壤含氧量在 10%～15%，过于黏重和肥沃土壤，容易徒长和患流胶病。在 pH4.5～7.5 范围内均可生长良好，最适 pH 为 5.5～6.5 的微酸性土壤。

三、建园要求

1. 主要栽培良种要求

桃生产要求栽植良种必须选用国家或有关果业主管部门登记或审定的优良品种。目前，栽培上按形态、生态和生物学特性分为五个品种群：北方品种群、南方品种群、黄肉桃品种群、蟠桃品种群和油桃品种群。桃品种按果面茸毛有无，分为普通桃（有毛）和油桃（无毛）。按果实用途，分为鲜食和加工品种。按果皮与果肉的粘离度分为离核、粘核和半粘核品种。按肉质特性分溶质、不溶质和硬肉桃三个类型。按果肉颜色主要有白肉、黄肉、红肉三类。按果实成熟期分极早熟（果实发育期≤60 d）、早熟（61～90 d）、中熟（91～120 d）、晚熟（121～160 d）极晚熟（≥161 d）品种。主要优良品种见表 3-16。

表 3-16 桃优良品种简介

类型	品种名称	育成地或主产地	果实形状	单果重(g)	果实颜色	果实品质	果实成熟期	产量
普通桃	春蕾	上海园艺所	卵圆	70～90	乳白顶尖红	上	5 月下旬	丰产
	雨花露	江苏分院	长圆	125	乳黄果顶红	中上	6 月中旬	中等
	庆丰	北京农林科院	长圆	130～150	黄绿阳面红	上	6 月下旬	丰产
	早凤王	河北固安	近圆	300	粉红	上	6 月底	丰产
	大久保	北京地区	近圆	150	淡绿带红	上	8 月初	丰产
	21 世纪	河北职技师院	圆	350	鲜红	上	8 月下旬	丰产
	新川中岛	日本长野	圆	260～350	鲜红	极上	7 月底	丰产
	重阳红	河北昌黎	近圆	300	粉红	上	8 月下旬	丰产
	徐蜜	江苏徐州	近圆	197.3	乳白有红晕	上	8 月下旬	丰产
	寒公主	吉林公主岭	圆	180	红	上	9 月中旬	丰产
	肥城桃	山东肥城	近圆	300	黄白	上	9 月上旬	丰产
	深州蜜桃	河北深州市、束鹿	长圆	200	黄白有紫红	上	8 月下旬	中等
	中华寿桃	山东莱西	近圆	277	鲜红	极上	10 月下旬	丰产
	冬雪蜜	山东青州	近圆	120	淡绿带红	上	11 月初	丰产
油桃	华光	郑州果树所	椭圆	100	玫瑰红	极上	5 月底	丰产
	曙光	郑州果树所	近圆	122	浓红	极上	6 月初	丰产
	瑞光 3 号	北京林果所	近圆	135	紫红	上	6 月中旬	丰产
	秦光	陕西果树所	圆	119	鲜红	上	7 月上旬	丰产
	霞光	山西果树所	近圆	123	鲜红	上	7 月中旬	丰产
	早红珠	北京植保所	近圆	90～100	鲜红	上	6 月中旬	丰产
蟠桃	早硕蜜	江苏园艺所	扁平	95	乳黄有红晕	上	6 月初	丰产
	早魁蜜	江苏园艺所	扁平	130	乳黄有红晕	上	6 月底	丰产
	撒花红	江苏、浙江	扁圆	125	黄白带红	上	7 月中旬	丰产
	蟠桃	大连农科所	扁平	132	橙黄带暗红	上	8 月上旬	丰产
	香金蟠							
	瑞蟠 4 号	北京林果所	扁平	221	黄白带暗红	上	8 月底	丰产
加工桃	紫胭桃	甘肃敦煌、临泽	倒卵	200～300	黄绿	上	8 月中旬	丰产
	丰黄	大连农科所	椭圆	160	橙黄带暗红	上	8 月上旬	丰产
	黄露	大连农科所	椭圆	170	艳黄	上	8 月上旬	丰产

注：个别产地用简称。

2. 园地选择要求

桃对土壤要求不严，一般土壤均可建园。土壤黏重的丘陵坡地应开沟建园，避免土壤下层积水。要避免老园地重茬植桃。

3. 果树栽植要求

栽植时期分为秋栽和春栽两个时期。一般平地株行距 4 m×5 m，山地株行距(3～4)m×(4～5)m。

四、生产过程要求

桃生产过程，要求加强土肥水管理，推广配方施肥，注意防涝。采用开心树形，密植园可用有主干树形。推行一年四季修剪，合理负载。按照绿色食品农药使用准则 NY/T393—2020 和绿色食品肥料使用准则 NY/T394—2013，生产生态、安全、优质的产品。

工作三　春季生产管理

一、春季生产任务

春季生产任务主要有清园、刮树皮、追肥、灌水、中耕、抹芽、放蜂、疏花疏果、套袋、病虫害防治等工作。

二、春季树体生长发育特点

桃根在早春生长较早。根系生长的同时开始萌芽，桃树的花芽早于叶芽萌动，随后花芽逐渐膨大、开绽，4 月上旬开花，盛花期为 7～10 d。经过授粉受精，子房迅速膨大，约在花后 3～4 周逐渐缓慢下来，幼果完成第一生长发育期。早、中、晚熟品种的幼果发育时间差异不大。落花后叶芽萌发、展叶，经过约 1 周的缓慢生长（叶簇期），随着气温升高新梢进入迅速生长期。花芽开放后叶芽萌动、展叶，开始新梢生长。

三、春季生产管理技术

（一）地下管理

1. 清园

对剪掉的病虫枝、刮掉的老树皮和果园中的残枝败叶要及时清理出果园，消灭越冬病虫源。

2. 土壤管理

清耕管理的桃园，春季浇水后进行中耕，中耕深度 20 cm，以消灭杂草，松土保墒，提高地温促进根系生长。覆草管理的桃园进行补草，覆草厚度常年保持在 20 cm 左右。幼年园进行间作。土壤水分条件较好的桃园可以实行生草法。

3. 追肥浇水

春季追肥 1～2 次，分别在萌芽前和开花前，每株追施硫酸铵 0.5～1.0 kg，或尿素 0.5 kg。采用环状沟施肥、穴施等施肥法。施肥后浇水。也可采用灌溉式施肥。开花期喷 0.3% 的硼砂，可提高坐果率。

春季浇水 2～3 次，萌芽前、开花前和开花后。主要灌水方法有沟灌、穴灌、滴灌、喷灌等。

（二）地上管理

1. 春季修剪

萌芽后，在叶簇期进行抹芽、疏梢等。根据树形要求和树体生长空间，除去过密的、无用的、内膛徒长的、剪口下竞争的芽或新梢；选留、调整骨干枝延长梢；对冬剪时长留的结果枝，前部未结果的缩剪到有果部位；未坐果的果枝疏除或缩剪成预备枝。

2. 辅助授粉

利用蜜蜂传粉，一般 3 000 m^2 桃园放置 1 箱蜜蜂可满足授粉需要。人工授粉，在主栽品种初花期至盛花期进行人工点授或装入纱布袋内在树上抖动。

3.人工疏花

疏花在大花蕾期至初花期进行。疏花时首选疏除早开的花、畸形花、瘦小花、朝天花和梢头花。然后按长果枝留 6～8 个花蕾，中果枝留 4～5 个花蕾，短果枝或花束状果枝留 2～3 个花蕾，预备枝不留花蕾处理。长、中果枝疏花时，疏除结果枝基部的花，留下枝条中上部的花，中上部的复花芽可双花留一，并保持花间距离合理均匀，疏花量一般为总花量的 1/3。

4.疏果定果

桃疏果分两次进行。第一次疏果在花后两周左右进行，留果量是最后留果量的 3 倍。第二次疏果或者说是定果在落花后 4～6 周(硬核期前)结束。疏果前先确定当年留果量，再将留果量分解到各主枝上。定果可根据结果枝类型进行，一般长果枝上大型果留 2 个，中型果留 2～3 个，小型果留 4～5 个。中果枝上大型果留 1 个，中型果留 1～2 个，小型果留 2～3 个。短果枝上大型果每 2～3 个果枝留 1 个，中型果 1～2 个果枝留 1 个，小型果 1 个果枝留 1～2 个。花束状果枝上，一般可留 1 个果或不留果。预备枝上不留果。留果量也可根据叶果比来确定，大约 30～50 片叶可留 1 个果。也有根据果间距进行留果的，依果实大小，将果间距控制在 15～20 cm。

根据品种特点和果实成熟期，通过整形修剪、疏花疏果等措施调节产量，一般将每亩控制在 1 250～2 500 kg。

5.果实套袋

在完成定果后于当地主要蛀果害虫进果以前完成套袋工作。一般中、晚熟品种和易裂果的品种宜套袋。套袋材料选用单层木浆纸桃果专用袋为好。

套袋前喷洒一次杀虫、杀菌剂，待药液干后，用桃专用果袋(不宜用旧报纸)套袋，将果袋通过袋口的铅丝袋扎在结果枝上即可。

6.病虫害防治

伤口保护。对修剪造成的伤口直径在 1 cm 以上的要涂抹保护剂，防止剪锯口抽干。

刮树皮。对盛果期大树应在萌芽前对主干和主枝的老翘皮进行一次刮除，可消灭在粗树皮上的越冬害虫。一般天敌开始活动的时间早于害虫，为了保护同时在老树皮中越冬的天敌，应适当晚些刮树皮。

药剂防治。芽萌动前喷布 3～5 波美度的石硫合剂。对介壳虫发生较重的个别植株和枝干，可人工用洗衣粉水刷除。展叶后每 10～15 d 喷 1 次 70%代森锰锌可湿粉剂 500～600 倍液或 70%甲基托布津 1 500 倍液，防治细菌性穿孔病、炭疽病等。花后喷 10%吡虫啉 4 000～5 000 倍液，或 0.3%苦参碱水剂 800～1 000 倍液防治蚜虫。

工作四 夏季生产管理

一、夏季工作任务

主要任务有夏季修剪，控制新梢旺长，改善光照条件，加强肥水管理，促进果实膨大和花芽分化。

二、夏季树体生长发育特点

桃不同成熟期品种果实，进入膨大期的早晚差别很大。早熟品种只有 1～2 周(硬核期)即进入果实膨大期，而晚熟品种要到6～7周才能进入果实膨大期。这样早熟品种的果实膨大与新梢生长的第一个生长迅速期相重叠。一般在6月下旬以后新梢生长趋于缓和，开始加粗生长和木质化。大多数中短梢停滞生长后，花芽分化开始。长枝、强旺枝持续生长，多从中部开始抽生二次枝，进入第二次旺长期。树体进入旺盛生长期，易发生缺素症状。

三、夏季生产管理技术

(一)地下管理

1.土壤管理

清耕管理的果园要及时中耕锄草。进入果实发育硬核期以后宜浅耕，约5 cm，尽量少伤新根。雨季前将草除尽，雨季只除草，不松土。

果园覆盖是一种较好的土壤管理制度，一般覆盖厚度为15～20 cm。土壤深翻时，可将已腐烂的杂草、秸秆与土壤混合均匀后埋入土壤中，增加土壤有机质含量。

2.夏季追肥

夏季追肥2～3次，花后追施壮果肥，一般在谢花后1周施入，以速效氮肥为主，施肥后灌水。在硬核期进行一次追肥。这次追肥应氮磷钾配合施用，以磷钾肥为主。这期间可喷0.3%尿素和0.2%磷酸二氢钾2～3次。出现缺素症状时，喷施相应的微量元素。

3.夏季水分管理

夏季果实发育期，要满足水分供应。灌水要看天、看地、看树，土壤含水量低于60%时即考虑灌水。

桃耐涝性差，夏季多雨时要注意排水，在暴雨来临前及时疏通果园内外的排水沟渠，做到沟沟相通，及时排除园区内积水。雨后适时中耕，松土降湿。

(二)地上管理

1.夏季修剪

桃夏季进行两次修剪。5月份，在新梢迅速生长期，对主侧枝进行摘心或剪梢，留副梢，缓和生长势，开张或抬高枝头角度。对竞争枝或徒长枝，在有空间的情况下可剪留1～2个副梢，培养成结果枝组。如无副梢则在30 cm左右处短截，促发新梢。对处于有空间位置的强壮新梢可摘心处理，促发分枝，培养结果枝组。其他枝条凡长到30～40 cm的都要摘心，使营养集中到果实的生长发育上去，防止6月落果。

6—7月夏季修剪，主要是控制旺枝生长，对竞争枝、徒长枝在上次修剪的基础上，继续改造培养枝组。如过密则疏除，改善光照条件。对树姿直立或角度较小的主枝进行拉枝开角，同时对负载大的主枝和枝组进行吊枝或撑枝，防止果枝压折。由于已经进入生长中后期，修剪不宜过重。

2.病虫害防治

在果实硬核期喷布20%蛾螨灵可湿性粉剂2 000～3 000倍液，防治食心虫、介壳虫、椿象、卷叶蛾等。

桃果实膨大期(新梢旺长期)，每10～15 d喷1次杀菌剂，防治褐腐病、黑星病、炭疽病等。对山楂叶螨和二斑叶螨可喷1%阿维菌素乳油5 000倍液防治。

工作五 秋季生产管理

一、秋季工作任务

主要任务有控制新梢旺长，加强肥水管理，防治病虫害，促进花芽分化和果实着色，提高果实品质，适时采收。

二、秋季树体生长发育特点

进入秋季后，根系又加快生长，出现一次生长高峰。果实进入成熟采收期，果实在大小、色泽和风味等方面逐渐表现出品种固有的特征。大部分新梢停止生长，花芽分化进入高峰期。树体进入营养积累的时期。花芽继续分化发育，不断膨大。叶片自下而上开始衰老，功能逐渐减退。

三、秋季生产管理技术

(一)地下管理

1. 追肥浇水

在果实成熟前 20～30 d，追施催果肥，以钾肥为主，配合氮肥，提高果实品质和花芽分化质量。可追施磷酸二氢钾或草木灰，也可叶面喷施。但距果实采收期 20 d 内停止叶面追肥。也不宜灌大水，以免造成裂果。

2. 中耕除草

果实采收后，结合施肥，对全园进行一次中耕，中耕深度 10～15 cm，注意不能伤主根。

3. 施基肥

施基肥一般不宜晚于 9 月，早熟品种可在 8 月下旬进行。基肥以腐熟的农家肥为主，每亩施入 4 000～5 000 kg，过磷酸钙 150 kg。还可根据树体营养状态，同时加入适量的速效化肥，如尿素 10～15 kg，以及微量元素肥料，如硫酸亚铁 2～3 kg 等。秋施基肥后要灌 1 次水。采收后喷施 0.3%～0.4%的尿素可提高叶片的光合功能，延长叶片寿命，有利于营养积累，详见表 3-17。

表 3-17 各地成年桃树经验施肥量

地点	单位	施肥种类和数量(kg)
北京平谷	亩	农家肥 5 000 kg，过磷酸钙 150 kg。桃树专用肥 84～140 kg(含氮、磷、钾分别为 10%、10%和 15%)。喷施 0.4%尿素和 0.3%磷酸二氢钾各 1 次
山东肥城	株	有机肥 100～200 kg，豆饼 2.5～7 kg
江苏	株	饼肥 5 kg 或猪粪 60 kg，磷矿粉 5 kg，尿素 1.5 kg

4. 深翻改土

深翻时间以采果后结合秋施基肥进行效果最佳，深翻的深度常以主要根系分布层为准。一般 60～80 cm。方法主要有深翻扩穴、隔行深翻等。

(二)地上管理

1.修剪

秋季修剪主要是对没有停止生长的新梢进行摘心或剪梢。对没有控制住的旺枝可从基部疏除。新长出的二、三次枝可从基部疏除。对骨干枝角度小的进行拉枝开角。

在果实着色期间可疏除部分过密背上枝和内膛徒长枝,改善树冠内光照条件,促进果实着色。也可将果实附近叶片摘掉,使果面均匀着色。

2.果实管理

秋季果实管理主要任务有除袋和果实采收两项工作。

套袋的鲜食果实应于采收前10～20 d将袋撕开,使果实先接受散射光,再于采收前3～5 d逐渐将袋体摘掉。不易着色的品种应早些摘袋,如中华寿桃宜在采收前2周左右摘袋。果实成熟期雨水集中的地区、裂果严重的品种也可不解袋。罐藏桃果采前不必摘袋,采收时连同果袋一起摘下。

在果树行间地面上铺反光膜可促进果实着色,每亩需用反光膜300～400 m^2。

桃果实的成熟度判断在生产上分以下等级:七成熟,果实充分发育,果面基本平整,果皮底色开始由绿色转黄绿或白色,茸毛较厚,果实硬度大。八成熟,果皮绿色大部褪去,茸毛减少,白肉品种底色绿白色,黄肉品种呈黄绿色,彩色品种开始着色。九成熟,绿色全部褪掉,白肉品种底色乳白色,黄肉品种呈浅黄色,果面光洁、充分着色,果肉弹性在,有芳香味。十成熟,果实变软,溶质桃果肉柔软多汁,硬溶质桃开始发软,不溶质桃弹性减小。

桃果的色、香、味等品质主要在树上发育形成,采后几乎不会因后熟而增进,应适时采收。一般就地鲜销果宜八、九成熟采收,远地运输宜七、八成熟采收。硬桃、不溶质桃可适当晚采,溶质桃,尤其是软溶质桃必须适当早采。罐藏硬肉桃宜七、八成熟采收,罐藏软肉桃宜八、九成熟采收。果实成熟不一致的品种,应分期采收。

3.病虫害防治

进入果实成熟期一般不宜采收化学防治方法,以免造成果实农药残留超标。可采用黑光灯诱杀、糖醋液诱杀和性外激素诱杀方法,防治桃蛀螟、卷叶蛾、桃小食心虫、桃潜叶蛾等害虫。对红颈天牛可人工捕捉,并挖其幼虫。

果实采收后,重点保护好叶片,可喷施26%扑虱灵可湿性粉剂1 500～2 000倍液,防治一点叶蝉和椿象。用25%灭幼脲3号悬浮剂2 000倍液防治潜叶蛾。在主干和主枝上绑草绳或草把,诱集害虫,晚秋或早春取下烧死害虫。

工作六　冬季生产管理

一、冬季工作任务

休眠期主要管理任务是整形修剪,还要清理桃园、树体保护、防止冻害等,以及制订桃园年度计划管理计划,准备生产用肥料和农药等生产物质。

二、冬季树体生长发育特点

枝条成熟,叶片脱落,树体进入休眠期。

三、冬季生产管理技术

(一)地下管理

浇越冬水。灌水时间以水能完全渗透下去,不在地表结冰为宜。

(二)地上管理

1.涂白

树干涂白可减轻枝干冻害,可按生石灰1∶水3∶食盐0.1∶石硫合剂原液0.1配制,再加适量动植物油或豆浆作展着剂,在桃树落叶后涂抹,涂白部位是主干和主枝基部,要求涂刷均匀。

2.幼树防寒

在冬季比较寒冷地区,为了防止桃树抽条,可在秋季落叶后及时将树干埋土防寒或用稻草捆绑树干。也可喷布具有防越冬抽条效果的保护剂,如纤维素高质膜,防止幼树抽条。

3.整形修剪

(1)常用树形及整形过程 桃树采用的丰产树形,主要有自然开心形、纺锤形、圆柱形等。

①自然开心形 通常留3个主枝,不留中心干,又称三主枝开心形。具有整形容易,树体光照好,易丰产等特点。

基本结构:干高30～50 cm。主干以上错落着生3个主枝,相距15 cm左右。主枝开张角度40°～60°,第一主枝角度大些,可开张60°,第二主枝略小,第三主枝则开张40°左右。三个主枝水平夹角120°,第一主枝最好朝北,其他主枝也不宜朝正南。主枝直线或弯曲延伸。每主枝留2个平斜生侧枝,开张角度60°～80°,各主枝上第一侧枝顺一个方向,第二侧枝着生在第一侧枝对面,第一侧枝距主枝基部50～70 cm,第二侧枝距第一侧枝50 cm左右。在主侧枝上培养大、中、小型枝组(图3-11)。

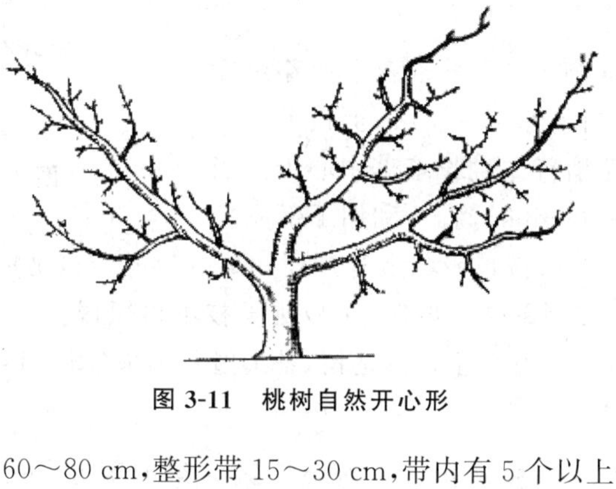

图3-11 桃树自然开心形

整形过程:定干高度60～80 cm,整形带15～30 cm,带内有5个以上饱满芽(图3-12)。

春季萌发后抹去整形带以下的芽,在整形带内选留4～5个新梢。当新梢长达30～40 cm时,选3个生长健壮,相距15 cm左右,方位、角度符合树形对主枝要求的3个新梢作为主枝培养。其他枝拉平缓放,辅养树体。

当主枝生长到60～70 cm时进行摘心,在促发的副梢中,顶端选择健壮外芽新梢做主枝的延长梢,同时在延长梢下部选择方位、角度合适的新梢培养第一侧枝。

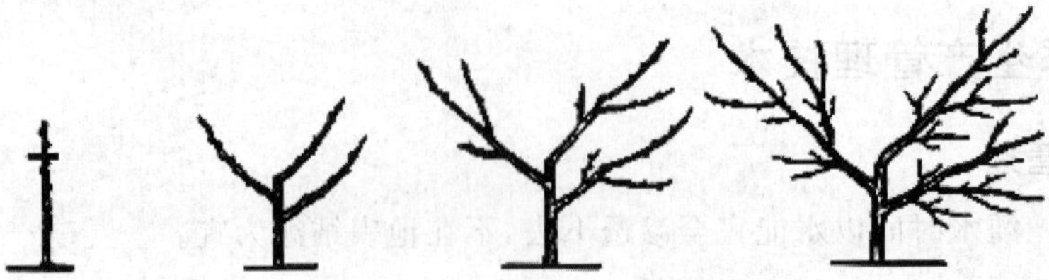

图 3-12 桃树自然开心形整形过程

1.定干 2.选留三主枝 3.选留第一侧枝 4.选留第二侧枝

主枝的延长梢生长到 60～70 cm 时再次摘心，在促发的二次副梢中，顶端选择健壮外芽新梢做主枝的延长梢，同时在延长梢下部选择方位、角度合适的新梢培养第二侧枝。第一侧枝生长到 40～50 cm 时进行摘心，在促发的二次副梢中，顶端选择健壮外芽新梢做侧枝的延长梢，其余新梢培养为结果枝。栽植当年根据长势，多次摘心，依次培养各级骨干枝，最后一次摘心时间，以保证落叶时骨干枝延长梢成熟，长度不小于 80 cm。

冬季修剪时，主枝延长枝剪留 50～70 cm，侧枝剪留 40～50 cm。在整形过程中，除主枝外其余枝培养为大、中、小型枝组或结果枝，枝条过密时，适当疏除。

②纺锤形　适合高密度栽培和设施栽培，需及时调整上部大型结果枝组，切忌上强下弱。

基本结构：干高 50 cm 左右，有中心干，在中心干上着生 8～10 个主枝，基部主枝稍大，长 0.9～1.2 m，基角 55°～65°，往上主枝长度渐短(0.7～0.9 m)，基角渐大(65°～80°)。主枝在中心干上均匀分布，间距 25～30 cm，同方向主枝间距 50～60 cm。结果枝组直接着生在主枝和中心干上。树高 2.5～3.0 m 左右。如果栽植密度加大，中心干上主枝上下相差不多，则为细纺锤形(图 3-13)。

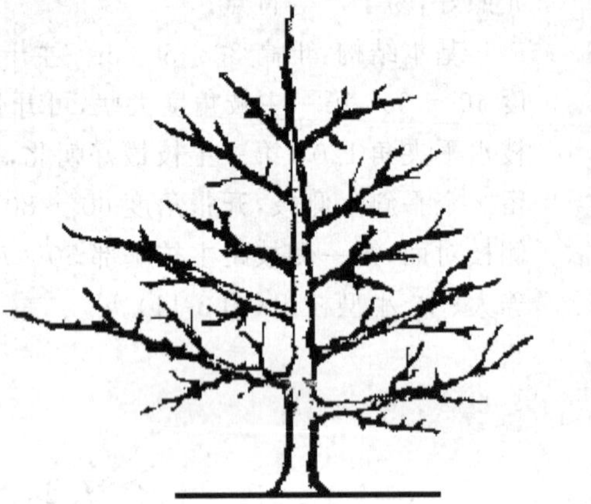

图 3-13 桃树纺锤形

整形过程：定干高度 80～90 cm。春季萌芽后在剪口下 30 cm 处选留新梢培养第一主枝，剪口下第三芽梢培养第二主枝，顶芽梢直立生长培养中心干。当中心干延长梢长到 60～80 cm 时摘心，利用下部副梢培养第三、第四主枝。各主枝按螺旋状上升排列。第一年冬季修剪时，所选主枝尽可能长留，一般留 80～100 cm。第二年冬季修剪时，主枝延长枝不再短截。在生长季将主枝拉至 70°～80°。一般三年后可完成 8～10 个主枝的选留，整形过程结束(图 3-14)。

(2)结果树的修剪

①骨干枝的修剪　主侧枝延长枝一般栽后第一年剪留 50 cm 左右，第二年剪留 50～70 cm，盛果期剪留 30 cm 左右。侧枝延长枝的剪留长度为主枝延长枝的 2/3～3/4。当树冠达到应有大小的时候，通过缩放延长枝头的方法进行控制树冠大小和树势强弱。

骨干枝的角度可通过生长季拉枝、用副梢换原头等方法进行调整。

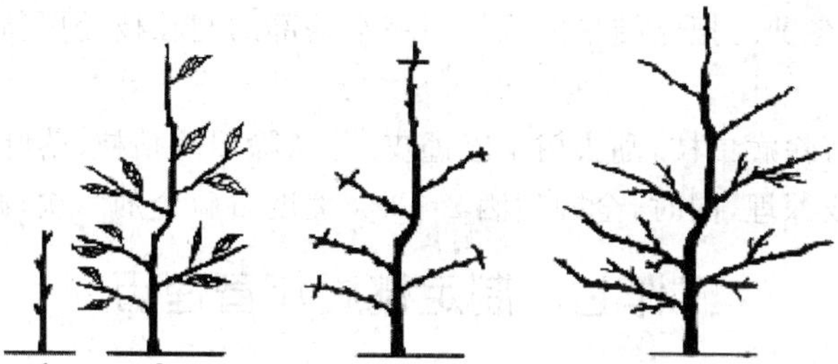

图 3-14 桃树纺锤形整形过程

1.定干 2.选留基部主枝 3.摘心 4.培养上部主枝

②结果枝组的修剪 结果枝组修剪原则是培养与更新相结合。结果枝组在主枝上的分布要均衡，一般小型枝组间距 20～30 cm，中型枝组间距 30～50 cm，大型枝组间距 50～60 cm。结果枝组的配置以排列在骨干枝两侧向上斜生为主，背下也可安排大型枝组。主枝中下部培养大中型枝组，上部培养中型枝组，小型枝组分布其间。

枝组的培养方法主要是 1 年生中庸枝通过短截，促进分枝，培养中小型枝组。也可将强壮枝通过先放后截方法，培养大中型枝组，见图 3-15。

图 3-15 桃结果枝组培养过程

1.1 年生枝短截 2.第 2 年修剪 3.第 2 年修剪后 4.第 3 年修剪 5.第 3 年修剪后

枝组更新方法是：弱时缩，壮时放，放缩结合，维持结果空间。具体更新方法有单枝更新和双枝更新两种基本形式。单枝更新即在同一枝条上“长出去剪回来”，每年利用比较靠近母枝基部的枝条更新。双枝更新即在一个部位留 2 个结果枝，修剪时上位枝长留，以结果为主；下位枝适当短留，以培养预备枝为主。

③结果枝的修剪 以长果枝结果为主的品种，如南方品种群，结果枝一般以短截为主；以短果枝结果为主的品种，如北方品种群，以轻剪为主。

幼树、初果期树长、中果枝多，花芽着生节位偏高，偏稀，应轻剪长留、多留，以缓和树势。幼树可利用副梢、二次副梢结果。

结果枝的修剪有两种情况。一是短截修剪，对结果枝一般都进行短截。北方品种群，长果枝或花芽节位高的枝，剪留 7～10 节或更长，中果枝 5～7 节，短果枝不动。南方品种群，长果枝剪留 5～7 节，中果枝 4～5 节，短果枝不动或疏剪。留枝数量以果枝间距 10～15 cm 左右，伸展方向互相错开。

二是长放修剪(长梢修剪技术)，仅采用疏剪、缩剪和长放的方法。在骨干枝和大型枝组上每 15～20 cm 留一个结果枝，保留的结果枝长度为 45～70 cm，总枝量为短截修剪的 50%～60%。更新方式为单枝更新，果实叶片使枝条下垂，极性部位转移，使枝条基部发生 1～2 个较长的新梢，靠近母枝，冬剪时把已结果的母枝回缩至基部的健壮枝处更新。

4.清园

结合冬季修剪，剪除病虫枝，刮去树干老翘皮，并清除田间枯枝、落叶、烂果，铲除杂草一同带出果园，集中烧毁或深埋，同时，全园喷洒2～3波美度石硫合剂一次，减少越冬病虫基数。

工作七 制定桃周年管理历

1.休眠期(12月至翌年3月)

(1)冬季修剪 幼树期以整形为主，主枝一般留50 cm剪截，结果枝适当长留，疏除无用的徒长枝。初结果树继续扩大树冠，注意选留侧枝，培养枝组。盛果期树结果枝宜短留，多留预备枝，注意枝组的更新复壮，疏去无用徒长枝，平衡树势。衰老期以后，对骨干枝、枝组更新复壮。注意剪除病虫枝、僵果，锯口要涂漆保护。

(2)清洁桃园 把冬剪的残枝及园内落叶、杂草等清除，集中烧毁。

(3)涂白 对主干、主枝涂白，在12月下旬前进行。

(4)病虫防治 2月下旬至3月上旬刮除流胶病斑，涂抹5波美度石硫合剂和全树喷5波美度石硫合剂＋70％甲基托布津1 000倍液，防治褐腐病、介壳虫等。

(5)施肥灌水 3月上中旬(发芽前)，株施硫酸铵0.5～1.0 kg或尿素0.5 kg，并结合灌水，随后中耕保墒。

2.发芽至落花期(3月下旬至4月下旬)

(1)授粉 对花粉少或没有花粉的品种，特别是阴雨天，要进行人工辅助授粉，并在花期喷0.3％的硼砂，提高坐果率。

(2)夏剪 对以前的剪口、锯口处及根部发出的无用芽要及时抹掉。

(3)疏花疏果 先疏坐果率高的品种，自花结实率低的品种可不疏或少疏，待分清果实大小时一次定果。花落后(10 d)疏果；定果时，留果形稍长的幼果，除去畸形果、病虫果和球形果。

(4)病虫防治

①开花前喷27.5％油酸烟碱乳油500倍液或0.30％印楝乳油1500倍液，或50％硫黄胶悬剂防治苹毛金龟子和桃畸果病。

②花期将敌敌畏100倍液用注射管注入天牛虫洞，然后用豁泥封严。

③花后用72％农用链霉素3 000倍液＋50％多菌灵600倍液＋0.3％硫酸亚铁防治褐腐病、细菌性穿孔病、黄化病。用50％硫黄胶悬剂100倍液防治桃畸果病。

3.硬核期(早熟品种，5月上中旬)

(1)追肥 对早熟品种追施氮、磷、钾肥，株施三元复合肥0.5 kg，中晚熟品种，以氮肥为主；对结果多、生长弱的树进行条施，株施尿素或硝酸铵0.5 kg。

(2)夏剪 调节好骨干枝方位角度，均衡树势，抑强扶弱，控制徒长，改善树体通风透光条件。缩剪果枝及预备枝。除去双芽留1芽，剪除病芽。

(3)病虫害防治

①5月上旬防治红蜘蛛、蚜虫、潜叶蛾、桃小食心虫等，选择药剂有：2 000倍液的蛾螨灵、25％灭幼脲3号2 500倍液、蚜虱净等杀虫剂。

②5月中旬用800倍大生M-45或多菌灵防治炭疽病、疮痂病、花腐病等。

(4)果实套袋　5月中、下旬果实套袋,套袋前要全园喷药。

4.果实膨大期(早熟品种)和硬核期(中晚熟品种)(5月下旬至6月上旬)

(1)病虫防治　5月下旬开始防治桃小食心虫、蚜虫类、介壳虫、红蜘蛛、卷叶虫、椿象类、大青叶蝉,药剂有克螨特、Bt乳油500倍液、螨死净3 000倍液、克蚧灵1 000倍液,连续防治2次。

(2)追肥灌水　早熟品种。追肥以钾肥为主,配合氮、磷肥,并结合灌水。促进果实膨大和花芽分化。

5.硬核期(6月中旬至7月上旬)

(1)早熟品种采收

(2)病虫害防治

①6月中旬用72%农用链霉素3 000倍液防治细菌性穿孔病;防治红蜘蛛、桃小食心虫、大青叶蝉、叶蛾类害虫,选择药有螨死净、蛾螨灵、杀灭菊酯等,也可与防病药剂混合喷布。

②6月下旬用敌敌畏注射天牛虫洞,然后用泥黏封严。

③根腐病防治采用溴甲烷深施60 cm熏蒸,并采用50%多菌灵500倍液灌根。

(3)夏剪

利用副梢调节主枝延长枝角度。对膛内无空间的徒长枝疏去,有空间生长的改造成枝组。③对树冠外围直立枝利用副梢开张角度。疏除过密枝、无用枝。对尚未停止生长的新梢和副梢摘心,剪去1/5～1/4。

(4)施肥灌水　以钾肥为主,株施硫酸钾和三元复合肥各0.2～0.3 kg,同时灌水。灌水后或在大雨后抢墒覆草,用麦草、油菜秆等,厚度20 cm左右。

6.果实膨大期(7月中旬至8月上旬)

(1)采收　7月下旬中熟品种可分批采收。

(2)病虫害防治

①7月中旬开始防治以桃蛀螟、红蜘蛛为主的害虫,药剂有敌杀死、万灵2 000倍液、灭幼脲3号1 500倍液。

②桃果采收前10 d,喷70%甲基托布津或50%多菌灵,防治褐腐病、疮痂病等。

(3)夏剪　对又萌发出的一次和二次副梢长达15～20 cm时剪截,控制生长。

7.采收期(晚熟品种,8月中下旬)

(1)采收　晚熟品种分批采收。

(2)补肥　对中、晚熟品种进行补肥,以氮肥为主,也可采用叶面喷施0.3%～0.5%尿素水溶液,恢复树势。

(3)病虫害防治　桃果采收后,主要有细菌性穿孔病、褐腐病、疮痂病、红蜘蛛、桑白介壳虫等病虫害。选择杀菌剂有:72%农用链霉素、70%甲基托布津、多菌灵;杀虫剂有40%速扑杀、死净、克蚧灵、蛾螨灵、皂素烟碱、油酸烟碱等。

8.花芽分化期(9月中下旬)

(1)夏剪　为充实枝条,促进花芽分化,提高越冬能力,要剪去枝条顶端不充实的幼嫩部分,剪时注意保留老叶。控制不住的徒长枝从基部疏除。

(2)病虫防治

①防治腐烂病,刮除病疤后涂 3～5 倍的菌立灭 2 号。

②注意其他病虫害的发生。

9.落叶前后

(1)施基肥 9 月下旬至 10 月上旬为最佳期。按 1 kg 果 2 kg 厩肥施或株施厩肥 50～100 kg、过磷酸钙 1～2 kg。

(2)深翻最好是结合施基肥,同时进行。树干 1 m 范围内浅翻。1 m 外可深翻。

(3)灌冻水,水量要充足,以湿透干土层为宜。秋季雨水过多时,也可少灌水或不灌水。

【课业】

1.你所在地区桃的主栽品种有哪些？这些品种有什么优势和不足？

2.以成年桃树为例,按绿色食品生产要求,设计一个全年施肥方案。

3.桃树休眠期修剪有哪些主要任务,怎样进行？

4.桃树生长期修剪主要有哪几次,每次主要解决什么问题？

5.不同年龄时期的桃树在修剪时各自有什么特点？

6.绿色食品桃的感官要求有哪些？根据这些要求在生产过程中要注意什么问题？

任务二　杏周年生产

【任务描述】

本项目主要任务是完成杏生产认知,了解杏生产要求、生产良种及春季、夏季、秋季和冬季的生产任务与操作技术要点,全面掌握杏土肥水管理技能、整形修剪技能、花果管理技能与病虫害防治技能。

【任务分析】

要完成本项目学习任务,必须具备以下条件:

教学环境　杏幼园、成龄园,多媒体教室,杏生产录像或光碟。

教学工具　修剪工具、植保机具、常见肥料与病虫标本。

师资要求　专职教师、企业师傅、生产人员。

工作一　观测杏的生物学特性

一、生长特性

杏树的树冠大,根系深,寿命长。在一般管理条件下,盛果期树冠高达 6 m 以上,冠径在 7 m 以上。寿命为 40～100 年,甚至更长。

1.根

杏树根系强大,能深入土壤深层,水平根伸展范围一般可超过冠径2倍。不同树龄时期根系的生长特点不同。嫁接苗自定植后的第一、二年,根系的垂直生长超过水平生长。自第二年至第三年以后,水平根的延伸速度逐渐超过垂直根的延伸长度。4～5年生的杏树,一般可以达到最大的垂直深度。此后,主要是水平根迅速向四面伸展。树龄达到20年以后,水平根的延伸速度减慢,到40～50年以后,根的水平延伸能力已很弱。

2.芽

杏树与桃树一样,叶芽具有早熟性,副梢上也可形成花芽。根据这种特性,可以在幼树、高接树或更新树上利用副梢进行整形,有选择地培养副梢作骨干枝或结果枝组。

杏树的新梢有自枯现象,顶芽为伪顶芽。新梢每节叶腋有侧芽1～4个,为并列复芽。潜伏芽寿命较长,一般可达10～20年。大部分品种顶端优势弱,干性弱,自然生长成的树冠,多为无主干的圆头形。

杏潜伏芽寿命很长,在受到重刺激时常可萌发,形成徒长枝,可利用潜伏芽对树冠和枝组进行更新。

杏休眠期较短,较早解除休眠状态,春季萌芽开花比桃、李等早,易遭晚霜危害。注意防止晚霜和低温危害。

3.枝

杏树生长势次于桃,但在幼树期生长也很快,新梢年生长量可达2 m。随着树龄的增长,生长势渐弱,一般新梢生长量30～60 cm。

杏树的萌芽率和成枝力在核果类果树中是比较低的。剪口下一般可抽生1～3个长枝,2～7个中短枝。萌芽率40%～70%,成枝力20%～65%。如果修剪稍重,萌芽率和成枝力均可达到80%以上。

二、结果特性

1.结果年龄

杏树定植或高接后2～4年开始结果,6～8年进入盛果期。在适宜条件下,盛果期比桃树长,10年生以上的大树一般单株产量在50 kg以上。

2.结果枝

杏树结果枝同桃一样,分为长果枝、中果枝、短果枝和花束状果枝。杏树大多数品种以短果枝和花束状果枝结果为主,但寿命短,一般不超过5～6年。由于花束状果枝较短,且节间短,所以结果部位外移比桃树慢。

3.花芽分化

杏花芽为纯花芽,较小,单生或2～3芽并生成复芽。每花芽开一朵花。在一个枝条上,上部多为单芽,中、下部多为复芽。单生花芽坐果率不高,开花结果后,该处光秃。复芽的花芽和叶芽排列与桃相似,中间多为叶芽,两边为花芽,这种复芽坐果率高而可靠。

杏较容易形成花芽,1～2年生幼树即可分化花芽,开花结果。据观察,兰州大接杏的花芽分化开始于6月中、下旬,这时气温较高,果实已经成熟或即将进入成熟期,7月上旬花芽分化达到高峰,9月下旬所有花芽进入雌蕊分化阶段。

4.果实发育

杏的果实发育快，而发育期短。杏果实生长发育曲线呈双S形，可分为三个时期，第一期为果实迅速生长期，这一时期幼果的大小为采收时果实大小的30%～60%。第二期为硬核期，这一时期持续的长短品种间差异不大，一般早、中熟品种4月下旬果核开始发育，5月中旬形成，5月下旬木质化。硬核期持续10 d左右，晚熟品种持续15 d左右。第三期为果实第二次迅速生长期，此期果实增重占总果重的40%～70%。这一时期持续长短品种间差异较大，早熟品种18 d左右，中熟品种28 d左右，晚熟品种40 d左右。

多数杏树落花落果较为严重，落花落果分为三次，即落花、生理落果和采前落果。

工作二　了解杏安全生产的基本要求

一、果品质量要求

1.感官质量要求

绿色食品杏产品质量要求必须符合《绿色食品温带水果 NY/T 844—2017》标准，绿色食品杏感官指标如表3-18。

表3-18　绿色食品杏感官质量要求

基本要求	果实充分发育，新鲜清洁，无异常气味或滋味，不带不正常的外来水分，具有适于市场或贮存要求的成熟度
果形	果形端正，具有本品种的固有特征
色泽	果皮色泽具有本品种成熟时应有的色泽，着色程度达到本品种应有着色面积的3/4以上
硬度(kg/cm^2)	≥4.5
可溶性固形物(%)	≥9.0
可滴定酸(%)	≤1.80

2.理化指标要求

绿色食品杏理化指标必须符合《绿色食品温带水果 NY/T 844—2017》中有关杏理化指标要求。

3.卫生质量要求

绿色食品杏卫生指标应符合《绿色食品温带水果 NY/T 844—2017》卫生指标要求。

二、对环境条件要求

杏对环境条件的适应性极强。在我国普通杏在北纬23°～48°，海拔3 800 m以下都有分布。

1.温度

主产区的年平均气温大致为6～14℃。杏休眠期间能抵抗－30～－40℃的低温，杏的适宜开花温度为8℃以上，花粉发芽温度为18～21℃。早春萌发后，如遇－2～－5℃低温持续3 h就受冻害，受冻花是雌蕊败育的比例较高，在中国杏的主产区花期经常发生晚霜危害。杏果实成熟要求18.3～25.1℃。生长期也耐高温，如在新疆哈密市，夏季平均最高气温为36.3℃，绝对最高气温达43.9℃，杏树能正常生长和结果。

2. 光照

杏为喜光树种，光照充足，生长结果良好，果实着色好，含糖量高，品质好。光照不良侧枝叶徒长，雌蕊败育花增加，严重影响果实的产量和品质。

3. 水分

杏抗旱力较强，但在新梢旺盛生长期、果实发育期仍需要一定的水分供应。杏树极不耐涝，如果土壤积水1～2 d，会发生早期落叶，甚至全株死亡。

4. 土壤

杏树对土壤要求不严，平原、高山、丘陵、沙荒、轻盐碱土上均能正常生长，但宜于排水良好，较肥沃的沙壤土或砾质壤土。

三、建园要求

1. 主要栽培良种要求

按照起源、形态及生物学特性，杏栽培品种分为6个品种群。按用途，分为鲜食、鲜食与制干兼用、仁干兼用和仁用四种类型。主要优良品种见表3-19、表3-20。

表3-19　鲜食杏优良品种简介

名称	原产或育成地	单果重	品质	核仁	成熟期	产量	用途
兰州大接杏	甘肃临夏、兰州	79～85g	上	甜	6月下旬	丰产	鲜食
华县大接杏	陕西华县	54～84g	极上	甜	6月上旬	极丰产	鲜食
仰韶黄杏	河南渑池	69～88g	极上	苦	6月中旬	丰产	鲜食、加工
沙金红杏	山西清徐	58～74g	上	苦	6月下旬	丰产	鲜食、制干
串枝红	河北邢台	54～79g	上	苦	6月中旬	丰产	鲜食、加工
红玉杏	山东历城、长清	70～80g	上	苦	6月上旬	丰产	鲜食、加工
克孜尔库曼提	新疆库车	27.8g	上	甜	6月下旬	丰产	制干、鲜食
龙王帽	河北涿鹿、涞水	20～25g	难食	甜	7月下旬	丰产	取仁
莱西金杏	山东莱西	85.3g	上	甜	6月下旬	极丰产	鲜食
寿光玉榛杏	山东寿光	107g	极上	甜	6月上旬	丰产	鲜食
金银杏	河南虞城	80.9g	上	苦	7月上旬	丰产	鲜食
骆驼黄	辽宁果树所	49.5g	上	苦	6月中旬	丰产	鲜食
金皇后	陕西果树所	81g	上	苦	7月初	丰产	鲜食
牡红杏	黑龙江园艺所	50g	上	甜	7月下旬	丰产	鲜食
早美红	河北农林科院	55g	上	苦	6月上旬	丰产	鲜食
红丰	山东农业大学	56g	上	苦	5月下旬	丰产	鲜食
新世纪	山东农业大学	68g	上	苦	5月下旬	丰产	鲜食
金太阳	美国	66.9g	上	苦	5月下旬	丰产	鲜食
凯特杏	美国	105.5g	上	苦	6月中旬	极丰产	鲜食

表 3-20 仁用杏品种简介

名称	原产或育成地	单果重(g)	杏仁品质	核仁	果实发育期(d)	杏果产量	出仁率(%)	适宜地区
龙王帽	河北涿鹿、涞水	17.4	上	甜，略有余苦	90	较丰产	37.6	华北、西北、东北地区
一窝蜂	河北涿鹿、蔚县	14.5	上	甜	90	丰产	36.0	华北、西北、东北地区
白玉扁	北京市门头沟地区	20	上	甜且香	88	丰产	30.0	西北、华北、东北地区
超仁	河北涿鹿，龙王帽的株选优系	16.7	上	甜，略有余苦	83	极丰产	39～41.1	华北、西北、辽宁等地
丰仁	河北涿鹿，一窝蜂的株选优系	13.2	上	甜香	90	极丰产	39.1	华北、西北、辽宁等地
国仁	河北涿鹿，一窝蜂的株选优系	14.1	上	甜	90	丰产	37.2	华北、西北、辽宁等地
油仁	河北涿鹿，一窝蜂的株选优系	13.7	上	甜	90	丰产	38.7	华北、西北、辽宁等地

2.园地选择要求

杏树建园时要考虑花期的晚霜危害，因此在山地建园要避开风口和谷地，选择在坡度25°以下，土层较厚，背风向阳的南坡或半阳坡为宜。在平地建园要避开低洼地，排水不良和土壤黏重地不宜建杏园。避开种植过核果类果树的地段建园，以免发生再植病。

3.果树栽植要求

栽植时期分为秋栽和春栽两个时期。秋栽从落叶起至封冻前都可进行；春栽在春季土壤解冻后至萌芽前进行。新建杏园以株行距(2～3)m×(5～6)m为宜，仁用杏以株行距(2～3)m×(4～5)m为宜。

大多数杏品种的自花结实率很低，需配置授粉树，可按(3～4)∶1配置授粉树。

四、生产过程要求

杏生产过程，要求选用优良品种，加强土肥水管理，合理整形修剪，注意防止自然灾害。完全按照绿色食品农药使用准则、绿色食品肥料使用准则执行，生产生态、安全、优质的产品。

工作三　春季生产管理

一、春季生产任务

春季生产任务主要有清园、追肥、灌水、中耕、放蜂、人工辅助授粉、疏花疏果、防霜冻和防治病虫害等。

二、春季树体生长发育特点

春季根系先于芽的萌动而开始活动，吸收水分和养分，供树体生长发育所需。杏树的花芽早于叶芽萌动，随后花芽逐渐膨大、开绽。花芽开放后叶芽萌动、展叶，即先开花后展叶。开花后坐果，进入果实发育期。

三、春季生产管理技术

（一）地下管理

1. 清园

对剪掉的病虫枝、刮掉的老树皮和果园中的残枝败叶要及时清理出果园，消灭越冬病虫源。

2. 土壤管理

清耕管理的杏园，春季浇水后进行中耕，中耕深度 15～20 cm，以消灭杂草，松土保墒，提高地温促进根系生长。覆草管理的杏园进行补草，覆草厚度常年保持在 15～20 cm。幼年园进行间作。

3. 追肥浇水

春季追施速效氮肥尿素等，分别在萌芽前和开花前，幼树每株 0.1～0.25 kg，成年树 0.5～1.0 kg，提高坐果率，促进新梢生长。沟施肥、穴施均可。追肥后有条件的灌 1 次水，没有灌溉条件的可采用穴贮肥水法解决肥水问题，保证开花和坐果对水分的要求。

春季浇水 2～3 次，分别在萌芽前、开花前和开花后。主要灌水方法有沟灌、穴灌、滴灌、喷灌等。

（二）地上管理

1. 防治霜冻

花期霜冻是杏栽培的主要限制因子。常用防霜措施有：喷水、浇水以及在花芽露白期喷石灰浆（生石灰与水为 1∶5），以降低温度，推迟物候期，使开花期躲避晚霜；用熏烟法、喷水法防止霜冻发生。

2. 整形修剪

整形期间，萌芽前刻芽，促进萌发，以培养骨干枝，增加枝量。抽生新梢后，及时抹除竞争枝、剪锯口处萌发的嫩芽或新梢。

3. 提高坐果率

杏树的自然坐果率极低，人工辅助授粉是提高产量的重要措施。大面积授粉时可采用液体喷雾法授粉。

花期放蜜蜂和角额壁蜂，角额壁蜂具有活动要求温度较蜜蜂低，授粉效率比蜜蜂高的优点。

据试验，在杏树盛花期喷布 50 mg/kg 赤霉素、1 200 倍稀土、0.3%硼砂、0.3%磷酸二氢钾，可明显提高坐果率。

4. 疏果定果

杏树疏果可在花后 25～30 d 一次完成。一般短枝留 1 个果，中枝留 2～3 个果，长枝留 4～5 个果。也可按距离进行，即小型果间距 7 cm，中型果间距 10 cm，大型果间距 13 cm。鲜食杏的产量控制在每亩 1 000～1 500 kg 为宜。

5. 防治病虫害

成龄大树每隔 1～2 年在萌芽前刮 1 次树皮，即可防治病虫害，也能促进树体生长。萌芽前喷施 3～5 波美度石硫合剂。

萌芽开花期注意防治杏星毛虫、杏象鼻虫等害虫，在做好刮树皮、早春翻树盘和树干涂白的基础上，尽可能人工捕杀。

幼果长到豆粒大小时，喷洒杀虫剂防治杏仁蜂等食心害虫。

6. 改接换头

在萌芽前后，对于一些品种不良或缺乏授粉树的低产杏园，可采用高接办法更换品种和改接授粉树。

我国华北、东北和西北广大地区，有较丰富的野生山杏资源，可以利用现有山杏树改接栽培品种建园，尽快创造经济效益。可在春季萌芽时将山杏自地面 10～15 cm 处锯断，在其上进行劈接或皮下接。在干旱和多石砾的山坡上则宜采用根劈接法进行嫁接，即将山杏的根颈部刨出，自分生侧根部位以下将主根锯断，在根上进行劈接。具有嫁接成活率高，埋土方便，不易被风吹断等优点。

工作四　夏季生产管理

一、夏季工作任务

主要任务有中耕锄草、施肥灌水、修剪、病虫害防治、果实采收等。

二、夏季树体生长发育特点

杏的果实发育快，而发育期短，早、中、晚熟品种的幼果发育时间差异不大，果实成熟早。幼果发育与新梢生长在营养竞争上矛盾较大，芽当年形成后，如果条件适宜，特别是幼树或高接枝上的芽，很容易萌发抽生副梢，形成二次枝、三次枝。成年树新梢多一次生长。

三、夏季生产管理技术

(一)地下管理

1. 中耕锄草

夏季温度较高，清耕管理的果园要及时中耕锄草。

2. 施肥灌水

果实发育期间可追施 2 次肥料。在幼果膨大期追施 1 次氮磷钾复合肥，在果实生长后期追 1 次磷钾肥。施肥后浇水。

(二)地上管理

1. 修剪

6 月以后对幼树和初结果树的骨干枝进行拉枝开角。对徒长枝、强旺枝及背上直立枝新梢长至 30～50 cm 摘心，一年可进行 2～3 次，可通过摘心，促发分枝，培养结果枝组。对于生长过旺的大枝可在新梢进入旺长期前，采取环剥和绞缢方法进行控制。

2. 防治病虫害

果实发育期间内每半个月喷洒 1 次甲基托布津、多菌灵等杀菌剂，防治杏褐腐病、疮痂病等。间或喷洒中生菌素或硫酸链霉素防治细菌性穿孔病。

3. 采收

杏果的成熟正值天热季节，果实又柔软多汁，采收技术非常重要。采收成熟度要控制好，鲜食杏外运以 7～8 分熟为宜。制作糖水罐头和杏脯的杏果，应在绿色褪尽、果肉尚硬果，即

8分熟时采收。仁用杏应在果面变黄，果实自然开口时采收。

工作五　秋季生产管理

一、秋季工作任务

主要任务有秋施基肥、保护叶片等。

二、秋季树体生长发育特点

进入秋季后，各类新梢的加长生长停止，枝条自下而上开始成熟，树体进入营养积累的时期。花芽继续分化发育，不断膨大。叶片自下而上开始衰老，功能逐渐减退。

三、秋季生产管理技术

(一)地下管理

施基肥。对杏园立地条件不好的，可结合秋施基肥进行扩穴深翻。同时按每亩3 000～4 000 kg的量施入有机肥，再加复合肥80 kg。施肥结束后，要修好树盘以积蓄冬季雪水。

(二)地上管理

防治病虫害。果实采收后加强对叶片的管理，防止因病虫害危害造成落叶，影响花芽分化和树体营养积累。

落叶后将病枝、病叶和病果及果核残体集中销毁或深埋，减少病虫基数，对杏疔病、杏仁蜂等病虫害防治效果好。对树体主干和主枝进行涂白防护。

工作六　冬季生产管理

一、冬季工作任务

杏树休眠期管理主要有浇越冬水、整形修剪、清洁果园、喷施石硫合剂和施肥灌水等。

二、冬季树体生长发育特点

枝条成熟，叶片脱落，树体进入休眠期。

三、冬季生产管理技术

(一)地下管理

1.浇越冬水

入冬前充分灌水，灌水时间以田间能完全渗透下去，不在地表结冰为宜。

2.清理果园

土壤解冻后，彻底清理果园，将病残枝叶集中烧灭，浅耕一次树盘，有利于提高地温和保持土壤水分。

(二)地上管理

整形修剪：

(1)常用树形及整形过程　杏树树形目前采用较多的是小冠疏层形、自然圆头形、杯状形和开心形。据辽宁省果树所研究试验结果发现，仁用杏以五主枝杯状形和延迟开心形效果好。

杯状形树体结构：干高30～50 cm，主干上有3～5个主枝。主枝单轴延伸，没有侧枝，在其上直接着生结果枝组。主枝开张角度为25°～35°，枝展直径为1.0～1.5 m。

杯状形整形过程：定植后在50～70 cm处定干。从剪口下新梢中选留3～4个生长健壮、方位角度适宜的新梢，作为主枝培养。其余枝条通过拉枝、扭梢拉平后缓放，避免与主枝竞争。第一年冬季修剪时，主枝剪留60 cm左右，其余枝依据空间的大小适当轻剪或不剪。翌年春季，在剪口下新梢中继续选留主枝延长枝培养，通过摘心、扭梢等方法控制住竞争枝和其他旺枝，也可重短截促发分枝培养结果枝组。其他枝轻剪缓放，促进花芽形成。第二年按上年修剪原则操作，至第三年基本完成树形。

自然开心形树体结构：主干高度50 cm左右，主干上着生3～5个主枝，主枝均匀错开排列，基角40°～50°。每个主枝上着生若干侧枝，沿主枝左右排开，侧枝的前后距离50 cm左右，侧枝上着生短枝和结果枝组。

(2)休眠期修剪　休眠期修剪的原则是“粗枝少剪，细枝多剪；长枝多剪，短枝少剪”。幼树以整形为主，主要作业是短截主、侧枝的延长枝，一般剪去1年生枝的1/4～1/3为宜。少疏枝条，多用拉枝、缓放方法促生结果枝，待大量果枝形成后再分期回缩，培养成结果枝组，修剪量宜轻不宜重。盛果期树修剪主要作业是延长枝剪去1/3～1/2。中果枝剪去1/3，短果枝剪去1/2，疏除部分花束状结果枝。对生长势减弱的枝组回缩到抬头枝处，恢复生长势，改善光照条件。骨干枝衰老后，可按照粗枝长留，细枝短留原则，剪留1/3～1/2。在干旱山区要配合施肥灌水，以免达不到更新效果，甚至造成树体衰亡。

工作七　制定杏周年管理历

杏周年管理历是栽培技术和生产操作技术规程在果园管理中的具体体现。各地可根据当地具体情况制定。

1.3月(萌芽前期)

主要工作：整地、排灌设施整修、刨树盘、追肥、病虫害防治。①土壤解冻后修整梯田、排灌设施，修树盘，追施速效氮肥(尿素或碳酸氢铵)，幼树(2～3年生)150 g/株，成龄树250～300 g/株，穴施或沟施。结合施肥灌解冻水(有晚霜危害的地区灌水可推迟花期1周左右)。②萌芽前刮治介壳虫，并喷3～5波美度石硫合剂或5%柴油乳剂(一定要喷到虫体上)。地面喷50%辛硫磷乳油300～400倍液，防治桃虎等越冬虫。③花前、萌芽前各喷0.1%～0.3%的食盐水，增强抗冻能力，减轻花器冻害。④4～6年生树，萌芽前对辅养枝和准备培养结果枝组的旺枝进行芽上刻伤，促进萌发短枝条。⑤杏树开花前喷2.5%鱼藤酮乳油500倍液，或3%的除虫菊素乳油1 000倍液控制桃蚜为害。

2.3月下旬至4月上旬(花期)

主要工作：花期防冻、喷施硼肥、花前花后追肥。①花前，注意天气情况变化，如有晚霜可提前浇水或熏烟减轻花期冻害。②花前追施速效氮肥，补充树体贮藏营养不足，提高坐果率，一般6～10年树施尿素0.5 kg/株。③盛花期喷0.2%～0.3%硼砂或硼酸。④花后土施速效氮肥，幼树150 g/株，成龄树250～350 g/株：4年生以上大树需施过磷酸钙1 kg/株，硫酸钾0.5 kg/株。⑤花前花后15 d各喷1次0.3%尿素＋0.2%过磷酸钙＋0.3%硫酸钾或过磷酸钾混合液，促进果实细胞分裂。⑥花后喷50%多菌灵500倍液＋三氯杀螨醇500倍液，防治红蜘蛛。⑦新梢长至5 cm时，疏除背上枝，对于盛果末期大树可适当选留作为更新复壮枝。

3.4月中旬至5月下旬(果实发育期)

主要工作:疏果、病虫害防治。①落花后向树上喷施20%速灭杀丁乳油或20%杀灭菊酯乳油3 000倍液,清灭成虫,防止产卵。②坐果过多,可在花后10 d进行疏果,先疏除弱果、小果、虫果、病果和畸形果,然后按枝条长势留果,长果枝(长30 cm)留6~8个果,中果枝长(15~30 cm)留4~5个果,短果枝(长5~15 cm)留2~3个果,花束状果枝留1~2个果,同一枝条上的果实间距以10~15 cm为宜,并保证每个果实有8~10片功能叶。③5月上旬,桑白蚧卵孵化初期,喷0.3波美度石硫合剂。④5月中旬,球坚蚧虫体软化时,喷速蚧克1 000~1 500倍液。⑤果实膨大期视土壤含水状况,适当施肥浇水,追施以速效钾肥为主的肥料,忌尿素、氨水、碳酸氢铵等速效氮肥。⑥定植当年幼树,在新梢长至20~30 cm时,选留3~4个方位较好的作为主枝,其余枝条摘心促进萌发2次枝作为辅养枝。⑦结果期杏树内堂枝干背上中庸枝,在长至30~40 cm长时,摘心促发2次枝形成花芽。⑧4月末至5月中旬,喷14.5%多效灵1 000倍液,防止疮痂病、细菌性穿孔病。喷50%多霉清1 200~1 500倍液,防治褐腐病、炭疽病。

4.5月底至6月初(果实采收期)

主要工作:病虫害防治、果实采收。①用10%扑蚜虱3 000倍液防治蚜虫。25%灭幼脲3号胶悬剂2 000~2 500倍液或5%杀铃脲乳油5 000倍液防潜叶蛾。树干上有孔洞,大多为红颈天牛为害,将0.25 g磷化铝塞入孔内,用黏土堵杀天牛幼虫。②果实适时采收。同一株树成熟期不一致可以分期分批采收。

5.6月中旬至8月

主要工作:追肥、病虫害防治。①果实采收后及时追肥促进花芽分化,施速效磷钾肥或三元复合肥,盛果期杏树每株施肥150~200 g。②喷康菌灵600~700倍液或苹腐速克灵400~600倍液防流胶。50%多霉清1 200~1 500倍液,防治细菌性穿孔病。喷辛脲乳油1 500~2 000倍液防治小蠹虫。人工捕杀天牛。③麦收后,可进行杏园覆草,覆盖厚度15~20 cm。④7月中旬和8月中旬,分别在桃小第1代和第2代成虫发生盛期喷10%氯氰菊酯乳油2 000~4 000倍液。⑤8月中旬喷速蚧克1 000~1 500倍液杀桑白蚧若虫。

6.9—10月(新梢停长期)

主要工作:病虫害防治、施基肥。①9月上旬对未停长的枝条全部摘心,促进枝条充实、芽体饱满。②9月中下旬,施基肥以有机肥为主,配合施入少量磷肥,大树施有机肥40 kg/株(鸡粪10~15 kg/株),磷肥500 g/株,缺铁时,基肥中加入0.8~1.0 kg/株硫酸亚铁;幼树(1~3年生)株施有机肥15~20 kg/株,磷肥250 g/株,施肥后浇透水。也可结合果园深翻进行施肥。③9月中旬,拉枝促进树体养分回流,为第2年生长发育奠定基础。④10月上旬喷50 mg/L赤霉素,可提高第2年坐果率,并有利于推迟落叶。

7.11月至翌年2月(休眠期)

主要工作:树干涂白、清理果园、冬季修剪。①树干涂白。②12月份土壤封冻前浇1次大水。③12月初,清理果园树上树下的虫果、僵果,以达防治杏仁蜂的目的。④剪除病枝,彻底清除果园内落叶,收集烧毁或深埋。及时处理杏园周围杂草,以减少越冬病虫源。剪掉天幕毛虫卵环,收集烧毁。⑤用硬毛刷刷掉介壳虫壳体。刮除流胶病块,涂抹3~5倍康菌灵,或2~5倍苹腐速克灵。⑥整形修剪。为提高空间利用率和早期产量,多采用自然开心形。

【课业】

1.以成年树为例,按绿色食品生产要求,设计一个全年施肥方案。

2. 杏树花期冻害的防治措施有哪些？你认为可以采用哪些新的技术能解决这个问题？

任务三 李周年生产

【任务描述】

本项目主要任务是完成李生产认知，了解李生产要求、生产良种及春夏秋冬生产任务与操作技术要点，全面掌握李土肥水管理技能、整形修剪技能、花果管理技能与病虫害防治技能。

【任务分析】

要完成本项目学习任务，必须具备以下条件：

教学环境 李幼园、成龄园，多媒体教室，李生产录像或光碟。

教学工具 修剪工具，植保机具、常见肥料与病虫标本。

师资要求 专职教师、企业师傅，生产人员。

工作一 观测李的生物学特性

一、生长特性

李为小乔木。中国李一般高4～5 m，树势较强，枝条较开张，幼树生长迅速，呈圆头形或圆锥形，随着年龄的增长，树冠逐渐开张，寿命30～40年或更长；欧洲李树势旺，枝条直立，树冠较密集；美洲李树体较矮，枝条开张角度大。美洲李和欧洲李寿命20～30年。

1. 根

李树根系分布较广而浅，须根发达，主要吸收根分布在20～40 cm土层，水平分布范围常为冠径的1～2倍。

2. 芽

李树枝条顶端均为叶芽，上下两端多为单叶芽，中部为复芽。复芽中花芽、叶芽数目和排列规律同桃相似。萌芽率高，一般可达90%以上。潜伏芽寿命较长，极易萌发，衰老期更为明显。

3. 枝

成枝力中等，且所抽长枝都集中在剪口下，层性比较明显。幼树期生长旺盛，一年可抽生新梢2～3次，年生长量达1 m以上。

二、结果特性

1. 结果年龄

幼树生长迅速，3～4年开始结果，6～8年进入盛果期。

2. 花芽分化

花芽分化期在6月底至9月初，6月中旬至7月上旬开始，延续到9月中旬至10月中下旬，集中期为7—8月。

3. 结果枝

结果枝类型同桃，但长、中果枝较少，结果能力也低，短果枝和花束状果枝较多。中国李以花束状果枝和短果枝结果为主，美洲李和欧洲李则以中、短枝为主。

花束状果枝结果当年，顶芽向前延伸很短，形成新的花束状果枝，长度仅 1～2 cm，如此可连续结果 4～6 年，因此结果部位外移较慢，也不易隔年结果。一般以 2～4 年生的结实力最高，结果 4～5 年后，生长势逐渐缓和，基部潜伏芽常萌发，形成花束状果枝群，这是李丰产的象征（图 3-16）。

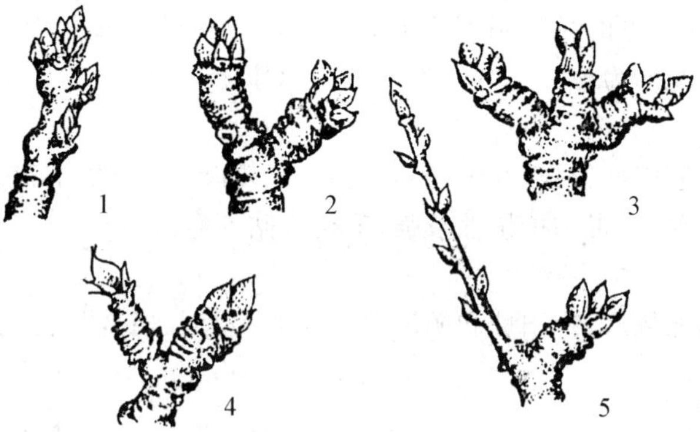

图 3-16 李花束状果枝

1. 花束状果枝 2. 二花束状果枝并生 3. 三花束状果枝并生
4. 花束状果枝与叶丛枝并生 5. 花束状果枝与短果枝并生

工作二 了解李安全生产的基本要求

一、果品质量要求

1. 感官质量要求

绿色食品李产品质量必须符合《绿色食品温带水果 NY/T 844—2017》标准，绿色食品杏感官指标要求，详见表 3-21。

表 3-21 绿色食品李感官质量要求

项目	要求
基本要求	果实完整良好，新鲜清洁，无果肉褐变、病果、虫果、刺伤，无不正常外来水分、充分发育，无异常气味和滋味、具有可采收成熟度或食用成熟度，整齐度好
果形	果形端正，具有本品种的固有特征
色泽	果皮色泽具有本品种成熟时应有的色泽
硬度（kg/cm^2）	≥4.5
可溶性固形物（%）	≥11.0
可滴定酸（%）	≤1.60

2. 理化质量要求

绿色食品李理化指标应符合《绿色食品温带水果 NY/T844—2017》中李理化指标要求。

3. 卫生质量要求

绿色食品李卫生指标应符合《绿色食品温带水果 NY/T844—2017》卫生指标要求。

二、对环境条件要求

1. 温度

李对环境条件适应性强，南北各地都有分布。抗寒、耐热性因种类和品种而异。乌苏里李抗寒性最强，美洲李较强，欧洲李较弱，中国李居中。中国李北方有的品种可耐－40～－35℃的严寒，但长期生长在南方的品种则不耐低温。李树花期最适温度为 12～16℃，临界温度花期蕾期为－0.5℃；开花期为－2.7℃，幼果期－1.1℃即受冻害。

2. 水分

中国李对水分的适应性较强，在干旱和潮湿地区均能生长，欧洲李和美洲李对空气湿度要求较高。共砧抗旱性差，山杏砧抗旱性较强，毛樱桃砧不耐涝。

3. 光照

对光照的要求不如桃严格，阳坡和阴坡均能生长良好。但也是喜光树种，光照好，果实着色好，品质佳。

4. 土壤

对土壤要求不严，各种李均以土层深厚的沙壤土至中壤土栽培表现好。对盐碱土的适应性也较强，在瘠薄土壤上亦能有相当产量。中国李对土壤的适应性强于欧洲李和美洲李。

三、建园要求

1. 主要栽培良种要求

中国李约有 800 多个品种。根据果皮和果肉的颜色可分为红皮李类和黄皮李类。根据果实的软硬可分为水蜜李类和脆李类。欧洲李约有 950 多个品种，根据果皮颜色分为绿皮或黄皮李、黑紫或蓝皮李、微红或微红紫皮李 3 类。主要优良品种见表 3-22。

表 3-22　李优良品种简介

名称	原产或育成地	果形	单果重(g)	果色	果肉及风味	品质	果实发育天数
大石早生	日本	心脏	52	鲜红	淡黄细、甜香	上	60
早生月光	日本	卵圆	69.3	粉红	黄、味甜、香	上	85
西安大黄李	陕西西安	扁圆	53	米黄	橙黄、酸甜	上	90
槜李(醉李)	浙江桐乡等地	扁圆	45～48	暗紫红	橙黄、甜、浓香	极上	110
朱砂红李	山东鄄城	近圆	48	朱砂红	淡黄、甜酸、香	中上	110
长李 15	长春市农科所	扁圆	35.2	鲜红	浅黄、酸甜、香	上	70
玉皇李	山东聊城等地	近圆	60	黄	黄、甜酸、浓香	上	100
红良锦	日本	卵圆	75	紫红	淡黄、甜酸	上	90
济源黄甘李	河南济源	近圆	34.1	紫红	黄、酸甜、浓香	极上	100
黑琥珀	美国	扁圆	101.6	紫黑色	淡黄、甜酸	中上	95

续表3-22

名称	原产或育成地	果形	单果重(g)	果色	果肉及风味	品质	果实发育天数
莫尔尼特	美洲李	近圆	74.2	紫红	淡黄、酸甜	中上	68
美丽李	辽宁盖州市	圆	87.5	鲜红	细软、浓香	极上	85
晚红	北京等地	卵圆	30.6	紫红	黄、甜酸、香	中上	115
绥棱红	黑龙江绥棱	圆	48.6	鲜红	黄、甜酸、浓香	上	80
龙园秋李	黑龙江园艺所	扁圆	76.2	鲜红	橙黄、酸甜、香	上	115
黑宝石	美国(布朗李)	扁圆	72.2	紫黑	乳白细脆、甜	上	135
秋姬	日本	扁圆	127.5	鲜红色	橙黄、味甜、香	上	150
理查德早生	美国	长圆	41.7	蓝紫色	绿色、酸甜微香	中	110
安哥诺	美国	扁圆	102	紫黑	淡黄甜,浓香	极上	160～170
女神西梅	欧洲李	椭圆	120～200	紫黑	淡黄甜,浓香	上	145～150

2. 园地选择要求

李树在园址选择上不是很严格,选择品种则应根据果品销售途径、当地气候条件选择优良品种。

3. 果树栽植要求

栽植时期分为秋栽和春栽两个时期。秋栽从落叶起至封冻前都可进行;春栽在春季土壤解冻后至萌芽前进行。同时选择适宜授粉树,并按主栽品种与授粉品种(4～5)∶1配备。株行距以(2～3)m×(4～5)m为宜。

四、生产过程要求

李生产过程,要求选用优良品种。加强土肥水管理,合理整形修剪,提高坐果率。不施用任何有害的化学制剂包括化肥、农药和一切形式的植物生长助剂,不使用基因工程生物及其产物,完全按照《绿色食品　农药使用准则 NY/T393—2020》和《绿色食品　肥料使用准则 NY/T394—2013》进行执行,生产生态、安全、优质的产品。

工作三　春季生产管理

一、春季生产任务

春季生产任务主要有清园、追肥、灌水、中耕、提高坐果率、疏花疏果和防治病虫害等。

二、春季树体生长发育特点

春季根系先于芽的萌动而开始活动,吸收水分和养分,供树体生长发育所需。李树芽萌动后,开花坐果,果实发育,叶芽萌发后新梢生长。

三、春季生产管理技术

(一)地下管理

1.清园

对剪掉的病虫枝、刮掉的老树皮和果园中的残枝败叶要及时清理出果园,消灭越冬病虫源。

2.土壤管理

春季浇水后进行中耕,以消灭杂草,松土保墒,提高地温促进根系生长。

3.追肥浇水

春季追施速效氮肥尿素等,每株0.25～0.5 kg,提高坐果率,促进新梢生长。沟施肥、穴施均可。追肥后有条件的灌1次水。

春季浇水2～3次,萌芽前、开花前和开花后。主要灌水方法有沟灌、穴灌、滴灌、喷灌等。

(二)地上管理

1.整形修剪

整形期间,萌芽前刻芽,促进萌发,以培养骨干枝,增加枝量。抽生新梢后,及时抹除竞争枝、剪锯口处萌发的嫩芽或新梢。

2.提高坐果率

李树花期放蜂、喷施生长调节剂、花期环剥可提高坐果率。适当疏果可以提高坐果率,增大果实,提高质量。

3.疏花疏果

疏果可在花后15～20 d进行,但早期生理落果严重的品种,应在花后25～30 d,确认已经坐住果后一次完成。据试验,每果需16片叶以上才能保证果实的正常发育,可作为留果标准的依据。生产上可根据果实大小、果枝类型和距离留果。小型果品种,一般花束状果枝和短果枝留1～2个果,果实间距4～5 cm;中型果品种每个短果枝留1个果,果实间距6～8 cm;大型果品种,每个短果枝留1个果,果实间距10～15 cm。除短枝外中果枝留3～4个果,长果枝留5～6个果。试验研究提出(杨建民等),大石早生李盛果期树每亩产量应控制在1 500～2 000 kg。生产实践表明,黑宝石李盛果期树每亩产量应控制在3 000～4 000 kg。

4.防治病虫害

萌芽前喷施3～5波美度石硫合剂。

谢花后,喷10%吡虫啉可湿性粉剂3 000倍+75%百菌清可湿性粉剂800倍或65%代森锌可湿性粉剂600倍,防治蚜虫、疮痂病、炭疽病等病虫害。

4月上旬,喷0.3%苦参碱乳油1 000倍+50%腐霉利可湿性粉剂1 000～2 000倍液,防治疮痂病、穿孔病、蚜虫,人工剪除蚜虫为害枝梢。4月下旬,喷48%毒死蜱乳油1 500倍液+25%扑虱灵可湿性粉剂1 000倍+多霉清1 500倍,防治介壳虫、黄刺蛾、黑斑病、穿孔病等。

工作四　夏季生产管理

一、夏季工作任务

主要任务有中耕锄草、施肥灌水、整形修剪、病虫害防治、果实采收等。

二、夏季树体生长发育特点

李坐果后进入果实发育期，进行新梢生长。李花芽开始分化期在6月中旬至7月上旬开始。

三、夏季生产管理技术

（一）地下管理

1. 中耕锄草

夏季温度较高，清耕管理的果园要及时中耕锄草。

2. 施肥灌水

李树追肥可在花后、果实硬核期和果实开始着色时进行。前期以氮、钾肥为主，后期以磷、钾肥为主。一般认为李树最佳氮磷钾比例为1∶0.5∶1，土壤、品种不同，比例有所差异。追肥量可按每亩尿素25～30 kg，钾肥20～30 kg，磷肥40～60 kg的量，分2～3次进行。

施肥后浇水。

（二）地上管理

1. 整形修剪

对需扩大树冠的骨干枝延长梢，可在新梢长到所需长度时进行摘心，增加分枝，一年内可摘心两次，但不要晚于7月下旬，以免发出的新梢不充实。对其他强旺枝可在长到10～15 cm时连续摘心，促发分枝，培养枝组。对角度小的枝条可在5月上中旬至6月上中旬拉枝，改善树体光照条件，缓和枝条长势，培养结果枝组。

2. 防治病虫害

5—9月，使用1.8%阿维菌素乳油4 000倍+10%吡虫啉可湿性粉剂5 000倍+25%灭幼脲3号可湿性粉剂2 000倍+10%农用链霉素可湿性粉剂1 000倍液，防治各种蛾类、蚜虫、金龟子及各种虫害，若发现根癌病，则用0.1%高锰酸钾液灌根。

果实成熟前20 d，喷5.7%百树得可湿性粉剂1 500倍液，可防治各类吸果夜蛾。

3. 果实采收

中国李成熟期不一致，应分批采收。采收时期因用途而异，鲜食用的在接近完熟时采收，长途运输、制干用果在硬熟（7～8分熟）时采收，酿造用的在充分成熟时采收。采收宜人工采摘，注意保护枝叶，鲜食用品要保护好果粉。

工作五　秋季生产管理

一、秋季工作任务

主要任务有秋施基肥、秋季修剪、保护叶片等。

二、秋季树体生长发育特点

进入秋季后，各类新梢的加长生长停止，枝条自下而上开始成熟，树体进入营养积累的时期。花芽继续分化发育。叶片自下而上开始衰老，功能逐渐减退。

三、秋季生产管理技术

(一)地下管理

施基肥。果实采收后及时追施有机肥，可按每亩产果 600～1 000 kg，施有机肥 2 000～2 500 kg。

(二)地上管理

防治病虫害。果实采收后加强对叶片的管理，防止因病虫害危害造成落叶，影响花芽分化和树体营养积累。

落叶后将病枝病叶和病果及果核残体集中销毁或深埋，减少病虫基数。

工作六　冬季生产管理

一、冬季工作任务

休眠期管理主要任务有修剪、清洁果园、喷施石硫合剂和施肥灌水等。

二、冬季树体生长发育特点

枝条成熟，叶片脱落，树体进入休眠期。

三、冬季生产管理技术

(一)地下管理

1.浇越冬水

入冬前浇越冬水，灌水时间以田间能完全渗透下去，不在地表结冰为宜。

2.清理果园

土壤解冻后，彻底清理果园，将病残枝叶集中烧灭，浅耕一次树盘，有利于提高地温和保持土壤水分。

3.施肥浇水

萌芽前对树体贮存营养不足的李树每株追施 0.25～0.5 kg 的尿素氮肥，提高坐果率，促进新梢生长。追肥后灌 1 次水。

(二)地上管理

整形修剪：

①常用树形　根据品种特性和栽植密度确定树形，树冠开张的用自然开心形，直立的用主干疏层形和纺锤形，栽植密度大时可用圆柱形。

自然开心形，主干高 40～50 cm，错落着生 3～4 个主枝，每个主枝上有 1～2 个侧枝，全树有骨干枝 6～7 个。骨干枝单轴延伸，直接着生结果枝组和结果枝。

主干疏层形，以两层主枝为宜，第一层 3 个，第二层 2 个，以上落头开心。

自由纺锤形，树高 3.5 m 左右，干高 50～60 cm，小主枝 10～12 个，同侧主枝间距不小于 50 cm，交错着生在主干上。下层主枝 1.5 m 左右，向上逐渐缩短。

李树的萌芽率高，1 年生枝不短截可以形成很多短果枝和花束状果枝。整形修剪过程中，除骨干枝适当短截外，其余枝可用轻剪长放促生多量短果枝与花束状果枝，连续结果 3～4 年后，及时更新复壮。

②休眠期　李树直立枝和斜生枝多而壮，下垂枝和背后枝少而弱。幼树期以轻剪缓放为主，对于骨干枝适度轻截，促进分枝，以便培养侧枝和枝组。有适当的外芽枝也可换头开张角度。盛果期骨干枝放缩结合，维持生长势。上层和外围枝疏、放、缩结合，加大外围枝间距，以保持在 40～50 cm 为宜。对树冠内枝组疏弱留强，去老留新，并分批回缩复壮，复壮内膛。中国李的潜伏芽易萌发，花束状果枝受到刺激也能抽生长枝，对多年生长枝进行回缩后都能达到复壮目的。

工作七　制定李周年管理历

周年管理历是栽培技术和生产操作技术规程在果园管理中的具体体现。各地可根据当地具体情况制定操作技术规程。

1.1 月至 2 月中旬

(1)冬季修剪

①幼树的整形修剪。李树的树形，为多主枝疏散开心形，层间距为 1 m 左右。一般幼树生长旺盛，干性强，中心主枝生长良好。因此，幼树整形常用多主枝分层形的整形修剪方法，当李树干性衰弱时，再逐步改为开心形。

多主枝分层形的整形修剪法是：栽植后，定干高度 80 cm。当年冬季修剪时，根据主干上枝条的间隔、角度，留 3～5 个主枝；若是大果型的品种，如水果李，则留 3～4 个主枝；若是冠形小的品种，如小核李，一般留 4～5 个主枝。根据主枝的强弱，决定它的剪留长度，一般强旺的主枝可留 50 cm 以上，较弱的留 40 cm 左右。留有中心干的，中心干的剪留长度要比主枝长 10～15 cm。以后根据生长情况和树形要求，选留各层主枝，配备侧枝。对其他发育枝，在不影响主枝、侧枝生长的情况下进行疏剪和短截。

因李树定植三年就开始见果，故此时对下部的辅养枝应适当缓放，以促使它提早多结果。

②结果树的修剪。李树定植树 7～8 年即进入盛果期，对其主枝延长枝和永久性侧枝的修剪要注意方向、角度，要达到主从分明。对挂果多的树，要注意适当抬高其角度；对它的发育枝可以轻剪缓放，使其多结果，待结果后再及时回缩，以免树的下部光秃；还要注意培养侧枝上的枝组，除结果外，要在下部留预备枝，以控制或调节枝组的结果范围，也有利于更新。一般预备枝的剪留长度为 7～15 cm；内膛枝组的高度以 50 cm 左右为宜。

③结果枝的修剪。李树有时一年生的枝条不能形成花芽，有时有花但不易坐果，需要在第二年才有花亦能坐住果。因此，对当年枝应轻剪长放，有花后再回缩。李树的短果枝，一般可结果 3～5 年，待其逐渐衰弱时再利用附近生长充实的新枝进行更新。对于花束枝，可使其尽量结果，待其衰老时再进行更新。

(2)清洁果园　凡剪、锯下来的树枝，均应及时清除出园。

(3)剪口保护　凡剪口、锯口较大的，应及时涂保护剂，如清油铝油合剂、桐油铝油合剂、豆油蓝矾石灰合剂等。

2.2月中旬至3月中旬

(1)调制农药　熬制石灰硫黄合剂,其配合量为生石灰2.5 kg、硫黄粉5 kg、水20～25 kg。

(2)肥料准备　将堆好的厩肥、圈肥运到树下。

(3)施基肥　对上一年秋天没施基肥的树,应于本月土壤解冻时立即补施。一般结果树(株产约50 kg以上)每株施圈肥100 kg左右,幼树每株施25～30 kg。施肥量,一般应随树龄的增长而逐渐增加。施肥方法,可在树冠外缘挖宽30～50 cm、深25 cm左右的施肥沟,将肥料施入即可。

(4)修渠埂　整修好灌水渠道,以防跑水。

(5)灌水　结合施基肥,及时灌一次透水,水量以渗入土层60 cm为宜。

3.3月下旬

(1)中耕　灌水后,待土不黏可以下地时进行松土,松土深度为5 cm。

(2)喷药　树芽膨大时,开始喷3～5波美度石灰硫黄合剂,以防治越冬害虫。要求将整个树体全面喷布,要使枝芽全粘上药。

4.4月

(1)防治病虫　李树开花前,为防治金龟子等害虫,应该喷一次杀虫剂。4月中旬李树落花后,可根据发生的病虫害再补喷一次农药。盛花期,可喷一次0.3%磷酸二氢钾。

(2)夏剪　这次夏剪的主要内容是:调整冬剪后剪口芽的方向;疏去过密枝,短截过长枝;疏剪或短截过多、过长的果枝。

5.5月

(1)追肥　用沟施法追施化肥,沟深10 cm,沟宽15 cm。盛果期平均每株树追施硫铵1～1.5 kg。施肥后及时覆土。

(2)灌水　追肥后灌水一次,并在灌水后及时松土保墒。

(3)疏果　对落果不严重的品种,如一串铃等进行疏果。留果的距离,按照果形大小,以互不影响而能错开生长为标准。以一串铃为例,50 cm长的结果枝上留果6个左右。对落果较严重的品种,如牛心李、小核李等,应在看出大小果之后再进行疏果。要求50 cm长的果枝上留果6个左右。注意要先疏果形不正有伤的果,预备枝上不要留果,疏果要细致、周密,不要漏疏。

(4)病虫防治　在树体枝干上发现天牛幼虫的排粪孔时,要及时进行刮治。在树干上涂白,防止吉丁虫产卵。根据树体发生的病虫害,喷相应的农药防治。

(5)夏剪　膛内直立的壮枝,可留7～10 cm高,将其上部剪去,促使它萌发副梢并形成花芽。枝条过密处,应疏去一部分以利于通风透光。

(6)除草　人工除草或使用化学除草,将杂草除净。

6.6月

(1)追肥　要先为早熟品种追肥,后为晚熟品种追肥,对弱树、挂果多的树多施肥,对壮树要少施肥;平均每株李树可施硫铵0.5～1 kg、过磷酸钙和钾肥各0.25～0.5 kg。

(2)灌水　追肥后及时灌水一次,待土不黏时,结合除草进行中耕松土。

(3)防治天牛　发现蛀食木质部的天牛,可灌注石硫合剂原液,或用铁丝深扎蛀孔,均能使幼虫致死。

(4)采收 早熟如平顶香、离核李等开始成熟。要求在果实七成熟时开始采收。

7.7月

(1)防治天牛 人工捕捉天牛成虫。

(2)中耕除草 7月中旬以前,要将果园内杂草除净,并将杂草用于沤肥。

(3)采收 此时,各品种的李相继成熟,要求果实的上色面达到2/3即达七成熟时进行采收。

(4)夏剪 第一次摘心后新生的副梢长到60 cm左右时摘心。发育枝长到80～100 cm时摘心,或留至副梢处;没有副梢的,可以轻剪,以充实枝条,如过多则应疏去一部分;如果枝条不过密,不妨碍膛内通风透光,则应尽量少疏多控制。

8.8月

(1)采收 晚熟品种的李成熟,要陆续采收。

(2)中耕除草 李采收完之后,要将园内杂草除净,并运至园外沤肥。

(3)防治病虫 继续防治天牛幼虫,可采取刮皮或向蛀孔内灌药。

9.9月

(1)修剪 将后期生长旺盛的枝条上部组织不充实的部分剪去,要注意多保留老叶片。

(2)清洁果园 修剪下来的枝、叶清理干净并运至园外。此时正是浮尘子产卵期,要注意观察和防治。

10.10月

追肥 新梢完全停止生长时,可以平均每株追施硫酸铵1 kg左右、磷肥1～1.5 kg。

11.11月

(1)施基肥 方法、数量均同春施基肥。

(2)灌越冬水 施基肥后要及时灌一次透水。

12.12月

(1)树体保护 刮皮、涂白,防治过冬的病虫。

(2)冬剪开始 同1月份修剪方法。

【课业】

1.你所在地区李的主栽品种有哪些?这些品种有什么优势和不足?

2.李树休眠期修剪有哪些主要任务,怎样进行?

3.李树以什么类型的结果枝结果为主?根据这一特点在整形修剪上要注意哪些问题?

项目三

浆果类果树周年生产

任务一　葡萄周年生产

【任务描述】

本项目主要任务是完成葡萄生产认知，了解葡萄生产要求、优良品种及春季、夏季、秋季和冬季的生产任务，全面掌握葡萄的土肥水管理、整形修剪、花果管理和病虫害防治等技能。

【任务分析】

要完成本项目学习任务，必须具备以下条件：

教学环境　葡萄幼龄园、成龄园，多媒体教室，葡萄生产教学录像或光碟。

教学工具　多媒体设备，修剪工具、植保机具、常见肥料与病虫标本等。

师资要求　专业教师、企业师傅、生产人员。

工作一　观测葡萄的生物学特性

一、生长特性

1.根

扦插或压条法繁殖的葡萄根系为须根系，无真根颈和主根，只有根干及根干上发出的水平根和须根。

葡萄的根富于肉质，在冬季来临前，能贮藏大量的营养物质。根系垂直分布的集中范围是15～50 cm，水平分布随架式不同。篱架葡萄根系分布左右对称，棚架葡萄的根系偏向架下方向生长，一般架下的根量约占2/3。

葡萄根系一年中有两次生长高峰，分别出现在夏初至盛夏前期(6—7 月)，其次是秋季果实采收后。

葡萄根系导管粗，根压大，在春季萌芽期，地上部新剪口处易出现伤流。伤流的出现标志着根系已经开始活动。伤流液中只含有很少量的营养物质,因此正常的伤流一般对树体无明显影响。伤流过重时,会使树体流失一定的营养,并且剪口下部的芽眼经伤流液浸泡后往往延迟萌发甚至引起发霉,因此应尽量避免在伤流期修剪葡萄树。

2.茎

葡萄的茎按树体结构可分为主干、主蔓、侧蔓、一年生枝和新梢等(图 3-17)。

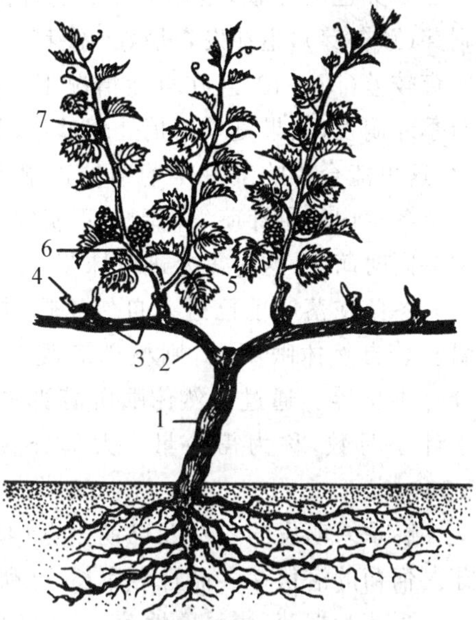

图 3-17　葡萄植株各部分的名称

1.主干　2.主蔓　3.结果枝组　4.结果母枝　5.新梢(生长枝)　6.新梢(结果枝)7.副梢

(引自:张玉星,果树栽培学各论,2003)

从地面发出的单一的树干称为主干,主干上再分生主蔓。需埋土越冬的地区一般不留主干,主蔓直接从地表附近长出。侧蔓的有无因整枝形式而异,有些在主蔓上着生有侧蔓,有些则直接着生结果枝组。一年生枝上的芽萌发后,带花序的新梢叫结果枝,无花序的新梢叫营养枝(生长枝)。新梢秋季落叶后到第二年发芽前称为一年生枝。着生混合芽的一年生枝称为结果母枝。

葡萄的茎细而长,髓部大,组织较疏松,节部膨大,节内有横隔膜,可增加贮藏养分和加强枝条牢固性,冬季修剪时在节部剪截能够减少枝条水分散失。

葡萄的新梢生长量大,开花前是葡萄新梢生长的第一次高峰,主要是主梢的生长;第二次生长高峰在 7—8 月,为副梢大量发生期。

枝蔓的成熟程度受夏秋季雨水量、地下水位高低、后期氮肥施用量、架面枝条密度、结果量、病虫为害等因素的影响。枝条的成熟度越好,其越冬时抗寒力就越强;反之抗寒力较差。

3.叶

叶片的光合能力与叶片大小、叶色、叶龄有关,单叶的光合能力随叶片的生长而增强,又随叶片的衰老而减弱。一般认为,幼叶生长到正常叶片大小的 1/3 以前,其光合作用制造的碳水化合物尚不能自给自足,展叶后 30 d 左右叶片的光合能力最强。叶片过多或过少,对产量和品质都不利。据李道德调查,在一般管理水平的葡萄园,叶面积系数为 2.013 时,每平方米叶片可负担浆果 1.153 kg，叶面积系数过大时，叶片的生产能力就会下降。

葡萄叶片的大小、形状、裂片多少、裂刻深浅、叶柄洼的形状、锯齿大小、茸毛多少等，是鉴别品种的重要依据。

4. 芽

葡萄新梢每一节的叶腋内有两种芽，即冬芽和夏芽。

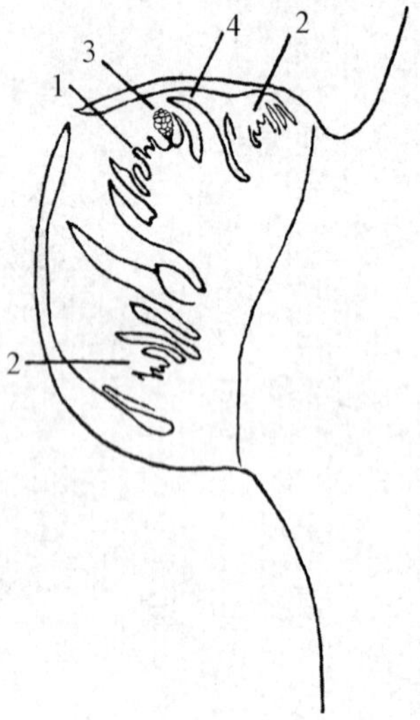

图 3-18　葡萄的冬芽

1. 主芽　2. 预备芽
3. 花序原基　4. 叶原基

冬芽也叫芽眼，是几个芽的复合体，内含一个主芽和 3～8 个副芽（预备芽），主芽发育最好，副芽一般有 2～3 个发育较好，其他发育较差（图 3-18）。在自然情况下，冬芽一般经越冬休眠至次年春季才萌发，如果夏季新梢处理过重，冬芽受到刺激也会在当年萌发，这可能会影响下一年葡萄的正常生长和结果。大多数情况下一个冬芽内的主芽萌发而副芽不萌发，有时也会有 1～2 个副芽与主芽同时萌发，这时需要进行抹芽。

冬芽在落叶前已进入自然休眠，打破休眠要求一定时间的低温。若自然休眠不足，则植株表现萌芽延迟、萌芽不整齐、花序分化不良等。通过自然休眠所需要的低温（一般按 0～7.2℃计）累计小时数，称为需冷量。大部分栽培品种的需冷量为 800～1 200 h。

春季未萌发的冬芽及已萌发芽眼内的副芽，形成葡萄的潜伏芽。葡萄的潜伏芽多而且寿命长，可利用其进行枝蔓更新。

夏芽为裸芽，属早熟性芽，当年随新梢的生长而自然萌发。由夏芽萌发长出的新梢叫夏芽副梢。夏芽一次副梢的叶腋间同样还有一个冬芽和一个夏芽，还可以再抽生二次副梢，因此，葡萄的枝条生长量很大，生产上可利用夏芽副梢加速幼树整形，提高前期产量，同时还可以利用夏芽副梢结二次果。

二、结果特性

1. 花芽

葡萄的花芽为混合芽，即分化出花序原基的冬芽。其花芽分化一般在花期前后开始，随着新梢的生长，新梢上各节的冬芽由下向上依次分化，但基部 1～3 节的分化较迟，6—8 月为花芽分化盛期。在生产上，为促进葡萄的花芽分化，应在开花前对主梢摘心，并适当控制副梢的生长。

2. 花和花序

葡萄的花器有三种类型，即两性花、雌能花和雄能花。大多数品种的花为两性花，少数品种为雌能花。两性花即正常花，其雌蕊和雄蕊发育都正常；雌能花的雌蕊正常，雄蕊发育不良，花丝短，花粉无生活力，如罗也尔玫瑰；雄能花的雌蕊退化，但雄蕊及花粉发育正常，一般为雌雄异株，如山葡萄。

两性花的品种可以自花授粉结实，雌能花品种在建园时必须配置授粉树。

大多数品种是在花冠脱落后完成授粉、受精，但也有些品种在开花前已完成授粉、受精，这种现象叫闭花受精，这种授粉方式受花期外界因素影响较小。

当日平均温度达到20℃时，葡萄开始开花。花后1～2周，未受精的子房及受精不良的幼果会自行脱落，形成生理落花落果。一般欧亚种品种的自然坐果率较高，能满足生产要求；而巨峰、京亚等欧美杂交种品种往往坐果率较低，落花落果较严重。造成这种现象的原因除跟品种有关外，主要还有：①树体贮藏营养不足，花器发育不良。②树势过旺，新梢生长消耗大量营养，与开花坐果形成竞争。③枝梢过密，架面通风透光不良。④不良的天气条件，如花期低温、阴雨、大雾、高温、干旱等均影响葡萄的授粉受精过程。

葡萄的花序为复总状花序，一般着生在结果枝的第3～8节上。欧亚种品种每个果枝上一般有花序1～2个，美洲种品种往往有3～4个，欧美杂交种一般有2～3个。在一个花序上，一般穗尖的花蕾发育较差，坐果率较低。

3.果实发育

葡萄浆果中的糖来源于叶片的光合作用，故叶面积和浆果的含糖量及品质有密切关系。据研究，粉红葡萄要达到良好着色，每生产1g浆果需叶面积11～14 cm^2，相当于每个正常果穗(0.64 kg)需22～26片正常叶。

浆果的着色与光照、温度、肥水等环境因子及叶面积、产量、品种等因素均有密切关系。有些品种在散射光下可以着色，如玫瑰露、罗也尔玫瑰、康可、京亚等，架面的枝叶可以稍密；而一些需直射光才能着色良好的品种，如玫瑰香、黑汉、红地球等，架面的枝叶宜稍稀，套袋栽培时还应于成熟前2周去袋。

工作二　了解葡萄安全生产的基本要求

葡萄是一种深受消费者欢迎的时令水果，它的商品质量指标要求主要包括葡萄的感官质量要求、理化质量要求和卫生质量要求三个方面：

一、果品质量要求

1.感官指标

要求绿色食品葡萄是安全、优质、营养丰富的优质果品，产品质量必须符合《绿色食品　温带水果 NY/T 844—2017》的规定，感官质量指标，详见表3-23。

表3-23　绿色食品葡萄感官指标要求

项目	指标
果穗	典型而完整
果粒	大小均匀，发育良好
成熟度	充分成熟，表现本品种的固有色泽，着色品种的单穗着色果粒达80%以上
破损粒、日灼粒	≤3%
病虫果粒	≤3%

2.理化指标要求

绿色食品葡萄理化质量必须符合《绿色食品　温带水果 NY/T 844—2017》中有关葡萄的理化指标要求，详见表3-24。

表 3-24 绿色食品葡萄理化指标要求

可溶性固形物含量	≥20%
总酸(以柠檬酸计)	≤0.7%
固酸比	≥28

3. 卫生质量要求

生产出的葡萄果实卫生指标要符合《绿色食品 温带水果 NY/T 844—2017》卫生指标的相关指标要求。

二、对环境条件要求

1. 温度

葡萄一般在春季昼夜平均气温达到10℃左右时开始萌发，而秋季气温降到10℃左右时营养生长即停止，因此葡萄栽培上把10℃称为生物学零度。一个地区一段时间内≥10℃的温度总和称为活动积温。不同成熟期的品种从萌芽至果实完全成熟所需的活动积温见表3-25。

表 3-25 不同成熟期的葡萄品种对活动积温量的要求

(引自：孔庆山，中国葡萄志，2004年)

成熟期	从萌芽至成熟的活动积温量/℃	生长日数/d	代表品种
极早熟	2 100～2 300	<120	莎巴珍珠、郑州早红
早熟	2 300～2 700	120～130	乍娜、凤凰51号、郑州早玉
中熟	2 700～3 200	130～150	巨峰、白香蕉、里扎马特、霞多内
晚熟	3 200～3 500	150～180	意大利、牛奶、红地球、赤霞珠
极晚熟	>3 500	>180	大宝、秋黑、龙眼、木纳格

葡萄不同物候期对温度的要求是：萌芽期日均温度10℃适宜，开花期日均温度20℃为宜，新梢生长和花芽分化适温为20～30℃，浆果成熟期适温为28～32℃。

成熟枝蔓休眠期耐受低温能力为：欧洲种－18～－16℃、美洲种－22～－20℃、山葡萄－50～－40℃。根系休眠期耐受低温的能力为：欧洲种－7～－5℃、美洲种－12～－11℃、山葡萄－16～－14℃。一般认为冬季绝对最低气温低于－15℃的地区，葡萄越冬时需埋土防寒。

2. 光照

葡萄是喜光植物，对光照反应敏感。光照条件差时，花芽分化不良，易落花落果，果实品质差，枝条细弱、节间长、成熟度差，越冬时易受冻害。因此，栽培时要选择和确定适宜的架式、行向和行株距，并做好架面管理工作，保证通风透光良好。

3. 水分

葡萄的根系既耐涝又耐旱，但幼树抗性较差。在萌芽期、新梢旺长期、浆果膨大期需水较多。花期阴雨会影响授粉受精，造成落花落果。长期干旱后突降大雨或灌水，容易造成裂果。夏季雨水多，会加重病害，枝条成熟度差，抗寒能力弱。汛期园地淹水1周，会使根系窒息、叶片黄化脱落，甚至造成死亡，因此低洼地块要注意排水。

4. 土壤

葡萄对土壤的适应性强，除极黏重土壤、强盐碱土壤外，一般土壤均可种植，但以疏松肥沃的沙壤土和壤土最好。葡萄适宜的土壤 pH 为 5.0～8.0，在 pH 为 6.0～7.5 时生长发育最好。土壤的地下水位应在 1.0 m 以下。

三、建园要求

1. 良种选择要求

目前，我国的葡萄苗木市场较混乱，因此进行葡萄标准化生产在建园时一定要选用经省级以上主管部门登记或审定的优良品种，购买苗木时要找信誉较高的单位。

当前世界各地栽培的葡萄优良品种很多，大多归属于欧亚种和欧美杂交种两个类群。欧亚种的主要特点是：果实品质较好，风味纯正；抗寒性和抗真菌性病害的能力较弱，耐湿性较差；抗石灰质土壤的能力较强；适宜在较温暖、阳光充足和较干燥的地区栽培。欧美杂交种的主要特点是：果实品质不如欧亚种品种，具有草莓香味，植株和果实的抗病性、抗寒性、耐湿性和丰产性方面表现较好。

各地在建园时，首先要根据当地的自然条件选择适宜的品种，引种时要到自然条件相似地区考察，不可盲目轻信一些广告宣传。目前全国各地生产上表现较好的部分优良品种见表 3-26 至表 3-28。

表 3-26 优良鲜食葡萄品种简介

品种名称	品种类群	成熟期及产地	果实特点	丰产性	其他
夏黑	欧美杂种	7 月中，张家港	穗重 415g，粒重 3.5g，蓝黑色，无核，品质上	丰产	适应性强，抗病力强
无核白鸡心	欧亚种	8 月中下，沈阳	穗重 620 g，粒重 5 g，黄绿色，品质极上	较丰产	生长势强，适应性较强，易感黑痘病和白腐病
无核白	欧亚种	8 月下，吐鲁番	穗重 337 g，粒重 1.6 g，黄白色，品质上，适宜制干	丰产	适合干燥地区，抗病力较弱
红脸无核	欧亚种	9 月中下，沈阳	穗重 650 g，粒重 3.8 g，鲜红色，品质上	极丰产	抗寒力和抗病力中等
克瑞森无核	欧亚种	9 月中下，郑州	穗重 500 g，粒重 4 g，紫红色，品质极上	丰产	生长势极强，适应性和抗病性较强
维多利亚	欧亚种	7 月中下，郑州	穗重 630 g，粒重 9 g，绿黄色，品质上	极丰产	适合干旱、半干旱地区，抗病力中等
矢富罗莎	欧亚种	7 月下，郑州	穗重 800 g，粒重 8 g，鲜紫红色，果肉硬，不落粒，品质上	丰产	适应性较广，抗寒力较弱，抗病力中等偏强
里扎马特	欧亚种	8 月上，济南	穗重 800 g，粒重 11 g，玫瑰红或紫红色，品质上	丰产	适合干旱、半干旱地区，抗病力较弱
京玉	欧亚种	8 月上，北京	穗重 658 g，粒重 6.5 g，绿黄色，品质上	较丰产	抗湿性强，抗旱性较差，易感炭疽病
美人指	欧亚种	8 月下，郑州	穗重 600 g，粒重 12 g，鲜红色或紫红色，品质极上	中等	适合干旱、半干旱地区，抗病力弱

续表3-26

品种名称	品种类群	成熟期及产地	果实特点	丰产性	其他
和田红	欧亚种	9月中，新疆鄯善	穗重680 g,粒重3.8 g,黄绿色微红,品质中上	丰产	适合干燥地区,抗病力较弱
红地球	欧亚种	9月中,郑州	穗重800 g,粒重13 g,紫红色,果肉硬,不落粒,品质上	丰产	生长势强,适合气候干燥地区,抗病力较弱
瑞必尔	欧亚种	9月中下,沈阳	穗重500 g,粒重9 g,紫黑色,果肉较硬,不落粒,品质上	极丰产	适合我国中部以北及西部地区,抗病力中等
红木纳格	欧亚种	9月底，新疆鄯善	穗重620 g,粒重8 g,绿黄色带红晕,耐贮运,品质上	丰产	适合高温、干燥地区,抗病力较弱
牛奶	欧亚种	9月下,张家口	穗重535 g,粒重8.3 g,黄白色,品质极上	丰产	适合凉爽、干燥、昼夜温差大的地区,抗病力弱
秋黑	欧亚种	10月上中，锦州	穗重720 g,粒重9.5 g,蓝黑色,果肉硬,不落粒,品质上	极丰产	适合华北、西北及西南地区,易感黑痘病
圣诞玫瑰	欧亚种	10月上,沈阳	穗重882 g,粒重7.3 g,深紫红色,果肉硬,不落粒,品质上	极丰产	适合华北、西北地区,易感黑痘病
红双味	欧美杂种	7月中,济南	穗重660 g,粒重7 g,紫红色至紫黑色,品质上	极丰产	适应性和抗病力均较强
京亚	欧美杂种	8月上,北京	穗重478 g,粒重10.8 g,蓝黑色,品质中上	丰产	适应性和抗病力均强
巨玫瑰	欧美杂种	9月上,大连	穗重675 g,粒重10.1 g,紫红色,香味浓,品质上	丰产	抗病力较强,南、北方均可栽培
巨峰	欧美杂种	8月中下,郑州	穗重400 g,粒重10 g,紫黑色,品质中上	丰产	抗病力较强,南、北方均可栽培
藤稔	欧美杂种	8月上中,郑州	穗重400 g,粒重15 g,紫红或紫黑色,品质中上	极丰产	抗病力较强,南、北方均可栽培

表3-27　优良酿酒葡萄品种简介

品种名称	成熟期	穗重/g	粒重/g	含糖量/%	含酸量%	出汁率%	备注
霞多丽	9月上,青岛	142	1.4	20.1	0.75	72.5	适应性强,抗病性中等,适于酿制白葡萄酒
赤霞珠	10月上,济南	175	1.3	19.4	0.71	62	适应性、抗病性均较强,适于酿制干红葡萄酒
梅鹿辄	9月中,济南	190	1.8	20.8	0.71	74	适应性、抗病性均较强,适于酿制干红葡萄酒和佐餐酒

续表3-27

品种名称	成熟期	穗重/g	粒重/g	含糖量/%	含酸量%	出汁率%	备注
白羽	10月上，兴城	180	3.1	18.3	0.88	73～78	抗病性较强，耐旱。适于酿制佐餐葡萄酒和干白葡萄酒
白诗南	9月中，烟台	315	1.3	17.3	0.99	72	适应性强，抗病性中等，适于酿制干白葡萄酒、香槟酒等
佳利酿	10月初，烟台	340	2.7	19	1.2	85	适应性和抗病性均较强，适于酿制佐餐酒
意斯林	9月上，烟台	134	1.5	18.5	0.8	68～76	抗病性较强，适于酿制干白葡萄酒

表3-28 葡萄砧木品种简介

品种	原产地	特性
山葡萄	中国	抗寒力极强，枝条可耐－40℃低温，根系可耐－15℃低温。为我国寒地葡萄砧木，多用实生砧
贝达	美国	抗寒力极强，枝条能耐－30℃低温，根系可耐－11℃，抗根癌病，用扦插繁殖，主要在我国东北、西北、华北地区应用
华佳8号	中国	与欧美杂交种藤稔、先锋等嫁接亲和性好，能增强嫁接品种的长势，较抗黑痘病，抗湿，耐涝，土壤适应性强，在上海、江苏、浙江等地有应用
SO4	德国	生长势极强，适潮湿黏土，不抗旱，抗线虫，抗石灰性土壤，抗盐能力为土壤NaCl小于0.4%，产条量大，扦插易生根，嫁接亲和性好
110R	法国	抗旱，抗石灰性土壤，抗根瘤蚜，嫁接亲和性好，但生根率低
3309C	法国	抗根瘤蚜，抗石灰性中等，适宜当土壤盐NaCl小于0.4%的土壤，不耐旱也不耐涝，易生根，易嫁接

想一想

当地葡萄还有哪些优良栽培品种和野生种？其特点如何？

2.园地选择要求

选择葡萄园地时，首先要保证当地的年活动积温量能满足品种要求，还要考虑某些灾害性自然因素（如大风、冰雹、洪涝等）出现的频率和强度，并采取相应的减灾和避灾措施。同时，绿色食品葡萄生产建园环境的大气、水质、土壤必须满足《绿色食品　产地环境标准 NY/T 391—2013》的要求。

3.葡萄苗木质量要求

标准化建园时，要采用优质壮苗，苗木质量标准参考表3-29。

表 3-29　葡萄壮苗质量标准

扦插苗		嫁接苗	
侧根数	＞6 条	砧木高度	15～20 cm
侧根长度	20 cm	接口愈合情况	完全愈合
侧根直径	＞0.4 cm	其他	与扦插苗相同
侧根分布	分布均匀，不卷曲，须根多		
茎基部直径	＞1.0 cm		
冬芽质量	饱满健壮		
机械损伤	无		
检疫性病虫	无		

4. 葡萄架的设立

葡萄的架式主要有单篱架、双篱架、宽顶篱架、倾斜式小棚架、屋脊形小棚架、大棚架等(图 3-19)。架材可采用木柱、石柱、钢筋混凝土柱等做支柱，一般每 4～6 m 立一支柱，用 8 号、10 号或 12 号铁丝牵拉，边柱采用锚石牵拉或斜支柱支撑。篱架的行距与苗木栽植的行距一致(表 3-30)，采用南北行向。倾斜式小棚架及大棚架的跨度与苗木栽植的行距相等，采用东西走向，坡面朝阳。屋脊式小棚架，沿棚架的两边各栽一行葡萄植株，采用南北走向(图 3-19)。

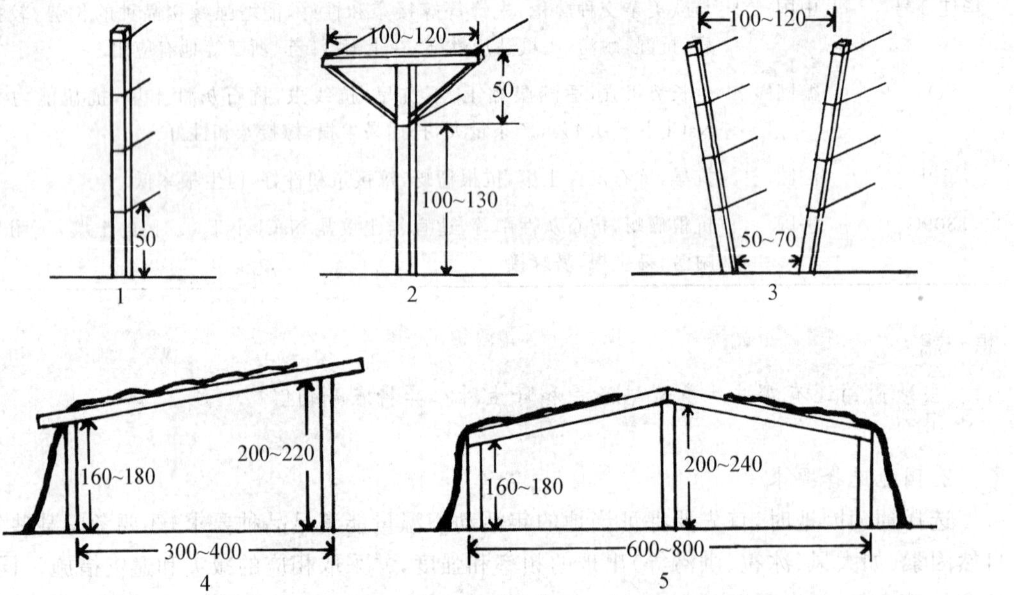

图 3-19　葡萄的常见架式(单位：cm)

1. 单篱架　2. "T"形架　3. 双篱架　4. 倾斜式小棚架　5. 屋脊式小棚架

5. 苗木栽植要求

可在春、秋两个季节栽植葡萄树。秋栽从落叶至土壤封冻前都可进行；春栽在春季土壤解冻后至芽萌动前进行。栽植的株行距参考表 3-30。

表 3-30　葡萄栽植的架式和密度

架式	行距/m	株距/m	架式	行距/m	株距/m
单篱架	1.5～2.5	1.0～2.0	棚篱架	3.5～4.0	1.0～2.0
单篱架(高宽垂栽培)	2.5～3.5	1.5～2.0	倾斜式小棚架	4.0～6.0	1.0～2.0
双篱架	2.5～3.5	1.0～2.0	大棚架	8～10	0.8～1.0

四、生产过程要求

绿色食品葡萄标准化生产过程，要求采用有机肥为主、配方施肥、定量挂果、果实套袋、生物防治病虫害、果园生草等先进技术，生产过程中使用的肥料和农药完全按照《绿色食品　农药使用准则 NY/T 393—2020》和《绿色食品　肥料使用准则 NY/T 394—2013》执行，生产出生态、安全、优质、营养的葡萄产品。

工作三　春季生产管理

一、春季生产任务

春季生产任务主要有：抹芽、定枝、绑梢、新梢摘心、副梢处理；花期放蜂、人工授粉、疏花序和花序整形；追肥、灌水、种植绿肥、松土保墒；春季病虫害防治等。

二、春季树体生长发育特点

早春，当土温达到 6～6.5℃时，欧亚种葡萄的根系开始活动，随之地上部剪口处开始出现伤流；当土温达到 12℃左右时，开始发新根生长；当土温达到 20～25℃时，根系生长旺盛。随着根系的生长，当日平均温度达到 10℃以上时，地上部也开始萌芽生长。河南郑州地区，地上部一般在 4 月上、中旬萌芽，5 月中旬开花。葡萄开花前是新梢生长最旺盛的时期，此时主梢上的冬芽开始花芽分化。新梢生长过旺时会降低坐果率和影响花芽分化。

三、春季生产管理技术

1. 地面管理

(1)春季追肥　葡萄萌芽后至开花前，新梢生长旺盛，同时面临花芽分化和开花结果，因此需要营养较多，需进行追肥。

追肥方法：一般在距离树干 50～80 cm 处挖 15～25 cm 深的浅沟，将肥料均匀撒入后覆土，再浇水。

追肥时期：一般在 4 月上旬萌芽前后施入，此时根系已开始生长，有利于根系吸收。

肥料种类及追肥量：此次追肥应以速效性氮肥为主，可采用尿素、硫酸铵、碳酸氢铵、人粪尿等，一般每亩施尿素 20 kg 左右。

另外，为提高葡萄的坐果率，还应在开花前、花期和花后喷施 0.2%～0.3%尿素+0.2%～0.3%的硼砂混合液，每两次的间隔时间为 5～7 d。

(2)春季翻耕与种植绿肥　在施催芽肥后，应对全园及时耕翻 1 遍，耕深 15～25 cm，以消灭杂草，疏松土壤、保墒，促进根系生长。耕翻后在行间种植绿肥作物，适合在春季播种的绿肥作物有绿豆、美国苜蓿、白三叶草、毛叶苕子等，到夏季进行翻压。

(3)春季灌水　主要有两个灌水时期:①催芽水。在施入催芽肥后立即进行,灌水量以水分浸透 50 cm 深度的土层为宜,过多则影响地温回升。②花前水。在开花前灌水 1～2 次,花前最后一次灌水不应迟于花前 1 周,应浸透 60 cm 深度的土层。开花期一般不再灌水,以免造成枝条旺长,降低坐果率。

2.架面管理

(1)出土　上架和枝蔓引缚。埋土防寒地区的葡萄枝蔓要在伤流期出土上架,具体的出土时间可凭往年的经验判断。出土时要谨慎操作,不要碰伤枝蔓或冬芽。

为了使枝蔓上的冬芽萌发整齐,枝蔓出土后不要立即上架,要先在地面上放几天,等到冬芽开始萌动时再谨慎上架。上架后根据树形及空间要求,将枝蔓固定在葡萄架的铁丝上,棚架的龙干可吊在铁丝上,使主蔓悬于架面下,以便于冬季下架埋土防寒,但结果母枝要位于铁丝上面。

(2)抹芽和定梢　从萌芽后到展叶期,将多余无用的萌芽抹掉,即为抹芽。主要有三种情况:一是抹掉主干、主蔓基部的萌芽和不需要留梢部位的芽;二是对于一个芽眼萌发出 2 个以上新梢的,选留 1 个壮芽,其余抹掉;三是枝蔓上有些部位芽子过密,也要间隔抹掉一些,保证留芽均匀、留壮芽。

定梢是指新梢长度达 15～20 cm、能够分辨出有无花序时,对其进行选择性的去、留,使架面上达到合理的留梢密度。一般情况下,棚架每平方米架面留 10～12 个新梢,单篱架上新梢间距保持 10 cm 左右,“T”形架及双篱架上的新梢间距保持 15 cm 左右(单侧),同时注意留下的新梢生长势要基本整齐一致。

(3)新梢摘心　开花前新梢生长很旺盛,通过对新梢实施摘心,可暂时抑制顶端的营养生长,提高坐果率,促进花芽分化。

摘心的方法:①结果枝摘心。一般在开花前 3～5 d,在结果枝的花序上方留 4～6 片已达正常叶 1/3 大小的叶片摘心。摘心时还要考虑枝条的长势,长势偏旺则摘心程度适当重一些,反之则摘心轻一些。②营养枝摘心。摘心时间与结果枝基本一致,一般留 10～12 片叶摘心,长势旺可适当提前些,长势弱则推迟摘心。③主蔓延长梢摘心。可根据当年预计的冬季修剪剪留长度和当地的生长期长短进行摘心。在北方地区,应在 8 月上、中旬以前摘心。在南方地区,应在 9 月上、中旬以前摘心,以促使延长梢组织充实。

(4)副梢处理　主梢摘心后会促进副梢的生长,因此要及时对副梢加强管理,防止架面郁蔽,通风透光不良。

副梢处理常用方法:①主梢顶端的 1～2 个副梢留 3～4 片叶反复摘心,果穗下部的副梢全部从基部抹除,其余副梢留 1 片叶“绝后摘心”,此种方法前期留叶片较多,较适合幼树。②主梢顶端的 1～2 个副梢可保留 4～6 叶进行摘心,其余副梢从基部抹除,以后产生的二、三次副梢等,始终保留顶端的 1 个副梢留 2～3 叶反复摘心,其他的二、三次副梢彻底抹除,此种方法管理省工,较适合结果树。

(5)绑梢和除卷　需引绑新梢时,尽量使新梢在架面上均匀分布,同时注意使新梢保持一定的倾斜度,不要直立引绑,以削弱顶端优势。绑绳打结时尽量打成“猪蹄扣”,防止新梢在架面上随风移动。同时,随手掐掉无用卷须。

(6)疏花序和花序整形　为使葡萄树合理负载和提高果实品质,在开花前应进行疏花序。一般在开花前 7 d 左右进行较合适,对中、大穗型的鲜食品种,中庸壮枝每枝留 1 个花序,个别强旺枝和小穗型品种每枝可留 2 个花序,细弱枝不留花序。最后还要根据该品种的平均穗重、单位面积限载量(一般要求每公顷结果 22 500 kg 以内)来确定最终的留花序个数。实际操作时,应比预计产量多留 20%,生理落果结束后再做适当调整。

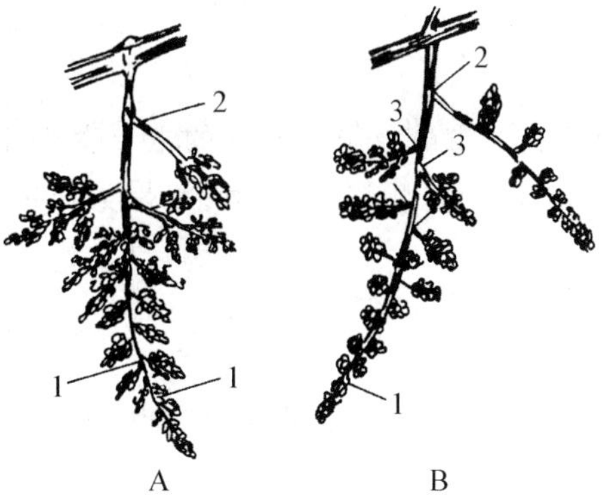

图 3-20 掐穗尖和花序整形

A. 玫瑰香葡萄 B. 巨峰葡萄(日本做法)

1. 掐穗尖 2. 掐副穗 3. 掐小穗

(引自:贺普超,罗国光,葡萄学,1994 年)

花序整形包括掐穗尖、除副穗和修剪花序分枝等,可与疏花序同时进行。一般将花序尖端掐去 1/5~1/4,花序上过长的分枝要将尖端掐掉一部分,对于一些果穗较大、副穗明显的品种要除掉副穗。日本在巨峰葡萄上除了掐掉副穗之外,还将靠近花序基部的几个小穗分枝去掉,只保留花序中下部的 10~15 个小穗(图 3-20)。通过花序整形,可以提高坐果率,使果穗紧凑、穗型整齐一致,增强商品性。

(7)辅助授粉 辅助授粉的常用方法有人工辅助授粉和蜜蜂辅助授粉。

人工辅助授粉:在花期,抖动两性花品种的新梢使花粉飞扬,增加授粉的机会;或戴上棉线手套,先轻轻拍摸两性花品种的花序,再拍摸雌能花品种的花序,达到人工授粉的目的。

蜜蜂辅助授粉:在初花期之前,就应将蜂箱放置于葡萄园的固定位置,一般 1 箱蜜蜂可保证 1 500 m^2 葡萄园的授粉。

3. 春季病虫害防治

葡萄园的春季病虫害防治见表 3-31。

表 3-31 春季葡萄病虫害防治一览表

物候期	防治对象	防治措施	注意事项
萌芽前(3 月)	黑痘病、炭疽病、短须螨、锈壁虱(毛毡病)、介壳虫等	1. 剥去枝蔓上的老翘皮 2. 清园,彻底清除枯枝、落叶、病僵果等,查杀葡萄架及树体上的斑衣蜡蝉卵块 3. 全园喷一次 4~5 波美度的石硫合剂	
绒球期	黑痘病、霜霉病、红蜘蛛等病虫	喷 3 波美度的石硫合剂+200 倍五氯苯酚钠或 50~100 倍的索利巴尔液	
展叶 2~3 片时	黑痘病、白粉病、红蜘蛛、锈壁虱、绿盲蝽等	1. 往年黑痘病严重者,喷必备、退菌特等 2. 往年白粉病严重者,喷三唑类杀菌剂 3. 对绿盲蝽、红蜘蛛,可喷歼灭等	根据病虫发生的种类,选择用药
花序分离期(开花前 15 d)	灰霉病、黑痘病、炭疽病、霜霉病、穗轴褐枯病、斑衣蜡蝉、绿盲蝽等	1. 一般可喷 78%科博 800 倍液 2. 有斑衣蜡蝉、绿盲蝽时,可喷科博 800 倍+10%歼灭 3 000 倍液	
开花前 2~3 d	灰霉病、黑痘病、炭疽病、霜霉病、穗轴褐枯病、斑衣蜡蝉等	1. 对病害,可喷多菌灵、甲基硫菌灵、代森锰锌、必备等。 2. 对斑衣蜡蝉,喷 10%氯氰菊酯、50%辛硫磷等杀虫剂	根据病虫发生的种类,选择用药

工作四　夏季生产管理

一、夏季生产工作任务

夏季是葡萄枝梢的旺盛生长期，同时也是早熟品种成熟上市的季节。此期的主要生产任务有：追肥和灌水、中耕除草、果园覆盖、翻压绿肥、排水；疏花疏果、顺穗、果穗套袋、果实采收；夏季修剪；夏季病虫害防治。

二、夏季树体生长发育特点

夏季由于高温多雨，副梢生长旺盛，果实迅速膨大，花芽不断分化，主梢开始成熟，因此夏季是葡萄植株消耗土壤养分最多的时期，需进行合理追肥。

同时，由于高温高湿的气候条件，葡萄的病害特别严重，也是葡萄病害的高发期。

三、夏季生产管理技术

1.地面管理

(1)追肥　生理落果结束后的1周之内，每亩施尿素30 kg，过磷酸钙30 kg，氯化钾或硫酸钾20 kg；或每亩施复合肥30 kg，再配合适量的尿素和硫酸钾。

早中熟品种开始着色始时，每5～7 d喷一次0.3%的磷酸二氢钾液，促进着色和增糖。此时中晚熟品种还处于果实膨大期，每亩应施复合肥30 kg和硫酸钾15 kg，并施少量的尿素或人粪尿。

晚熟品种开始着色期，每亩追施复合肥20 kg和硫酸钾20 kg，每5～7 d喷一次0.3%的磷酸二氢钾液或1.0%～2.0%的草木灰浸出液。

(2)灌水　夏季的雨水较多，应视土壤墒情进行灌水。土壤湿度变动幅度过大，尤其是果实膨大期缺水而着色成熟期下雨最容易引起裂果，因此要使果园内的土壤相对湿度经常保持在60%～80%，不要忽湿忽干。

(3)中耕除草　夏季高温高湿，杂草生长很快，要及时中耕除草。

(4)果园覆盖和翻压绿肥　夏季来临时，对非生草制的葡萄园应在葡萄架下及行间覆盖杂草、秸秆、绿肥等，厚度达15～20 cm，可减少地面径流，防止水土流失，减少土壤水分蒸发，增加土壤肥力，避免或减轻夏季高温和冬季低温对根系的伤害。

种植绿肥的葡萄园，在绿肥作物进入开花期时要进行翻压或刈割，割下的绿肥覆盖于葡萄架下的地面上。

(5)排水　当大雨过后，葡萄园内较长时间有积水时要进行排水。

2.架面管理

(1)疏果粒和顺穗　生理落果结束后至封穗前，要尽早疏果粒，使果粒大小均匀，着色一致，穗形松紧适度，果穗大小符合该品种的标准穗重。标准穗重因品种而异，总的来说要保证疏果后果粒大而均匀，穗重与自然情况下相比基本不降低或略降低。

疏果粒时，先把畸形果、小粒果及个别特大粒去掉，再疏掉较密挤部位的果粒，使果粒分布均匀。如大粒中穗型品种巨峰，一般每穗保留40粒，使果粒重达到12 g，穗重达500 g；红地球，一般每穗保留60～80粒，小果穗可留40粒，使小果穗重达500 g，中等果穗重达750 g，大果穗重

1 000 g，单粒重达 13 g；超大粒品种藤稔，每穗留果 30 粒，使果粒重达 15 g，果穗重达 450～500 g。

在疏果粒时，顺便把一些搭在铁丝上的"骑马穗"或夹在枝条与铁丝之间的果穗理顺，使其呈自然下垂状态，称为"顺穗"。

(2)果穗套袋和去袋　疏果粒结束之后，应尽快进行果穗套袋。购买果实袋时要根据果穗大小选购适宜的优质防水专用果袋。

套袋前，要对果穗进行杀菌处理，药剂可选用复方多菌灵、代森锰锌、甲基硫菌灵、大生 M-45 等，主要预防黑痘病、炭疽病、白腐病。处理方法最好用蘸穗法，待药液晾干后再套袋。

套袋时，要使整个果实袋鼓起，袋口扎紧扎严，果袋自然下垂。同时注意：不要在阴雨连绵后突然晴天时或正午高温时套袋，否则会加重果实日灼；也不要在清晨有露水时套袋，这样易折断果穗和加重病害。

一些在直射光条件下才能着色良好的品种，在果实进入着色期时要去袋；绿色品种和在散射光条件下也能良好着色的品种不用去袋。

(3)果实采收　对于早中熟品种，7—8 月即将成熟，要提前准备好采果筐、包装箱、铺垫物及其他包装材料。待果实充分着色、外观和口感均表现出本品种固有特色时，即可采收。采收时，要轻拿轻放，勿碰伤、刺伤或压伤果粒，注意保护好果粉。同时，还要对果穗做适当修整，剔除病、虫、小、青、残果粒，对于一些特大果穗可合理分解，使穗重大小适宜，穗形美观，且便于装箱。

(4)树体修剪　夏季修剪的主要工作就是处理副梢。对于过密的副梢要从基部疏除，以改善架面的光照条件，促进果实着色、花芽分化和枝条成熟；保留的副梢留 3～4 叶反复摘心，控制其旺长。一些已失去功能的老叶要及时摘除，需绑缚的新梢要及时绑梢。

想一想

葡萄树的夏季修剪与苹果树、桃树有何区别？

3. 夏季病虫害防治

夏季主要的病虫害及防治方法见表 3-32。

表 3-32　夏季葡萄病虫害防治一览表

物候期	防治对象	防治措施	注意事项
落花后 3～5 d	黑痘病、炭疽病、白腐病、霜霉病、灰霉病、白粉病、穗轴褐枯病、透翅蛾、红蜘蛛等	1. 一般情况下，可喷 78%代森锰锌或其他保护性杀菌剂 2. 黑痘病严重者，喷 78%科博 800 倍+50%多菌灵 600 倍液 3. 霜霉病早发的果园，喷 78%科博 600 倍+80%乙磷铝 600 倍液 4. 斑衣蜡蝉、透翅蛾严重者，喷歼灭、氯氰菊酯等	
花后 15～20 d（套袋前）	黑痘病、炭疽病、白腐病、房枯病等	喷 78%科博，或 70%甲基硫菌灵，或 12.5%晞唑醇 3 000 倍+80%必备 600 倍液等	配好药液后蘸果穗，效果更好

续表3-32

物候期	防治对象	防治措施	注意事项
幼果膨大至着色前(6—7月)	黑痘病、霜霉病、炭疽病、白腐病	喷10%美安,或50%多菌灵,或78%科博、或80%必备等。每隔10～15 d喷一次	
着色成熟期(7—8月)	炭疽病、白腐病、霜霉病、白粉病、灰霉病、褐斑病等	1.对霜霉病,喷1∶0.7∶200的波尔多液,或25%甲霜灵,三乙磷酸铝等 2.不套袋果园,喷10%美安、或50%多菌灵、80%喷克、或78%科博、或80%必备等防治炭疽病、白腐病、灰霉病等 每隔10～15 d喷一次药	采收前20 d禁止喷药
早中熟品种果实采收后(8月)	霜霉病、白粉病、褐斑病等	喷1∶1∶(200～240)的波尔多液;若霜霉病严重,可喷烯酰吗啉、瑞毒霉等治疗剂	

工作五　秋季生产管理

一、秋季工作任务

此阶段的主要任务是:秋施基肥、深翻改土、中耕除草;秋季修剪;采收晚熟品种果实;秋季病虫害防治。

二、秋季树体生长发育特点

进入秋季后,中早熟品种的果实已经采收,晚熟品种进入着色成熟期,树体开始积累营养。由于营养回流,根系开始加快生长,在9月份形成一个小高峰。

三、秋季生产管理技术

1.地面管理

(1)深翻　改土根据果园情况,可进行扩穴深翻、隔行深翻或全园深翻,深翻要与施有机肥结合进行。在一些土壤过于黏重或过沙的葡萄园,要进行客土换土,改良土壤。

(2)秋施基肥　基肥以有机肥为主,包括厩肥、人畜粪、饼肥、土杂肥、草木灰、过磷酸钙等。施肥时期:最好在9月中旬至10月上旬,中早熟品种果实采收后,晚熟或极晚熟品种果实采收前。施肥量:每生产100 kg葡萄果实,一年需施纯氮量为0.5～1.0 kg、磷0.2～1.0 kg、钾1.0～1.5 kg,氮、磷、钾的比例为1∶1∶1.5。基肥施入量应占全年施肥量的70%,一般每亩产果1 500 kg的优质丰产葡萄园,每年需施优质厩肥3 000 kg左右,同时每100 kg有机肥混入过磷酸钙1～3 kg。不同种类的有机肥养分含量差别较大,具体施肥量可参考表3-33。

表3-33　常用有机肥料养分含量表　%

肥料种类	有机物	氮(N)	磷(P_2O_5)	钾(K_2O)
玉米秸堆肥	80.5	0.12	0.16	0.84
青草堆肥	28.2	0.25	0.19	0.45
麦秸堆肥	81.1	0.18	0.29	0.52

续表3-33

肥料种类	有机物	氮(N)	磷(P_2O_5)	钾(K_2O)
人粪尿	5～10	0.60	0.30	0.25
猪粪		0.56	0.40	0.44
牛粪		0.32	0.25	0.15
鸭粪		1.10	1.40	0.62
鹅粪		0.55	0.50	0.95
鸡粪	25.5	1.63	1.54	0.85
羊厩肥	28	0.83	0.23	0.67
牛厩肥	11	0.34	0.16	0.40
猪厩肥	11.5	0.45	0.19	0.60
蚕豆绿肥		0.55	0.12	0.45

施肥方法：一般采用条状沟施肥法。篱架葡萄园在距离葡萄树干基部50～60 cm处开深、宽各50 cm的施肥沟。肥料与土混合均匀后填入沟内，填后浇水，架的两侧隔年轮换施肥。棚架葡萄在架下距树干60～80 cm处开沟施肥。

(3)中耕除草　对全园进行中耕，深度10～15 cm，清除杂草，疏松土壤。

2. 架面管理

(1)秋季修剪　秋季修剪的主要任务是改善架面通风透光条件，抑制副梢的生长，促进养分积累。主要工作：①疏剪过密副梢，改善架面光照，促进晚熟品种着色。②继续对保留的副梢进行严格摘心，控制其旺长，促进养分积累。④摘老叶、病叶。对需要直射光才能着色的中、晚熟品种，在果实开始着色时将贴近果穗的挡光老叶摘掉。

(2)晚熟品种去果袋和采收　具体方法见“夏季生产管理”部分。

3. 秋季病虫害防治

葡萄园秋季的主要病虫害及防治措施见表3-34。

表3-34　秋季葡萄病虫害防治一览表

物候期	防治对象	防治措施	注意事项
晚熟品种着色成熟期(8—9月)	霜霉病、炭疽病、白腐病、浮尘子	1. 对霜霉病，用1∶0.7∶200的波尔多液、代森锰锌、甲霜灵等 2. 对炭疽病、白腐病、灰霉病等，可用美安、多菌灵、喷克、科博、必备等。以上药剂，每隔10～15 d喷一次 3. 对浮尘子，可用歼灭	1. 采前20 d禁止喷药 2. 套袋果园，主要防治叶片霜霉病和浮尘子
晚熟品种采收后至落叶前	霜霉病、褐斑病、白粉病等	1. 喷1∶1∶(200～240)的波尔多液保护叶片 2. 霜霉病严重者，喷80%600倍＋50%霜脲腈1 500倍液等治疗剂 3. 褐斑病严重者，喷80%代森锰锌800倍＋10%多氧霉素1 500～2 000倍液等治疗剂	

工作六　冬季生产管理

一、冬季工作任务

葡萄园冬季生产管理的主要工作有：灌封冻水、冬季耕翻、冬季修剪、清园、树干涂白、埋土防寒、整修葡萄架等。

二、冬季树体生长发育特点

冬季，葡萄植株进入休眠，枝条已充分成熟，树体生理代谢活动微弱，外表无明显生长特征，但体内一系列生理活动如呼吸、蒸腾、根的吸收与合成、花芽分化等仍在缓慢进行，树体抗寒能力增强。

三、冬季生产管理技术

1. 地面管理

(1)灌封冻水　自落叶至土壤封冻前，应灌 1～2 次透水，使土壤中贮备足够的水分，这不仅有利于维持树体水分的收支平衡，而且能够增加土壤的热容量，增强葡萄根系的抗寒力。

(2)冬季耕翻　灌封冻水后，对葡萄树行间的土壤进行一次耕翻，深度达 25 cm，但不能距离葡萄树的主干太近，以免伤及大根。

2. 整形修剪

葡萄的架式、树形和修剪三者之间密切相关，一定的架式要求一定的树形，而一定的树形又要求一定的修剪方法，三者必须协调才能取得良好效果。

(1)常用树形

①多主蔓扇形　此类树形主要用于单篱架。适合于架高 1.8～2.0 m，株距为 1.5～2.0 m，拉 4 道铁丝的情况。分为自然扇形和规则扇形两种，最好采用多主蔓规则扇形。

多主蔓规则扇形的主蔓间距一般为 50 cm 左右，主蔓数量为 3～4 个，每条主蔓上留 3～4 个结果枝组。培养枝组时采用短梢修剪，枝组修剪时采用双枝更新修剪法，枝组中的结果母枝采用中、长梢修剪，预备枝采用短梢修剪。主蔓高度严格控制在第 3 道铁丝以下(图 3-21)。

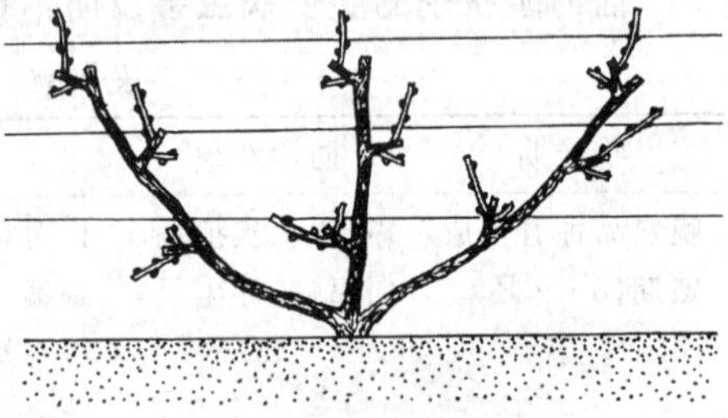

图 3-21　多主蔓规则扇形

整形过程：第一年，定植萌芽后，从地面附近培养 3～4 条新梢作主蔓，其余抹除。冬季修剪时，对于较长而粗壮的主蔓可以在第一道铁丝附近短截，对生长较弱的主蔓留 2～3 芽短截。第二年，对于去年冬剪长留的主蔓，每条主蔓上选留顶部 2～3 个新梢，其余抹除；在冬季修剪时，顶部第一枝做为主蔓培养，在第二道铁丝附近短截，继续培养主蔓，其余 1～2 个枝进行短梢修剪，培养枝组。对于去年短留的弱枝，夏剪中每枝留一个壮梢进行培养，冬季修剪时在第一道铁丝附近短截。第三年的修剪按照第二年的方法进行，直到每个主蔓上均培养出 3～4 个枝组。若肥水充足，生长较旺盛，可在夏季修剪时摘心，利用副梢加快整形过程。一般情况下 2～3 年可完成树形培养。

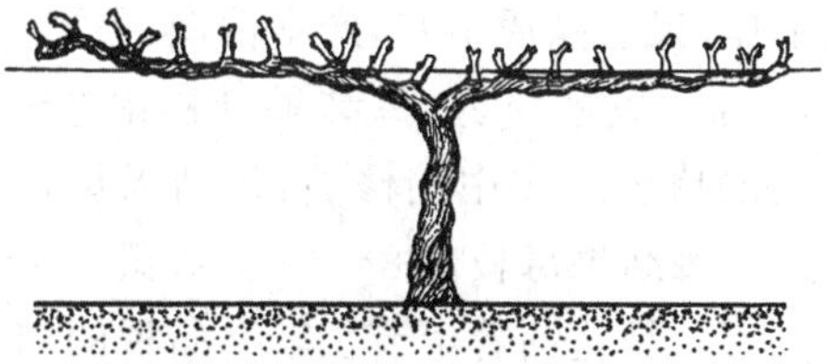

图 3-22　单干双臂水平整枝

②单干双臂水平整枝　此种树形最适于宽顶篱架（“T”形架），也可用于单篱架，如图 3-22。

整形过程：第一年，植株萌芽后，选留 1 个长势最好的新梢直立向上引缚生长，培养成主干，其余的萌芽抹除。当选做主干的新梢长到第一道铁丝时，在铁丝下方约 10 cm 处摘心，保留顶部 2 个副梢以培养主蔓，其余抹除。主蔓水平引缚在第一道铁丝上，当主蔓长度达到相邻两株的中间位置时摘心。对于主蔓上发出的副梢，过密者疏除，并通过调整摘心强度使保留的副梢生长均匀。冬季修剪时，对生长健壮的主蔓留 8～10 芽短截，主蔓的中后部较粗壮副梢留 2～3 芽短截，前部的弱副梢疏除；对中后部无粗壮副梢的主蔓留 7 芽左右短截，其上的弱副梢疏除；对生长细弱的植株则应在近地面处留 2～3 芽平茬，下一年重新培养。第二年，在主蔓上每隔 20～25 cm 培养一个结果枝组。

③斜干单臂水平形　这种树形较适合于需要埋土防寒的地区单篱架或“T”形架栽培。植株的主干向同一方向倾斜，主蔓朝同一方向延伸，引缚在第一道铁丝上，新梢向上引缚（图 3-23）。这种树形也可用于双篱架，在双篱架上需培养两条朝同一方向延伸的主蔓，分别引缚在两个篱架上。

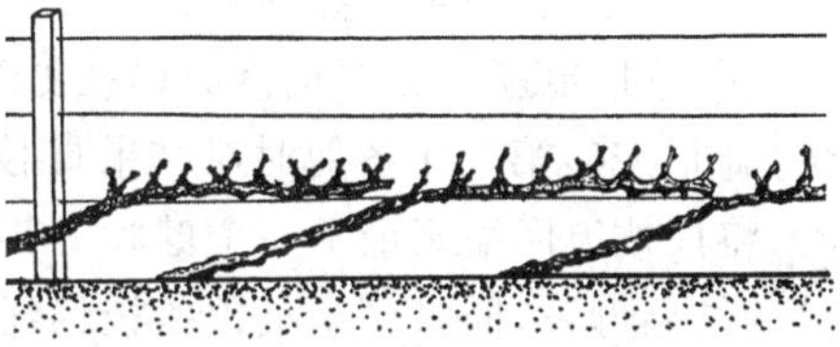

图 3-23　斜干单臂水平整枝

④龙干形　最常见的有独龙干整枝和双龙干整枝（图 3-24），适合于棚架栽培。植株自地面开始培养 1 条或 2 条主蔓，相邻两条主蔓的间距一般保持 70～80 cm。

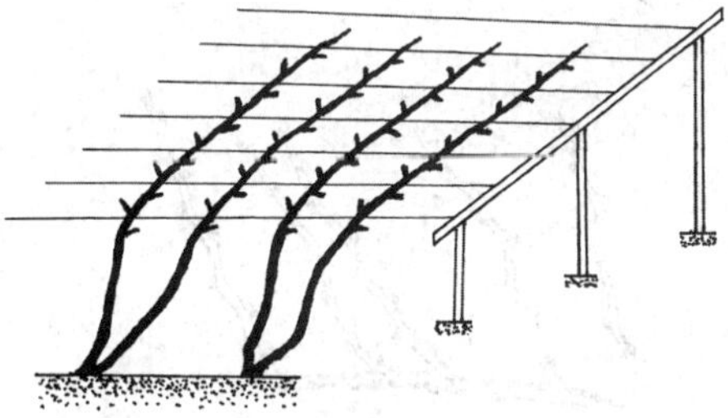

图 3-24　棚架双龙干整枝

主蔓自地面发出后直接上架，无侧蔓。主蔓上每间隔 20～25 cm 培养一个枝组，每个结果枝组上留 1～2 个短梢结果母枝，冬剪时采用短梢修剪。一些花芽节位较高的品种在进行枝组修剪时，可中、短梢修剪相结合，即结果母枝进行中梢修剪，预备枝进行短梢修剪，但枝组的间距应增加到 30～40 cm。需注意的是：冬季需埋土防寒的地区，主干要向前和旁侧两个方向倾斜，尤其主干基部应有较大的倾斜度。

整形过程：定植后，根据株距大小培养 1 条或 2 条主蔓。第一年冬季修剪时，对直径大于 1.0 cm 的主蔓可在架面的边沿附近短截，对较细弱的主蔓要在地面附近留 2～3 芽平茬。第二年冬季修剪时，对主蔓的延长枝进行长梢修剪或超长梢修剪，以下的几个枝进行短梢修剪，培养枝组。第三年的冬季修剪方法与第二年基本相同。一般在小棚架上 3～4 年即可完成树形。

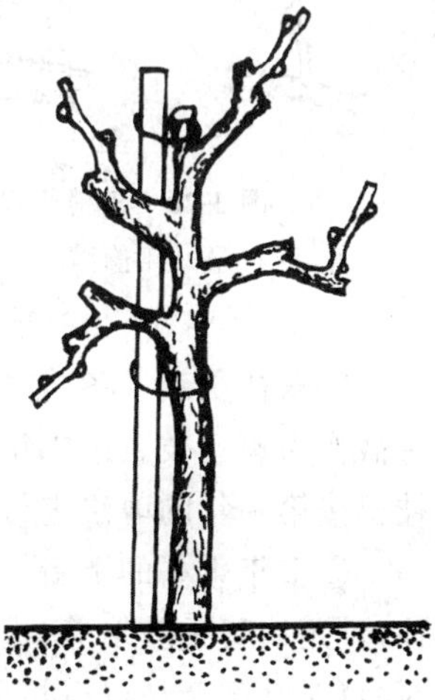

图 3-25　柱式架头状整枝

⑤头状整枝　一般适合于柱形架，采用短梢修剪（图 3-25）。这种整枝形式的优点是节省架材，生长季节新梢自然下垂，不需引

缚新梢，管理省工。缺点是结果部位过于集中，通风透光不良，果实品质不好，产量偏低。

(2)结果母枝修剪方法　根据冬剪留芽数不同，可分为：①短梢修剪：每结果母枝留 2～4 个芽短截，一般用于龙干形整枝的枝组修剪，或对预备枝的修剪。②中梢修剪：每结果母枝留 5～7 芽短截，适于大多数品种，需留预备枝。③长梢修剪：每结果母枝留 8～15 芽短截。主要用于两种情况：一是龙干形整形过程中的主蔓延长枝修剪；二是花芽着生节位较高品种的结果母枝修剪。

(3)结果母枝剪留数量的确定　一般可根据下面公式的计算结果，作为修剪时的参考依据。

$$A=Y/W\times N_1\times N_2$$

式中，A 为单位面积留结果母枝数，Y 为单位面积产量(kg)，W 为某品种平均果穗重(kg)，N_1 为每结果枝平均留果穗数，N_2 为每结果母枝平均留结果枝数。

(4)枝组和多年生蔓的更新

①单枝更新　分短梢修剪单枝更新法和中长梢修剪单枝更新法。短梢修剪单枝更新的做法如图 3-26：第一年冬剪时对结果母枝进行短梢修剪，来年可抽生 2～3 个新梢；第二年冬剪时，将该枝组回缩至最下一个健壮一年生枝处，再对该一年生枝进行短梢修剪，该枝是既下一年的结果母枝，同时又担负预备枝的任务。此种方法较适合花芽着生节位较低的品种。

中长梢修剪单枝更新的做法如图 3-27：第一年冬剪时，对结果母枝进行中长梢修剪，并进行水平引缚或弓形引缚。萌芽后，结果母枝前部抽生的新梢结果，下部发出的新梢培养成为预备枝。第二年冬剪时，将枝组回缩至预备枝处，再继续进行中长梢修剪。

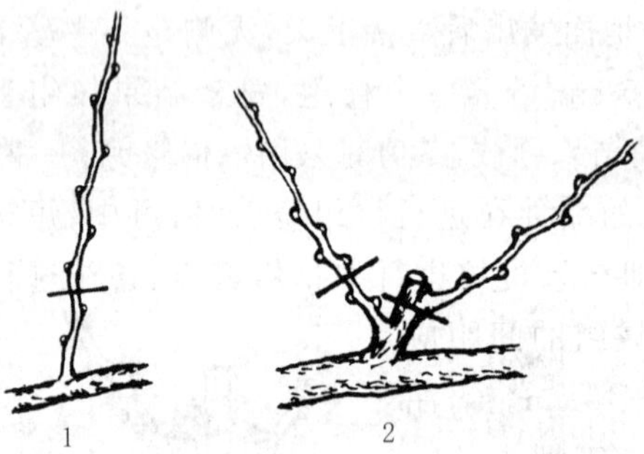

图 3-26　短梢修剪单枝更新法

1. 第一年修剪　2. 第二年修剪

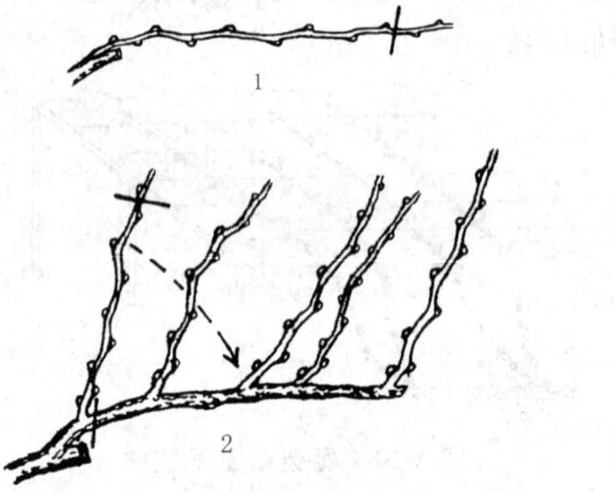

图 3-27　长梢修剪单枝更新法

1. 第一年修剪　2. 第二年修剪

②双枝更新　冬剪时，枝组中的上位枝进行中长梢修剪，使其来年结果，下位枝留 2～3 芽短截作为预备枝。第二年冬剪时，将上一年长留的上位枝回缩掉，下位预备枝上发出的 2 个新枝仍按第一年的剪法进行，如图 3-28。

③多年生蔓的更新　当老蔓衰弱，结果能力极差，后部又无新枝可培养时，可在地面处锯掉，利用萌蘖重新培养，进行整株更新。当老蔓中后部光秃但前部尚能结果，基部又发出新枝时，可对基部新枝进行培养，逐渐代替老蔓。

3. 埋土防寒

一般认为冬季绝对最低气温低于−15℃的地区，葡萄越冬时需进行埋土防寒。埋土防寒的时间是在冬季修剪结束后至土壤结冻前1周，其做法主要有以下几种。

(1)地面实埋法　先将葡萄的枝蔓缓慢拉下架、理顺、捆成束，再将各株均按同一方向顺行向压倒平放于地面上(为防止主干或主蔓被压断或压伤，可在树干的基部先垫上一个草把做枕头)，然后覆土。覆土的厚度为20～30 cm，土堆的宽度为1 m左右。

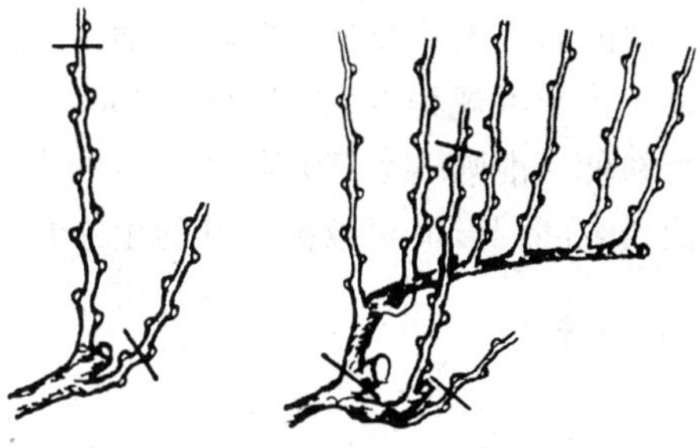

图 3-28　枝组双枝更新修剪法

1. 第一年修剪　2. 第二年修剪

(2)开沟实埋法　在株间或行间挖临时性沟，沟的宽度和深度以能够放入枝蔓为度，将捆好的枝蔓放入沟中，然后埋土即可。这种方法容易损伤根系，而且较费工。

(3)塑膜防寒法　将枝蔓捆好后放于地面，在枝蔓上覆盖麦秸或稻草40 cm厚，再盖塑料薄膜，周围用土培严。这种方法要注意不要碰破薄膜，以免冷空气侵入。

一些不需进行下架埋土的葡萄园，为防止葡萄树根颈部位受冻害，可进行培土护干，即在树干基部培30 cm厚的土堆。此法也有明显的预防冻害效果。

4. 整修

葡萄架经过一年的生产，葡萄架的铁丝、横梁、立柱、锚石等可能会有损坏或松动，要利用冬季休眠期进行修复或更换。

想一想

葡萄树与仁果类及核果类果树相比，在树形及修剪手法上有何特点？

5. 冬季病虫害防治

(1)清园　结合冬季修剪，剪除病虫枝和挂在树上的僵果，揭掉树干和多年生枝蔓上的老翘皮，并清除田间的枯枝、落叶、烂果，一同带出果园集中烧毁。

(2)喷石硫合剂　清园工作结束后，全园立即喷一次3波美度的石硫合剂，杀死枝蔓表面和地面的病虫，减少越冬病虫基数。

(3)树干涂白　树干涂白既可减轻树干的冻害，还可兼治病虫。涂白主要部位是主干和主蔓基部，要求涂刷均匀。涂白剂的配方是：水30 kg、生石灰12 kg、食盐0.1 kg、大豆粉0.5 kg、石硫合剂原液0.5 kg、植物油0.1～0.2 kg。配制时，先将生石灰化开，做成石灰乳，然后加入盐、大豆粉、石硫合剂原液和植物油。配制好的涂白剂浓度以涂在树上不往下流，又不粘成疙瘩为宜。

(4)人工捕杀越冬虫卵　凡是秋季斑衣蜡蝉为害较严重的葡萄园，在葡萄树落叶之后，应仔细进行人工杀卵。斑衣蜡蝉的卵一般产在葡萄多年生枝蔓的下侧、葡萄架横梁的下侧、立柱的阴面等处，同时葡萄园周围其他的树木、木棍等也是它产卵的地方，要仔细查杀。

工作七　制定葡萄园周年管理历

葡萄周年管理历是葡萄园全年生产管理的概括，对全年生产管理工作起指引性作用，因此制定葡萄园周年管理历是管理技术人员应具备的基本能力。制定管理历时应根据当地具体情况(如品种、土壤类型、气候、劳动力素质、生产水平、生产习惯等),参照《无公害食品　鲜食葡萄生产技术规程 NY/T5088—2002》《农药合理使用准则 GB/T 8321.8—2007》和《绿色食品　肥料使用准则 NY/T394—2013》的要求,抓好农药、化肥污染控制,既要实现葡萄生产的丰产、优质、高效益,又要维护良好的生态环境。

生产案例

郑州地区葡萄周年管理历

三月(萌芽前)

(1)追肥和灌水:每亩施尿素 20 kg,灌水量以水分浸透 50 cm 深度土层为宜。

(2)地面覆盖:可用地膜、杂草、花生壳、锯末等覆盖地面,减少土壤水分蒸发。

(3)冬芽绒球期:喷 3～5 波美度石硫合剂,防治黑痘病、炭疽病、锈壁虱、介壳虫、短须螨等。

四月(萌芽、展叶期和新梢生长期)

(1)抹芽:萌芽期至 2～3 叶期,对一个芽眼萌发超过 2 个芽的,一般选留一壮芽,其余抹掉;对一些过密的单芽,也要适当抹除。

(2)定枝:当新梢长度达 15～20 cm,能分辨出有无花序时,去掉过密的新梢。一般棚架每平方米留 10～12 个新梢,单篱架上 10 cm 左右留一个新梢,"T"形架上的新梢间距保持 15 cm 左右(单侧)。多余的新梢去掉,尽量留带花序的新梢。

(3)病虫防治:主要防治黑痘病、灰霉病、穗轴褐枯病、锈壁虱、绿盲蝽、斑衣蜡蝉等。对病害,选用必备、科博、代森锰锌、多菌灵等药剂;对害虫类,选用歼灭、辛硫磷、氯氰菊酯等。

五月(新梢生长期、花期、生理落果期)

(1)疏花序和花序整形:在花序分离期进行,一般按照壮梢留 1 个花序,弱梢不留花序,个别强壮梢留 2 个花序,并对留下的花序进行整形。

(2)主梢摘心:对结果枝,一般在开花前 3～5 d,在结果枝的花序上方留 4～6 片已达正常叶 1/3 以上大小的叶片摘心;对营养枝,一般留 10～12 片叶摘心。

(3)副梢处理:主梢顶端的 1～2 个副梢保留 4～6 叶进行摘心,其余副梢从基部抹除,以后产生的二、三次副梢等,始终保留顶端的 1 个副梢留 2～3 叶反复摘心,其他的二、三次副梢抹除。

(4)绑梢和除卷须:引绑新梢时,尽量使新梢在架面上均匀分布,并使新梢保持一定的倾斜度,打结时打成"猪蹄扣",同时随手掐掉卷须。

(5)追肥和浇水:追肥和灌水时间不应迟于花前 1 周,每亩施复合肥 20 kg,灌水浸透深度 60 cm 深度的土层。另外,开花前、花期和花后喷施 0.2%～0.3%尿素+0.2%～0.3%的硼砂混合液,每次的间隔时间为 1 周左右。若上一次追肥较多或树体长势较旺,此次可不追肥。

(6)病虫防治:主要防治黑痘病、炭疽病、灰霉病、穗轴褐枯病、斑衣蜡蝉、透翅蛾等。

六月(幼果期及果实膨大期)

(1)疏果和果穗套袋。

(2)追肥和灌水:生理落果结束后 1 周之内,每亩施尿素 30 kg,过磷酸钙 30 kg,氯化钾或硫酸钾 20 kg。及时灌水,保持土壤湿度均匀。

(3)中耕除草和翻压绿肥:不种植绿肥的葡萄园要及时中耕除草。种植绿肥的葡萄园,在绿肥作物进入开花期时进行翻压或刈割,割下的绿肥覆盖于葡萄架下的地面上。

(4)继续进行绑梢、摘心和副梢处理。

(5)病虫害防治:注意防治黑痘病、炭疽病、白腐病、霜霉病、灰霉病、房枯病、白粉病、穗轴褐枯病、透翅蛾、红蜘蛛等。

七月(早熟品种着色成熟期)

(1)追肥和灌水:早中熟品种开始着色时,每5~7 d喷一次0.3%的磷酸二氢钾液,促进着色和增糖。对晚熟品种,每公顷应施复合肥450 kg和硫酸钾225 kg,并施少量的尿素或人粪尿。追肥后若不下雨,要进行灌水。

(2)疏除过密枝,摘果实附近挡光老叶,继续绑蔓、摘心和副梢处理。

(3)早熟品种果实采收。

(4)中耕除草。

(5)病虫防治:套袋葡萄园主要防治霜霉病、黑痘病、白粉病、褐斑病、大青叶蝉,不套袋葡萄园防治霜霉病、炭疽病、白腐病、褐斑病、黑痘病、白粉病、金龟子、大青叶蝉等。

八月(中熟品种着色成熟期)

(1)追肥和灌水:8月上、中旬,对晚熟品种每5~7 d喷一次0.3%的磷酸二氢钾液或1.0%~2.0%的草木灰浸出液直到成熟,视情况土施适量复合肥和硫酸钾。

(2)疏除过密枝,摘果实附近挡光老叶,继续绑蔓、摘心和副梢处理。

(3)中熟品种果实采收。

(4)中耕除草。

(5)病虫害防治参照7月份。

九月(晚熟品种果实成熟期)

(1)修剪:疏除过密枝、摘老叶、副梢摘心。

(2)去袋和采收:采收前10~15 d去袋增色,充分成熟时采收果实。

(3)肥水管理:采收后灌水;9月下旬,秋施基肥。

(4)病虫害防治:早中熟品种主要防治霜霉病、褐斑病、大青叶蝉;晚熟品种主要防治白腐病、炭疽病、霜霉病、褐斑病、大青叶蝉,套袋果园主要防治霜霉病、褐斑病、大青叶蝉。

十月(果实采收后)

(1)继续秋施基肥。

(2)继续防治霜霉病、褐斑病、短须螨、叶蝉等。

十一月至翌年二月(休眠期)

(1)清园:彻底清除枯枝、病虫枝、病僵果穗、落叶、杂草等,揭掉老翘皮,并喷一次5波美度的石硫合剂。

(2)冬季耕翻:在土壤封冻前,耕深25 cm左右,耕后细致耙平。

(3)冬季修剪和整修葡萄架:修剪工作最迟于2月上旬完成,修剪结束后至翌年萌芽前整修剪葡萄架。

(4)树干涂白。

【课业】

1. 调查了解当地栽培的葡萄品种及特性。还有哪些值得推广的新品种?特性如何?

2. 结合葡萄的枝芽特性,谈谈如何使葡萄树提前进入盛果期?

3. 总结葡萄冬季和夏季修剪的技术要点。
4. 调查目前生产上常用的葡萄架式和整枝方式有哪些？存在哪些问题？如何解决？
5. 通过网络学习，了解葡萄绿色食品、有机食品的生产技术规程和产地质量指标。

任务二 草莓周年生产

【任务描述】

本项目主要任务是完成草莓生产认知，了解草莓生产要求、生产良种及春季、夏季、秋季和冬季的生产任务与操作技术要点，全面掌握草莓土肥水管理技能、花果管理技能与病虫害防治技能。

【任务分析】

要完成本项目学习任务，必须具备以下条件：

教学环境　草莓苗圃、草莓园，多媒体教室，草莓生产录像、光碟、教学挂图等。

教学工具　植保机具、常见肥料与病虫标本。

师资要求　专职教师、企业师傅、生产人员。

工作一 观测草莓生物学特性

一、生长特性

草莓是多年生常绿草本植物，植株矮小，呈丛状生长，株高一般 20～30 cm，短缩的茎上密集地着生叶片，并抽生花序和匍匐茎，下部生根。草莓的器官有根、根短缩茎、叶、花、果实、种子和匍匐茎等，详见图 3-29。

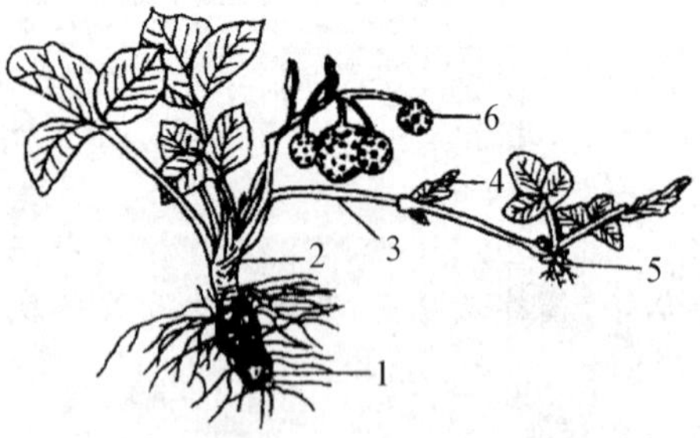

图 3-29 草莓植株示意图

1. 根状茎 2. 新茎 3. 匍匐茎 4. 退化叶 5. 匍匐茎子苗 6. 果实

1. 根

草莓的根系属于须根系，由着生在新茎和根状茎上的不定根组成，十分发达。新根肥嫩粗大。呈乳白色到浅黄色，老根呈暗褐色。1 株草莓可发出 10 几条不定根。

2. 茎

草莓的茎分为新茎、根状茎和匍匐茎 3 种。

新茎：草莓当年和 1 年生的茎称新茎，上着生具有长柄的叶片，基部发出不定根。离心生长缓慢，加长生长很短，每年生长 0.5～2 cm，但较粗壮。新茎上密生具有长柄的叶片，叶腋着生腋芽，新茎的顶芽到秋季可分化成花芽。新茎的基部发生不定根。顶端花芽来年春天又抽出花序和新茎。

根状茎：草莓多年生的茎为根状茎，是由新茎发展而来的，新茎在第二年上部的叶全枯死脱落后，形成外形似根的根状茎。根状茎具有节和年轮，是贮藏营养物质的器官。在第三年从下部老的根状茎开始，逐渐向上死亡。所以，根状茎愈老，地上部生长愈弱，产量品质下降，因此老株必须及时更新。

匍匐茎：是草莓的营养繁殖器官。茎细，节间较长。由新茎的腋芽发生，当长到超过叶面高度时，逐渐垂向株丛空间光照好的地方。多数品种的匍匐茎，在第二、四、六等偶数节部位向上发生叶簇，向下形成不定根，固定于土中形成匍匐茎苗。匍匐茎养分的来源，一部分靠自身制造，一部分靠母株供给。匍匐茎发生的多少与品种特性有关。

3. 叶

草莓的叶为三出复叶，叶柄较长。密生于短缩的新茎上，呈螺旋状排列。基部与新茎联合的部分，在两处托叶包合成鞘状，紧紧包于新茎上，称之为托叶鞘。托叶鞘常富有颜色，是区别品种的特征之一。

4. 结果特性

(1)花与花序　草莓多数品种属于两性花，由花柄、花托、花瓣、雌雄蕊组成，为虫媒花，自花或异花授粉。花序为聚伞花序。见图 3-30。

(2)果实　草莓的果实为聚合果，也称为浆果，它是由花托膨大而形成的假果。花托表面着生无数雌蕊，受精后形成瘦果，即草莓的种子。草莓果实纵剖面的中心部位为花托的髓部，髓部因品种不同或充实，或有大小不同的空心，其外部为花托的皮层，种子嵌埋在皮层中，由维管束同髓部相连。不同品种种子嵌入的深度不同，有平于果面、凸出果面和凹入果面的，是区别品种的重要特征。

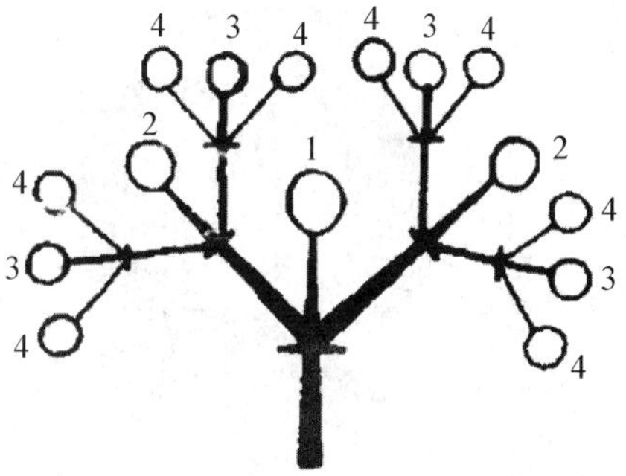

图 3-30　草莓花序示意图

1. 第一节花序　2. 第二节花序
3. 第三节花序　4. 第四节花序

草莓果实的形状因品种而异。常见的形状有扁圆形、圆形、圆锥形(包括短圆锥形、长圆锥形)、楔形(包括短楔形、长楔形)、椭圆形等，详见图 3-31。果实形状是品种的重要特征之一。但同一品种和同一品种中同一花序的不同级序的果实形状变化也很大。果实的大小也因品种、发育时期和栽培管理条件不同而有很大差异。一般栽培品种的平均果重在 20 g 左右，最大者也有 60 g 以上的，如全明星、索菲亚，最大者甚至可达到 80 g。在同一品种中，第一花序的果实最大；在同一花序上，随着果实级次的增高而果实变小，一般四级序果就失去了商品价值。环境条件和管理水平对果实大小也有很大影响。管理好，植株生长健壮，留果量少，果实就大；反之，管理差，植株生长弱，留果量多，果实就小。

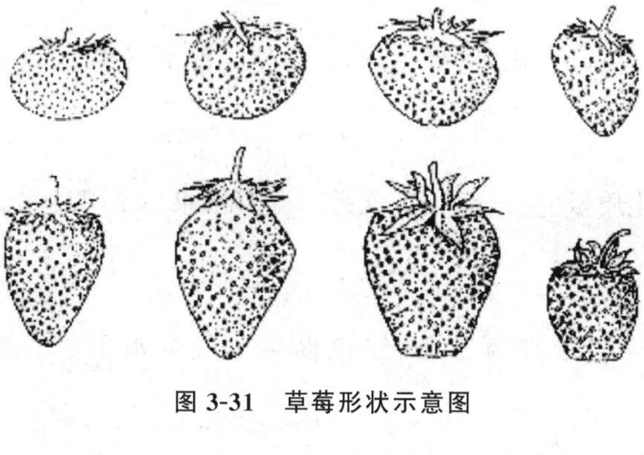

图 3-31　草莓形状示意图

草莓果实成熟时的果面颜色为红色或深红色，果肉为红色、粉红色或橘红色。

开花习性　草莓大多数品种在温度为13～17℃，8～12 h日照下分化花芽。在5～12℃的温度下不论日照长短，皆能分化花芽。当温度在30℃以上，不论日照长短，都不能分化花芽。4℃以下植株休眠，花芽分化停止。不同品种间花芽分化需要的低温和日照长短有差异。

一季草莓于秋季形成花，来春开花，初夏集中结果。二季草莓对花芽分化要求的低温和日照长短感受不敏感，除年前秋季分化花芽，初夏开花结果外，在当年夏季冷凉和较长日照下再次分化花芽，至秋冬二次开花结果。四季草莓花芽分化不受低温短日照约束，四季皆能开花结果。

草莓在日平均温度10℃以上开始开花。开花前花药中的花粉粒初步成熟，已有较低发芽力，开花后2 d发芽力最高，花粉发芽适温25～27℃。开药适温14～21℃，临界最高相对湿度94%。温度过高过低，湿度过大或降雨均不开药，或开药后花粉干枯、破裂，不能授粉。雌蕊受精力从开花当日至花后4 d最高。由昆虫、风和振动力传播花粉。

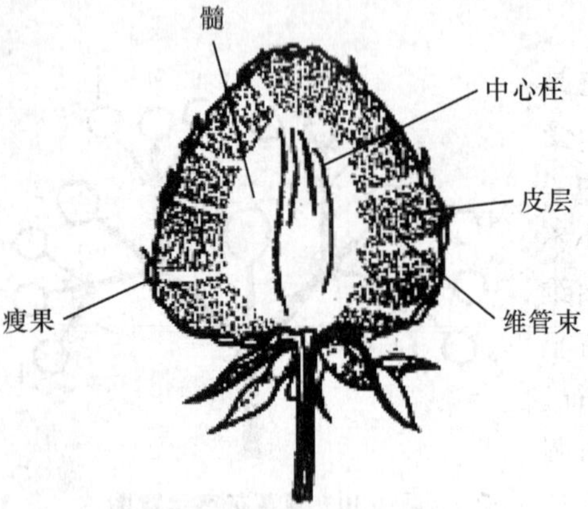

图 3-32　草莓果实的剖面

(3)果实发育　草莓果实(图3-32)发育最适日温18～20℃，夜温12℃。果实成熟适温17～30℃，积温约600℃。从开花到果实成熟约30～50 d，温度低则成熟慢。适温时果柄粗，高温时细。在日照强度欠佳和较低温的环境中，果实所含芳香族化合物、果胶、色素和维生素C均较高。

(4)休眠现象　露地栽培的休眠期一般从10月中旬开始直到翌年1月。生理休眠解除后如温度过低，乃处在强制休眠状态，待春暖日照加长，才能进入正常生长。

草莓解除休眠的有效低温为0～5℃。休眠时间在100 h以下的品种为浅休眠品种，100～400 h为中等休眠品种，400 h以上的品种为深休眠品种。一般低温需求量小的品种适于促成栽培，中间类型或低温需求量多的品种则适于半促成或露地栽培。

工作二　了解草莓安全生产的基本要求

一、果品质量要求

1. 感官质量要求

绿色食品草莓果品感官质量，应符合《绿色食品　温带水果 NY/T 844—2017》有关要求，详见表3-35。

2. 理化质量要求

绿色食品草莓理化质量应符合《绿色食品　温带水果 NY/T 844—2017》中有关草莓理化指标要求。

3. 卫生质量要求

绿色食品草莓卫生质量必须符合《绿色食品　温带水果 NY/T 844—2017》卫生指标要求。

表 3-35 绿色食品草莓感官质量要求

项目	指标
外观品质基本要求	各品种的草莓都必须完整良好，新鲜洁净，无不正常外部水分，带新鲜萼片，无异嗅和异味，精心手采，无机械损伤，无病虫害，发育正常，具有贮藏及市场要求的成熟度
果形及色泽	果实应具有本品种特有的形态特征、颜色特征及光泽，且同一品种、同一等级不同果实之间形状、色泽均匀一致。果形良好，无畸形果
果实着色度	≥70%
果面	果面洁净，无损伤及各种斑迹
果肉	软硬适度，多汁，果肉颜色具有品种的特征颜色
成熟度	达到生理成熟，或完成后熟
碰压伤	无明显碰压伤，无汁液浸出
缺陷果容许度	批次产品中缺陷果不超过4%，其中腐烂果不超过1% 缺陷果百分数(%)以果实个数为单位进行计算 腐烂果在产品提供给消费者前应剔除

二、对环境条件要求

草莓的适应性很强，在全世界分布区域很广，从热带至北极圈附近均可栽培。在我国，草莓的栽培区域也是很广的。南到海南，北至佳木斯，东起山东半岛，西至新疆石河子地区，草莓定植后均生长良好。由于草莓生产见效快，使得投资能够很快收回，加快了资金的周转，大大促进了农村经济的发展。

1. 温度

草莓对温度的适应性较强，喜欢温暖的气候，但不抗高温，虽有一定的耐旱性，详见表3-36。春季当气温达5℃，即开始生长。此时抗寒能力降低，遇到-9℃的低温就会受冻害。草莓根系在10℃生长较快，最适生长温度为18～20℃。秋季温度降到2～8℃，根的生长弱。地上部生长发育最适温度为20～26℃。开花期低于0℃或高于40℃，都会影响授粉受精和种子的发育。花芽分化应在低于17℃条件下进行，当温度降到5℃以下时，花芽分化停止。

表 3-36 草莓在不同生育期的温度要求 ℃

物候期	白天温度	夜间温度
顶花序显蕾前	24～30	12～18
显蕾期	25～28	8～12
开花期	22～25	8～10
果实膨大期	20～25	5～10
果实成熟期	20～25	5～10

2. 光照

草莓是喜光植物，但又比较耐阴，在轻度遮阴情况下，对产量和品质影响不大，故可作果树的间作物。其光饱和点为 20 000～30 000 lx。比其他果菜类低得多，所以草莓适合与粮、菜、果作物套种。

草莓在不同的生长发育阶段对光照的要求不同。在花芽形成期，要求每天 10～12 h 的短日照和较低温度，如果人工给予每天 16 h 的长日照处理，则花芽形成不好，甚至不能开花结果。但花芽分化后给以长日照处理，能促进发育和开花。在开花结果期和旺盛生长期，草莓 1 d 需 12～15 h 的较长日照时间。低温短日照条件也是草莓休眠的外在因素，在这种条件下不能形成匍匐茎。

3. 水分

草莓根系浅，喜湿，叶表面蒸发量大，要求充足的水分。但在不同的生长发育期，对水分的需求量是不一致的。早春开始生长期和开花期，要求保持土壤最大持水量的 70%；果实生长和成熟期需要水分最多，要求在土壤最大持水量的 80%以上。此时缺水，果个变小，品质变差；浆果成熟期，适当控水，保持田间持水量的 70%为宜，促进果实着色，提高品质；采果和匍匐茎大量形成期，需水较多，只有充足的水分供应，才能形成大量的根系发达的匍匐茎苗。花芽分化期适当减少水分，以保持田间持水量 60%～65%为宜，以促进花芽的形成。

4. 土壤

草莓可以在各种土壤上生长。草莓的根系主要分布在 20 cm 以下的表层土壤中。要丰产适宜栽植在疏松、肥沃、通气良好、保肥保水能力强的沙壤土中。如果在黏土地上栽种草莓，就需要采用黏掺沙或增施有机肥，小水勤灌，以使草莓果色好，含糖量高，成熟期提前。在缺硼的沙土中栽培草莓，易出现果实畸形，落花落果严重，浆果髓部会出现褐色斑渍，需通过施硼砂来防治缺硼症。草莓适宜 pH＝5.8～7.0，pH＜4 和 pH＞8 时就会出现生长发育不良。

5. 其他

露地栽植草莓是一种普遍的栽培方式，周期短，管理容易，投资少，成本低，用工少。但草莓具有喜光、喜水、喜肥、怕涝的特点，故园地多选择在地势较高，地面平坦，土质疏松，排灌方便，光照良好，有机质丰富的壤土或沙壤土种植。前茬作物以豆类、瓜类及小麦为宜，应尽量避免与西红柿、茄子、青椒、土豆等茄科作物轮作。7、8 月份栽植前彻底清除杂草，细致整地，施足底肥，提高地力，以满足整个生长周期对养分的要求。

三、建园要求

1. 主要栽培良种要求

草莓可分为食用草莓、观赏草莓和野生草莓资源。有 40 多个种，其中凤梨草莓是主要的栽培种，目前生产上栽培的优良品种都出自该种，或该种与其他杂交种。

目前，世界上已知草莓约有 50 种，主要品种 2 000 多个，并且新优品种不断育成，我国引进和自育的也有几百个，这里介绍近几年我国主栽和有一定栽培面积的新优品种。详见表 3-37。

表 3-37 名优草莓品种一览表

品种	选育单位	栽培方式	一级果平均单果重/g	亩产量/kg	成熟期
达斯莱克特	法国	露地和半促成栽培	30	2 000～3 000	中熟品种
高斯克	加拿大	露地和半促成栽培	24	1 000～1 500	中早熟品种
章姬	日本	设施栽培	35	1 800～2 200	早熟
鬼怒甘	日本	设施栽培	28	3 000	早熟
宝交早生	日本	设施栽培	31	2 000	中早熟品种
丰香	日本	设施栽培	25	2 000～2 500	早熟品种
硕蜜	江苏农业科学院园艺所	露地和设施栽培	15～20	1 360	早中熟
红丰	山东农业科学院果树所	露地和设施栽培	13.4	2 500～3 000	中早熟品种
草莓王子	荷兰培育的高产型	露地和设施栽培	42	2 800～3 500	中熟品种
大将军	美国	设施栽培	58	3 000	早熟品种
美国红丰	美国	露地和设施栽培	60	2 500～4 000	中早熟品种
图得拉	西班牙	适合日光温室促成栽培或露地栽培	30	4 000	早熟品种
明旭	沈阳农业大学	露地和设施栽培	16.4	992.47	早熟品种

北方绿色草莓生产推荐品种：甜查理、佐贺清香、幸香、玫瑰、达斯莱克特等。

想一想

当地草莓还有哪些优良品种？栽培方式是怎样的？

2. 园地选择要求

绿色食品草莓建园环境必须符合 NY/T 391—2013 的规定，草莓生长发育期喜欢凉爽温和的气候条件，一般根系生长需温度 15～18℃，地上部生长温度需 20℃左右，叶片光合作用适温在 20～25℃左右。

产地要选择生态条件良好，远离污染源，大气、土壤和灌溉水经检测符合国家无公害农产品产地环境有关标准，地面平整、阳光充足、排灌方便、土壤疏松肥沃的壤土或沙壤土，土壤 pH 以 5.8～6.5 为宜。草莓具有喜光，耐荫蔽；喜水，怕涝；喜肥和怕旱等特点。栽植草莓应选择地面平整，阳光充足，土壤肥沃，疏松透气，排灌方便的地点。草莓可与其他作物合理间作或轮作。草莓园应选择与草莓无共同病害的前茬地块建园。

3. 草莓栽植要求

草莓北方露地栽培在 8 月上中旬定植，四季品种在 8 月上中旬定植。常采用大垄双行的栽植方式，一般垄台高 30～40 cm，上宽 50～60 cm，下宽 70～80 cm，垄沟宽 20 cm。株距 15～18 cm，小行距 25～35 cm。栽培密度为 8 000 株～10 000 株/亩。

草莓自花授粉能结果，但异花授粉的增产效果明显，因此，除主栽品种外，还应搭配授粉品种。例如，以宝交早生作为主栽品种，授粉品种可搭配春香、明宝和明晶。1 个主栽品种可搭配2～3个授粉品种。主栽品种占的种植面积不少于70%，其余为授粉品种。为了延长供应期，可采用早、中、晚熟品种搭配栽植。大面积栽植时，品种不少于3～4个。主栽品种与授粉品种相距一般不宜超过20～30 m。同一品种应集中配置在园内，以便于管理和采收。

栽植深度是草莓成活的关键。如图3-33，栽植过深，苗心被土埋住，易造成秧苗腐烂；栽植过浅，根茎外露，不易产生新根，引起秧苗干枯死亡。合理的深度应使苗心茎部与地面平齐。栽植前要特别强调整地质量，栽植时做到“深不埋心，浅不露根”。操作时先把土挖开，将根舒展置于穴内，然后填入细土，压实，并轻轻提一下苗，使根系与土紧密结合，栽后立即浇1次定根水。浇水后如果出现露根或淤心的植株以及不符合花序预定伸出方向的植株，均应及时调整或重新栽植。

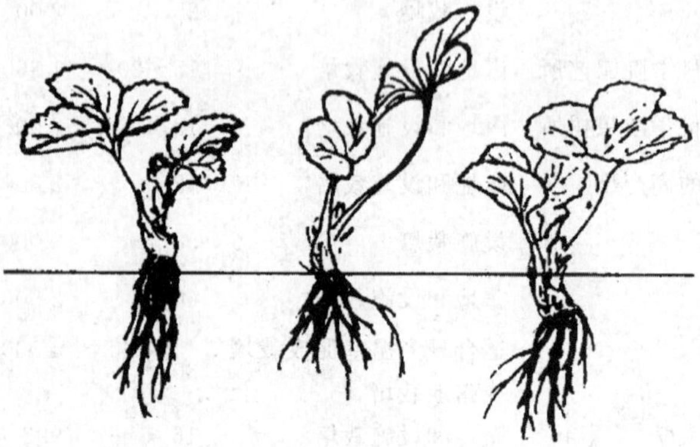

图 3-33　草莓栽植深度

四、生产过程要求

草莓生产过程，要求选用优良品种，推行节水灌溉、农药、肥料使用严格遵守NY/T 393—2020和NY/T 394—2013有关农药、肥料使用准则，开展配方施肥、生物防治、定量挂果、越冬防寒、春季防霜、间苗、摘除匍匐茎、疏花疏果、除老叶与弱芽、果实垫草、培土、生长调节剂的应用、清园更新等先进实用技术，生产生态、安全、优质的草莓产品。

工作三　春季生产管理

一、春季生产任务

春季是草莓结果的关键时期，也是草莓栽种的最后阶段。管理措施的正确与否决定了草莓果实的好坏。叶子的摘除、光线的控制、化肥与有机肥的施加、灌水、病虫害的防治、垫果与采收，做到精心管理，产出优质果实。

二、春季草莓生长发育特点

开春后，气温逐渐回升，草莓也进入了生长发育阶段。草莓从春发到果实成熟只有两个多月的时间，因此及时抓好返青后管理是夺取草莓高产的关键。一般草莓初生根成活1年，治理得好可活2～3年。初生根上散布着很多细根，细根上密生根毛，具有从土壤里接收水分和矿物质营养的功效。一株成熟的草莓植株通常有20～25条初生根，多的可达到100条根。专家提示：从秋季至初冬以及第二年春季，是根系生长的茂盛期。

三、春季生产管理技术

(一)地下管理

1.春季追肥

草莓生长期较短，一生中对钾和氮的吸收特别强。追施钾肥和氮肥比追施磷肥效果好。因此追肥应以氮、钾肥为主，磷肥应作基肥施用。

由于草莓根系较浅，对肥料反应比较敏感，要避免施用碳铵、硫铵等化肥，春季追肥应以尿素、复合肥为主。

(1)追肥方法　主要有环状施肥、沟施、穴施法(图3-34)、全园撒施、灌溉式施肥、叶面喷肥。

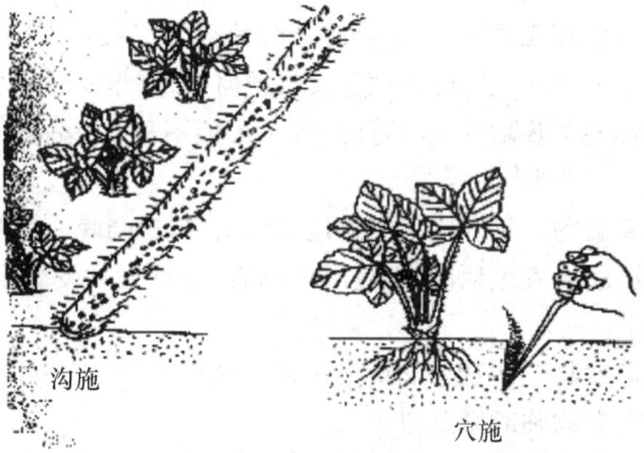

图3-34　草莓施肥方法

(2)追肥时期及追肥量

发棵肥　3月中下旬，为促进植株返青和花序的发育，要结合浇水追施一次发棵肥，一般施入复合肥10～15 kg/亩或尿素7～10 kg/亩。

果实膨大肥　3月底以后，施肥以磷、钾肥为主，兼施适量氮肥，也可施氮、磷、钾复合肥，施8～10 kg/亩，或施磷酸钙、氯化钾、尿素等肥料。还可叶面喷肥，开花前喷施0.3%尿素或0.2%～0.3%磷酸二氢钾2～3次，可提高坐果率，增加果重，有利于提高产量和品质。

2.春季灌水

(1)灌水时期　草莓对水分要求很高，整个生育期间都要求有水分供应，保持土壤湿润。3月中下旬，草莓开始萌芽和展叶，应适量灌水，以免降低地温，影响根系生长。草莓开花期到浆果成熟期缺水，至少需灌水2～3次。4月中旬叶片大量发生，草莓进入开花期，需水较多，4月下旬到5月上旬，是草莓盛花期和果实膨大期。是草莓全年生长过程中需水最多的时期。5月中下旬草莓成熟采收，此期水分过多，又会引起果实变软，不利贮运，还会导致灰霉病发生蔓延，此时要控制浇水。每次灌水量要适当，忌大水漫灌。

(2)灌水方法　垄栽的可直接在垄沟内灌水。果实成熟期可采用隔行灌水，以防止土壤过湿，踩踏后易板结。平畦栽植的按畦漫灌。有条件地区采用滴灌，可节省用水量30%左右，还能避免浆果沾泥土，减少浆果腐烂，并提高商品果率 20%以上。

(二)地上管理

1. 清除防寒覆盖物

当日平均温度稳定在 10℃左右时，开始撤除越冬御寒的覆盖物，到 3 月中下旬全部除去。揭膜时要小心，防止折断花芽，可用竹竿等顺着草莓垄沟，将覆盖物轻轻挑开。如用落膜覆盖防寒的，揭膜前要做好炼苗工作，如温度高时揭开，低时覆盖，并逐渐缩短覆盖时间，经过 5～7 d 的时间，即可全部撤除防寒膜。这样做的目的是防止突然改变环境温度，影响草莓的正常生长发育。揭开覆盖物后，应及时将枯叶、病叶、老叶摘除，改善透光条件，防止病害发生。

2. 防晚霜害

草莓在春天萌芽之后，植株矮小，对晚霜冻敏感，在 1℃时，草莓苗受害较轻，-3℃时，受害会加重。草莓幼叶片较嫩，受轻霜冻后，叶尖、叶缘会变黄。正在生长的花蕾和开放的花朵受到冻害严重时，就不能发育成果实，受害轻时部分雌蕊会变颜色，容易长成畸形果。在早春季节，草莓开花期也是北方寒冷地区晚霜频繁发生的时候，应当及时采取以下几种防范措施。

(1)注意选择抗霜品种　栽培种植草莓时，应尽可能不种早熟品种，优先考虑选用抗霜的新品系及中、晚熟品种。

(2)适当晚撤防寒覆盖物　早春应根据本地实际情况，适当晚一些时间撤除冬季防寒用的覆盖物。尤其在晚霜易发、多发生地区，则应因地制宜，根据气候变化推迟或延长越冬防寒覆盖物和地膜使用期时间。

(3)临时紧急覆盖防寒物　注意天气预报和天气异常变化。在有冷霜和寒流发生时，可用草帘、塑料薄膜或其他覆盖物临时紧急覆盖。

(4)喷灌防霜　在具备喷灌条件的地方，实施喷灌也能防止霜害。

(5)熏烟防霜　在有晚霜发生的时间内，找一些稻草、稻壳、麦秸、麦糠、锯末或枯枝树叶、玉米秸粉碎物草堆为燃料，夜晚点燃，控制在不发明火只冒烟为宜，使烟雾弥漫，覆盖草莓种植或生长区域。一般可以设置 4～6 个/亩燃烟点，可提高地温 2～3℃，能有效预防霜冻灾害的发生。

3. 剪除老叶、早中耕

剪除老叶　草莓开始生长后，要及时将干枯老叶和病叶剪除，以改善植株间的通风透光性能，降低田间温度。剪下的残叶要清出田外，并集中堆沤造肥，以减少病源，防止病菌感染蔓延。

开春后及时中耕　及时中耕除草，能促进草莓生长发育。中耕要浅，以免伤根，防止土块压没苗心。中耕同时清理疏通排水沟以防渍害。还必须剪除干枯老叶和病叶，改善植株的通风透光条件。清除的残叶要集中堆沤或烧毁，以防止病菌感染蔓延。

4. 疏花疏蕾增品质

草莓花序上先开的花结果好，果实大、成熟早；草莓新茎上抽生花序后，一般每个花序有 10～30 朵花，花蕾过多，养分供应不足，生长衰弱，小果和畸形果会增加。因此，现蕾后，要疏去瘦小的花蕾，盛花期再进行一次疏花，使营养集中供应大花，增加坐果率和单果重。疏蕾疏花，每株保留花序 2～3 个，每个花序留果 3～5 个为宜。

5.垫果与采收

开花后2～3周，随果实增大，果穗下垂，应及时用麦秸顺行垫在果穗下面，防止果实与地面接触污染或烂果。垫果有利于提高果实商品价值，对防止灰霉病有一定效果。要用瓜果壮蒂灵使输导管变粗，加大养分输送量，提高果实膨大活力，自我调节营养匹配，保花、保果、壮果、增色。一般当果实表面着色达70%以上时开始采收，最好在早晨露水干后上午11:00以前或傍晚天气转凉时进行，这时采收草莓利于存放。采摘时手不要接触果肉，轻轻捏住果柄，带一部分果柄摘下放入清洁容器中，进行分级，立即出售或加工。

6.春季病虫害防治

草莓植株矮小，匍匐地面生长，而且开花结果时间长，果实易接触地面，易受病虫侵害，生产上要加强预测预报，及时防治。病虫害主要有：病毒病、白粉病、灰霉病、褐斑病以及蚜虫地下害虫等。

开春后，随着气温的升高，病菌开始蔓延，虫卵孵化出土，此时正是防治病虫害的最佳时期。若发现地老虎、蝼蛄、蛴螬、金针虫等危害草莓的根、茎时，可采取对策：①早春进行浅锄，有效地消灭杂草和土壤的虫卵、幼虫；②每亩用90%晶体敌百虫200 g或50%辛硫磷乳剂200～300 g，兑水500～700倍，然后浇灌根部；红蜘蛛可用克螨宝和克螨特3 000倍喷杀。红蜘蛛可用三氯杀螨醇或克螨特。

对叶斑病、灰霉病、芽枯病、黄萎病、白粉病等多种真菌性病害，于早春及时预防，可用50%多菌灵或70%甲基托布津500～800倍液喷雾，每隔5～7 d喷一次，连用2～3次。病毒病主要是由蚜虫带毒传染，可用10%吡虫啉1 000倍液喷杀蚜虫防治。注意在采收前10 d左右禁止施用农药。

工作四　夏季生产管理

一、夏季工作任务

草莓的越夏管理任务包括移栽繁殖、灌水、压蔓、培土、除草、夏季病虫害防治等，只有做好这些基础工作，才能够确保草莓安全越夏。草莓不耐高温干旱，若夏季管理不善，就会出现植株严重生理失调，甚至造成大量死亡。

二、夏季树体生长发育特点

草莓性喜凉爽，不耐高温干旱，生长发育的适宜温度为17～26℃，30℃以上生长受阻。如遇35℃以上的高温干旱天气，植株便会出现严重生理失调，甚至造成植株大量死亡。因此，无论是多年一栽制的草莓园，还是一年一栽制的育苗圃，都必须采取措施，防止高温干旱，确保安全越夏。

三、夏季生产管理技术

(一)地下管理

1.开沟施肥

草莓采收后即进入第二次营养生长高峰。此期追肥，有利于植株营养生长，恢复生长势，增加后期的光合积累。在畦间开小沟，每亩施尿素10～15 kg，过磷酸钙15～20 kg，氯化钾

7.5～10 kg。对苗数不足苗地，可用2%人粪尿或0.3%复合肥进行浇施，7～10 d一次，可连续使用，施肥时间应掌握在傍晚为好，以防肥害。

2.灌水保湿

草莓根系较浅，抗旱能力弱，且叶面积较大，蒸发较旺盛，若不勤浇水保持土壤湿润，很易引起茎叶枯萎死亡。因此当地面露白龟裂时，应在夜间沟灌，无条件灌溉的地块，应每天早晚泼水，保持田间最大持水量的60%～80%为宜。保持土壤湿润，降低地表温度，灌水要求水灌至畦沟的2/3，不能淹没畦面，苗地全部湿润后及时排水，不能长时间把苗地泡在水中。浇(灌)水时间以傍晚为宜。在连续天晴的情况下，视地块的实际情况，一般要求3～5 d浇灌一次。

(二)地上管理

1.中耕培土

草莓新根部位具有逐年上移的生长特点，因此，新株经1年生长后应注意基部培土，主要在采果后至新根大量发生前及时进行。培土厚度以露出苗心为宜，中耕可结合追肥、培土进行。

2.清除杂草

杂草容易与草莓争肥争水，影响草莓健壮生长，降低草莓抗旱能力，必须经常拔除。拔草时注意不要松动草莓根系，以免造成种苗死亡。在拔草的同时，可摘除草莓黄叶、枯叶，以减少养分和水分消耗，并利于通风透光。

3.定向压蔓

采果后的夏秋生长期间，匍匐茎会产生3～5次子苗，如不繁殖新苗应及时除掉，以免消耗母株营养，降低次年的草莓产量，用于繁殖种苗的草莓苗圃，为使每次子苗均能长成壮苗，在发苗期间要及时将匍匐茎定向理顺，用泥土稍压，促生新根。

4.适时移栽繁殖

6月上旬果实采收结束后，趁早在原种植园内隔行隔株带土起苗，移栽到新辟的园地。高垄双行密植的，可将两垄合并成一平畦。也可移出3/4的种苗，留下的草莓每株给予0.6～1 m^2 的空隙地。留下的植株管理得好，每株可繁殖新苗100株以上。新苗移栽时，如已经扎根，应将其与母株切断，尚未扎根的可“祖孙三代”同时带出。

5.遮阳降温

为避免阳光直射造成高温灼伤子苗和匍匐茎，引发叶斑病、炭疽病等病害，尤其是“红颊”品种，必须要求搭遮阴棚保护。最好在畦面上搭1 m高左右的荫棚，顶上盖些草，也可在畦边种些高秆作物，如玉米等，但不能过密，以免通风不良光照不足，影响草莓正常生长。

6.加强病虫害防治

目前草莓苗地主要病虫害有斜纹夜蛾、蓟马、地下害虫、蛴螬、炭疽病、叶斑病、黄萎病等。

斜纹夜蛾　经常检查草莓苗地，发现有为害时及时进行防治，防治药剂有40%毒死蜱乳油1 000倍液或5.7%百树得乳油1 000倍液进行防治。

地下害虫　发现有地下害虫为害时及时用40%毒死蜱乳油800倍液，或50%辛硫磷乳油800倍液进行喷施(应对苗和畦面全面喷施，喷药时间在下午5:00以后)。

蓟马　可用10%吡虫啉2 000倍液，或10%蚜虱净2 000倍液进行防治。

蛴螬　夏秋期间，对草莓威胁最大的害虫是蛴螬，常咬坏植株，造成全株枯死。可用800

倍敌百虫或 1 000 倍敌敌畏液浇灌苗蔸，也可人工捕捉。蛴螬的成虫金龟子常在未腐熟的肥堆上产卵，使用充分腐熟的有机肥则可减轻危害。

炭疽病 继续清理除去发病的匍匐茎、叶片，并集中处理，然后进行药剂防治。基本原则是每次雷阵雨和植株清理后都必须及时喷药防治，可选用 60％百泰水分散粒剂 1 000 倍液，或 25％使百克乳油 1 000 倍液，或 25％咪鲜胺 1 000 倍，或 70％百菌诺可湿性粉剂 700 倍液，或 80％大生 M-45 可湿性粉剂 800 倍液喷雾，喷雾时必须仔细周到。红颊、章姬等品种若子苗密度过大(亩发苗 3 万株以上)可拔除育苗母株，并于 7 月底移出部分子苗假植，使亩留苗数在 3 万株以内。

叶斑病 叶斑病(包括多种危害叶片的病害)药剂可选用 60％百泰水分散粒剂 1 000 倍液，或 50％多菌灵可湿性粉性 700 倍液，或 70％托布津可湿性粉性 1 000 倍液，70％百菌诺可湿性粉性粉剂 700 倍液，或 80％大生 M-45 可湿性粉剂 800 倍液喷雾。

工作五 秋季生产管理

一、秋季工作任务

秋季是草莓栽植季节，主要任务有选用壮苗、整地施肥、适时栽植、栽后管理、防病治虫等方面。

二、秋季草莓生长发育特点

草莓生长到深秋，便逐渐进入休眠期。草莓根系浅，耐－8℃的低温和短时间－10℃的气温，温度再下降就会发生冻害，严重时植株死亡，造成经济效益下降。北方栽培草莓越冬防寒措施主要是进行覆盖。越冬覆盖防寒又保墒，利于草莓的生长。不认真进行覆盖防寒的草莓，表现出萌芽晚，生长衰弱，产量明显降低。

三、秋季生产管理技术

(一)地下管理

1. 选栽良种

草莓自花结实力强，但搭配 1～2 个其他授粉品种，可显著提高产量。要选用优良品种的生长健壮、须根多的无病幼苗。选苗时尽量用母本圃而不用生产圃苗，以离母株近、叶片多、根系好、生产旺的 1～3 株苗最好。要选用宝交早生、因都卡、戈雷拉和索菲亚等优良品种的生长健壮、须根多的无病幼苗。一般幼苗至少要有 4 片叶，茎粗 1 cm 左右。如果从较远的外地购进幼苗，在栽培管理时应把植株外围的大叶剪掉，只留中间 2～3 片小叶，这样可减少叶片水分的蒸发，以提高其成活率。

2. 整地施肥

草莓根系较浅，要选择在土坡疏松、含有机质较多、地势平坦、灌排水方便、pH 在 5.5～6.5 左右的沙坡土上栽培。因草莓有耐阳性的特点，又可与高秆作物或幼龄果树进行间作或套种，适于在庭院栽培。在草莓栽植前 15 d 左右，要进行整地，先喷洒氟乐灵除草剂，用量 200 g/亩即可。接着进行深翻整地，深翻 30～40 cm，结合翻地每亩施优质农肥 4 000 kg，磷酸二铵 15 kg，硫酸钾 10 kg。最后要把土壤耙细、耙平，为做畦或打垅打下基础。

3.适宜栽植

北方一般在立秋前后栽植草莓较多,期间气温适宜,雨量充沛。成活后秧苗有足够的生长天数,使秧苗生长健壮,形成饱满的花芽。秋季栽植在8月中下旬进行,因为温湿度比较适宜,草莓栽后能很快地发苗和进入正常的生长生育。在平畦上栽培管理时,每畦栽2行,行距20 cm,苗栽1 000株/亩。两畦之间留30 cm的过道。垄栽时,每垄栽2行,行距20 cm,株距15 cm,苗栽9 000株/亩。栽植时应注意的问题是最好选择阴雨天或晴天傍晚栽苗,要做到"深栽不埋心,浅土不露根",幼苗的根颈恰与地面平齐为宜。

4.全叶定植

有资料介绍,定植草莓苗时要掰掉老叶,把大的叶片全掐掉,只保留叶柄和2～3片心叶,可减少水分蒸发,有利于成活。经实践证明,栽苗时逐株掰掉老叶非常麻烦,而且老叶掰掉或掐掉后伤痕较多,幼苗更容易失水。通过试验示范,不掰掉老叶(除干枯的黄叶),带全叶定植,好处有三。一是草莓苗无伤痕,可减少水分大量蒸发;二是定植后叶片有遮阴作用,可降低土温,减少土壤特别是根部土壤水分大量蒸发;三是秧苗叶片多,可加强光合作用,促生新根和新叶生长,缓苗快,成活率高。缓苗后再打掉老叶,留4～5片叶为宜。定植后要及时灌透"定根水",灌后要及时检查,对露根或埋心苗要及时进行调整。

(二)地上管理

1.栽后细管

选择阴雨天或晴天傍晚栽植,栽后2～3 d内每天早晚浇小水1～2次,以后改为2～3 d浇一次水。晴天移栽的要人工遮阴,栽后4～5 d晾苗,7～8 d后撤棚,缓苗后及时浇水,每施尿素7.5 kg/亩,促幼苗正常生长。入冬前应浇一次透水。当气温降至－5～－4℃时,及时用秸秆覆盖,厚度为10～20 cm。

2.秋季病虫害防治

草莓常发生的病虫害主要有灰霉病、白粉病、芽枯病、病毒病及蚜虫和红蜘蛛等。

防治方法　灰霉病可用50%速克灵800倍液喷雾防治;白粉病可用70%甲基托布津800倍液喷施防治;病毒病可选用脱毒苗,对连作的土壤消毒,防治蚜虫进行预防。红蜘蛛多以植株下部老叶栖息密度大,故随时摘除病叶和枯黄叶可有效地减少虫源传播;可选用低残毒的1.8%阿维菌素乳油2 000～4 000倍液,喷2次,每次间隔5～8 d。

工作六　冬季生产管理

一、冬季工作任务

草莓是多年生草本植物,其丰产管理的关键时期在冬季。若管理得法,3月下旬便可开花,初夏水果淡季即可上市。而冬季工作任务的关键在抓好"三防",即防寒、防旱和防早花。

二、冬季树体生长发育特点

9月下旬以后,在较低温度下开始花芽分化;秋末冬初气温下降至5℃以下时,植株进入休眠越冬期。翌年2月下旬前后,当日平均气温达2～5℃时,根系开始活动。

三、冬季生产管理技术

(一)地下管理

灌越冬水　10 月下旬后，草莓虽因气温降低而停止生长，但根系和叶片仍需要水分；同时，为防止冬季因土壤干旱而断根死苗，冬季干旱时必须及时灌水，灌水次数应根据土壤水分和天气情况而定。一般从当年 11 月底至来年 2 月，灌水 2～3 次。灌第一次水前追施三元素复合肥 40 kg/亩，每次灌水要达到土壤湿润为止，以确保草莓休眠状态下生命活动的需要。稍风干后，进行中耕，可达到保墒和提高地温的目的。

(二)地上管理

(1)防寒　草莓具有较强的耐寒力，但在气温较低的地区要稍加稻草覆盖。覆盖稻草不仅可以防寒，还能保持土壤湿润，草莓挂果后又能防止泥土污染果实，减轻果实病害。地膜覆盖栽培可以显著提高产量、果实品质和商品价值。具体做法是在 2 月下旬，将地膜先覆盖于苗上，厢两侧用锄将地膜嵌入厢底内固定，使地膜圆滑平整。然后对准苗子，用手指触破地膜，将草莓苗从破口处掏出。要防止植物或叶片遗留在膜下，并随即用碎土压住根际薄膜，以防冷空气吹进地膜，使之失去保温效果。在气温较低的地区，盖膜时间也可提早到 1 月份。开始密闭一段时间，以提高地温，促进草莓生长，2 月下旬在地膜上破口掏出植株。

(2)防旱　草莓属浅根系植物，抗旱力弱，冬季往往会出现叶片转红，只有心叶保持绿色的现象，遇上冬季干旱时，这种现象更为严重。因此，冬季干旱时必须及时灌水，灌水次数应根据土壤水分和天气情况而定。一般从头年 11 月底至来年 2 月，至少需灌 2～3 次。每次灌水要达到土壤湿润为止，以确保草莓休眠状态下生命活动的需要。

(3)防早蕾早花　草莓在年前容易发生植株现蕾、早开花现象，这种现象会严重影响草莓的产量和品质。

早花一般是由花芽分化时氮素营养不良和初冬气温偏高引起的，现蕾开花后的草莓耐寒力大大降低。培育壮苗、适时移栽、冬前适当提高氮素营养水平，是防止早花的主要措施。大棚生产的草莓，在育苗至花芽分化前，如氮素吸收较少，草莓花芽分化往往提早发生。如果假植时间过晚、假植苗过小或形成老化苗、假植床土壤过干过湿、肥料不足，均可使草莓花芽分化提早。大棚扣棚过早、温度回升过快、放风不及时等，会造成草莓早蕾早花。扣棚后应注意控制温度，棚内温度白天控制在 25℃以下，夜晚控制在 0℃以上，保证草莓正常发育。对已经发生早花早蕾的植株，要及时摘除花蕾，加强肥水管理，促进腋芽开花结果，尽量减少损失。

想一想

草莓和其他果树追肥有何异同？

工作七　制定草莓周年管理历

草莓周年管理历是草莓周年生产操作技术规程，全国各地可根据当地具体情况参照无公害草莓生产技术规程或 NY/T 844—2017 绿色食品草莓生产技术规程执行，重点抓好农药、化肥污染控制，实现草莓生产过程质量控制，生产高质量的优质草莓产品。

生产案例

河北省草莓周年管理历

3—4 月管理

(1)撤除防寒物　在冬季为抵御严冬给草莓覆盖的防寒物应在开春土壤解冻后撤除，并应分两次进行。第一次在 3 月下旬土地解冻后，第二次在 4 月 10 日前后。撤除防寒物时，要用花铲或窄锄轻轻地铲，露出草莓苗即可，要防止碰伤苗子。草莓萌芽后破膜提苗，在膜上对准植株撕一小口，把苗拉出膜外，露出苗心，以防止枝叶感病。

(2)早春防冻　为了防止早春霜冻，要及时去除冬季的防寒覆盖物，使植株早受到锻炼，增加抗寒能力。也可选择晚开花的品种，以减少受害程度。

(3)施花前肥　由于早春生长迅速，所以在萌芽后要及时补充肥料。根据情况亩施尿素 15 kg，磷酸二铵 20 kg，施肥一般采用开沟条施或穴施，施肥后及时浇水和中耕，提高地温，促进肥料的吸收。

(4)春季病虫害防治　春季是草莓立枯病多发季节，应采取以下方法防治：①避免在发病地块育苗和栽植。否则要进行土壤消毒。②及时拔除病株。栽植不能过密，灌水不能过多，要防止湿度过大。③药剂防治。可在现蕾期开始进行，喷 10% 多抗生素 1 000 倍液。陆地栽培的连喷 2～3 次，间隔时间为一周。也可用敌菌丹 800 倍连喷 5 次。

(5)种苗繁育　选择没有种植过草莓或经过土壤消毒的地块，作为草莓繁育的专业苗圃，在 4 月上旬当日平均气温在 12℃ 时可以定值。选择母株最好用脱毒的组培苗。一般每亩苗圃用苗 2 000 株。可繁育出 4 万～5 万株优质种苗。种苗的好坏直接影响到草莓的产量和品种。

5—6 月管理

(1)追肥浇水　在幼果期应适时追肥。一般每亩施尿素和磷酸二铵各 10 kg。施后应浇水，栽苗定植阶段采用沟灌较好，果期草莓需要补水和补肥，以滴灌为宜，切不可大水漫灌。

(2)压蔓　在栽植后的第二年 5 月上旬就能产生匍匐茎，要在缺苗断垄的空闲地上进行压蔓，促使其生根，以增加有苗株数。

(3)草莓采收　从草莓的浆果开始着色成熟到采收结束的 20～25 d 之内，应在畦内地面上覆盖干草，以防果实接触地面，保持果面清洁，一般供鲜食用的鲜果，果面 70% 着色，大约有八成熟时即可采收。

(4)苗圃地的肥水管理　栽后要及时松土浇水，浅锄中耕，在匍匐茎发生期，补施生物有机复合肥追肥 2～3 次，每亩每次不超过 20 kg，或结合松土用酵素菌发酵的腐熟粪水稀释后轻浇。

①摘除花茎　春季栽植的母株，应注意及时疏除母株上出现的花蕾，减少营养消耗，促发匍匐茎和形成健壮子株。

②整理茎蔓　草莓植株生长较旺，应经常整理和固定匍匐茎，使子株间距保持 10～15 cm，均匀分布。保证每一子株有足够的营养面积。

③喷施赤霉素 0.5 g 赤霉素原粉(1 g 一小袋分两份)，用少许酒精溶解，根据品种及苗情加 10～15 kg 水，每株稀释液 5～10 mL。叶面喷施。

7—8 月管理

(1)匍匐茎的处理　采收果实之后,为了提高母株产量,应及时将匍匐茎摘除,减少母株养分消耗。如果既要保持母株的产量,又要繁殖秧苗,那在采收草莓之后就要立即加强肥、水管理,促使它多生匍匐茎,并及时压蔓,以便新生的秧苗扎根和茁壮生长,同时也能减少母株的养分消耗。

(2)秧苗繁育　秧苗繁育一般应该建立草莓繁殖母本园圃。对于已经种过的土地要进行土壤消毒,常用药剂有:溴甲烷/氯化苦。一般每亩施肥 4 000 kg 腐熟有机肥,40 kg 过磷酸钙,50 kg 氮磷钾复合肥。对圃中的草莓母株,加强肥、水管理,加大株行距(行距以 40 cm 左右,株距 20 cm 左右为宜),生产壮苗,以利早果、丰产。

(3)秧苗栽种　栽种秧苗的时间一般应在 7 月下旬到 8 月上旬。草莓大面积生产多采用畦栽,畦宽 2 m,长 6 m,株距 20 cm,行距 40 cm。栽种好后要及时浇水,并使土壤保持湿润,以提高秧苗的成活率。

(4)秧苗假植　从北方引进到南方栽培的草莓品种,在定植前最好先进行假植,提高栽植成活率。

①假植时期　假植时期一般在 7 月中下旬,假植育苗期在 50 d 左右。

②假植方法　假植前 1～2 d,育苗田浇足水。假植一般选取初生根多,具有 3～4 枚展开叶的健康子苗。将子苗自母株上分离时,通常于母株一侧留 2 cm 左右的匍匐茎残桩,以便于今后生产栽培时定向种植。挖苗时要尽量少伤根系,带土坨排列整齐,土坨缝隙之间用土压实。

③假植后的管理　水肥管理移栽后立即灌水,并在 3～4 d 内每天都要浇一次或喷一次水,以保持土壤湿度。一般假植后不宜大量追施肥料,8 月上旬叶色偏黄可追一次肥,用 KH_2PO_4 0.1%～0.3%叶面喷施。8 月下旬起应控制氮肥的施用和水分,以利于花芽分化。

植株管理　假植苗存活后,要及时摘除老叶、黄叶和病叶。摘叶有利于促进根系的发育和根茎的增粗。待正常生长后,经常保持植株 4～5 枚展开叶。假植期间出现的腋芽及抽生的匍匐茎要全部摘除,以保持主芽的强壮。假植最好在阴雨天进行。

9—10 月管理

(1)连续栽植　草莓施肥在草莓采果和繁殖秧苗结束后,在土壤结冻,草莓根系还在活动吸收储存越冬营养前,应尽早为草莓(尤其是秧苗)追施一次越冬人畜粪尿、磷肥或其他含磷钾量较高的有机肥等,但切忌施用含氮量较高的化肥等,以利于草莓能够吸收充足的营养,健壮的越冬,同时也避免草莓吸收过剩的氮肥等促长而不能安全的越冬。

(2)定值　到 8 月下旬至 9 月 20 日定向定植:草莓栽植要求每株的花序伸出方向在同一侧。栽植深度:应"深不埋心,浅不露根"。栽植密度:栽植密度应根据栽培制度、栽植方法、品种特点、种苗质量、土壤肥力因地制宜。一般每亩栽植 9 000～11 000 株。栽苗后应及时浇水,一周内浇水 2～3 次,浇水后,检查田间,把被泥土淤住的苗心清理出来,地面露根的及时重新栽植或培土。

(3)中耕除草　草莓中耕一般为浅中耕。深度在 5 cm 左右,小苗和弱苗宜浅中耕,大苗和旺长苗要深中耕,促弱抑强,使植株生长一致。

(4)及时摘除匍匐茎　匍匐茎的发生大量消耗营养,影响秋季花芽形成和发育,及第二年春季结果。

11 月至翌年 2 月管理

此期正值露地草莓越冬防寒期。防寒一般从初冬开始，当气温降到 0℃左右时，先浇封冻水。浇水后晾地 2～3 d，待地表稍干后，在苗上覆盖一层白色地膜。地膜四周用土压实，并覆盖农作物秸秆、树叶、草炭土或风化土。厚度应 5 cm 以上，然后其上再覆一层地膜后四周压实，防止大风吹掉覆盖物，降低防寒效果。垄沟上栽苗，其上面覆盖秸秆和地膜，防寒效果良好。小面积草莓田可在地块建立防风屏障，屏障一般高 2 m 左右。

【课业】

1. 调查了解目前我国北方草莓栽培品系，有哪些新品种？特征特性如何？
2. 比较草莓与葡萄生长结果习性的异同点。
3. 简述草莓冬季和春季施肥要点。
4. 通过上网学习，了解草莓绿色食品、有机食品和无公害食品生产生产技术规程，思考三个层次技术规程有何异同点？

单元四

果树设施生产

项目一　果树设施生产基础

项目二　设施果树标准化生产技术

项目一

果树设施生产基础

任　务　果树设施生产模式及原理

【任务描述】

本项目主要任务是学习不同设施类型果树生产的建园技术、品种选择技术、环境调控技术、设施内果树的管理技术。能进行草莓、葡萄、桃、李、杏、樱桃等果树的设施生产。

【任务分析】

要完成本项目学习任务，必须具备以下条件：

教学环境　多媒体教室、设施桃、李、杏、葡萄、草莓、人樱桃生产实训基地。

教学工具　修剪工具、植保机具、常见肥料与病虫标本。

师资要求　企业师傅、生产人员、专职教师。

一、设施果树生产模式

果树设施生产是指利用温室、塑料大棚或其他设施，通过创造和调控适宜果树生长发育的环境因子，采用特殊的栽培技术手段，达到在果树非适宜生产地区和季节实现特定生产目标的一种生产形式。根据设施生产目的可分为促成栽培、半促成栽培、延迟栽培等不同形式。

(1)促成栽培　在果树未进入休眠或未结束自然休眠的情况下，人为控制进入休眠或打破自然休眠，使果树提早进入或开始下一个生长发育期，实现果实提早成熟上市。这种生产方式在草莓上应用较多，在葡萄、甜樱桃上也有较成功的应用。

(2)半促成栽培　在自然或人为创造低温条件下，满足果树自然休眠对低温量的要求。自然休眠结束后，提供适宜的生长条件，使果树提早生长发育，实现果实提早成熟上市。目前，落叶果树的设施生产以这种方式居多。

(3)延迟栽培　通过选用晚熟品种和抑制果树生长的手段，使果树延迟生长和果实成熟，实现果实在晚秋或初冬上市。延迟生产在葡萄、桃上有应用，但生产量较小。

(4)促成兼延迟　在日光温室内，利用葡萄具有一年多次结果习性，实现既促成又延迟、一年两熟的栽培形式。

(5)抑制栽培　利用果树在生育停止期较强的耐低温能力，把具有一定花芽数量的果树植株在结束休眠开始生长以前，从育苗圃中取出，放入低温冷库中进行冷藏强迫休眠，抑制植株生长，当需要栽植时，将果苗从冷库取出，再种植到田间使其开花结果，以达到人为调节果品采收期的栽培方式。

二、果树休眠调控技术

(1)果树的需冷量　落叶果树一般需要在一定的低温条件下经过一段时间才能通过自然休眠。生产上通常将某果树打破休眠需要经历的0～7.2℃低温累积时数，称为该果树的需冷量。但在果树的自然休眠过程中，不同果树的自然休眠需冷量差别很大，从30～50 h至2 000 h以上不等。一般葡萄、甜樱桃的低温需求量较高，草莓、桃较低，李、杏居中。若休眠期需冷量不足，加温后将导致果树发芽延迟，开花不整齐，甚至出现枯死现象。另外，目前也有不用低温打破休眠而开花结果的，如设施草莓、葡萄促成栽培属于无休眠栽培，这种无休眠的促成栽培在设施生产也经常采用。

(2)人工促进休眠技术　通常采用“人工低温暗光促眠”方法，即在外界稳定出现低于7.2℃温度时(辽宁南部在10月下旬至11月上旬)扣棚，同时覆盖保温材料。使棚室内白天不见光，降低棚内温度，并于夜间打开通风口和前底脚覆盖，尽可能创造0～7.2℃的低温环境。这种方法简单有效，成本低，生产上应用广泛。

有条件时，可在设施内采用人工制冷的方法，强制降低温室内的温度，促使果树极早通过自然休眠。目前在甜樱桃促成栽培上，采用人工制冷促进休眠已有成功的案例。采用容器栽培的果树均可以将果树置于冷库中处理，满足果树需冷量后再移回设施内栽培，进行促成栽培。或人为延长休眠期，进行延迟栽培。采用低温处理促进草莓通过自然休眠已广泛应用，即在草莓苗花芽分化后将秧苗挖出，捆后放入0～3℃的冷库中，保持80%的湿度，处理20～30 d，即可打破休眠。

(3)人工打破休眠技术　在果树自然休眠未结束前，欲使其提前萌芽开花需采用人工打破自然休眠技术。目前生产上比较成功的有用石灰氮打破葡萄休眠和赤霉素打破草莓休眠。葡萄经石灰氮处理后，可比未处理的提前15～20 d发芽。方法是用5倍石灰氮澄清液涂抹休眠芽，即在1 kg石灰氮中加5 kg水，多次搅拌，勿使其凝结，沉淀2～3 h后，用纱布过滤出上清液，加展着剂或豆浆后涂抹休眠芽。通常在自然休眠结束前15～20 d使用，涂抹后即可升温催芽。一年一栽制和一年一更新的结果母枝，距地面30 cm以内的芽和顶端最上部的两个芽不能涂抹，其间的芽也要隔一个涂抹一个。以免造成过多的芽萌发消耗营养和顶部两芽萌发后生长过旺。

草莓上应用赤霉素处理具有打破休眠、提早现蕾开花、促进叶柄伸长的效果。使用方法是用10 mg/L赤霉素喷雾，尽量喷在苗心上，每株5 mL左右，处理适宜湿度为25～30℃，低于20℃效果不明显，高于30℃易造成植株徒长，所以宜在阴天或傍晚时进行。一般在保温开始3～4 d处理，如配合人工补光处理，喷1次即可。对没有补光处理或休眠深的品种可在10 d后再处理1次。人工补光创造长日照条件，有促进草莓打破休眠效果，具体方法是安装100 W白炽灯，每亩安装40～50个，安装高度为1.5 m。每天补光5 h左右，将每天光照时间保持在13 h以上。

三、设施果树生长发育特点

(1)生育期延长 在设施栽培条件下,果树的开花期和果实发育期通常延长。据观察日光温室内凯特杏的花期为 11 d,而露地杏的花期通常在 5～7 d,延长了 4～6 d。另据观察,红荷包、二花曹、车头杏大棚栽培和露地栽培,其成熟期差 7～10 d。设施栽培油桃果实生育期通常延长了 10～15 d 果实各生育阶段的日数与夜间温度呈显著相关。

(2)营养生长 加强设施栽培加剧了生长与结果间的矛盾,新梢生长变旺,节间加长。枝条的萌芽率和成枝率均有提高,果树叶片变大、变薄,叶绿素含量降低。

(3)果实品质变化 设施栽培果树果实普遍增大,主要原因是果实生长期设施内夜温较低,促进了果肉细胞分裂。而果实可溶性固形物、可溶性糖、维生素 C 含量略低于露地,风味变淡,品质下降。

温室栽培油桃裂果多发生在采收前 20 d 以内,采收前 6～8 d 是裂果发生的主要时期。树冠外围果、大型果裂果较重,而内膛果、小型果裂果较轻。

四、树种和品种的选择

设施栽培果树主要以贮藏期短,不能周年供应的时令水果桃、李、杏、草莓、葡萄等为主,在选择树种和品种上应根据设施类型及保温特点综合考虑:

(1)树种选择 主要选择果实色泽艳丽、鲜食品质好、果实不耐长期贮运的树种和品种,满足淡季消费者的需求。

(2)栽培性状选择 植株比较矮小或适宜矮化栽培的树种和品种;早果性、丰产性好的品种;适应性、抗病性强的品种。尽可能选择自花结实率高的品种及耐低温、耐弱光的品种。

(3)栽培类型 促成和半促成栽培宜选择早熟品种。选择自然休眠期短、需冷量低的品种。延迟栽培则以晚熟品种为宜,果实生育期越长越好。

(4)设施类型 日光温室主要栽培越冬型时令水果栽培,提早、延后上市 60 d 以上,大棚主要栽培春提早,秋延后设施果树栽培,可提早或延后设施水果上市 25～30 d。

五、育苗和栽植技术

(一)预备

苗培育 在进入设施栽培前,在苗圃培育品种优良,具备一定花量,树形结构分明的大苗。使果树苗木在苗圃完成促花管理,实现当年栽植,当年丰产。预备苗培育技术不仅适合于桃、葡萄等结果早的果树,更适合于樱桃、杏、李等结果较晚的树种,直接在设施内定植大苗,可以尽早获得产量,降低设施管理成本。

(1)培育和利用大苗的方式 一是利用露地栽培结果树,就地建设保护设施,实现设施栽培;二是做好设施建设园地规划后,先栽树,待果树结果后再建设施;三是移植结果树,将 4～5 年生大树移栽到温室内,方法简便、快捷。

(2)培育大苗的方法 选择土层较深厚、背风向阳、距离栽培温室较近的地块做苗圃地。按 1 m×1.5 m 株行距挖 40 cm×50 cm 的栽植坑。将编织袋放入坑内,用园田土与适量腐熟的有机肥混合后装入袋内,装至 1/2 高,然后放入苗木,覆土至根颈处,浇水沉实。北方地区春季比较干旱,苗木定植高度可与地面平。在华北地区或是在低洼地,可采用高畦栽植,畦高

20～30 cm，以避免雨季发生内涝。如果采用高畦栽植，则一定要覆盖地膜。如果定植苗在苗圃内未进行圃地整形，覆膜后要及时定干。定干高度为 35～45 cm，剪口下至少要有 3～5 个饱满芽，然后用塑料袋将苗干套上，以防抽条和发生虫害。

苗木成活后要及时将塑料袋去掉，然后加强田间管理，按照选择的树形进行整形修剪，培养适合设施栽培的树形。通常设施栽培树的干比较低，特别是温室前两排树，干高 30 cm 左右既可，后几排适当提高树干。树高则应根据设施的高度确定，以树体顶部距棚膜 50 cm 以内为宜。树形以温室前两排采用开心形，后几排采用纺锤形或圆柱形为宜。

在甜樱桃不适宜栽培地区，如冬季最低气温低于－20℃的地区进行露地培育大苗，在土壤封冻前要将樱桃树移入贮藏窖或室内，在 0～7℃的条件下贮藏，来年再移栽到室外。这样经过 3～4 年的树体树形培养，即可定植到温室或大棚里进行设施生产。

(二)栽植技术

(1)栽植方式　除草莓要求不很严格外，其他乔木果树宜采用南北向、长方形或带状栽植。目前，日光温室推行高畦带状栽植和砖槽台式栽植方式效果较好。高畦带状栽植是在温室内做 20～30 cm 高畦，将果树双行带状定植在高畦上，具有提高地温作用，也可以缓解设施栽培高密度下的光照不足问题。砖槽台式栽植则是向下挖 50 cm 深，宽 100 cm，砌成砖槽，果树定植在槽内。果树定植平面与温室地平面一致，可有效利用空间。砖槽台式栽植除有高畦的作用外，还具有扩大设施空间，方便作业管理和限根栽培作用。

(2)栽植时期　设施内栽植果树，可分三种情况：一是秋栽，适宜大苗移栽。设施冬季可以升温，这时在苗木满足需冷量后即可逐步升温。果苗从 1 月初就开始生长，比露地多生长 2～3 个月，生长量大，花芽多，翌年产量高。行间间作矮茎蔬菜、花卉、草莓等作物，以增加收入，相对降低管理费用。二是没有建造大棚，先在大棚的位置上定植苗木，定植时期同露地栽植时间相同。三是在设施内腾空后栽植，袋装育苗可以采用这种形式，其定植时期要求不很严格。

六、授粉技术

(一)配置授粉树

设施栽培多采用自花授粉结实的品种，但杏、李、樱桃和花粉较少的桃树常需要配置授粉树，选择授粉树主要选择与主栽品种授粉亲和力强，需冷量相近，花期相遇、花粉多且果实经济价值高的品种作授粉树。主栽品种与授粉品种的比例一般为(3～4)：1。

(二)人工辅助授粉

由于设施果树属反季节生产，期间既无昆虫传粉，又缺少自然风扬粉，必须进行人工辅助授粉。

(1)人工授粉　用毛笔在不同花朵间点授或小气球、鸡毛掸子在花朵间滚动。人工授粉以开花当天授粉的效果最好，一般选择在上午 9—10 时到下午 3—4 时进行，如遇阴雪天气，应多进行几次。

(2)昆虫传粉　生产实践中借用昆虫传粉，是提高坐果率的有效方法。一般每亩棚室放蜜蜂 1～2 箱，放角额壁蜂 300～500 头，于开花前 5 d 左右放入棚室，让蜜蜂、壁蜂有一个适应锻炼过程，可达到良好授粉效果，这是设施果树丰产栽培的必要措施之一。

七、限根生产技术

(一)限根栽培的提出

果树进行设施栽培,因设施空间的限制,对果树有两点基本要求:一是树体矮化紧凑,便于密植与调控;二是易成花、早结果,早期效益高,并便于更新。目前,适于设施栽培的核果类树种如桃、李、杏、樱桃等,使植株矮化的砧木选育与应用以及短枝型品种的应用还刚刚起步,只能通过人工控制的方法达到矮化调节。

根系是决定果树生长发育的重要器官。通过调节设施果树根系的分布、类型及生长节奏,可以较好地控制地上部的生长发育,尤其是器官建造类型。为控制设施果树的高度、极性生长,促进花芽快速大量形成,提出了设施栽培中的限根栽培技术。这里所讲的"限根",主要是限制根系在垂直方向的伸展生长,限制强生长根的发生与数量,引导根系多方向生长,促进吸收根的发生。

(二)限根栽培技术

(1)果树浅栽　设施果树建园时,除按常规的建园要求进行园地规划、土壤改良、定点挖沟(穴)、施肥、浇水沉实外,在栽植时,比露地栽培要适当浅栽,以便提高地温,促进根系快速生长。

(2)起垄栽培　即建园时用表层土和中层土堆积起垄成行。起垄时土壤添加 30%的有机肥,垄高 40～50 cm(不能低于 20 cm)、宽 50～80 cm。把果树栽植于垄上。起垄后,土壤透气性增加,有利于提高土温,根系所处的水、肥、气、热稳定适宜,吸收根发生量大、生长根比例小。根系垂直分布浅,水平分布范围大,有利于树体矮化紧凑、易花早果,也有利于果树管理与更新。

(3)容器栽培　将果树植株栽植于单个容器中,然后建棚进行设施栽培。它是限根效果最为显著的一种方法,已在日本、以色列等国家的果树设施栽培中广泛应用,我国应用较少。生产中容器栽培形式主要有 3 种。

①陶盆栽培　陶盆(俗称陶土花盆)规格一般口径 30～40 cm,深度 40 cm 左右。盆底可钻 1～2 个透气孔,盆壁周围钻多个通气孔,孔径 1.0～2.0 cm。盆中填充肥沃透气的基质土,其中栽植果树,然后把盆连同果树埋入土中,按设计株行距排列,后扣棚栽培。

②袋式栽培　将塑料纺织袋填充基质土,果树栽入袋中,后埋入棚室土壤,进行设施栽培。

③箱式栽培　将果树栽在箱器中,以耐腐烂的塑料箱为主,也可利用木箱或纸箱。箱壁可钻多个透气孔。

不论哪种容器栽培方式,均是通过有限容积,限制根系垂直生长和分布,强制或诱导根系水平生长与分布,并由此调节根系的类别组成。尤其值得注意的是,进行容器栽培时,在土壤管理上,应充分利用果树的根系边缘效应,进行肥水调控,以利用于设施果树的生长发育。

(4)底层限制　设施果树栽植时,在沟(穴)底部铺设隔离层,以限制根系的垂直扩展并增加底层的透气性。隔离层常用的材料有纸(草)被、塑料纺织袋、泡沫塑料、黏土打实等。容易推广应用的是底层铺设草料,具体方法是:定植沟(穴)底铺 20～30 cm 的草料(秸秆、杂草、树叶等)压实后厚 5～7 cm。期间撒入少许尿素、碳铵等氮肥促进腐烂,然后回填表土栽植果树。

设施栽培中的底层限制,是限根栽培中不很常用的一种方法,使用时在保证限根效果的同时，一定注意底层的透气性并防止浇水或自然降雨后积水成涝。

(5)根系修剪　通过根系修剪调节根系生长发育进而调控地上部生长发育情况，比直接对地上部采取措施，效果更为直接有效。根系修剪可对树体产生一系列良性反应：使树体营养生长削弱，树体矮化、短枝比例增加，花芽分化多。树体中氮素营养水平下降，碳素营养水平提高，C/N 比增加，有利于成花。果树设施栽培中，可较多地利用根系修剪技术，以利于控旺促花，安全越夏。

根系修剪的时间以花期和新梢旺长期为宜，旺树可修剪两次，中庸偏旺树可修剪 1 次，弱树不修剪。根系修剪后的效应时间一般持续 30～45 d，之后恢复根系建造。

根系修剪的方法主要有采用物理修剪法：利用人工或机械等物理手段将根(尤其是垂直根、粗大根)切断损伤，以达到修剪的目的。可用手工法即把根系挖出并用剪刀或其他工具将根切断，也可用特制的机械装置将根系在一定范围内切断。

在具体应用时应根据树体的年龄、生长发育状况、生产的目的等因素综合考虑灵活掌握，切勿使用过限，导致伤害大，副作用多，达不到应用的效果。

项目二

设施果树标准化生产技术

任务一 葡萄设施标准化生产

【任务描述】

本项目主要任务是学习不同设施类型生产的建园技术、品种选择技术、环境调控技术、设施内果树的管理技术。能进行葡萄的设施生产。

【任务分析】

要完成本项目学习任务，必须具备以下条件：

教学环境 多媒体教室、设施葡萄生产实训基地。

教学工具 修剪工具、植保机具、常见肥料与病虫标本。

师资要求 企业师傅、生产人员、专职教师。

一、栽培品种选择

（一）品种选择原则

设施葡萄栽培品种主要选结果能力强、易成花、耐低温、耐弱光、果粒大、整齐度高、穗形美观艳丽、果肉品质好、香味浓郁、综合品质优良、丰产、耐贮运、需冷量低、抗逆性强性强的品种进行栽培。

（二）主要栽培品种

1.促成栽培品种

碧香无核、夏黑、早黑宝、京翠、京香玉、京秀、京亚、京玉、早巨选、87-1、无核白鸡心、寒香蜜、维多利亚、凤凰51、黑奥林。

2.延迟栽培品种

瑞峰无核、圣诞玫瑰、红罗莎里奥、摩尔多瓦、高妻、克林巴马克、峰后、达米娜、红意大利、红宝石无核、克瑞森无核、夕阳红、玫瑰香。

二、苗木准备

设施葡萄栽植苗木一般要求一年生苗或二年生苗，苗木要求达到以下标准：根系生长良好，分布均匀，根系完整，伤根少，长度大于15 cm的粗根在4条以上；地上部应有15～20 cm的一年生枝段充分成熟，剪口部位的直径不小于0.6 cm，有5个以上的饱满芽。如果在生长期采用绿枝苗，应选择新梢生长势健壮，叶色正常，无病虫害的苗。达到5叶一心的健康绿苗标准。

三、建园

(一)园地选择

设施栽培园地应选择环境条件符合绿色食品生产环境标准NY/T391—2013要求，土壤质地良好，土层厚，微酸至中性土壤，东、南、西三面无高大树木、建筑物遮挡，避风向阳，保温条件好，能够满足当地葡萄上市要求设施建园。

(二)栽植模式

1. 多年一栽制

多年一栽制即一次定植后连续多年进行葡萄生产。这种方式节省苗木和用工，栽培管理好的条件下可连续多年保持丰产、稳产。多年一栽制既可用于日光温室栽培，又可用于塑料大棚栽植。这种栽培方式的缺点是如果管理不当葡萄容易早衰，芽眼成熟不好，春天萌芽率低、萌芽整齐度差、果穗小而松，大小粒严重，不能达到商品生产的要求。

2. 一年一栽制

一年一栽制是于第一年春季用营养钵大苗进行定植，冬季或早春进行葡萄生产，第二年5、6月份浆果采收后立即将植株拔除，再移入新的大苗定植，以后每年如此。这种方式由于每年的苗木质量都比较好，萌芽率高，花序质量好，显著提高坐果率，抗病力较强，植株长势均匀，高度合适，管理起来比较简便，容易获得优质的商品果，且产量稳定。这种栽植方式由于不需要考虑植株第二年的情况，可高密度栽植，单产高，效益好，果实采后可以不修剪。此外，还可根据市场变化及时调整种植品种。缺点是每年需要大量的高质量苗木，生产成本较高，所需的劳动力也较多，目前生产上已应用不多。

(三)葡萄栽植

1. 栽植时期

适宜的栽植时期是以当地地表20 cm处土温达10℃以上，且晚霜刚结束时定植为最佳时期，在北方各地，一般在3月底至4月上旬进行定植。一年一栽制应从第二年开始，在浆果全部采收完成后，立即拔除所有葡萄植株，清棚后再将4月上旬预先栽植在大型营养袋中，生长健壮的苗木移栽至设施内，定植时间最晚不得晚于6月中旬。

2. 栽植密度

多年一栽制采用单臂篱架，株距一般为1.0～1.5 m，行距为1.5～2.0 m。东西行小棚架单蔓整枝的株距为1.0 m，双蔓整枝的株距为1.5～2.0 m，行距为3.0～4.0 m。

一年一栽制应以南北行双臂篱架栽植为主，实施双行带状栽植，即窄行距为50～60 cm，宽行距 2.0～2.5 m，株距为 50 cm。一般每亩栽植 900 株较为适宜。

3. 栽前准备

(1)挖掘定植沟

定植沟深度为 50～70 cm，宽 60～80 cm。挖掘时应将表土和底土分别堆放在定植沟的两侧，挖好后在沟底先填入 10～15 cm 碎草、秸秆，然后按每亩施入充分腐熟的有机肥 3 000～5 000 kg，每 50 kg 有机肥可以混入 1.0 kg 的过磷酸钙作底肥；肥料与表土混匀后回填沟下部，底土与肥料混匀后回填沟中上部，最上部只回填表土以免苗木根系与较高浓度的肥土直接接触，多余的底土用于做定植沟的畦埂，然后灌水沉实备栽。

(2)苗木处理

将已选好的葡萄苗，从贮藏沟或窖中取出后进行检查，剔除具有干枯根群、枝芽发霉变黑或根上长有白色菌丝体的苗木。然后将选出的好苗放入清水中浸泡 12h 左右，中间应换一次水。此外，栽前还应对苗木根系和枝蔓进行适应修剪，把过长的根系适当剪除一部分，尽可能多保留根系，枝蔓要保留 5 节。

从外地运进的苗木，在运输过程中应尽量保持苗木不失水，栽前浸泡时间应适当延长，根系最好蘸泥浆。苗木的地上部要用 5 波美度的石硫合剂浸蘸消毒，再运至栽培现场。

4. 苗木栽植

苗木准备好后按株距在回填后的定植沟中挖栽植穴，穴的深度为 30～40 cm，直径为 25～30 cm。将苗木放入栽植穴内，使其根系充分舒展，逐层培土踩实，并随时把苗轻轻向上提动，使根系与土壤密接，最后用底土在苗木周围筑起土埂，立即灌水，待水渗下后，铺一层干土，并于第二天铺膜，以减少土壤水分的蒸发及提高地温，促进苗木成活。

四、生产过程

(一)幼树管理

1. 确定树形

从定植苗抽生的新梢中，按照单臂水平形整形，选留一个主蔓加速培养，多余的新梢留 4～5 叶摘心，为植株根系提供有机营养。

2. 肥水管理

定植葡萄萌芽后应经常浇小水，新根长出后可追施氮肥(每株 25～50g)，同时灌水，以加速苗木生长。当新梢长达 35 cm 以上时，在苗旁立竿绑梢，以加强顶端优势，促进苗木快速生长。7 月份后追磷、钾肥，每隔 7～10 d 连续喷施 0.3%的磷酸二氢钾，以促进枝芽成熟。

3. 整形修剪

葡萄主蔓生长期间，选留 1 个强壮主蔓培养，在主蔓长到 80～100 cm 时摘心，摘心后萌发的副梢，保留顶端 2 个副梢继续生长，每隔 3～4 片叶反复摘心，其余副梢单叶绝后摘心，其余副梢可留 1 叶“绝后摘心”。可促进主梢上冬芽充实或分化为花芽。

第一年冬剪时，主蔓一般剪留 0.8～1.0 m，剪口枝粗直径 1 cm 左右；副梢结果母枝一般疏除，促进主蔓冬芽萌发。

(二)扣棚前打破休眠处理

设施葡萄扣棚覆膜时间一般应在满足葡萄低温需求，完成自然休眠后进行。如果休眠不足，提前覆膜升温，则会出现发芽、开花不整齐等情况，影响产量和质量。如果扣棚过晚则达不到提早成熟、增加效益的栽培目的。

葡萄度过自然休眠的需冷量为800～1 600 h，生产实践中，常采用“人工低温集中处理法”来打破果树休眠。当深秋季节平均温度低于10℃时，一般在7～8℃的时候开始扣棚保温，使棚室温度调控在7.2℃以下，白天盖上草苫并关闭通风口，保持夜晚低温，按照这种方法集中处理20～30 d，就能顺利通过自然休眠。

目前，在设施葡萄生产中主要是用石灰氮打破休眠，石灰氮学名为氰氨基化钙。经石灰氮处理后的葡萄植株，可比未处理的提前20～25 d发芽，且发芽整齐。使用方法：取1 kg石灰氮加40～50℃的温水5 kg，放入桶或盆中不停地搅拌，浸泡2 h以上使其成均匀糊状，再加入适量展着剂，然后用小毛刷蘸取均匀涂抹在结果枝上部和两侧芽眼处，涂抹长度为枝蔓的2/3，将涂抹后的枝蔓顺行贴到地面并盖塑料薄膜保湿3～5 d。

（三）扣棚后管理

1. 萌芽期

温室内温、湿度的管理：温室开始升温，上午8时左右揭开草苫，使室内见光升温，下午4时左右再覆盖草苫保温。升温第一周每隔2个揭1个，保持白天13～15℃，夜间6～8℃；1周后，棚温白天最好保持在20～22℃，最高不超过25℃，夜间保持在10℃以上。相对湿度保持在80%～90%。

树体管理萌芽前应按不同的架式及整形要求对主蔓进行上架、抹芽、定枝、绑蔓工作。设施栽培与露地相比，温度高、湿度大、通风差、光照不足，一般表现为组织嫩、新梢节间长，具有徒长的树相。因此，应早抹芽、早定枝。当新梢生长能够辨认出果穗时，立即进行定枝，以节省营养，同时，还可保证架面的通风透光条件。设施栽培每平方米架面留12～14个新梢为宜。

地下管理保护地内土壤易干燥，需要及时补充水分。适宜的土壤水分含量是葡萄正常生长发育、优质丰产的根本保证。但是，土壤水分和空气湿度不能过高，否则植株易徒长，落花落果严重，同时易引起病害，导致产量低，质量差。

开始升温至萌芽前，为了促使萌芽整齐，需要有充足的土壤水分，应达到田间最大持水量的80%，空气湿度要求90%左右。因此，这一阶段要充分灌水。

萌芽后，新梢开始生长期间，为了防止徒长，利于开花坐果和花芽分化，应适当控制灌水，并注意通风，降低空气湿度至50%～60%，特别是新梢展开5～6片叶时，一定要保护室内空气干燥，土壤湿度适宜，灌水时间应以上午10—12时进行，防止地温下降。

2. 开花期

温室内温、湿度的管理：萌芽到开花这一时期葡萄新梢生长迅速，同时花器继续分化。为使新梢生长茁壮，不徒长，花器分化充分，此期要实行控温管理，防止温度过高，白天保持在25～28℃，夜间15℃左右。开花时，白天提高到28℃，夜间保持在18～20℃。相对湿度保持在60%～80%。

树体管理：①疏花序及掐穗尖　为了节省营养，应在花序露出后至开花前一周尽早疏除多余的花序。一般1个结果新梢留1个花序，生长势弱的结果新梢不留，强壮枝可留2个花序以利增加产量。由于花穗的各部分营养条件不同，一般花穗尖端和副穗营养较差，坐果率低，品质差，成熟较晚，造成穗形差，果粒大小和成熟度不一致。因此，结合新梢花前摘心，可进行掐穗尖，掐去穗尖的1/5～1/4和疏去副穗。花穗小于10～15个花穗分枝的不要掐穗尖。对于落花落果较重的品种，如巨峰、玫瑰香等，应疏去所有副穗和1/3左右的穗尖，每穗留15～17个花穗分枝。②喷硼及调节剂 在即将开花或开花时，对叶片和花序喷布0.2%硼砂水溶液，可提高坐果率30%～60%。盛花期用浓度为25～40 mg/kg的赤霉素溶液浸蘸花序或喷雾，不仅可以提高坐果率，而且可以促进浆果提早15 d左右成熟。在初花期喷布100～150倍液的助壮素，可使巨峰葡萄的坐果率提高30%～50%左右。③环剥 在初花期对主蔓基部进行环剥能显著提高坐果率，使果穗粒数提高22.43%～30.75%。环剥宽度不大于茎粗的1/10，一般为0.3～0.4 cm。

地下管理花期应暂时停止灌水，注意通风换气，降低空气湿度至60%左右，以便提高授粉受精能力，利于受精的顺利完成。

3. 结果期

温室内温、湿度的管理 此期要实行控温管理，防止温度过高，白天保持在28～30℃，夜间15～20℃左右。葡萄坐果后要注意防止白天超温现象，当温室内出现28℃温度时就要及时放风降温，夜间可揭开部分薄膜透风，降低温度有利于糖分积累。相对湿度保持在80%～90%。当外界露地气温稳定在20℃以上时，应及时揭去覆盖的薄膜塑料，使葡萄在露地气温下自然发育。

树体管理 谢花后10～15 d，根据产量要求和坐果情况，疏除过多的果穗。一般生长势强的结果新梢可保留2个果穗，生长势弱的则不留，生长势中庸的留1个果穗。谢花后15～20 d，根据坐果的情况及早疏去部分过密果和单性果。如巨峰葡萄，每个果穗可保留60个果粒。

地下管理 幼果和新梢生长均需水较多，要灌足水，但在灌水方法上应小水勤灌或细水漫灌。浆果硬核期，需水量进一步增加，此阶段不能干旱，否则易形成“赤熟”现象，即不正常的成熟。坐稳果后，为促进果粒膨大，每株可追施磷肥100 g左右。浆果开始着色时，及时追施速效性磷、钾肥1～2次，亦可每隔10 d左右叶面喷布0.3%的磷酸二氢钾，共2～3次。

4. 采收与包装

设施栽培的葡萄主要用于鲜食，因此，采收时期不能过早，必须达到该品种固有的色泽和风味完全成熟时才能采收。如果鲜食葡萄需外销进行远途运输，则不能到完全成熟时再采收，只要糖酸比合适，具有良好的风味和市场需求，可以适当早采，以有利于运输和提高效益。采收时应选择晴天早晨或傍晚进行。用采果剪或剪枝剪，一手托住果穗，一手用剪子将果梗基部剪下。为了便于包装，对果穗梗一般剪留4 cm左右，既有利于提放，又比较美观。剪下的果穗轻轻放入果筐内，注意在采收过程中要轻拿轻放，防止磨掉果粉，擦伤果皮。包装前对果穗再进行一次整理，去掉病果、虫果、日灼果、小粒、青粒、小副穗等。

设施栽培生产的葡萄属高档果品，通过包装更能增加商品外观和档次，提高商品吸引力和市场竞争力。同时，美观而实用的包装容器能使果品在贮运过程中少受损伤，并能提高果品的商品价值和便于搬运及携带。目前，国内外大多实行盒式小包装，再行装箱。一般用印有精美图案和商标的小纸盒或软质透明塑料盒，分1 kg、2 kg、4 kg等不同重量规格包装。纸盒有提手，内衬无毒薄膜袋，葡萄装入袋内，扣好纸盒，再放入各种包装箱内封盖外运。为了防腐，在食品袋内或箱内装入保鲜药片。常用包装材料有木箱、硬纸箱、塑料箱、泡沫塑料箱、塑料袋等。

(四)采后修剪

为了保证葡萄连年丰产,采果后主要采取以下措施。

1.主蔓平茬

(1)平茬时间　必须在5月底6月初进行,越早越好。过晚,更新枝生长时间短,不充实,花芽不饱满,影响第2年产量。要求平茬园,饱施有机肥,水肥条件好,否则很难发出壮梢。

(2)平茬技术　苗木发芽后选留一个靠近地面生长健壮的芽作为新梢,其余抹除,新梢长至0.8 m长时摘心,其下萌发的副梢留1～2片叶摘心,再萌发再摘心,集中营养,促苗生长、发育,形成良好的结果母枝。冬剪时留0.6 m长短截,其上副梢全部剪掉。扣棚后从结果母枝发出的枝条中留2～4个生长健壮的作为结果枝,其余枝芽抹除,不留营养枝。长出果穗后,每枝留1～2穗形状好的,其余摘除。果穗以上留8片叶摘心,萌发的副芽全部抹除。采收后保留老枝叶1周左右,使根系积累一定的营养,然后近地面处平茬,促使母蔓上的隐芽萌发。

(3)平茬后管理　发芽后,要加强肥水管理,多次喷施叶面肥,前期喷0.1%～0.3%的尿素促使枝叶生长,后期喷0.3%的磷酸二氢钾促进花芽形成。修剪技术同栽植当年一样。

2.选留预备枝

葡萄萌芽后从结果母枝上选留3～5个结果新梢,从预备枝上选留2个营养枝,其余新梢全部抹除。花前3～5 d,结果新梢在果穗以上留8～10叶摘心。顶端留1副梢,对其留2～3叶反复摘心,其余副梢全部抹除。营养梢10～15节,1.0～1.5 m长时摘心,顶端留1～2个副梢,对其留2～3叶反复摘心。其余副梢留1叶摘心,并除去副梢芽眼。落叶后,将结过果的枝条连同母枝一并剪除。预备枝上的顶部枝剪留10～12节作结果母枝;下部枝剪留2～3节作预备枝。

(五)病虫害防治技术

葡萄保护地栽培中,覆膜后防治病虫害时,对农药的浓度应特别注意,一般宜低不宜高。开始升温后喷布一次5波美度的石硫合剂。萌芽前再喷一次波美0.3～0.5波美度的石硫合剂。萌芽后喷40%福星6 000倍加1 500倍菊酯类农药,新梢长至30 cm左右时喷200倍等量式波尔多液。幼果期后每个半月交替喷半量式波尔多液、乙磷铝、瑞毒霉等防治霜霉病、黑痘病等。

五、问题探究

1.连年丰产问题

按照露地葡萄的管理方法,很难达到连年丰产,以结过果的新梢培养成来年的结果母枝,花芽分化不好,不能做到连年丰产。6月份揭棚后,通过清理已结果新梢,短截靠近地面新梢,促发冬芽副梢,将冬芽副梢培养成来年结果母蔓,连续结果的方法成花好,可连续丰产。解决多年来设施葡萄产量不稳定问题。

2.设施内葡萄品质下降问题

当前,我国设施葡萄生产中大多数情况下果品质量较差、风味淡、着色差、果个小。为了解决设施葡萄栽培的品质问题应开展设施葡萄果实品质发育规律研究,建立设施葡萄果实品质调控技术。加强设施葡萄休眠机制及休眠调控技术、果实成熟发育机理研究,建立设施葡萄产期调节技术,调整设施葡萄产期,使设施葡萄产期逐步趋于合理。

生产案例

北京地区温室葡萄栽培管理技术

一、园地的选择

设施葡萄栽培地点应选择背风向阳，东、西、南三面没有高大遮挡物的地方，地势较高，排灌方便的沙土地或沙壤地。日光温室坐北向南，方位角南偏西3°～5°，结构为半面坡式，脊高3.2 m，后墙高2.8 m，墙体厚1.0 m，跨度9 m，东西长68 m。所用棚膜为EVA三层复合无滴防雾膜。

二、扣棚前管理

(1)定植　3月下旬定植，应以南北行双臂篱架栽植为主，实施双行带状栽植，即窄行距为50～60 cm，宽行距2.0～2.5 m，株距为50 cm。一般每亩栽植900株较为适宜。

(2)栽前准备　定植沟深度为50～70 cm，宽60～80 cm。挖掘时应将表土和底土分别堆放在定植沟的两侧，挖好后在沟底先填入10～15 cm碎草、秸秆，然后按每亩施入充分腐熟的有机肥3 000～5 000 kg，每50 kg有机肥可以混入1.0 kg的过磷酸钙作底肥；肥料与表土混匀后回填沟下部，底土与肥料混匀后回填沟中上部，最上部只回填表土以免苗木根系与较高浓度的肥土直接接触，多余的底土用于做定植沟的畦埂，然后灌水沉实备栽。

三、扣棚后的管理

1.休眠期

(1)温室内温、湿度的管理　当夜间温度达到10℃以下时，开始扣棚。全天上覆草苫子，通风口白天关闭，夜间敞开，使室内的温度调控在－10℃～7.2℃，人工制冷50 d左右，促使葡萄通过自然休眠。

(2)病虫防治与土肥水、树体管理　扣棚前完成冬季修剪；必须施入基肥。每亩施优质充分腐熟的有机肥4 000 kg，配合少量过磷酸钙或复合肥；清理温室内的杂草、枯叶；刨地松土，平整地面，整修树盘。

2.萌芽期

(1)温室内温、湿度的管理　温室开始升温，上午8时左右揭开草苫，使室内见光升温，下午4时左右再覆盖草苫保温。升温第一周每隔2个揭1个，保持白天13～15℃，夜间6～8℃；1周后，棚温白天最好保持在20～22℃，最高不超过25℃，夜间保持在10℃以上。相对湿度保持在80%～90%。

(2)病虫防治与土肥水、树体管理　在萌芽前喷布3～5波美度石硫合剂，消灭植株上的残留病菌；土壤追肥，以氮肥为主，每株施用尿素250 g或碳铵2 kg；结合追肥灌1次透水，然后覆盖地膜，覆黑色地膜升温快，效果最好；用5倍石灰氮澄清液轻涂结果母枝的冬芽可迫使解除休眠，使发芽整齐。注意结果母枝的顶芽不涂。

3.新梢生长期

(1)温室内温、湿度的管理　白天温度控制在20～28℃，夜间不低于10℃。相对湿度控制在70%～80%。

(2)病虫防治与土肥水、树体管理　葡萄萌芽后开始上架；葡萄有些芽眼，除了中央芽萌发外，副芽也能萌发，当芽萌发至花生粒大小时，抹除瘦弱的副芽，保留肥大的中央芽；当结果枝长到30 cm长时，应把生长强的用布条拉平到枝叶较少的地方，使结果枝均匀地摆布到架面上；葡萄萌芽20 d左右，花序开始分离，应根据当年花序的多少和花序大小而决定疏除多少。一般生长势很弱的结果枝上的花序疏除；花序少的年份，可用强壮枝结两穗果来增加产量。掐穗尖可根据花序的大小酌情处理；花前喷 1∶0.5∶(200～240)倍的波尔多液或 70%可湿性代森锌 800 倍液加 1 500 倍氯氢菊酯，防治穗轴褐枯病、黑痘病、灰霉病、白粉病和虫害。

4. 开花期

(1)温室内温、湿度的管理　白天温度保持在 25～28℃，最高不超过 30℃，晚上不低于 15℃，最适温度在 18～28℃。花期相对湿度控制在 60%～65%。

(2)病虫防治与土肥水、树体管理　花前 1 周用 0.3%硼砂溶液喷布叶片和花序，隔 5 d 再喷 1 次，以提高坐果率；花前为确保开花整齐一致，每株追施磷酸二氢铵 100～200 g；花后每株追施氮、磷、钾复合肥 100 g。施肥后各浇水 1 次；对生长势强的结果枝，花前在花序上部进行扭梢或结果枝基部环割，以提高坐果率；及时绑蔓，控制副梢生长或摘除，对结果枝花序以上留 5～6 片叶摘心，对营养枝留 4～5 片叶摘心。

5. 浆果生长期

(1)温室内温、湿度的管理　白天温度控制在 28℃左右，夜间不低于 15℃。相对湿度控制在 70%～75%。

(2)病虫防治与土肥水、树体管理　对摘心后的新梢发生的副梢，只留顶端 1～2 个副梢，并对其留 2～4 片叶反复摘心。对新梢上发出的卷须要及时去除，以节省营养；浆果膨大前期施入腐熟的人粪尿、鸡粪、磷酸二铵，浆果膨大期及着色期土壤施磷、钾肥，叶面喷布 0.3%～0.5%的磷酸二氢钾 2 次；及时中耕除草，并根据温室情况，结合施肥灌水 2～3 次；根据温室具体情况，喷布 1～2 次 90%乙磷铝 700 倍液或多菌灵 800 倍液或甲基托布津 1 000 倍液，防治白粉病、霜霉病等病害；若遇连续阴雨天，应在温室内铺设农用反光膜及吊灯补光。

6. 浆果成熟期

(1)温室内温、湿度的管理　白天温度保持在 25～32℃，夜间温度应在 15℃左右，不能超过 20℃。相对湿度控制在 60%以下。

(2)病虫防治与土肥水、树体管理　此期注意控制水分，以免湿度过大产生烂果及病害蔓延；叶面喷布 0.3%～0.5%的磷酸二氢钾液，促进枝条成熟和果实着色；当果实着色后，摘除部分果穗附近已老化的叶片，以改善果穗通风透光条件，促进果实着色，减少病害；一般在硬核期喷布 1 500 mg/L 乙烯利，隔 15～20 d，第二次喷 3 000 mg/L 乙烯利，10 d 后第三次喷 3 000 mg/L 乙烯利，以促进浆果迅速着色成熟。

7. 果实采收后

揭掉棚膜，冲刷干净，晾干后保存，以备下年再用。草苫晒干后，保存好。

(1)对多年一栽制葡萄，撤除薄膜后立即进行修剪，以短梢修剪为主，每平方米 15～20 个枝条即可，冬芽萌发后选留靠母枝基部的一个营养枝进行培养结果母枝。修剪后，追施氮肥并灌水，同时叶面喷布 0.1%～0.3%的尿素、硼砂混合液，以提高叶片的光合效能。

(2)经常中耕除草，避免草荒。

(3)6 月下旬至 8 月中旬，根据葡萄植株的生长情况、气候条件等，可喷布 2～3 次 800 倍的多菌灵或 1 000 倍的甲基托布津防治白粉病、霜霉病等病害发生。

(4)多次进行根外追肥及夏季修剪。雨季注意防涝。

8. 葡萄落叶期

检查维修温室，修补棚膜、草苫，做好扣棚准备：深翻土壤，施基肥，每亩施优质腐熟的有机肥 4 000 kg，配以少量过磷酸钙或复合肥，施肥后浇足封冻水；进行冬季修剪。多年一栽制葡萄采用独龙干型整枝，注意葡萄架面与塑料膜间保持 50 cm 左右，在主蔓上结果枝组，同一侧面结果枝距离不低于 10 cm，每平方米架面留 2 个左右结果母枝。一年一栽制葡萄，每株留一条主蔓留 1.5～2 m 剪截；清除枯枝、落叶，集中深埋或烧毁，以减少病虫源。

任务二　桃、李、杏设施标准化生产

【任务描述】

本项目主要任务是学习不同设施类型生产的建园技术、品种选择技术、环境调控技术、设施内果树的管理技术。能进行桃、李、杏等果树的设施生产。

【任务分析】

要完成本项目学习任务，必须具备以下条件：

教学环境　多媒体教室、设施桃、李、杏生产实训基地。

教学工具　修剪工具、植保机具、常见肥料与病虫标本。

师资要求　企业师傅、生产人员、专职教师。

工作一　桃设施标准化生产

桃是人们喜食的果品之一，通过设施提早或延后生产，可以有效延长鲜桃的供应期，同时提高产量 40%～50%，经济效益高。目前桃设施生产在我国辽宁、山东、河北、河南等地区发展迅速，发展前景广阔。

一、品种选择

（一）品种选择原则

桃设施栽培主要选择树冠矮小，植株紧凑，易成花，结果早，自花结实率高的品种进行设施栽培。促成栽培主要选择早熟品种，延后栽培主要选择晚熟品种为宜。在设施内选定一个主栽品种，搭配 1～2 个与主栽品种花期相遇、花粉量大的品种进行授粉，满足结果需求。

（二）适宜设施栽培的品种

（1）促成栽培品种　我国设施生产的早熟水蜜桃品种有春蕾、早花露、京春、雨花露、早霞露、早魁、北农早蜜、春花、砂子早生等；油桃品种主要有早红 2 号、五月火、中油 4 号、中油 5 号、丽春、华光、丹墨、早红艳、双喜红、曙光、艳光、早美光、早红珠、早红宝石、早红霞、瑞光 1 号、瑞光 2 号、瑞光 3 号、瑞光 5 号、早丰甜、中油 11 号等。蟠桃品种群中的早露蟠桃、新红早蟠桃、早蜜蟠桃、早魁蜜、早黄蟠桃、瑞蟠 2 号等也可用于设施生产，增加花色品种。

（2）延后栽培品种　延后栽培主要选择晚熟品种中华寿桃、冬雪蜜、宝田雪桃、保护地延后 1 号、2 号、3 号等品种。

二、苗木准备

砧木以适应性强、生长势强、嫁接亲和力好、根系发达的毛桃、山桃为主。先将苗木进行根系修剪，剪去病虫为害根和受伤根，其余的根剪出新鲜茬口。将苗木根系浸水 24 h 左右充分吸水。然后用 0.3%的硫酸铜溶液浸泡 1 h 或用 3 波美度石硫合剂喷布全株杀菌消毒，消毒后栽植。

三、建园技术

(一)园地选择

桃、李、杏设施产地环境应符合绿色食品产地环境技术条件(NY/T 391—2013)要求。

(二)适用设施

目前桃主要以促成栽培为主，适用设施有温室和大棚，主要有加温型和不加温型两种设施。延后栽培主要以温室为主。

(三)栽植模式

1. 常规栽植

桃栽植前在温室内或待建温室地段按行距挖南北方向的定植沟，宽 60 cm，深 80 cm，每亩施入充分腐熟的有机肥 4 000～5 000 kg，与土充分混合并浇透水，待土壤干皮后栽植。

栽植密度桃一般株行距为 1 m×1 m 或 1 m×1.25 m(亩栽 550～600 株)，先密植，2～3 年后隔株或隔行间伐即可。栽培期 5～6 年为宜。栽植时需配授粉树，按主栽品种与授粉品种的比例(2～4)∶1。每一主栽品种需配 2～3 个授粉品种为好。栽植方法同露地栽植。

2. 桃的限根栽培

主要利用容器栽植、垄台栽植，砖槽栽植，底层限制等方式，限制根系垂直根生长，以达到控冠，限高，促花的新型设施果树栽植模式。

(1)垄台栽植　为了降低设施内树高，并促进花芽良好分化，提高果品早期产量及品质，便于管理，目前在北方日光温室栽培推广垄台栽植。

垄台规格为上宽 40～60 cm，下宽 80～100 cm，高 50 cm，垄台的上部 30 cm 用人工配制的基质堆积而成，人工基质利用粉碎、腐熟的作物秸秆、锯末、食用菌下脚料以及其他的有机物料，并混入一定的肥沃表土和优质土杂肥。

起垄后由于大幅度增大了地表面积，增加了设施内接受日光照射的表面积，提高了蓄热能力，室温比平地栽植提高 2～3℃，植株花期可提前 4～7 d。根系环境通气良好，枝条发育健壮，花多质好(图 4-1)。

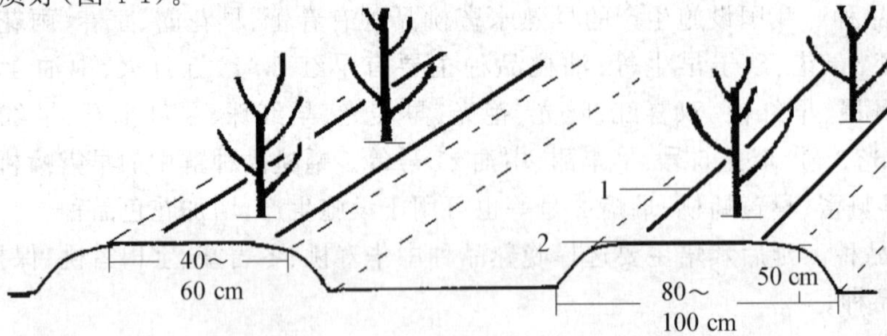

图 4-1　起垄栽植示意图

1. 滴灌管　2. 垄台

知识窗

平面砖槽基质化限根栽培

沈阳农业大学果树学科通过平面砖槽基质化限根栽培以及膜下滴灌、水肥并施、前期新梢摘心、后期抑制枝条生长、蜜蜂传粉、疏花疏果等配套技术措施，使果树根系多向水平方向生长，促进吸收根的发生，达到控制果树高度、极性生长的目的，促进花芽快速形成，提高早期产量。限根栽培技术在果树设施栽培、矮化密植栽培、庭园观光栽培、受限地域栽培中均有着广阔的应用前景（图 4-2）。

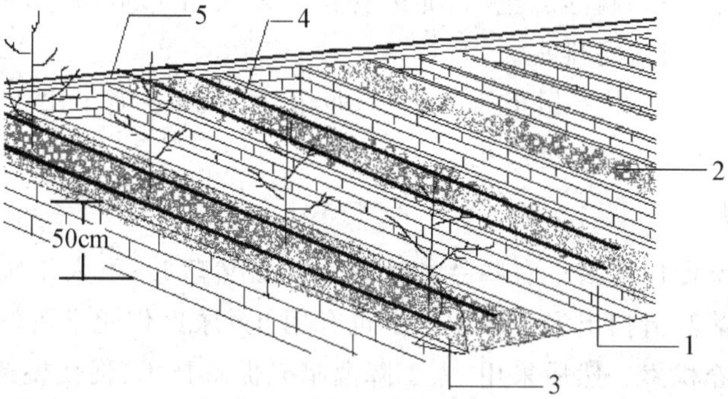

图 4-2 设施内平面砖槽基质化限根栽培模式图

1.砖槽 2.基质 3.地膜 4.滴灌管 5.设施地平面

(2)容器栽植 将桃苗栽植在尼龙编织袋、木箱，花盆等容器中，底部和四周打孔，装入基质土（腐熟鸡粪 1 份，炭化稻壳 1 份，山皮土 2 份混匀），植入苗木，每个容器定植一株苗，然后将容器埋入土中，保湿。严格按照既定土肥水及整形修剪措施进行，促花芽的形成。至秋季可培育成发育良好、矮化紧凑、具备一定数量优质花芽的壮苗。带容器将苗木移入温棚栽植，可实现当年栽植，当年成花，当年丰产目标。

另外，可采用箱式栽植、袋式栽植、底层限制等措施进行限根栽培，原理等同容器栽植。也有进行根系修剪的。

四、生产过程

(一)幼树整形

设施内树形按照设施空间确定，设施空间小的前窗部位、大棚外缘部位选用开心形，空间较大部位选用主干形。

(1)定干 桃树栽植后，靠近前窗三个树选用开心形，此后靠近北部的桃树选用自由纺锤形，定干高度开心形三个树定干高度分别为 25 cm、30 cm、35 cm，自由纺锤形树定干高度为 60 cm。

(2)抹芽 当芽萌动后，新梢长到 5～10 cm 时进行抹芽，开心形留 10 cm 整形带，20 cm 以下萌芽全部抹除。自由纺锤形 30 cm 以下全部抹除，距地面 40～60 cm 为整形带，抹除定干后剪口下的竞争芽、位置不正、过密部位的芽和病虫芽。

(3)摘心 当整形带内的新梢长到 25～30 cm 时，进行摘心处理，促进分枝并加速生长。当副梢长到 15～20 cm 时，再反复摘心 2～3 次，促发三次枝。对过密枝及直立新梢要随时疏除。

(4)控制旺长枝　严格控制背上枝、旺长枝和竞争枝，对过于直立枝条要开张角度，开通光路，缓和顶端优势，促进树体各部分平衡发展，改善光照条件。7～8 月份，骨干枝长至 50 cm 左右时，分两次拉至 60°～70°新梢上的直立旺梢及时扭梢、捋枝、重截控制，过密时疏除。其他新梢每长 20 cm 反复摘心。促进花芽分化。

(二)促花管理

(1)肥水管理　3—6 月加强肥水管理促进生长，7 月中旬以后，控制氮肥，增施磷钾肥，树上仍然每 10 d 喷 1 次 0.3%磷酸二氢钾，促进营养积累，如土壤墒情好，一般不浇水，保持土壤适度干旱。雨季积水多时注意排水。

(2)化学控制　于 7 月中下旬至 8 月上旬，每隔 10～15 d 喷 1 次 15%PP_{333} 可湿性粉剂 150～200 倍液，连喷 2～3 次，促进成花。

(三)休眠期管理

(1)适时扣棚降温促进休眠　有些品种秋季不能自然落叶，可人工顺枝捋掉叶片，注意不要弄伤桃芽，同时将落叶清扫出温室。生产上也有用 8%尿素作化学脱叶剂的，但脱叶不宜过早，以免影响树体营养积累。然后采用“人工降温暗光促眠技术”促使桃树尽快进入休眠。

(2)适时升温控制成熟期满足设施栽培　桃品种的休眠需冷量后即可升温。一般低温量达到 800 h 以上，即可满足大多数桃、油桃的自然休眠要求。升温还应考虑设施的保温效果，如改良式大棚因保温效果不如温室，升温时间应适当推迟，让花期避过 1 月份低温期。大规模生产时，还应考虑分批升温，控制果实成熟上市时期，防止成熟期过于集中。

(3)休眠期修剪　生产上多在升温后进行。树形多采用三主枝自然开心形、二主枝 Y 形和圆柱形等，整形上必须注意群体结构。选留健壮枝、疏除徒长枝和密集枝，成花少的延长枝长放或轻短截到成花处；花芽多的生长健壮的枝，轻打头或长放。要尽量保留长度在 30～40 cm 的结果枝，每亩保留果枝 3 000～6 000 条，不留营养枝。

(四)催芽期管理

(1)温度管理　原则是平缓升温，控制高温，保持夜温。方法是前期通过揭开保温材料的多少或程度控制室内温度，后期通过放风控制温度过高，此时间的温度管理如表 4-1。这期间夜间温度不宜长时间低于 0℃，遇寒流应人工加温。一般升温后 40 d 左右桃树即进入萌芽阶段。

表 4-1　催芽期的温度管理

时期	温度(℃)	
	白天	夜间
第一周	13～15	6～8
第二周	16～18	7～10
第二周以后(16～20 d)	20～23	7～10

(2)保持湿度　升温后可灌 1 次透水，增加土壤含水量。提高棚室内的湿度，使空气相对湿度保持在 70%～80%，较高的湿度有利于萌芽。

(3)其他管理　升温后 1 周左右喷 1 次 3～5 波美度的石硫合剂，防治病虫害。地上管理完成后，及早在全园覆盖地膜，提高地温，保证根系和地上部生长协调一致。

(五)开花期管理

(1)温、湿度管理　自桃萌芽至开花期，生长发育适宜温度为12～14℃，白天最高温度应控制在22℃以下，夜间保持在5℃以上。试验表明桃的花粉在0～2℃，发芽率为47.2%。说明桃树在开花期可以承受短时间的不低于0℃的低温。但遇寒流时要采取人工加温措施，如在温室内加炭火、燃烧液化气、点蜡烛等，将温度控制在0℃以上，防止低温冻害。花期空气湿度要控制在50%～60%。控制湿度的方法是地面铺地膜和打开天窗或放风口放风排湿。

(2)光照管理　花期对温度和光照反应敏感，为了保证设施内有效光照时间。首先选择透光性能好的聚乙烯无滴薄膜等覆盖材料增强透光率；在保证温度的前提下，尽可能延长揭帘时间；合理密植、科学整形，保持良好的群体结构，达到行间透光、枝枝见光的效果；在长时间阴雪天的情况下，须人工补光，可用白炽灯、卤化金属灯、钠蒸气灯等光源补充光照。此外，还要随时清除覆膜上的灰尘保证透光良好。

(3)人工辅助授粉　设施栽培桃树大多数品种自花结实，不必配授粉树，但需要人工辅助授粉或利用蜜蜂传粉。

(六)果实发育期管理

1.温、湿度管理

原则是控制白天温度过高，保持夜间温度。

(1)果实第一迅速生长期　适宜温度为白天20～25℃，夜间在5℃以上。果实生长与昼夜温度及日平均温度成高度正相关，生产上要控制好白天的最高温度，保持较高的日平均温度，有利于保证果实生长发育。

(2)硬核期　对温度反应不如第一迅速生长期敏感。这期间温度不宜过高，以免新梢徒长，导致落果及影响果实生长，高度温度控制在22～25℃，夜间控制在10～15℃，昼夜温差保持在10℃，产量最高且品质佳。温度过高或过低，品质都会下降。22℃下果实发育最好，果个大，甜度增高。

2.光照管理

在能保证室内温度的前提下，尽可能地延长揭帘时间，延长光照时间。选择温度好的晴天，加大扒缝通风口，让植株接受一定的直向射光，提高花器的发育质量，对授粉受精有显著的促进作用。经常擦拭棚膜，增加透光量。遇到较长时间的阴雪天，采取人工补光措施。在果实开始着色期，在温室后墙和树下铺反光膜。

3.果实管理

桃树设施生产多是早熟、中熟品种，疏果时间应适当提早，一般可疏果两次。第一次在落花后两周左右进行，当果实蚕豆大小时，疏掉发育不良的小果、双果和过密果。一般优先保留两侧果，去掉背上果(朝天果)。一般16片叶留1个果，果实间距6～8 cm。第二次疏果在硬核期之前，即在落花后4～5周进行。留果参考标准，以中型果为例，长果枝留3～4个，中果枝留2～3个，短果枝留1个或不留。疏果要预留10%的安全系数。最后将每亩产量控制在1 250～2 000 kg。

4.新梢管理

背上直立的、未坐果部位萌发的新梢要及时抹除，以节省营养，通风透光。坐果部位的新梢，长到 30 cm 左右时摘心。摘心后发出的副梢，除顶部留 1～2 个外，其余及时反复抹掉，控制新梢和副梢生长与果实发育争夺养分。对下垂枝要及时吊起，扶助新梢生长，改善通风透光条件，促进果实发育。

个别背上直立枝，在有空间的前提下可扭梢控制。但应与摘心配合使用，一般不提倡过多的扭梢处理。不提倡果实发育期采用多效唑（PP_{333}）控制新梢，以生产无公害果品。

5. 肥水管理

设施栽培条件下要控制化肥的使用量和使用次数。一个生长季每亩的尿素使用量控制在 10～20 kg。提倡配方施肥，可按磷酸二铵：尿素：硫酸钾＝1：1.3：1.8 的比例进行施肥。一般果实发育期内追 2 次肥，即落花后追坐果肥，每株追磷酸二铵 50 g 和尿素 50 g。第二次在果实硬核末期追催果肥，施桃树专用肥等各种复合肥每株树 200～300 g 和硫酸钾 50 g。设施内追肥宜适当深施，开 20～30 cm 深沟，施肥后覆土盖严，覆土厚度不少于 10 cm，防止产生有害气体和减轻土壤盐渍化。

坐果后喷施 0.2%～0.3%的尿素 1～2 次，果实膨大期喷施 0.3%的磷酸二氢钾 1～2 次，或喷高美施等叶面肥。在果实发育期内叶面喷肥 2～3 次。最后 1 次应在采收前 20 d 进行。

每次追肥后要及时灌水，坐果后、硬核末期各灌水 1 次，果实膨大期灌 1 次水。距果实采收前 15 d 左右，不宜灌水，以免造成裂果。

6. 果实采收

设施栽培桃果成熟不一致，应分期分批采收。通常根据上市或外运时间在早上或傍晚温度较低时采摘，采摘要带果柄，并要做到轻拿轻放。采果的同时将采收完的结果节上的新梢留 3～4 节短截，为下部果实打开光照，促进下部果实着色成熟。

采收的果实经过选果分级后装箱，通常用聚乙烯保温箱 5 kg 箱装。运输时也要轻装轻卸，尽量避免机械损伤。

7. 病虫害防治

桃在果实发育期主要病害有桃细菌性穿孔病、花腐病、灰霉病、炭疽病。主要害虫有桃潜叶蛾、蚜虫、二斑叶螨等。

灰霉病是设施栽培桃树易发生的一种病害，主要危害果实，也可危害叶片。果实染病后病斑处产生灰色霉斑，叶片染病后出现浅褐色病斑，病斑上可见不规则轮纹。在降低棚室内温度的前提下，可于坐果后用 70%甲基硫菌灵可湿性粉剂 800～1 000 倍液，或 50%异菌脲可湿性粉剂 2 000 倍液防治。此后每 15 d 左右喷布 1 次杀菌剂，可选用 80%代森锰锌可湿性粉剂 600～800 倍液，或 70%甲基硫菌灵可湿性粉剂 800～1 000 倍液，共喷 3～4 次，交替使用农药。在设施内湿度大的情况下，可用速克灵等烟雾剂进行防治。蚜虫可在发生期喷 10%吡虫啉可湿粉剂 4 000～5 000 倍液，或 50%马拉硫磷乳油 1 000 倍液防治。二斑叶螨可在发生期喷布 1.8%阿维菌素乳油 5 000 倍液防治。桃潜叶蛾应在发生前期防治，可用 25%灭幼脲 3 号悬浮剂 1 500～2 000 倍液防治。

（七）采后管理

1. 采后修剪

设施栽培桃采收后应立即修剪，以在 5 月份完成为宜，主要的任务有：

（1）调整树形　在有空间的情况下，主枝延长枝中短截，扩大树冠，根据棚室高度将树高控制在 1.5 m 左右。无空间时，回缩过长过高的枝头和中部大型枝组，使同一行树保持前低后高。自然开心形保持两侧高中间低，树冠间距控制在 50 cm 左右。形成合理的树体和群体结构，保持良好的光照条件和较大的结果体积。同时剪除病弱枝、下垂枝、过密枝和劈裂折断枝，以集中养分，促进新枝生长。

(2)枝组更新　对枝轴过长的结果枝组，及时回缩到有分枝处，使枝组圆满紧凑。对单轴延伸过长的枝，应在二年生枝段上，选有叶丛枝处缩剪，使之复壮。同时对所有已结果节位上发出的新梢留 1～2 个芽极重短截或只留基部瘪芽，促发新枝，重新培养结果枝。修剪时要注意选留平斜枝和侧芽、背下芽，以免发出的新梢偏旺。

(3)培养结果枝　重截的新梢萌芽后，进行 1～2 次复剪。一是在枝轴两侧选留生长中庸的平斜新梢培养结果枝，一般 1 个重截点留 1～2 个新梢，对过多、过旺的新梢及时疏除。留下新梢平均间距 15 cm。二是对个别较壮新梢，有空间的前提下，留 2～3 个副梢剪梢，利用二次枝培养结果枝。摘心和剪梢只能进行 1 次，分枝级次越多花芽分化质量越差。通过复剪达到两个目的，一是调整新梢密度，使每亩保留 1.5 万个左右新梢。二是调整新梢的整齐度，留下的新梢生长势趋于一致，便于利用多效唑(PP_{333})抑制新梢生长，促进花芽分化。

2. 肥水管理

修剪后进行 1 次追肥和灌水。每株沟施复合肥 150～250 g，施肥后全园灌透水，此后主要管理任务是除草和排水。

9 月上、中旬施基肥，基肥以充分腐熟的鸡粪、猪粪、豆饼等有机肥为主，并适量混入复合肥和氮肥提高肥效，每亩施用 3 000 kg 有机肥，掺入 25～40 kg 复合肥，基肥可行间沟施，也可地面撒施，撒施后要进行翻耕，将肥料翻入 20 cm 土层以下。

进入雨季后，要注意排除树盘中的积水，保证桃树正常生长。

3. 控制新梢生长，促进花芽分化

(1)在露地管理过程中，除过分干旱外，一般不用灌水，以防止新梢生长偏旺。

(2)在新梢长到 20～30 cm，喷浓度为 3 000～5 000 mg/L 的多效唑 1～2 次，将大部分新梢长度控制在 30～40 cm，形成较多的复花芽，适时进入休眠，为下一个生产过程打下良好基础。

此外，果实采收后应根据外界环境条件及时撤除棚膜，以增加自然光照，便于管理。

五、问题探究

无休眠栽培

无休眠栽培是指利用一定的措施使具有休眠特性的落叶果树避开休眠继续生长，进而开花结果的一种栽培模式。在温带地区，日本和我国台湾地区于 20 世纪 90 年代最早开始落叶果树的无休眠栽培研究工作并获得成功，实现了葡萄鲜果的周年供应。

温带地区无休眠栽培的成功实施不仅可以实现某些果品的周年供应。而且可以使某些观赏果树达到反季节开花。所以温带地区无休眠栽培的成功实施不仅是技术上的突破. 而且为果树设施栽培创立新的经济增长点。

温带地区无休眠栽培今后的研究重点：①自然休眠诱导因子的确定；②花芽分化进程及自然休眠进程的精确界定；③避免进入深度休眠及促芽整齐萌发的配套技术；④无休眠栽培条件下树体的生长发育规律及树体综合管理技术；⑤二次休眠现象发生的原因和克服措施；⑥无休

眠品种的选育。

生产案例

辽北地区中油4号桃设施栽培技术

一、桃设施栽培设施建造与要求

(1)对温室保温性能的要求　保证在2月上旬开花,才能实现4月中旬成熟。在全年最冷月(1月份),晴天不加温的情况下,夜间温度高于10℃。连阴天时,应有热源补充,夜间温度需高于5℃。

(2)全钢拱架塑料薄膜日光温室结构　温室东西向或偏西5°中柱高3.5 m,南北跨度8 m,东西长50 m以上,后坡角45°、地坡角75°、前坡角32°、后墙高2.4 m,后墙、东西山墙为50 cm厚双空心结构。内墙贴8 cm厚泡沫塑料板,再砌6 cm厚的砖墙,后墙每间隔5 m开一个50 cm×50 cm的后窗,距地面高1 m。钢筋骨架上弦直径14 mm,下弦直径12 mm,拉花直径10 mm,由3道花梁横向拉接,拱架间距80 cm,拱架下端固定在前底脚地梁上,上端固定在后墙水泥横梁上。温室前底脚处挖防寒沟,从东到西埋厚8 cm的泡沫塑料板。连阴天时,温室可用地热线、煤气灶等临时加温。

(3)塑料棚膜　塑料棚膜首选醋酸乙烯(EVA)棚膜或珲江产的聚氯乙烯(PVC)无滴棚膜,其次选其他地方产的聚氯乙烯(PVC)棚膜(吸尘严重),最后选聚乙烯(PE)复合多功能棚膜。一般应选择0.12 mm厚度棚膜。

二、设施栽培前准备

(1)温室的选择温室进行桃树栽培,一般需5～6年换茬一次。桃树喜光、怕涝、不耐盐碱,需选择地势较高、背风向阳、水位较低、没有水涝的地块。土壤应选择沙壤土,土壤含盐量在0.08%以下,pH 6～8,并有灌溉条件。

(2)栽植密度。可选用密度为1 m×1.5 m,1 m×2 m,亩定植444株或333株。

(3)苗木的选择。选择生长势强的三当苗(当年播种,当年嫁接,当年出圃)。要求苗高1 m以上,苗粗0.8 cm以上,根系有侧根4个以上,长度在20 cm以上,粗度0.35 cm以上,在整形带有饱满芽,没有检疫病虫害的苗木。

(4)定植。定植沟行距1.5 m或2 m,南北向,沟宽0.6 m,深0.7 m。亩施入腐熟的有机肥5 000 kg。表土与基肥混合均匀,填入沟内。根区与施肥区间隔10 cm以上,严禁施鲜肥作底肥。每株底肥施入磷酸二铵50 g。定植时间在4月中旬。栽植前用生根粉浸根。定植深度,应以苗木根颈痕与地面平为宜,踏实,浇足定植水,然后树盘内覆盖地膜。半月后从地膜两侧浇足水,浇3次水基本可保证成活。定植的同时还要准备一定量的预备苗。预备苗定植在编织袋内,加强管理,以备温室内补苗。

三、生产管理

(一)休眠期至萌芽期管理

1.温度管理

11月中旬前后,夜间温度在0～7.2℃,为休眠最适宜的温度,可进行闷棚处理。即夜间将棚膜和保温帘盖上,白天将保温帘和棚膜前端打开一个放风带。经过30～40 d,基本可以满足设施桃树不同品种对低温需求。12月下旬开始揭帘升温,夜间保温。白天最高温度不超过28℃,夜间温度自然升高即可。

2. 修剪

去除旺枝、过密枝和病虫枝。主枝位置适宜可短截延长枝，已经交接可适当回缩，促下部发出健壮枝条。各类结果枝短截，长果枝留 8～10 对芽，中果枝留 6～8 对芽，短果枝留 2～3 对芽。

(二)花期管理

1. 温湿度

白天最高温度控制在 20～22℃，超过 25℃要放风降温。夜间 5～7℃。白天空气湿度控制在 50%～70%，夜间 80%～90%。

2. 花期授粉

①人工授粉：于花期早上或下午用毛笔直接点授；或大蕾期采集花粉，盛花期人工点授。②蜜蜂授粉：每亩温室两箱蜂，花前 3～5 d 将蜂箱放入温室中，待盛花期蜂群大量活动，明显提高坐果率。注意在蜜蜂活动期间，放风口要用纱布封闭。蜜蜂授粉期间，尽量不要使用农药。

3. 增施 CO_2

设施桃树花期，一般在 1 月下旬或 2 月上旬时，外界温度过低，不适应长时间放风解决棚内换气问题。如果花期遇阴雨天气，棚内气体组成更不适宜桃树生长，需要人工补充 CO_2，增强树体光合作用能力，提高坐果率。具体方法：①“营养槽”法：在塑料棚室果树植株间挖深 30 cm，宽 40 cm，长 100 cm 左右的沟，沟底及四周铺设薄膜。将人粪尿、干鲜杂草、树叶、畜禽粪便等填入，加水后让其自然腐烂。此法可产生较多的 CO_2，持续发生 15～20 d，整个生育期处理 2 次。②燃烧法：主要通过燃烧白煤油、液化石油等，释放 CO_2。CO_2 气肥发生法：生产中应用较多的固体 CO_2 气肥，每亩施入 40 kg，塑料棚室内 CO_2 浓度高达 1 g/kg，施肥后 6 天可释放 CO_2。④增施有机肥。

(三)结果期管理

1. 疏果

第一次在开花后 15 d，主要疏除并生果、畸形果、小果、黄萎果、病虫果。第二次，在能分辨出大小果时进行。第三次，在硬核前最后定果，留果量应根据单产，算出每株产量，再根据果实大小计算相应个数，留 20%的预备量，均匀着生于各结果枝上。

2. 温湿度调节

幼果期白天最高温度控制在 22～25℃，夜间温度在 5℃以上。中期在 25～28℃，夜间温度 10℃左右。接近成熟期，白天最高温度控制在 28～32℃，夜间温度在 15℃左右。空气湿度，白天控制在 50%～70%，夜间 80%～90%。

3. 修剪

去除新梢顶部、背部过旺枝以及下垂枝，使养分合理分配，内膛光照良好。选留中下部分位置适宜的枝条，培养下一年的结果枝组。如果此期生长过旺，可结合应用生长调节剂，缓和树势。

(四)结果后管理

果实采收后要及时去除上部过旺枝、竞争枝、下垂枝、病虫枝。主枝延长头视位置和树势选择短截或回缩。对于结果后过长枝组，要注意及时更新，保证第二年结果部位良好。修剪后达到内膛不郁闭，形成良好的结果枝，上下部树势平衡。

秋施基肥应在9月中旬至10月上旬，树叶还有一定功能时，及时补充肥料促进根系秋季生长，增加树体营养积累。宜选择优质腐熟的有机肥，结合磷肥、钾肥和必要的微肥。

(五)控冠措施

设施桃栽培主要应用生长调节剂控冠，多效唑效果较好。

(1)叶面喷施法　生长季多采用叶面喷施法。萌芽后当新梢长至15～20 cm时，喷施15%可湿性粉剂300倍液。根据树势用2～3次，间隔10～15 d。7月底至8月初各类果枝长度适宜，树体结构合理，即可喷药，浓度同前。

(2)土施法　落叶后至发芽前在树冠投影下根系分布区内开15 cm左右深的小沟。一般2年生旺树，每株土施1 g，弱树宜少施。

(3)树干涂抹法　树干涂抹法简便，易掌握，生长季、休眠期均可。将一定量的药倒入小杯中，再倒入半杯水，混拌均匀，用小刷子涂抹在第一主枝以下的树干上。用药量与土施相同或略少。

(六)病虫害防治

(1)苹果白蜘蛛　目前此虫害较严重。一年发生多代。翌年芽膨大期开始出蛰，危害树叶，造成早期落叶，影响当年产量和树势。应在秋天扫除落叶烧毁，温室加温初期刮除老树皮。发芽前，全树喷3波美度石硫合剂，在生长季节根据虫情选择药剂及时防治，可用20%灭扫利2 500倍液，20%扫螨净可湿性粉剂4 000～5 000倍液，5%尼索朗乳剂1 500倍，73%克螨特3 000倍液，各种药交替使用。

(2)细菌穿孔病　主要危害树叶，也侵染枝梢和果实，易造成早期落叶。防治方法除增强树势，提高树体抗病能力外，需清除枯枝、病叶、落果，将其集中烧毁或深埋。发芽前喷1次3波美度石硫合剂。在生长期喷65%代森锌可湿性粉剂500倍，或70%索利巴尔150～200倍液。

工作二　李、杏设施标准化生产

一、品种选择

目前，设施栽培比较多的李品种有大石早生、盖县大李、长李15号、幸运李、黑宝石、黑琥珀等。杏的主要品种有凯特杏、9803、金太阳、骆驼黄等。

二、苗木准备

李砧木以适应性强、嫁接亲和力好、根系发达的毛樱桃为主；杏砧木以山杏为主。先将苗木进行根系修剪，剪去病虫为害和折断的根，其余的根剪出新鲜剪口。将苗木根系浸水24 h左右。然后用0.3%的硫酸铜溶液浸泡1 h或用3波美度石硫合剂喷布全株，消毒后栽植。

三、建园

参考设施桃生产建园部分实施。

四、生产过程

(一)幼树管理

(1)选用树形　独枝扁平扇形。即将一株树当作一个结果主枝培养，形成一个大型结果枝组。

(2)树形培养　采用两边倒的Y形整形。在栽植行叶幕形成后,沿栽植行向将树隔株向两边拉开至60°～80°两株形成Y形。每株当成一主枝看待,从北向南拉倒角度渐大。至第3年逐步间伐。除棚前1～2株树外,其余改造成扁平扇形。生长前期多留枝、长放修剪控制长势。

(二)促花管理

(1)肥水管理　7月份以前,杏、李主要以加强肥水管理,促进生长为主,7月份以后主要控制施用氮肥,增施磷钾肥,相对控制浇水,保持树势稳定,增加树体营养积累,促进成花。

(2)化学控制　7月10日前后喷300倍PBO,隔7～10 d再喷1次,连喷2次,控制树势,促进花芽分化。定植后第2年喷PBO的时间提前至6月中下旬,并把浓度加大到倍。8月中旬疏除部分过密枝,并调整不适当的枝组,打开光路,以利于花芽分化。扣棚前冬剪,冬剪时以疏除病虫枝、密挤枝及挡光枝为主,一般不短截,多留花芽以确保产量。

观察与思考

桃、杏、李同为蔷薇科李亚科,有许多共同特点,掌握其技术的关键是通过对比寻找其异同之处。请据实地观察,总结其在枝芽类型、结果特性、整形修剪及病虫害防治等方面的主要异同点。试对比分析它们设施栽培与露地栽培在管理上有何不同?

(三)休眠期管理

(1)适时扣棚和升温　当外界出现7.2℃以下温度时,采用"人工降温暗光促眠"技术,尽早满足杏树、李树休眠的需冷量要求。杏树的需冷量一般在700～1 000 h;中国李的需冷量与杏相近。

辽宁南部稳定出现低于7.2℃的时间约为11月初,到12月中、下旬低累积量可达1 000 h左右,可满足大多数杏树和李树的需冷量,即可升温。通常杏、李的温室栽培升温时间应比桃树晚10～15 d。

(2)休眠期修剪　设施栽培条件下,温室前两排采用二主枝Y字形,后几排可采用多主枝自然开心形、疏散延迟开心形、纺锤形等树形。李树在高密度栽植情况下,采用多主枝自然开心形为宜。这种树形有主枝4～5个,主枝开张角度可比桃树略小。不留侧枝,单轴延伸。具有整形容易、修剪量小、调整枝量容易、早期丰产等优点。整形过程可参照露地管理。

休眠期修剪的原则是轻剪缓放。具体有以下内容:为了扩大树冠需要和保持延长枝的生长势,对骨干枝的延长枝一般采用适度短截的方法修剪。延长枝角度合适时,剪口下应留侧芽,使枝头左右弯曲延伸,以利开张角度,控制前端生长势,促进后部多生小枝。延长枝角度过小时,应进行换头开张角度。延长枝生长势明显病弱或树高达到棚室的2/3时,可在下部分枝处回缩更新。

对外围生长势强的枝条,采取回缩或重短截的方法控制,保证内膛中短枝的坐果;回缩或疏除过密及生长势衰弱的结果枝组,进行更新复壮。短枝和花束状果枝基本不动,留足花芽数量,以利结果。同时要注意预备枝的培养,防止结果部位外移。

(四)催芽期管理

(1)温度管理　管理原则是平缓升温,保持夜温。在升温的第1～2周,白天温度控制在

10℃左右，夜间温度控制在0℃以上。第2～3周白天温度控制在13～15℃，夜间温度控制在5℃左右，不低于2℃。这期间的最高温度不宜超过20℃，否则会造成雄雌蕊发育时间不够，引起花粉败育。从开始升温到开花需45 d左右。

(2)湿度管理　升温后可灌1次透水，增加土壤含水量，提高温室内的湿度，使棚室内空气相对湿度保持在70%～80%，较高的湿度有利于萌芽。根据土壤含水量情况，可在开花前灌1次小水，保证开花期的水分要求。

(3)其他管理　升温后1周左右喷1次3～5波美度的石硫合剂，防治病虫害。在施肥、整地等地上管理完成后，及早在全园覆盖地膜，提高地温，保证根系和地上部生长协调一致。

(五)萌芽后至开花期管理

(1)温度管理　杏、李的花期温度可比桃棚低1～2℃。李树在7℃以上即可授粉受精，最适宜的温度是12～18℃。从初花到落花期白天温度控制在18～22℃，夜间温度控制在7～8℃，最低不低于5℃。这期间是外界温度较低的季节，夜间容易出现低温危害，应注意天气变化随时采取人工加温措施。

开花期棚室内的空气湿度要控制在50%左右，所以，在开花期不宜灌水和喷药。湿度过大时可在阳光充足的中午放风降湿。

落花以后，受精结束，枝叶生长与幼果发育争夺营养是导致落果的原因之一。因此，落花后2～3周内，白天的温度管理应比开花期稍低一点。如果此时温度高，会造成枝叶旺长而加重落花落果。

(2)提高坐果率　杏树和李树都不同程度地存在完全花比率低，自花结实率低的问题，生理落果严重，设施栽培表现更突出。因此，在放蜂和人工辅助授粉的前提下，花期喷施0.2%～0.3%的硼砂或喷施100～200倍的PBO，可起到保花保果的作用。

(六)果实管理

(1)温、湿管理　在果实发育前期，从落花后到幼果膨大，白天温度从18～19℃逐步升到20～22℃。夜间温度控制在10～12℃，最高不能超过15℃。到果实着色至果实成熟期，白天温度控制在22～25℃。保证昼夜温差在10℃以上。

果实发育前期，空气湿度控制在50%～70%，后期控制在50%左右。

(2)疏果　设施栽培的杏李树如果坐果过多，不仅果个小，而且着色不好，成熟期也会延迟。疏果一般在生理落果后进行。如大石早生、美丽李等生理落果比较重的品种，应在确认坐果后(果实如玉米粒大小时)进行。一般中型果，如大石早生李、金太阳杏等品种的果实间隔距离在6～8 cm。大型果，如琥珀李、凯特杏等品种的果实间距在8～12 cm。疏果时还应考虑结果枝的粗壮程度，枝径1 cm以上的每8 cm留1个果，枝径在0.5～1 cm的每8～10 cm留1个果，枝径在0.5 cm以下的每枝留2～3个果。疏果时应先疏小果、畸形果，多留侧生果和下垂果。

(3)新梢管理　主要是控制新梢生长，改善光照条件，促进果实生长发育，具体做法有：

①除萌疏枝。将剪锯口处、树冠内膛萌发的多余的萌芽及早抹除，以节省营养，并防止枝条密生郁闭，影响通风透光。对结果枝先端的直立旺枝、没有坐果的空枝及时疏除。

②扭梢。对当年萌发的生长过旺的部分新梢，采取扭梢方法控制，既可控制新梢生长，又有促进花芽分化的作用。

③摘心和剪梢。当新梢长到 30 cm 左右时,可摘心或剪梢。对摘心后萌发的副梢及时抹除。

(4)肥水管理　在基肥充足的前提下,从幼果期开始,每隔 7 d 左右喷施 1 次 0.3%的尿素和 0.2%磷酸二氢钾,共喷 2～3 次。如底肥不足,可在落花后每株土施磷酸二铵复合肥 0.5～1 kg。

土壤湿度一般保持田间最大持水量的 60%为宜,测试土壤含水量的经验方法是用手握土能成团,稍压后即散为适宜。沙质壤土灌水要坚持少量多次原则,每次灌水量不宜过大,尤其是接近成熟前 15 d 左右,以防止引起裂果。

(5)病虫害防治　灰霉病是设施栽培易发生的一种病害,在降低棚室内湿度的前提下,可用 70%甲基硫菌灵可湿性粉剂 800～1 000 倍液,或 50%异菌脲可湿性粉剂 1 000～2 000 倍液防治。细菌性穿孔病有时发生较重,除大石早生是抗细菌性穿孔病的品种外,其他抗病弱的品种,如盖县大李等要注意及时防治。在光照好的情况下,展叶后用 75%百菌清可湿性粉剂 650 倍液,或 80%代森锰锌可湿性粉剂 600～800 倍液喷雾。但在连续阴天、棚室湿度较大的情况下,可使用烟雾剂防治各种病害,如用百菌清烟雾剂,每亩用量 200 g,在设施内均匀布点,于傍晚点燃熏杀病菌,效果良好。如发现蚜虫等害虫,可用杀虫剂防治,所用农药与露地相同,但浓度要比露地低 10%。另外喷药要避开中午高温期。

(6)果实采收　在设施栽培条件下,适时早采可以获得较好的销售价格,尤其是运往外地销售的,可以在果实 8～9 分熟时,提早 3～5 d 采收以便于贮运。当然采收过早会影响产量和风味品质。采收一定要轻放,注意不要折断短果枝。采下的果轻轻放入有铺垫物的果篮中。由于不同部位的果实成熟期不一致,应分期分批采收。采收宜在早上或傍晚室内温度较低时进行,以免果实装箱后温度过高,造成果实变色。

(七)采后管理

(1)肥水管理　在实行露地管理后,应及早施入基肥。可每亩施入有机肥 3 000～6 000 kg、磷肥 5 kg、硫酸钾复合肥 50 kg 作基肥。并叶面喷施 0.3%尿素和 0.3%磷酸二氢钾,提高叶片的生理活性,增强其同化功能。

(2)整形修剪　主要是进一步调整树体结构,疏除骨干枝上的竞争枝、背上直立强旺枝,保持树体结构和生长势平衡。回缩长结果枝和下垂枝,使结果枝健壮而紧凑。疏除过密枝和内膛细弱枝,改善光照条件,以利下部短枝的花芽发育。对新萌发的新梢在有空间的前提下,可在 20～30 cm 时摘心,促发分枝,增加枝量。

(3)其他管理　果实采收后立即撤除覆盖物,为防止突然撤除覆盖物引起嫩枝日灼,应选择阴天或傍晚进行;综合防治病虫害,保护好叶片,避免二次开花,保证花芽的形成。

五、问题探究

凯特杏的果实成熟期保护问题

设施栽培的凯特杏皮薄、表皮结构松弛,保护组织发育不完善,对环境条件的变化反应敏感,对逆境的耐力也差,很容易造成逆境伤害。因此,要加强对果实的防护,避免周环境条件的剧烈变化造成损失。如突然拆膜使果实完全暴露在外界环境下，强烈的阳光会使果面发生大面积日灼。空气湿度骤降，造成果皮皱缩、风吹失水还可造成果面干裂等。进入果实成熟期后设施内的温度一般较高。要大面积的拉膜通风以降低温度。所以果实成熟后期要注意加强通风降温，不宜轻易拆除塑料膜。拆除棚膜需待采果后进行。凯特杏的果实成熟期很不一致、树冠外围、上部的果实通常先熟，要根据果实成熟度分期采收。

生产案例

辽南地区金太阳杏日光温室栽培技术

金太阳杏是山东泰安果树研究所选育的极早熟杏品种，具有白花结实、早实、丰产、优质、耐寒、抗霜冻、树体较小、需冷量低等优点，是设施栽培的首选品种。

1. 建园

土壤为沙壤土，土层深厚，土质疏松。有机质含量 0.41%，pH 7.1～7.5。大棚东西走向，长 60～80 m，跨度 8 m，墙体厚 0.6 m，脊高 3.2 m，后墙高 2.2 m。后屋面为玉米秸与麦秸等复合覆盖物。棚面骨架用竹竿铁丝扎接而成，水泥中柱距后墙 1 m。上覆聚氯乙烯长寿无滴膜。

2. 扣棚前管理

(1)定植　3 月下旬定植 1 年生金太阳杏速生苗，授粉树为凯特杏和意大利 1 号。砧木均为杏砧。株行距 1～2 m，隔 2 行配置 1 行授粉树。定植前挖深、宽各 60 cm 的定植沟。每棚施腐熟鸡粪 3 000 kg 左右、复合肥 50 kg。将肥料与阳土混合均匀回填。浅栽，上覆阴土。栽后浇透水，水渗下后浅锄、覆盖地膜。3～4 d 后定干，干高 40 cm，南低北高。

(2)肥水管理前促后控。新梢长 15 cm 左右时，开始追施速效化肥，并与叶面追肥交替进行。一般株施尿素 50 g，施肥后浇水。叶面喷施 0.3%尿素或 0.3%磷酸二氢钾。每 10～15 d 喷 1 次。7 月 10 日后，控制氮肥和水分的供应，喷 0.3%磷酸二氢钾 2～3 次。9 月中旬施基肥，每棚追施 50 kg 硫酸钾复合肥，施后浇水。11 月中下旬浇 1 次透水，然后覆地膜，以提高地温，等待扣棚。

(3)树体管理采用两边倒的 Y 形整形。叶幕形成后，把树隔株向两边拉开至 60°～80°两株形成 Y 形。每株当成一主枝看待，从北向南拉倒角度渐大。至第 3 年逐步间伐。除棚前 1～2 株树外，其余改造成小冠形或自由纺锤形。生长前期多采用摘心、扭梢、拿枝软化等措施控制长势。7 月 10 日前后喷 300 倍 PBO，隔 7～10 d 再喷 1 次，连喷 2 次，控制树势，促进花芽分化。定植后第 2 年喷 PBO 的时间提前至 6 月中下旬，并适当增加浓度。8 月中旬疏除部分过密枝，并调整不适当的枝组，打开光路，以利于花芽分化。扣棚前冬剪，冬剪时以疏除病虫枝、密挤枝及挡光枝为主，一般不短截，多留花芽以确保产量。

(4)病虫害防治　生长期主要防治细菌性穿孔病，可结合叶面喷肥喷 70%甲基托布津或 80%大生 M-45 可湿性粉剂 800 倍液防治。害虫主要是蚜虫，有时点片发生叶螨及舟形毛虫，可分别喷 2.5%扑虱蚜 2 000 倍液、20%扫螨净或螨死净 2 000 倍液，以及 20%杀灭菊酯 2 000 倍液防治。临扣棚时全树喷 3～5 波美度石硫合剂。

3. 扣棚后管理

(1)扣棚时间及升温　金太阳杏东北地区一般 12 月中旬通过自然休眠期，可于 12 月 15—20 日扣棚。扣棚后压草苫，但不关闭上、下通风口。3～4 d 后埋压下风口，再过 3～4 d 关闭上风口，并拉草苫开始升温。升温应循序渐进。起初先在白天拉起 1/3 草苫，再拉起 1/2 草苫，最后全部拉起，整个过程持续 7～10 d，防止升温过快。如果树体上、下温度不协调，会导致花芽受伤或开花不整齐。

(2)棚内温湿度调控　扣棚后，萌芽期白天温度 15～22℃，夜间不低于 3℃，相对湿度不高于 80%；花期白天 15～20℃，夜间不低于 5℃，相对湿度 50%～60%；果实发育期白天 20～28℃，夜间不低于 10℃，相对湿度 60%；果实成熟期白天 18～30℃，夜间 15℃，相对湿度 60%～70%。室温主要靠开关通风口来调节，白天温度超过上限时要及时通风降温。后期湿度不宜过大，以免产生裂果现象。

(3)花果管理　金太阳杏自然坐果率高，但在大棚内由于空气不流通，空气湿度大，不利于传粉受精。因此要进行人工授粉或放蜂，以提高坐果率。一般于初花前 2～3 d，每棚放置 1～2 箱蜜蜂辅助传粉。花后 3 周疏果，疏除并生果、畸形果、小果和密挤果，保持果间距 5 cm 以上。一般长果枝留 3～5 个果，中果枝留 2～3 个果，短果枝 1 个果。定果后要及时摘除幼果上的残花，如果残花不脱落，会在果面上造成黑斑或引起烂果，影响果实质量。

(4)树体管理　花后及时抹除萌蘖，并进行修剪。剪除一部分无果枝，回缩无果的冗长枝。当新梢长 15～20 cm 时喷 300 倍 PBO 1 次，以后视情况再喷 1 次，可基本控制新梢旺长，缓和生长势，从而提高坐果率。其他修剪措施同露地杏园。

(5)肥水管理　谢花后 2 周，间隔 7 d 交替喷布 0.3%～0.5%尿素、0.3%～0.5%磷酸二氢钾，采前以喷 0.3%磷酸二氢钾为主。果实采收后，每株沟施尿素 0.25 kg、复合肥 0.25 kg。

(6)病虫害防治　扣棚后 10～15 d 喷 1 遍石硫合剂，防治越冬病虫害。花后喷 1 次 10%吡虫啉 2 000 倍液，消灭蚜虫和叶螨。果实成熟前 15 d 喷 10%吡虫啉 2 000 倍液和 70%甲基托布津 800 倍液，防治蚜虫、叶螨及炭疽病等病虫害。其他时间按病虫害发生情况及时喷药防治。空气湿度大时，可用蚜虫清烟雾剂于落草苫前进行熏棚，效果很好。

4. 采果后管理

采果后是杏树新梢形成和花芽分化的重要时期，而此时却因春梢质量差、行间郁闭和树体营养水平低等原因，极易影响花芽分化，从而导致翌年花量少、产量下降。

(1)正确揭膜　揭膜工作可结合采果前的开脊通风透光逐步进行。其方法是逐渐开大通风窗，经过 3～5 d 放风锻炼，增强杏树对露地环境的适应能力，然后再经 2～3 d 便可揭膜。

(2)适度修剪　采果后对病虫枝、下垂枝、密挤枝进行适度疏除，骨干枝多的应适当疏除，为枝组发展提供空间，将选留下的骨干延长枝回缩到更新枝处，其余枝轻剪缓放促进短果枝与花束状果枝的形成。

(3)施肥浇水　揭膜后 3～5 d 结合浇水，亩施有肥 3 000 kg、果树专用复合肥 100 kg，以有利于根系和枝叶健壮生长，提高花芽质量，保证连年丰产。

(4)中耕松土　棚杏采果后及时中耕松土、除草，使土壤疏松通气，以利保水保肥，促发新根，结合中耕将棚内落叶、烂果、杂草彻底清除干净，集中烧掉，同时喷 3～5 波美度石硫合剂。

(5)病虫害防治　揭膜后喷 1 遍 800 倍 45%大生 M-45，10 d 后再喷 1 遍。如有蚜虫可喷 1 遍 10%吡虫啉 1 500 倍液，7—8 月喷 1 次扫螨净 300 倍液防治叶螨。

任务三　草莓设施标准化生产

【任务描述】

本项目主要任务是学习不同设施类型生产的建园技术、品种选择技术、环境调控技术、设施内果树的管理技术。能进行草莓的设施生产。

【任务分析】

要完成本项目学习任务，必须具备以下条件：

教学环境　多媒体教室、设施草莓生产实训基地。

教学工具　修剪工具、植保机具、常见肥料与病虫标本。

师资要求　企业师傅、生产人员、专职教师。

草莓植株小、生长周期短，生长发育容易控制。适合设施栽培，是目前栽培最普及，技术最成熟的设施果树之一。绿色食品草莓设施栽培应用标准如下《绿色食品　产地环境标准》NY/T 391—2013，《绿色食品　肥料使用准则》NY/T 394—2013，《绿色食品　农药使用准则》NY/T 393—2020。温带水果标准 NY/T 844—2017，生产技术操作规程可参照 NY/T 5105—2002 的规定结合本地实际执行。

根据栽培目的和应用的技术手段不同主要可分为半促成栽培和促成栽培两种栽培形式。

半促成栽培　在秋冬季利用自然条件或采用低温、短日照处理，使草莓植株尽快地通过自然休眠，然后再加温、补光、激素处理等解除其休眠，使其恢复生长，提早开花结果。打破休眠是其首先要解决的问题。

促成栽培　在草莓植株花芽分化以后尚未进入休眠时，利用温室设施开始保温，并结合长日照、激素处理等措施，抑制休眠，使其继续生长，从而提早开花结果。抑制休眠则是其首先要解决的问题。

一、良种选择

(一)良种选择原则

选择容易成花、需冷量较低、丰产性，抗病性强，个大、色艳、硬肉、耐贮运，能相互授粉的品种。

(二)常用优良品种

1. 日光温室适栽品种

主要有宝交早生、丰香、鬼怒甘、弗吉尼亚、丽红、幸香、哈尼、枥乙女、红颜等，果个较大，品质优良。

2.冷棚适栽品种

主要有全明星、新明星、硕丰、草莓王子等，山东农业大学引自美国的赛娃、美德莱特品种可一年四季连续开花结果。

二、建园技术

（一）园地选择

绿色食品草莓的生产地环境要求符合《绿色食品 产地环境（NY/T 391—2013）》规定。

（二）适用设施

促成栽培主要选用温室，加温型塑料大棚，半促成栽培选用塑料中棚、大棚。可配合小拱棚与地膜覆盖等设施进行。

（三）栽植技术

1.栽植时期

目前草莓设施生产均采用一年一栽制，不同的设施类型定植时期有所不同。以秋季定植为主。秋季定植含水量比较大，气温相对较低，有利于栽植成活。并且定植当年可继续生长一段时间，进行花芽分化，利于安全越冬和开花结果。当秧苗达到标准时，以适当早栽为宜。栽植时，最好选择阴天进行，利于快速缓苗，提高成活率。

2.栽植方式

目前推广的高产栽植方式有两种：

（1）宽畦 4 行栽植，即宽 1～1.2 m 畦上栽 4 行，小行距 20～25 cm，株距 15～20 cm。

（2）大垄双行定植，垄高约 40 cm，呈梯形，下宽 90 cm，上宽 60 cm。条件较好时垄台上部 25 cm 高可全部用人工配制的基质堆积而成。常用基质配比为农家肥：炭化稻壳：草炭或农家肥：炭化稻壳：山皮土为 3：3：4。植株在这样的栽植方式下，根系环境通气良好，发育健壮。双行定植，株距 15 cm，小行距 20 cm 左右，每亩大约 10 000 株。

设施栽培多采用高畦，这样有利于提高地温。一般畦为南北走向，高 10～20 cm，步道沟宽 20～30 cm（图 4-3）。

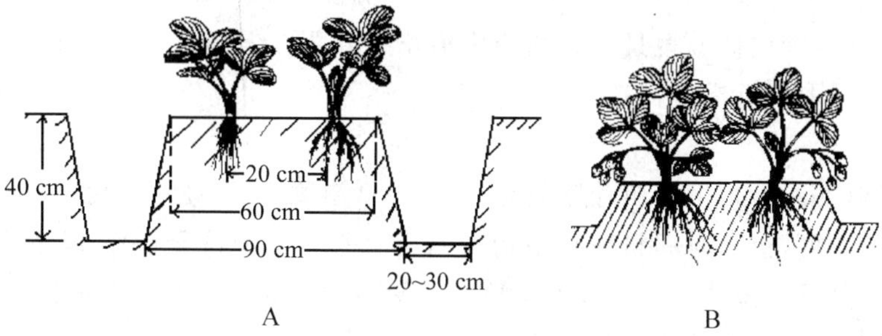

图 4-3 草莓定植模式

A.大垄双行栽植模式 B.秧苗定植方向

草莓的栽植密度与因品种、秧苗质量和栽培形式的不同而异。设施栽培密度 1 hm^2 应控制在 12 万～15 万株之内。根据秧苗质量、品种生长势进行适当调整。

3. 栽植方法

(1)棚室消毒　栽植前进行棚室消毒,安全、无公害的方法是夏天高温季节,深翻后土壤表面覆盖地膜或旧棚膜,密封温室,利用太阳热产生的高温,杀死土壤中的病菌和害虫。消毒时间约 40 d。

(2)施肥　每公顷可施用优质鸡粪 30～40 t,深翻 30 cm,整平耙细后作畦。

(3)苗木选择　定植前一天将假植圃或假植钵浇透水,保证起苗时不伤根或少伤根。选择根系发达,叶柄粗短,成龄叶 4～7 片,新茎粗 0.8 cm 以上,苗重 20～40 g,无病虫害的壮苗,最好使用脱毒苗进行定植,草莓单株形状见图 4-4。

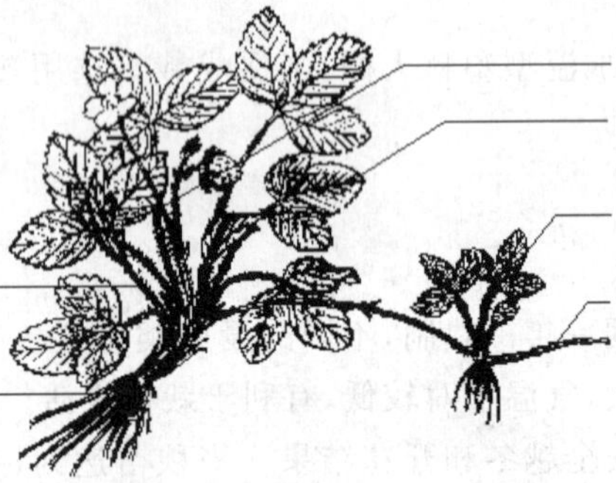

图 4-4　草莓单株形态图

(4)栽植　将秧苗根系自然舒展放入穴中,使新茎基部与畦面齐平,做到“深不埋心,浅不露根”。一般秧苗的弓背统一朝向畦外侧(见图 4-3B),由于秧苗的弓背方向即为花序的伸出方向,花序向畦外侧延伸,有利于增加光照,有利于疏花疏果、垫果以及采收实训作业。

(5)定植后管理　秧苗定植后,压实浇透水,以免浇水后出现“下井”现象,造成秧苗栽植过深。定植后用遮阳网等遮光覆盖,以提高秧苗成活率。

三、促花管理

草莓的花芽分化与温度和日照长度关系较大。温度在 12～24℃,日照长度在 8～12 h 有利于花芽分化,此范围内低温短日照有利于草莓花芽分化。但高温和长日照将严重影响花芽质量。草莓主要采取以下措施促花。

1. 遮光处理

使用遮阳网(寒冷纱),把育苗畦遮盖起来,以降低温度,促进花芽分化,一般采用遮光率在 50％～60％的遮阳网,遮光时间自 8 月中旬开始至日平均气温降至 20℃以下为止,即 9 月中旬左右结束。可降低气温 2～3℃,降低地温 5～6℃。但遮光不利于秧苗生长,一旦花芽分化,就应立即撤去遮阳网,促进秧苗健壮生长。

2. 低温冷藏法

选择 5 片叶以上,新茎粗度 1.2 cm 以上的假植苗,根据不同品种在 8 月底与 9 月初起苗,洗净根部泥土,摘除部分老叶留下 2～3 片展开叶,按 4～5 cm 株行距假植在育苗箱内,箱内装有疏松的基质或培养土。置入 10～15℃的冷库中,入库时间为每日下午 3 时至第 2 d 早晨 7 时,然后出库接受阳光照射,日长为 8h/ d,处理时期为 17～20 d,可促进花芽分化。

3. 断根和摘老叶

断根可控制秧苗根系对氮素的吸收，促进花芽分化，并使花芽分化整齐。将假植圃充分浇水，距离植株 5 cm，深 10 cm 断根。断根应在定植前一周完成，可每隔 1 周进行 1 次，共计 2～3 次为宜。对植株摘叶，即使给予长日照，同样能诱导成花，摘除老叶比摘除新叶效果更为显著。注意摘叶要适度，若摘叶过多，反而会阻碍花芽的发育。一般从顶部往下数第 6 片叶以上即开始衰老，应及时摘除。每株保持 4～5 片健壮的展开叶。

4. 高山育苗

主要是利用夏秋季高山上昼夜温差大，尤其是夜温低，从而促进秧苗提前花芽分化。把草莓苗移到 1 000 m 的高山上去培育，温度可降低 6℃，比平地进行短日处理的要提早花芽分化近 13 d。如果在高山上再就地进行短日处理，花芽分化期还会提早，而且产量也会明显增加。高山育苗时期在 8 月中旬左右，处理 20～30 d，观察到花芽分化即可下山定植。

四、生产过程

1. 扣棚与打破休眠

(1)扣棚时间　草莓设施栽培的扣棚时间，主要决定于设施类型，计划采收期和品种的需冷量等，草莓休眠后，只有打破休眠，才能提早扣棚升温，否则开花不整齐，产量不高。适于设施栽培的草莓品种需冷量约为 0～800 h，不同品种，需冷量差异大，如春香为 0～40 h，丰香 50～70 h，明宝 70～90 h，女峰 60～100 h，宝交早生 300～400 h，达娜 500～700 h。

大棚、中棚栽培，大棚早于中棚扣棚时间，北方地区一般在 2 月中、下旬到 3 月上、中旬。

高效日光温室一般在草莓花芽分化后进入休眠前进行扣棚进行，普通日光温室可相应推迟，山东省多在 10 月下旬，北京地区多在 10 月上旬，要保证生长期不出现低温伤害(特别花期)为前提。一般草莓品种升温后 1 个月开花，花后 1 个月果实开始成熟，采收期 1 个月左右，具体升温时间可据此向前推算。各地根据本地温度及不同品种需冷量，设施保温程度，上市要求等综合确定扣棚时间。

(2)打破休眠技术　目前打破休眠的技术主要有低温冷藏、高山育苗及赤霉素处理三种方法。赤霉素处理一般是在保温开始 3～4 d，用 10 mg/L 赤霉素喷布植株，每株喷 5 ml 左右，打破休眠。

2. 设施环境调控技术

(1)温度调控　从揭苫升温到揭除棚膜的温度调控。扣棚初期，白天控制最高温度为 30～35℃，夜间不低于 8℃；开始现蕾时，最高温度 28～30℃，最低 6～8℃；开花期最高温度 25～26℃，夜间不低于 6℃，以 7～8℃为宜；果实膨大期，温度可略低些，白天 20～25℃，夜间 4～6℃；果实采收期，白天温度保持 18～20℃，夜温保持在 5～8℃。温度过高时，应及时放风降温。当外界最低气温稳定在 8℃以上时，可将棚膜去掉，实行露地管理。

(2)湿度调控　草莓喜湿怕涝，浇水应小水勤浇。保温初期，为了使植株适应高温高湿环境，常常采取升温后浇水的方法增大湿度，但高温多湿管理不应持续太久，因为开花期对湿度反应较敏感，一般开花期棚室内相对湿度应控制在 80%以下，采取覆膜措施，使湿度控制在 40%～60%。其余时期均应控制在 80%～90%。

3.土肥水管理技术

肥料施用须符合《绿色食品肥料使用准则 NY/T 394—2013》的要求。

(1)中耕除草　扣棚升温后，当地面冻土层化透，表土稍干时，进行第一次中耕松土，深度以不伤根为度。植株开花后进行第二次松土，结合去除老叶、枯叶，同时给植株根部培土，培土厚度以不埋苗心为度。并且每隔 10 d 左右，结合疏花疏果、去匍匐茎及弱芽，拔除田间杂草，直到采收为止。

(2)施肥灌水　设施内推广膜下滴灌施肥技术。滴水原则遵循"湿而不涝、干而不旱"的原则，根据草莓各生长季需水情况而定。土壤相对湿度保持在 50%～60%。滴水宜少量多次。刚扣棚后要灌一次透水，保证萌芽生长需要。以后视土壤墒情进行浇水，保持土壤含水量在 80%左右。果实膨大期是草莓需水最多的时期，必须充分供水。果实成熟期应适当控水，以增加果实硬度，减轻病害发生。

草莓追肥宜少量多次进行，随水追肥。在生长需肥高峰期追氮、磷、钾复合肥，以及生物肥料等。但肥料溶解后颗粒直径不能大于 0.8 mm，以免堵塞输水管孔影响滴水质量。整个生长季每 10 d 进行 1 次，追肥至少要进行 4～5 次，以液体肥料为宜，氮磷钾复合肥为佳。开花前追肥以氮肥、磷肥为主，可 1 hm^2 施尿素 150 kg，磷肥 300 kg。坐果后追肥以磷肥、钾肥为主，1 hm^2 施磷酸二氢钾 225～300 kg。土壤追肥方法也可在距植株 5～6 cm 处，用打孔器打深 5 cm 左右的孔，将氮磷钾复合肥施入孔内，用土覆盖好。追肥后要立即灌水。地下追肥的同时地上每 10 d 进行 1 次叶面肥，以加氮的磷酸二氢钾 0.3%～0.5%液喷施，一直延续到生长季结束。注意果实成熟前 10 d 应停止追肥。

想一想

1.观察实践中草莓设施栽培还有哪些模式或新技术？

2.探讨或总结其技术要点有哪些？

（提示：观光农业中有吊袋、壁挂或柱式、梯式立体栽培、管道化栽培等无土栽培模式。中国农业科学院推广的有机基质栽培技术，值得借鉴。）

4.花果管理技术

(1)疏花疏果　一般一株草莓能抽生 1～3 个花序，每个花序有 8～30 朵花。高级序上的花开放晚，果实小，无商品价值，甚至不结果。因此，当花序抽出后，在第一朵花开放前，应疏去部分花蕾，以集中营养。大果型品种留 1、2 级序花或适当少留些 3 级序花；小果型品种留 1、2、3 级序的花蕾。坐果后应及时摘除病虫果、畸形果、小果或过多果。以利果个增大，提高品质。一般每株留 7～9 个果，单果重和增产效果明显。

(2)授粉受精　为了提高坐果率，花期还应做好人工放蜂，每个棚室 1 箱即可。花前 2 周放入。放入蜂箱前喷 1 次杀虫剂或熏 1 次烟雾剂。

(3)垫果　没有进行地膜覆盖的棚室，果实膨大后应做好垫果工作，避免果实与土壤直接接触，引起霉烂。

(4)采收单果　成熟后要及时采摘，包装上市。

5.植株管理

(1)去老叶　在草莓的生长发育过程中，先期生长的叶片尤其是越冬老叶，逐渐衰老，叶片变黄，叶柄基部开始变色，叶片呈水平状生长，要及时除去，以减少营养消耗，改善通风透光条件，减轻病虫害的发生。摘除老叶还可以促进新茎生根，增强植株吸收能力。一般每株草莓保留 10～15 片叶即可。

（2）除弱芽 在生长过程中，植株上能够形成一些侧芽，这些芽形成晚，生长较弱，生成的叶片小，抽生的花序细弱，花朵数少，没有经济价值。这些侧芽应当及时去除，以节省营养。

（3）摘除匍匐茎 一般情况下，草莓从坐果期开始发生匍匐茎，果实采收期达到最高峰。生产园应当及时摘除匍匐茎，减少养分消耗。

去老叶、除弱芽和摘除匍匐茎应当结合在一起进行，以提高工作效率，减少园地践踏。

6.病虫害防治技术

草莓主要病害有灰霉病、白粉病、褐斑病、蛇眼病，主要虫害有蚜虫、地老虎、金针虫、蝼蛄等。

（1）农业防治

- 选用抗病品种或搭配种植抗性较强的品种，使用优质脱毒壮苗；实行轮作。
- 及时摘除病叶、病果、老叶及清除病残体，带出棚外深埋或焚毁，减少病原菌基数。
- 定植前增施充分腐熟的有机肥，土壤深耕并利用太阳热和紫外线消毒。开花和果实生长期，加大放风量，将棚内湿度将至 50%以下。将棚内温度提高到 35℃，闷棚 2 h，然后放风降温，连续闷棚 2～3 次，可防治灰霉病。

（2）物理防治

- 黄板诱杀白粉虱、蚜虫用 100 cm×20 cm 的纸板涂上黄漆，上涂一层机油，30～40 块/亩，挂在行间，当板沾满白粉虱和蚜虫时，再涂一层机油。
- 在棚室放风口处设防虫网防蚜虫进入。在地里挖长宽深 30 cm×30 cm×20 cm 的坑，内装马粪毒饵诱杀蝼蛄。
- 糖醋诱杀按酒、水、糖、醋 1∶2∶3∶4 比例，加入适宜敌敌畏，放入盆中，每 5 d 补加半量诱液，10 d 换全量，诱杀甘蓝夜蛾、地老虎成虫等。

（3）生物防治 扣棚后当白粉虱成虫在 0.2 头/株以下时，每 5 d 释放丽蚜小蜂成虫 3 头/株，共释放 3 次。土壤施用酵素菌防治芽枯病。用 2%武夷菌素（BO-10）水剂 5 mL/kg，7～10 d 喷 1 次，连喷 2～3 次可防治草莓炭疽病。

（4）化学防治 保护地优先采用烟熏法，粉尘法，在干燥晴朗天气可喷雾防治，但喷药前如是采果期，应先采果后喷药，用药时注意交替用药，合理混用。所用药剂要符合绿色食品农药使用准则（NY/T 393—2020）。

用百菌清粉尘剂 110～180 g/亩，或用 20%速克灵烟剂 80～100 g/亩分放 5～6 处，傍晚点燃闭棚过夜，7 d 熏 1 次，连熏 2～3 次。25%扑海因可湿性粉剂 1 000 倍液或 20%三唑酮可湿性粉剂 1 000 倍喷雾芽枯病、灰霉病、白粉病等多种病害；选用 22%敌敌畏烟剂 500 g/亩分 6～8 处傍晚点燃熏一夜，或用 10%吡虫啉可湿性粉剂 1 500 倍喷雾防治蚜虫；用 1.8%阿维菌素乳油 3 000 倍喷雾防治红蜘蛛。

土施多效生物钙 50 kg/亩，或液面喷施 0.3%氯化钙溶液防治缺钙症。

五、问题探究

保护地栽培草莓较为突出的问题是容易产生畸形果。草莓畸形果产生的主要原因是花期授粉受精不良，因此好的授粉受精条件是预防草莓畸形果发生的途径。

(1)配置授粉品种　因草莓有的品种花粉可育性低，所以应选择一些花粉量多的品种作授粉品种，与主栽培品种混栽，能有效降低畸形果率。

(2)开花期间进行放蜂　棚室栽培的草莓花期早，花期自然出现的访花昆虫少。因此，花期在棚室中释放蜜蜂或壁蜂，可显著减少畸形果比率，并明显提高产量和果实品质。

(3)合理调控棚室内的温湿度　温度对授粉受精的影响主要是低温，草莓花粉发芽的最适温度为25～30℃，若低于10℃，就会影响花药的开裂和花粉管的伸长。花期适宜温度，白天应控制在20～28℃，夜间保持在5℃以上为宜。棚室内的湿度对花药的开裂和花粉发芽也有较大的影响，所以湿度不易过大，以40%的湿度为宜。为了防止湿度过大，建棚时应采用无滴薄膜，能减少水滴浸湿柱头；采用高畦地膜覆盖及滴灌能有效地降低棚室内空气湿度。花期只要地表不干，一般不要灌水。

(4)疏花疏果　除易出现雌性不育的高级次花，摘除病果和过多的幼果，可明显降低草莓畸形果率，并可集中养分，保证正常果的生长发育、提高单果重和果实品质。

(5)减少用药次数　无公害草莓的病虫防治应采取农业防治为主的综合防治措施，尽量不用或少用农药。如需使用药剂防治时，一定要避开花期，在花前或花后用药。

生产案例

辽北地区草莓设施栽培技术

结合辽北地区土壤、气候特征及近年草莓栽培中出现的主要病虫害进行总结，现将技术要点总结如下：

1.设施选用

辽北地区可选用大棚、中棚栽培(一般在2月中、下旬到3月上、中旬扣棚)或普通日光温室(10上、中旬扣棚)

2.品种选择

设施栽培由于投入大，一般应选择产量高、休眠期短、品质优、抗性强的品种，如丰香、溢香、鬼怒甘、幸香、枥乙女等。

3.定植

(1)整地施肥　栽前每公顷施有机肥60 000～75 000 kg并加45%三元硫酸钾和磷肥各750 kg，深翻30 cm，整平，耙细、起垄，整至垄宽1 m，垄高30 cm，垄距25 cm。

(2)定植时间、方法　一般8月底9月初气温25℃左右选择阴雨天定植，栽植深度要使苗的基部与土面齐平，做到深不埋心，浅不露根，并使根系舒展。栽植时使苗弓背向外，这样花序抽生方向将在畦两侧利于疏花和果实采摘，株距25 cm，中间垄双行栽植，边垄单行栽植，一般每公顷栽75 000～90 000株。

4.扣棚后管理

(1)水肥管理　草莓对水分要求较高，应多次灌水，关键是始花前期、盛花期和果实膨大期，果实成熟期底肥施足，追肥应把握少量、多施原则，结合灌水。10中旬追尿素150 kg/hm^2，第1批果实膨大期叶面喷施0.2%KH_2PO_4，每隔15～20 d喷施一次，直至收获。

(2)温湿度管理　大棚设施栽培扣棚时间应掌握在夜间气温降至8～10℃，辽北地区约在10月上、中旬，扣棚后即可覆上地膜，此后即可通过放风和覆盖草帘来调节温湿度，保持营养与生殖生长的平衡。一般第1花蕾现蕾前保持棚内30℃、夜间10～12℃以棚内湿润为主，现蕾后日间28℃，夜间不低于8℃，盛花期25℃，夜间10～12℃，当外界温度低于0℃时须覆2层膜保温，外界温度高于5℃，可揭去2层膜。

(3)植株管理　草莓进入生长期后，叶片不断更新，陆续出现老叶，应及时摘除老弱病叶及匍匐茎，一般在10月中旬，11月中旬及3月中旬各清叶1次。为了增大果个，提高果实品质和商品果率，在开花前，适量疏除花序高级次的花蕾，每个花序保留7～10朵花，幼果着色时及时疏去畸形果，病虫果。

(4)大棚内放蜂　顶花序开花时至次年5月放蜂，蜂量为1只/株。常为早上太阳刚出时放蜂至天黑收回。喂蜂食物以白糖与开水按1∶1配制，元月份之前喂完，白糖用量1 kg/2 500只，或按糖水2∶1投食。

(5)其他　赤霉素一般在10月中旬喷施10 mg/kg，每次喷施5 mL/株，在扣棚10 d内再喷施一次用量为5～10 mg/kg赤霉素，每次喷施5 mL/株。开花结果期每天早8—10时使用CO_2气体发生器释放CO_2。

5.病虫害防治

草莓为鲜食水果，因此在病虫防治过程中，应严格按照无公害草莓生产技术标准施药，并坚持以防为主，综合防治的原则进行病虫害防治。

综合防治措施有：及时清园，拔除病株，将枯枝病叶集中深埋，以减少病原物，利用夏季进行高温闷棚消毒；实行轮作换茬，并合理栽植，增施K肥、避免过多施N肥；选用无毒抗病品种；挂设防虫网，切断病毒传播途径。

同时辅以药剂防治：草莓常见菌类病害有灰霉病、白粉病、黄萎病、芽枯病、叶斑病，常见虫害有蚜虫、地老虎、蛴螬及病毒性病害。一般菌类病害可用50%多菌灵可湿性粉剂800～1 000倍液，70%甲基托布津1 000倍液，50%速克灵800倍液防治，虫害则针对不同虫源使用不同杀虫剂防治，病毒病则无有效防治药剂，需2～3年更换一次脱毒苗。

任务四　大樱桃设施标准化生产

【任务描述】

本项目主要任务是学习不同设施类型生产的建园技术、品种选择技术、环境调控技术、设施内果树的管理技术。能进行大樱桃的设施生产。

【任务分析】

要完成本项目学习任务，必须具备以下条件：

教学环境　多媒体教室、设施大樱桃生产实训基地。

教学工具　修剪工具、植保机具、常见肥料与病虫标本。

师资要求　企业师傅、生产人员、专职教师。

樱桃果实色艳、味美,为落叶果树中成熟期最早的树种,有“春果第一枝”的美称。采用设施栽培,经济效益更佳。在国内以山东烟台、辽宁大连设施樱桃发展较多。但目前总体规模还不是很大,是一个朝阳产业。

绿色食品栽培应遵循如下标准《绿色食品产地环境标准》NY/T 391—2013,绿色食品农药、肥料使用准则 NY/T 393—2020 及 NY/T 394—2013 的规定,生产技术操作规程,各地结合实际,参照 DB210282/T—002—2004 绿色食品大樱桃保护地生产技术规程(普兰店区质量技术监督局)。

一、良种选择

樱桃设施栽培以早、中熟优良品种促成栽培为主。主要选择个大,色艳,发育期短,需冷量低,树冠紧凑,自花结实率高的品种栽培。适宜品种有红灯、抉择、佐藤锦、红蜜、红艳、艳阳、滨库、雷尼尔、高砂等。莱阳矮樱桃以树体矮化、结果早、品质优、丰产,是目前最适合设施栽培的中国樱桃品种。

二、建园技术

(一)园地选择

设施栽植樱桃必须选择背风向阳,土壤肥厚,排水良好,有灌溉条件的地块,据棚室建造规划进行栽植。产地环境应符合绿色食品产地环境技术条件要求。

(二)适用设施

我国大樱桃设施栽培主要采用温室、大棚两种设施,有加温和不加温两种类型。

(三)栽植技术

1.栽植模式

(1)常规栽植　在我国北方地区冬季绝对低温－22℃线以南地区,可以先栽植,待生长3年形成花芽开始结果时,再建棚室扣膜生产;若在－22℃线以北地区,为了保护樱桃安全越冬,栽植当年必须建棚,每年冬季都要进行扣膜。

(2)限根栽培　限根生产技术常采取起垄栽培、容器栽培和根系修剪措施,限制底层根的生长。达到控冠促花的一种新型栽植模式。

生产实例

樱桃的容器栽培技术

近年来日本在樱桃生产上开展“低树高省力”栽培技术研究,研究表明樱桃容器栽培具有以下优点:树体容易移动,便于水肥调控,便于进行设施生产;可以在不宜露地栽植的地方人为的创造适宜环境条件,扩大樱桃的栽培面积。达到降低树体高度,提早结果,早期丰产,提高果品质量,增加经济效益的目的。

容器栽培的主要方法:

(1)用土的选择与容器的大小　容器栽培的土壤以质轻、保水与排水性能良好为宜,特别要配合腐熟的有机物或能改良土壤理化性状的其他基质。目前较好的土壤配方为田园土＋稻壳堆肥，田园土＋树皮堆肥，1～2 年生用 15 L 的容器，3 年以后移植到 60 L 的容器中。3 年生以前容器摆放距离 1 m×2 m，4～5 年生时增加到 1.5 m×2 m。要根据树体的大小及时更换适宜大小的容器。

(2)施肥管理　施肥管理要细致周到，减少氮素肥料的施用量。一般每株结果树盛花后追施纯氮 7.5～15 g，果实膨大期叶面喷布 2～3 次 0.3%磷酸二氢钾。

(3)水分管理　容器栽培中，水分应按生育期控制，发芽到盛花期，容器中土壤水分应维持 PF(渗透系数)1.8 左右的富水条件，盛花到盛花后 25 d 内 PF2.4 为宜，采收期 PF 应控制 2.6 左右的低水状态。

预备苗技术：

大樱桃结果较晚，幼树期长达 3～4 年，为了降低成本，提高设施利用率，常采用在露地通过花盆、塑料袋、木箱等容器，整形、施肥灌水，促进成花，培育结果大苗，然后再移栽到温室内进行生产，当年春季移苗，当年冬季就可生产。这是一种新型的樱桃栽植技术，经济效益显著。

大苗培育技术如下：

①苗木的选择　选择 80～100 cm 高、无病虫害、无根瘤病，根系发达，生长健壮的成品苗木进行大苗培育。

②培育技术　按照 2 m×2 m 株行距挖 40 cm×50 cm 的坑，将事先准备好的塑料编织袋放入坑中，在袋内装入少量腐熟好的土粪，然后装入 1/2 高的田园土，在袋内将苗木栽好，覆土至根颈处，灌水沉实，间隔 2～3 d 灌一次透水，而后覆盖 1 m^2 的塑料薄膜，及时定干(高度 35～40 cm)，然后套上塑料袋以防虫害。苗圃地的甜樱桃一般选择自然开心形和改良主干形。经过三个春夏的两季修剪，基本形成规定的树形要求。注意拉枝调整好骨干枝的角度。对冠内留作辅养枝的大枝，适当回缩，培养为结果枝组。注意树势平衡，利用多种措施，使树体形成大量花芽，为设施生产创造物质条件。

2. 栽植密度、时期

目前日光温室甜樱桃常规定植多采用平地栽植，南北行向，株行距(2～2.5) m×(3～3.5) m。定植时期，一般在苗木萌芽前 1～2 周为宜。容器苗春季、秋季均可。甜樱桃根系呼吸强度高，对土壤通透性要求高，采用常规的平地栽植，往往导致植株生长发育不良，早期落叶。为了解决这一问题，同样提倡起垄栽植。

3. 授粉树搭配

甜樱桃自花结实力低，栽植时必须配置授粉树(表 4-2)。授粉树的配置比例为 30%左右。设施内至少栽培 4 个品种，且最好每品种一行，相间栽植。

表 4-2　甜樱桃主栽品种的适宜授粉品种

主栽品种	适宜授粉品种	备注
红灯	雷尼、拉宾斯、龙冠	大体按授粉试验和坐果率高低为序
先锋	斯坦勒、龙冠	
意大利早红	红灯、先锋、萨米托	
雷尼	红灯、先锋、斯坦勒	
龙冠	先锋、大紫	
拉宾斯	意大利早红、龙冠	

4. 栽植方法

栽植以前按预定行距挖沟宽、深各 80 cm，将表土与底土分开堆放，株施优质有机肥 60 kg 左右与表土混匀填入沟内，然后按株距定植好苗木。

三、促花技术

甜樱桃常采用拉枝、刻芽、扭梢、绞缢、短截、PP_{333} 处理等措施促花。

(1)扭梢控制新梢生长　生长季对于主枝上发出的新梢在 15～20 cm 时进行扭梢，留新梢基部 6～7 片大叶将新梢扭转 90°即可，用叶片固定。生长强旺的新梢可以剪梢，剪去先端 5 cm，再扭梢。扭梢可以有效地缓和新梢生长势力，促进成花。扭梢随时进行。扭梢的同时对新梢进行摘心。主枝延长头和中央领导枝长到 30～40 cm 时可由梢顶端剪去 10 cm，其余枝和背上直立枝留 5～10 cm 重短截。

(2)化学药剂处理　生产实践证明多效唑(PP_{333})对大樱桃的抑长促花作用十分明显。多效唑在大樱桃上的施用以树上喷洒为主。5 月中旬后，对树冠外围新梢喷布一次，浓度为 500～1 000 mg/L；整形完成的次年春季芽萌动时，对强旺植株土施 15%PP_{333} 4～6 g，将其溶入 500 g 水中，在树干周围距树干 50 cm 处浇入，可促进花芽形成，植株发出的短枝即可大部分成花。进入结果期以后树势渐趋稳定，就不必再施用多效唑。此外，在中长梢停长期高浓度 PP_{333} 蘸梢尖，促花效果显著。

四、生产过程

(一)建棚覆膜时间及覆膜前的管理

(1)建棚时间　在良好的管理条件下，大樱桃自苗木定植到能形成一定的商品产量，大约需要 3 年的时间，一般在第 3 年底开始建棚覆膜。

(2)扣棚时间　扣棚时间应在大樱桃满足需冷量后升温，大樱桃需冷量一般为低于 7.2℃时数达到 1 100～1 440 h 为宜。为了提早结束休眠，可以采取白天盖草帘、晚上揭草帘的人工降温方法，使之提前度过自然休眠期，实现计划的大樱桃上市时间。

(3)覆膜前的管理　扣棚前全面完成整形修剪任务，疏除扰乱树形的大枝，拉枝调整好枝条角度，使枝条合理分布。同时施足基肥，保证树体营养供给。清理果园，全园喷布 1 遍 4～5 波美度石硫合剂，铲除越冬病菌和虫卵。覆膜前 3～5 d 追施多元素复合肥后浇透水，在覆棚膜的同时在行间覆盖透明地膜，以利提高地温。

(二)棚内管理

1. 萌芽期管理

(1)温度管理　大棚内的温度主要依靠开闭通风口和揭盖草苫来调控。覆膜以后，要通过逐步增加白天拉起草帘的数量来使大棚内有一个逐渐升温的过程。白天由开始的 11～12℃逐渐增加到 18～20℃，夜间温度由 0℃逐渐增加到 3～5℃，这个过程大约需要 10 d 的时间，此后便进入萌芽开花期。

(2)湿度管理　从覆膜到采收，要求土壤相对湿度 60%～80%。发芽前期到初花以前要求 80%为宜；发芽期 20～40 cm 土壤的湿度以泥土手握可成团，一触即散为度；花期之后，土壤相对湿度 60%～70%为宜。

(3)肥水管理　扣棚萌动后，每株追施 200 g 尿素，结合追肥开沟浇小水。盛花期前后，间隔 10 d 各喷 1 次 0.3%尿素加 0.3%硼砂，可以显著提高坐果率。花期和花后，一般不浇水，防止因灌水加大棚内空气相对湿度和新梢徒长竞争养分。

2. 开花期管理

(1)温湿度管理　花期白天 20～22℃，最高不要超过 25℃，夜间 5～7℃为宜，这段时期对气温非常敏感，要随时观察棚内温度变化情况，白天温度过高要及时通风降温，夜间如遇低温要及时采取升温措施。此期若遇到－2℃的低温 2 h，将会有 50%的雌蕊被冻死。开花至落花空气相对湿度维持 60%，樱桃花期对空气湿度要求相对较严格，湿度过高，花粉不易发散，且易感花腐病；湿度过低，柱头干燥，不利于受精。

(2)提高坐果率的措施　盛花前 10 d 始，晴天中午天天放风，使花器官尽早经受锻炼，接受一定的直射光照射，提高花芽发育质量。盛花期前、后相隔 10 d 各喷一次 0.3%尿素加 0.3%硼砂或 600 倍 KH_2PO_4 溶液，或盛花期喷施 50 mg/kg 的 GA_3，或 300 倍稀土微肥液，均可显著提高坐果率。

花束状花开放时，与授粉树花用毛掸相互轻轻触弹即可。也可以人工采集花粉，用毛笔或橡皮点授。授粉从开花到花开后的第 3 d 均可进行，但以开花当天授粉最好。授粉自盛花初期分 2～3 次进行。利用蜜蜂辅助授粉可提高花朵坐果率 20%以上。蜜蜂每个大棚设置一箱基本可以满足需要。花后 10 d 左右及时对新梢摘心，防止新梢与幼果生长竞争养分，对提高坐果率也有一定的效果。

(3)疏花疏果　萌芽前疏花芽，一般一个有 7～8 个花芽的花束状短果枝可疏掉 3 个左右的瘦小花芽，保留饱满花芽 4～5 个；花芽萌发后疏花蕾或疏花，可以起到节约养分、提高坐果率的作用，不过应掌握疏晚花、弱花、疏发育枝上花的原则；生理落果后进行疏果，疏果程度视全株坐果情况而定，一般一花束状短果枝留 3～4 个果，最多 4～5 个果。疏果应疏小果、弱果、畸形果和光线不易照到的果。

3. 新梢生长及果实膨大期管理

(1)温、湿度管理　果实膨大期白天 22～24℃，夜间 10～12℃，此间夜温适当高些有利于果实的发育，可提早成熟。着色至采收期白天 22～25℃，夜间 12～15℃，保持昼夜温差约 10℃。白天温度不能超过 30℃，否则会引起着色不良，且影响花芽分化。果实膨大期空气相对湿度保持 60%。

(2)促进果实膨大和着色　花后脱萼前，叶面喷施氨基酸复合微肥或稀土微肥等可显著提高叶片质量，提高光合效率，促进果实红色发育和果粒重。在果实着色期，摘除影响果实受光的叶片，摘叶程度不宜过重，以免影响花芽的分化和发育。在果实采前 10～15 d 树冠下铺设反光膜，增加树冠下光线反射，促进果实上色。果实着色期如已过晚霜，可考虑撤掉顶部薄膜，改善光照，促进着色。

(三)病虫害防治

樱桃的病虫害较严重，尤其病毒病发病率高，造成树体早衰，甚至死亡。常见病毒病有樱桃叶斑驳病、樱桃小果病、樱桃扭叶病、樱桃挫叶病、樱桃绿环斑病等；真菌类病害有樱桃根头癌肿病、樱桃癌肿病、枝干干腐病、樱桃褐斑孔病、果腐病(灰星病、软腐病、花腐病、炭疽病)、流胶病等。常见害虫有红颈天牛、小透羽蛾、金吉丁虫、金龟子(苹毛金龟子、东方金龟子)、介壳虫(朝鲜球坚蚧、草履蚧、桑白蚧等)、山楂红蜘蛛等。

针对樱桃病虫害应采取以下综合防治措施：

(1)选用抗病、无病毒的砧木和品种　种植前改良土壤，多施有机肥，起垄栽植，防止干旱或积涝。

(2)覆膜防虫　覆地膜既可提高地温，降低棚内湿度，又能减少土壤传播或在土中越冬、越夏的病虫害。萌芽前苗干上套塑料袋，防止象鼻虫、金龟子等啃食芽体和幼叶。

(3)喷药防治　萌芽前全园喷布4～5波美度石硫合剂。去棚膜后5—6月份喷布2次70%代森锰锌500倍液，或50%多菌灵600倍液。7—8月份对樱桃喷2～3次200倍等量式波尔多液，防治穿孔病、叶斑病和干腐病。流胶病可在发病初期将病斑纵割几刀后，涂刷石硫合剂原液。毛虫类、刺蛾类害虫，在1～2龄虫期，喷20%杀灭菊酯2 000倍液。建棚后，在覆膜前喷3～5波美度石硫合剂，幼果期喷1～2次1 000倍70%甲基托布津，预防叶斑病和果腐病。

(四)采收贮运及揭膜后的管理

樱桃成熟期早，时间集中，加之果实皮薄，易受损伤，不耐贮运，适期采收及搞好产后处理，是保证丰产丰收、提高经济效益的重要环节。揭膜后是保护地樱桃树体营养积累、花芽分化的重要时期，因此，搞好撤膜以后的管理十分重要。

1.果实采收、包装

(1)采收方法　由于樱桃果实贮运性差，不耐机械损伤，生产中几乎完全靠人工采摘。在采摘过程中，各个环节都要注意轻拿轻放，避免人为损伤。同时注意保护好结果枝，否则会影响来年产量。

(2)分级与包装　果实采收以后要剔除霉烂果、病僵果、青绿小果、虫鸟蛀果及摘果带下的枝叶等，然后按照果实的大小、色泽等进行分级包装。保护地樱桃是商品价值较高的果中珍品，应采用轻便、精美、环保的包装，保持新鲜品质，增加美感，提高商品价值。

2.采果撤膜后的管理

(1)适时除膜　春季过了晚霜期，随着气温的升高，可逐渐加大大棚两侧扒缝通风，直至将覆膜卷到大棚一侧。此期若遇降温或下雨，则需把薄膜重新盖好，以升温和防裂果。采收结束后，可完全除掉棚膜。

(2)补肥　采果后补肥，充实树体结果营养消耗，主要以优质有机肥和全元复合肥为主，施肥量依树龄大小而定，一般掌握在株施优质圈肥100 kg，或复合肥1.5 kg左右。有机肥可在树盘内放射状沟施，复合肥则可在树冠外围30 cm处行环状沟施或穴施，施肥后浇水促进肥料吸收。

(3)修剪　采果后修剪的手法主要是疏枝，疏除冠内过密的强旺枝和紊乱树冠的多年生大枝，调整树体结构，改善冠内通风透光条件，促进花芽分化。注意疏除多年生大枝时伤口要平，不能留桩，以利尽早愈合。

五、问题探究

设施栽培大樱桃常出现隔年结果现象，即通常所说的“大小年”，探明“大小年”现象出现的原因并采取必要的防控措施，对提高樱桃果实产量和经济效益大有裨益。

1.“大小年”现象出现的原因

(1)肥水供应时期不当　有关大樱桃花芽分化时期的资料与报道普遍认为，大樱桃一般在果实采收后10 d左右花芽便大量分化，采收后10 d至1～2个月是大樱桃花芽分化的重要时期，此期间忽视管理会直接影响第二年的产量。

(2)负载量过大　设施栽培大樱桃负载量过大表现在大年上。大年不进行疏花、疏果，大量消耗养分，造成下一年小年现象。而小年养分消耗少，又形成了大量花芽，下一年又形成大年。

2. 防控“大小年”的对策

(1)疏花、疏果，保持适宜负载量　花芽膨大后对花量过多的树疏花蕾，疏除花束状果枝上的瘦小和萌动较晚的花蕾，开花期间疏除瘦小的边花，留饱满的中间花，每个花束状果枝只留7～8朵花。疏果在落花后3周进行，即果实硬核前、生理落果后，疏除小果、畸形果及过密果。3～4年生树株产控制在2～3 kg，5～6年生株产控制在5～10 kg，7年生以上树株产控制在15～20 kg。株产还应结合栽植密度确定。3～5年生树1 hm^2 产量控制在4 500～6 000 kg，6年生以上树1 hm^2 产量控制在7 500～9 000 kg，要保持产量的稳定。

(2)花芽分化期增施肥料　花芽分化期增施肥料应遵循控氮、增磷、补钾的原则。落花后10 d左右，追施一次速效性化肥，如磷酸二铵和硫酸钾等；落花后15 d开始每隔7～10 d喷一次磷酸二氢钾液和活力素，一直到采果后1个月左右结束。叶面喷肥可结合喷杀菌药同时进行。

(3)花芽分化期灌水　大樱桃对水十分敏感，特别是果实硬核期以后缺水，将严重影响果实膨大和花芽分化，此期田间持水量应保持在60%左右。一般在花后10 d左右灌第一次水，硬核后灌第二次水，水量以一流而过为宜，采果后灌一次大水。

(4)合理修剪　生长期应注意改善树体通风透光条件，可采取摘心、拉枝、疏除过密枝、徒长枝等措施。

生产案例

辽宁南地区甜樱桃设施生产技术

甜樱桃设施栽培技术含量较高，生产中由于管理技术跟不上，经常出现结果晚、产量低等情况。因此笔者于2006—2009年进行了甜樱桃温室促成栽培试验，取得了良好的阶段性成果，现将主要栽培技术总结如下。

1. 品种选择

红灯、拉宾斯、早大果、沙美豆、意大利早红等品种适合当地混种栽培。

2. 定植

栽培模式采用下列2种均可。一种模式为从裸地移栽8年生大树，株行距3.0 m×4.0 m；一种模式为直接栽植3年生苗圃地整形苗，株行距1.5 m×2.0 m。定植时间为4—5月份。

3. 扣棚后的管理

(1)休眠与升温时间的合理安排

甜樱桃要经过7.2℃以下低温达到1 200～1 400 h以上再升温，才能发芽整齐，花芽生长发育均匀。10月初当外界最低温度达到2℃时，温室扣膜并覆盖草帘，每天太阳落山后将草帘卷起，清晨太阳升起前将草帘放下，当外界最低温度低于0℃后，全天覆盖草帘。12月上旬，当低温时间达到1 200～1 400 h时，白天开始卷起草帘升温。

(2)肥水管理

发芽前每株追施复合肥0.5～1.0 kg；花前、花后每株树各追施尿素0.2 kg；采摘果实后每株补施尿素0.3 kg、磷肥0.3 kg、钾肥0.8 kg；每年9月份，每株树秋施优质厩肥20 kg、磷肥

0.3 kg、钾肥 0.8 kg，施肥后浇一遍透水。升温后为防止浇水时水温过低导致地温下降，设计温室时，在后墙顶端沿东西走向安装黑塑料水袋，用于蓄水。扣棚前及揭帘后，各浇一次水；落花后至果实米粒大小时浇一次水；果实如黄豆粒大小时，浇一次水；硬核期浇一次水。果实采收后，不特别干旱不浇水。

(3)合理修剪

采用自然开心形，培养三大主枝，主枝上直接培养大型结果枝组。每年 6 月末对大树进行落头开心，疏除竞争枝、交叉枝和多余的大枝。疏除大枝时去掉顶部遮光严重的过密枝及下部离地面较近的无枝。同时进行拉枝，开张大枝角度。另外，在生长季节，当新梢长到 10～15 cm 时摘心，二次梢生长旺盛时留 5 cm 连续摘心。

(4)温湿度调节

花期白天应控制在 15～20℃，夜间不低于 5℃；果实膨大期白天应控制在 20～25℃，夜间 8℃，白天若超过 25℃，应及时放风。放风时间在中午 12 时至下午 2 时。草帘一般上午 9 时揭开，下午 4 时半前盖好。如遇寒流、阴冷天气，不揭草帘。在 1—2 月份，可盖双层草帘。当外界气温达 20℃时撤膜。湿度一般保持在 50%～60%，树盘覆地膜，减少水分蒸发，使棚内相对湿度适宜。

(5)花果管理

自盛花初期开始，分 2～4 次进行人工授粉。用鸡毛掸子在授粉品种的花朵上轻轻滚动，再到主栽品种的花上滚动授粉；同时在开花前 7 d 每棚放一箱蜜蜂或 100 头壁蜂，可显著提高坐果率。坐果后及时疏果，一般每花序留 2～3 个果。花期根据需要选用 15～20 mg/ kg 赤霉素、0.3%尿素、0.3%硼砂喷施；幼果期喷施 0.3%磷酸二氢钾，对促进坐果和提高产量效果显著。

4. 病虫害防治

为害棚樱桃的病虫害主要有蚜虫、红蜘蛛、灰霉病、褐腐病等。每年扣膜前喷一次 5 波美度石硫合剂 500 倍液；花后喷 50%氧化乐果 1000 倍液＋50%多菌灵 800 倍液。此后再根据虫、病情，喷 2～3 次杀虫、杀菌剂，每年喷药 4～5 次。

【课业】

1. 设施果树生产的类型有哪些？
2. 什么是果树的需冷量？
3. 人工低温暗光促眠技术方法是什么？
4. 设施果树生产发育的特点有哪些？
5. 促成栽培与半促成栽培有什么区别？
6. 确定设施栽培果树开始升温的日期，主要应考虑哪些因素？
7. 葡萄设施栽培整形修剪与露地相比有哪些异同点？
8. 分析甜樱桃隔年结果的原因，生产上应采取哪些异同点？

单元五

果树生产技能训练

项目一　主要果树树种及品种的识别
项目二　果树生产基础知识
项目三　果树育苗
项目四　建园技术
项目五　果树整形修剪技术
项目六　果树地上管理
项目七　果树地下管理
项目八　果树病害防治

项目一

主要果树树种及品种的识别

实训1 主要果树树种的识别

一、知识点

进行本次实训应具备果树分类的知识，了解果树分类的常用方法即植物学分类、生态型分类、栽培学分类。

(1)按植物学分类(科、属、种)。

(2)按生态适应性分类(寒带果树、温带果树、亚热带果树、热带果树)。

(3)栽培学分类(常绿果树、落叶果树)。

二、能力目标

通过实训，初步培养学生识别果树树种的能力。

三、实训条件

材料：当地栽培的果树树种的植株和枝、叶、花、果的实物或标本。

用具：记载用具(笔记本、铅笔)等。

四、实训步骤

告知(知识点、能力目标、考核标准)→引入任务→教师讲解示范(图片、实物)→学生认知(分组进行)→考核→总结、留作业

五、实训内容

观察比较各种果树主要器官的形态特征，记载内容如下：

1. 植株

(1)树性　乔木、灌木、藤本、草本，常绿、落叶。

(2)树形　圆头形、自然半圆形、扁圆形、阔圆锥形、圆锥形、倒圆锥形、乱头形、开心形、丛状形、攀缘或匍匐。

(3)树干　主干高度，树皮色泽，裂纹形态，中心干有无。

(4)枝条　颜色，茸毛有无、多少，刺有无、多少、长短。

2. 叶

(1) 叶型　单叶、复叶、奇数或偶数羽状复叶。

(2)叶片质地　肉质、革质、纸质。

(3)叶片形状　卵形、倒卵形、圆形、阔椭圆形、长椭圆形、菱形、剑形等。

(4)叶缘　全缘，刺芒有无，圆钝、锯齿、锐锯齿、复锯齿、掌状裂等。

(5)叶脉　羽状脉、掌状脉、平行脉；叶脉凸出、平、凹陷。

(6)叶面、叶背色泽，茸毛有无。

3. 花

(1)花或花序类型　花单生、总状花序、穗状花序、复穗状花序、柔荑花序、圆锥花序、复伞形花序、头状花序、聚伞花序、伞房花序等。

(2)花或花序着生位置　顶生、腋生、顶腋生。

(3)花的形态　完全花、不完全花；花苞、花萼、花瓣、雄蕊。

(4)子房、花柱等的颜色和特征；子房上位、半下位、下位；心室数目等。

4. 果实

(1)果实类型　单果、聚花果、聚合果。

(2)果实形状　圆形、扁圆形、长圆形、圆筒形、卵形、倒卵形、瓢形、心脏形、方形等。

(3)果实色泽　橙色、橙黄色、橙红色、红色或鲜红色、黄色或黄褐色等。

(4)果皮质地　厚薄，光滑，粗糙及其他特征。

(5)果肉　色泽，质地及其他特征。

5. 种子

(1)种子数目、大小、有无、多少。

(2)种子形状　圆形、卵圆形、椭圆形、半圆形、三角形、肾状形、梭形、扁椭圆形、扁卵圆形等。

(3)种皮色泽、厚薄及其他特征。

六、实训提示

(1)实训可单独进行也可结合其他实训(如修剪、树体结构观察、果树物候期的观察等)。

(2)注意同一果树树种的不同分类方式。

七、考核标准

考核项目	考核要点	分值	考核说明
态度	准备方面，遵守纪律方面，注意安全方面，保护树体方面	30 分	1. 考核可单独进行，也可结合其他项目进行 2. 考核至少应进行两次(生长期、休眠期) 3. 可用实物结合图片及多媒体材料的方法进行
结果	1. 在不同的时期，能准确区分果树的树种(生长期、休眠期) 2. 能正确区分不同树种的器官(枝、新梢、花、果实等)	50 分	
拓展	能找出不同树种的主要区别	20 分	

八、作业

1. 认识当地的主要果树，比较其主要形态特征，并将实训中介绍的树种按要求填入表5-1。

表 5-1 果树地上部分形态特征

树种	植株形态	枝干	叶片	花	果实	种子
苹果						
梨						
桃						
李						
板栗						
葡萄						
核桃						
草莓						
山楂						
杏						

2. 认识当地的主要果树，将分类结果按要求填入表5-2。

表 5-2 北方主要果树的分类

果树名称	植物学分类	生态适应性分类	冬季是否落叶分类
苹果			
梨			
桃			
李			
板栗			
葡萄			
核桃			
草莓			
山楂			
杏			

实训2 葡萄品种的观察识别

一、知识点

进行本次实训应了解有关果树各个器官(花、果、枝、叶、芽)结构的相关知识,了解有关器官特性的描述方法。

二、能力目标

通过实训,初步培养学生从植株和果实两方面,识别葡萄栽培种群和主要品种的能力,学会对品种特征、特性的正确描述,能掌握葡萄栽培主要品种10个以上。

三、实训条件

材料:鲜食和酿酒用的主要葡萄品种及能代表不同栽培种群的葡萄品种(或种)的结果植株和成熟果实。

用具:卡尺,钢卷尺,水果刀,折光仪,托盘天平,记载表,记载用具。

实训时间:夏季或秋季。

四、实训步骤

告知(知识点、能力目标、考核标准)→引入任务 →教师讲解示范(图片、实物)→学生认知(分组进行)→考核→总结、留作业

五、实训内容

1.植株的观察

(1)枝条 嫩梢颜色,茸毛有无、多少。成熟梢节和节间的颜色。休眠期枝条的颜色、粗细、节间长短。

(2)卷须 着生间歇性、连续性,不分叉、双分叉、三分叉,枝条基部第一卷须着生的节位。

(3)叶片 以新梢上第6~7片叶为准。

大小:纵径17 cm以上为大型,10~17 cm为中型,10 cm以下为小型。

形状:肾形、心脏形、近圆形。

裂刻:全缘、三裂、五裂,缺刻深、浅。

叶缘:锯齿三角形、圆顶形。

叶柄洼形状:闭合裂缝形、闭合椭圆形、开张满圆形、宽拱形。

叶面:颜色,光滑、粗糙。

叶背:茸毛多少,颜色。

(4)花 花序着生的节位。花的类型:两性花、雌能花。子房形状:圆锥形、回柱形、球形。

2.果穗和果粒的观察

(1)果穗

形状:圆柱形、圆锥形、单歧肩圆锥形、双歧肩圆锥形、圆锥形副穗。

大小:长度,重量。

(2)果粒

大小:纵径、横径。

形状:扁圆形、圆形、椭圆形、长圆形、瓶形、倒卵形、肾形、鸡心形。

颜色:绿白色、淡黄绿色、黄色、玫瑰色、红色、紫红色、黑紫色、黑色。果粉有无,多少。

果肉颜色:黄、黄白、淡绿等。

果汁颜色:白、红、紫等。

风味:甜、甜酸,汁液多少,香气有无。

可溶性固形物:多少。

种子:有无,数量。

六、实训提示

(1)实训可重点进行两次,一次对果实外观及结构的观察,另一次对植株进行观察。

(2)注意找出不同品种的代表性特征。

七、考核标准

考核项目	考核要点	分值	考核说明
态度	准备方面,遵守纪律方面,注意安全方面,保护树体方面	30 分	1. 以当地的葡萄品种各 10 个为实物进行考核 2. 说出各品种的主要特征 3. 可用实物结合图片及多媒体材料的方法进行
结果	1. 在不同的时期,能准确区分果树的品种(生长期、休眠期) 2. 能正确区分不同品种的器官(枝、新梢、花、果实等)	50 分	
拓展	能将识别枝条的能力应用于实际果树生产中,如苗木、接穗等的纯度	20 分	

八、实训作业与思考

1. 说明葡萄各主要品种植株和果实的区别。

2. 将葡萄品种特征观察结果填入表 5-3 内。

表 5-3 葡萄品种特征调查表

品种调查项目		品种调查结果
卷须		
叶片	裂刻 叶缘锯齿 叶基 小、大 叶背茸毛	
果皮	果穗 果粒 果肉 种子 风味	
主要特征描述		

项目二 果树生产基础知识

实训 1 果树根系的观察

一、知识点

在进行果树根系的观察前，应了解：常见果树根系的类型、结构；根系生长发育规律与特性；根系的结构与分布特点；果树根系在果树生产中的作用等相关知识。

二、能力目标

(1)能掌握观察果树根系的方法。

(2)了解果树根系结构，认识各种根的形态。

三、实训条件

材料：生长良好的实生树、嫁接树和葡萄的幼树，生长正常的成年果树。

用具：镐(镢)，锹，水盆，塑料薄膜，解剖镜，镊子，绘图纸，铅笔，橡皮，皮卷尺，卡尺，根框(各方格为 10 cm×10 cm)，小木桩，线绳，坐标纸，记载板等。

四、实训实施步骤

全班分 5～6 个组，每组 5～6 个人，实训流程如下：

告知(知识点、能力目标、考核标准)→引入任务 →教师讲解示范(图片、实物)→学生认知(分组进行)→考核→总结、留作业

五、实训内容

(一)观察果树的根系结构

挖生长良好的实生树、嫁接树和葡萄的幼树各一株。要求尽量不伤根，保存较完整的根系结构。观察其根系各部。

(1)根颈　指果树根部与地上部交接处。

实生树　具有真根颈，即是种子的上胚轴与下胚轴的交界处。

自根果树(如葡萄)是假根颈，即不是由胚轴形成的。

嫁接树(如苹果等)具有真根颈或假根颈。用实生苗作砧木的具有真根颈;用无性繁殖苗作砧木的,如苹果矮化砧果苗,则具有假根颈。

(2)主根 向垂直方向和向水平方向分布的粗大根。实生树和用实生苗作砧木的嫁接树,都具有强大的主根,而自根树一般没有明显的主根。

(3)侧根 着生在主根上比较粗大的根。有水平生长的,也有垂直生长的。而自根树的侧根,直接生长在根干上,而以根干的节上和基部发根较多。

(4)须根 着生在主根和侧根上的纤细根。寿命较短,是根系最活跃的部分,具有吸收和输导功能。

(5)吸收根 着生在须根尖端的未木栓化的白色新根。为初生结构组织。在根系旺盛生长期,此类根发生较多,但寿命较短,主要功能是吸收。

(6)过渡根 由吸收根转变成的浅灰色初生结构的根,过一定时间就自疏死亡;但也有的经过一段时间,变为次生结构的输导根。

(7)输导根 由过渡根转变为黄褐色次生结构根。它的功能是起输导作用。

(8)根毛 着生在白色吸收根上。需挖掘带根土块,用水轻轻冲洗,在解剖镜下镜检。

(9)菌根 盘旋着生在白色吸收根上。需挖掘带根土块,带回室内,用水轻轻冲洗,在解剖镜下观察其形态。

(二)根系观察方法

(1)壕沟法 又叫奥斯坎普法(Oskamp)或部分挖根法。

从果树主干开始,自内往外每隔 1 m,挖宽为 60 cm 的土壤剖面,剖面深度以根深为准,剖面的数量取决于水平根的长度、挖掘剖面先从树冠最外围,估计在水平根的尖端开始向树干处挖掘,要避免在相邻果树根系交叉处挖掘剖面,最好选在果园缺株方向挖掘,或者在边行树进行。挖掘前先用皮卷尺从树干往外拉一直线,距干 2 m 处开始。每隔 1 m 在皮卷尺两边各 30 cm 处打小木桩,然后两木桩间拉一线绳,以标志挖掘剖面部位。从树冠最外围的剖面开始挖掘。挖时先距线绳 3～4 cm 处下铁锹,以便修平剖面。挖出剖面,修理平整,然后将根系观察框立于剖面上,用卡尺测量每方格内根的粗度和分布位置。按 10∶1 的比例,以一定符号标记在坐标纸上。一般根系标记的符号为:

·表示 2 mm 以下的细根;

0 表示 2～10 mm 的根;

①表示 10 mm 以上的粗根;

×表示死根。

同时标明每一剖面中的土壤质地的差异情况。把完最后一个剖面,就可得出水平根分布的大概情况。

(2)扇形法 在果树树干的南侧或东侧作一垂直线,沿垂直线两边划出等边三角形,每边 1 m,再沿三角形的两角作出两条平行线,向外延伸至估计根系最远分布区。由外往内的每 1 平方米内用手锄仔细扒开土壤 20 cm 深,露出根系作为第一层根系分布。在坐标纸上画出根系分布位置。然后再挖同样深度的第二层,并依次挖掘到没有根系分布为止。在坐标纸上画出各层根系分布位置。并得出垂直和水平根的分布图。

(3)方块定期取根法 常用于了解果树不同时期的根系生长动态。在树冠边缘根系集中分布层内,取 20 cm×20 cm×20 cm 的土样,用水冲洗。将土样内的全部根系仔细取出,记载生长根、吸收根、过渡根及输导根的数量和长度。每次取样重复3～5次，求出各类根的比数。在根系生长季可3～7 d测一次，也可分层取样，可看出新根生产量，了解不同深度根系生长动态。调查方法如下：

在盛有清水的培养皿下面放一张方格坐标纸，选择适当大小的须根，放在培养皿中展开，分别统计吸收根（白色）、过渡根（黄色）和输导根（褐色）的数量和长度，计算吸收根的平均长度，吸收根占总根数的比例，1 m长须根上着生的吸收根数。各类根的长度分别归类统计（表5-4）。

六、实训提示

（1）对于一些根系较大的果树，可在秋季结合施基肥时进行。

（2）根系较小的，可在生长季任意时间进行。

七、考核标准

考核项目	考核要点	分值	考核说明
态度	准备方面，遵守纪律方面，注意安全方面，保护树体方面	30分	1.考核可单独进行，也可结合其他项目进行 2. 对于一些根系较大的果树，可在秋季结合施基肥时进行 3.可用实物结合图片及多媒体材料的方法进行
结果	1.能掌握不同果树根系的观察方法 2.掌握不同果树根系的生长发育规律及结构	50分	
拓展	能总结出果树的根系生长与栽培管理的关系，并应用到果树生产的实践中	20分	

八、作业

1.根据实际观察绘制果树根系结构图，并注明根系各部的名称。

2.绘制所用观察方法获得的根系分布图。

表5-4　根系分类统计表

须根号		吸收根/条	过渡根/条	输导根/条
1				
2				
合计	条数			
	长度			

果树的根系类型分类表

根系类型	常见的树种
实生根系	
茎源根系	
根蘖根系	

实训 2 果树树冠体积及叶面积指数的测定

一、知识点

果树的叶片是通过光合作用制造营养的器官,因此,叶片的组成与分布与果树的产量是密切相关的。叶面积指数是衡量叶片分布是否合理的指标。为了获得高产,在栽培过程中,必须使叶片达到合理的分布。

二、能力目标

(1)学会测定树冠体积及叶面积指数的方法。

(2)锻炼学生从事科学研究的能力。

三、实训条件

材料:不同类型树冠的植株(苹果或梨等)

用具:1/8 m^3 铁丝(条)方框,天平,叶面积方格测量板或其他测叶面积用具。

四、实训实施步骤

全班分 5~6 个组,每组 5~6 个人,实训流程如下:

告知(知识点、能力目标、考核标准)→引入任务→教师讲解示范(图片、实物)→学生认知(分组进行)→考核→总结、留作业

五、实训内容

(1)树冠体积的测定 选苹果或梨不同类型树冠的植株,测量树高及冠径.按下列公式求其树冠体积。

①半圆形:$V=\pi D^2/8\times L$

②扁圆形:$V=4/3a^2b\pi$

③圆锥形:$V=\pi D^2/12\times L$

V=体积,π=3.1416,D=冠径,L=树高,$a=D/2$,$b=L/2$ 体积求出后扣除光秃带体积。

(2)单叶面积的调查 在调查前要选择代表树,以试验树种和试验目的而定。如观察成年树单叶面积时,选择具有品种特点的、形状稳定的健全叶,仁果类果数以正常生长的发育枝由上向下数第 6 片叶为代表,核果类如桃则以中部叶为代表。常用的单叶面积的测定方法有:

①透明方格法 在透明方格上画有 1 cm^2 的方格,将叶压在方格板下,计算叶片占有的方格数,可直接读出叶面积。叶的边缘占有方格 1/2 以上的按 1 格计,不足 1/2 的则不计算。这种方法虽有一定的误差,但操作简便并可在树下观测,不必离体,可作为动态观察。

②回归方程法 有些果数叶面积分别与叶长、叶宽或叶长与叶宽乘积存在回归关系,预先用叶面积仪测量一定数量代表叶的叶面积,同时测量相对应的叶长、叶宽,并计算叶长与叶宽的乘积,分别建立回归关系,并进行显著性检验,若达到极显著水平,即可应用,在田间只要测量叶长、叶宽即可用回归方程换算出叶面积。

③调整系数法 将单叶面积相对应的叶长或叶宽或叶长×叶宽去除,得到的商即可作为

某些果树用叶长、叶宽或叶长×叶宽换算叶面积的调整系数。

④仪器测量　测量叶面积的仪器有两类，一类用光电原理，根据遮光的多少，改变光电池产生电流大小，通过电表可测得数据，经转化即可得到叶面积。另一类用电子扫描，如手持便携式叶面积测量仪，构造比较复杂，操作简便，效率高。

(3)叶面积指数及树冠投影叶面积指数的测定

①方框取样推算全树叶面积和叶面积指数　任选苹果或梨树一株，在树冠内叶片选具有代表性的部位，有 $1/8\ m^3$ 铁丝(条)方框(用 8 号铁丝作长、宽、高各边皆为 1/2 m 长的相互挂钩折叠式方框)，量取一方框内的叶片，将框内叶片全部摘下，立即称其重量，再从其中随机取出 20 g 叶片，用叶面积方格测量板测出叶面积，以此 20 g 叶的面积与方框内所有叶片按重量对比求出这 $1/8\ m^3$ 内的全部叶的面积，再与全树树冠体积对比，求出单株叶面积。

单株叶面积与该树行距乘株距的土地面积对比，所得值即为叶面积指数。

单株叶面积与该树树冠投影面积对比，即为树冠投影叶面积指数。

②按枝类比计算叶面积　将树冠内枝条分类调查各类枝条的数量，每类枝条各取代表枝 10～20 条，实测其叶片数，单叶面积，各类枝平均单枝总叶面积，用加权法计算，即单枝总叶面积，乘以该类枝数，得出各类枝的总叶面积，各类枝的总叶面积相加之和，即为全树的总叶面积。调查结果如表 5-5。

六、实训提示

(1)实训时期应选在果树的叶幕形成后进行。

(2)时间宜在正午进行，以便于树冠占地面积的观测。

七、考核标准

考核项目	考核要点	分值	考核说明
态度	准备方面，遵守纪律方面，注意安全方面，保护树体方面	30 分	1.考核可单独进行，也可结合其他项目进行 2.可用实物结合图片及多媒体材料的方法进行
结果	1.能掌握果树叶面积指数的测量方法 2.能根据不同的树冠密度估算出果树的叶面指数	50 分	
拓展	能将果树的叶面积指数与果树的丰产指标联系起来	20 分	

八、作业

选苹果、梨、桃等果树采用不同的单叶面积调查方法调查各类枝的单叶面积。

表 5-5　果树总叶面积的调查结果

枝类	叶丛枝	短枝	中枝	长枝	营养枝	总计
叶数						
单叶面积(cm^2)						
单枝叶面积						
枝数						
总叶面积(m^2)						

实训 3 果树花芽分化的观察

一、知识点

果树的花芽分化是指果树形成花芽的过程。花芽分化的好坏是决定果树产量的基础。掌握果树花芽分化的观察方法,便于了解果树的花芽分化情况,以便对栽培措施做出调整。

二、能力目标

(1)制作徒手切片(石蜡切片法)。

(2)能够进行镜检观察。

三、实训条件

材料:采取花芽分化各时期的苹果、桃的结果枝,苹果和桃花芽分化各个时期的固定切片。刚果红或番红。

用具:显微镜,刀片,镊子,解剖针,烧杯,培养皿,载玻片,盖玻片。

四、实训实施步骤

全班分 5～6 个组,每组 5～6 个人,实训流程如下:

告知(知识点、能力目标、考核标准)→引入任务→教师讲解示范(图片、实物)→学生认知(分组进行)→考核→总结、留作业

五、实训内容

(一)制作徒手切片

按采取时期顺序取苹果或桃的结果枝,用镊子由外及里剥去花芽的鳞片,露出花序原始体,然后用刀片从花序原始体的左上方轻轻往右下方切割,切割的花序原始体小片,愈薄愈好,1 个花序原始体可连续切割数片,将切下的薄片放入盛水的培养皿中。1 个花序原始体切割完毕后,将培养皿中的小薄片,依次排列于载玻片上,用 1%的刚果红染色,经 1～3 min 后,用清水洗净,加上盖玻片。即可在显微镜下观察。如无染色剂,亦可直接在显微镜下观察。

桃的花芽徒手切片的操作与苹果大体相同,唯剥去外部较硬鳞片后,可保留柔软苞片,即可切割。

(二)镜检观察

将制成切片置于双目立体显微镜或低倍显微镜下依次检查,并与标准固定切片相对照,以识别花芽分化所处的时期。

1. 苹果的花芽分化时期

(1)未分化期　生长点平滑不突出,但四周凹陷不明显。

(2)分化始期　生长点肥大,突起,呈半球形,四周下陷。

(3)花原始体出现期　肥大的生长点四周有突起的状态,为花原基体。

(4)萼片形成期　生长点下陷,四周突起,即萼片原始体。

(5)花瓣形成期　萼片原始体伸长,其内侧基部产生新的突起,即花瓣原始体。

(6)雄蕊形成期　花瓣原始体内侧基部产生新的突起，即雄蕊原始体。

(7)雌蕊形成期　花蕾原始体中心基部产生突起，即雌蕊原始体。

2.桃的花芽分化时期

(1)未分化期　生长点平坦，四周凹陷不明显。

(2)花芽分化期　生长点突起肥大。

(3)花萼分化期　生长点四周产生突起，出现花萼原始体。

(4)花瓣分化期　萼片原始体内侧基部产生突起，出现花瓣原始体。

(5)雄蕊分化期　花瓣原始体内侧出现雄蕊原始体。

(6)雌蕊分化期　在中心部分产生突起，出现雌蕊原始体。

(三)石蜡切片法

石蜡切片切得薄，可以做细致精确的观察，又能长期保存，但需要切片机，操作比较复杂，具体做法如下：

(1)固定　固定的目的是将采来的芽立即杀死，以保持原来的组织及结构的状况。在固定时要选用渗透性强、容易固定的固定剂。一般常用 F. A. A 固定剂，固定时间至少 24 h。

(2)脱水　在浸蜡前必须将芽组织中的水分脱掉，使二甲苯、氯仿等媒浸剂渗透进去。脱水操作应缓慢进行，以免组织变硬、变脆或发生收缩现象，降低切片质量。一般先用酒精作脱水剂。在媒浸时又以二甲苯或氯仿脱出酒精，以便浸蜡，具体步骤和时间如下：

50%酒精	2 h
70%酒精	2 h
80%酒精	2 h
90%酒精	2 h
95%酒精	2 h
无水酒精	2 h
无水酒精＋二甲苯 1	2 h
无水酒精＋二甲苯 2	2 h
二甲苯(纯)	2 h

(3)浸蜡　将脱水媒浸过的芽组织浸到石蜡中，使细胞充满了石蜡以便切片。一般所用的石蜡分软蜡(熔点在 40℃以下)和硬蜡(40℃以上)。浸蜡时为了使蜡便于进入，应先浸软蜡，后浸硬蜡。即最先浸入等量的二甲苯加石蜡。以后步骤如下，但在恒温箱内进行。

二甲苯 1 份＋石蜡 1 份	12～24 h
软蜡	12～24 h
硬蜡	2～6 h

(4)埋蜡　即将已浸好蜡的芽埋入硬纸折成的小盒中。将芽放在容器正中，芽的方向和位置均要拨正。为了使石蜡迅速凝固，可将小盒放在冷水中冷却，最后拨去纸盒取出蜡块，以便保存。注意将样品编号，以免样品混淆。

(5)切片　将埋蜡的材料切成正方形或长方形的小块，将蜡的一端粘在小木块上，然后将蜡块边缘切齐，即可将其固定在切片机上。在切片时要注意切刀的角度，务使与花芽平行并切到芽的中心，切片的厚度，一般在 10～20μm，安装好后即可连续切片。

(6)粘片 将切下来的带状切片，经显微镜检查，将符合要求的材料粘在载玻片上，常用黏着剂配方为鸡蛋清和甘油各 50 mL，加水杨酸 1 g。在载玻片上涂抹薄薄一层黏着剂，加几滴蒸馏水，将带有材料的蜡片放在水上，用拨针将切片伸直，展平倾斜载玻片，使水流去并烘干。

(7)脱蜡 将切片粘好后必须脱去石蜡才能染色。常用脱蜡剂为二甲苯，脱蜡时间为 0.5 h 左右，并在不同浓度的酒精浸放 10～20 min(无水酒精→95％酒精→80％酒精→70％酒精→蒸馏水)，以便染色。

(8)染色 为了区别不同组织，应进行组织分离染色。在观察花芽分化时常用直接染色，直接染色剂为番红-固绿双重染色。

(9)脱水和透明 脱水的目的是为了便于封片，透明的目的是为了便于观察。一般用二甲苯浸后可使切片透明，清洁美观，提高了切片质量。其步骤为：

50％酒精	1～2 min
70％酒精	1～2 min
80％酒精	1～2 min
90％酒精	1～2 min
95％酒精	1～2 min
无水酒精	1～2 min
无水酒精＋二甲苯	1～2 min
二甲苯(纯)	1～2 min

(10)封片 切片经脱水透明后，要擦净载玻片，滴一滴封片剂(加拿大胶或阿拉伯胶)于切片的材料当中，然后用盖玻片盖上，要无气泡和杂质，并在气泡上标明采芽日期、分化时期等，以便日后检查，并能长期保存。

六 实训提示

本实训可结合其他课程实验课(植物、植物生理)进行。

七、考核标准

考核项目	考核要点	分值	考核说明
态度	准备方面，遵守纪律方面，注意安全方面，保护树体方面	30 分	1.考核可单独进行，也可结合其他项目进行 2.可用实物结合图片及多媒体材料的方法进行
结果	1.能掌握不同果树花芽的观察方法 2.掌握不同果树花芽发生的规律	50 分	
拓展	能总结出果树的花芽分化与栽培管理的关系，并应用到果树生产的实践中	20 分	

八、作业

1.绘制观察到的苹果和桃的花芽切片图，并注明分化时期及花器各部分名称。

2.总结出不同果树的花芽分化开始的时间。

项目三

果树育苗

实训 1　播种前的种子催芽处理

一、知识点

为了保证种子播种后的正常发芽和提高出苗率,对层积过的种子在播种前要进行催芽处理。

二、能力目标

通过实训使学生熟悉主要果树砧木种子播种前的催芽处理方法,并掌握具体的操作技术。

三、实训条件

经过层积处理后的果树种子,锯末或细沙,纱布,发芽皿或小瓷盘,温箱和温度计等。

四、实训实施步骤

全班分 5～6 个组,每组 5～6 个人,实训流程如下:

告知(知识点、能力目标、考核标准)→引入任务→教师讲解示范(图片、实物)→学生认知(分组进行)→考核→总结、留作业

五、实训内容

(一)种子播种前的催芽处理

播种前催芽是将层积过的种子,在播种前移到温度较高的地方使其发芽,是提高出苗率的有效措施。一般大量播种时,多在火炕上铺一层 2～3 cm 厚的湿沙(或温锯末),其上再铺上一块湿纱布,将用清水泡过的种子均匀地放在湿纱布上,其厚度一般为 3～4 cm,种子上再盖上一块湿纱布,其上再撒一层湿锯末,以保持湿度。炕温要保持在 25～28℃,经 1～2 d,小粒种子即可发芽,大粒种子时间略长一些。待种子幼根刚突破种皮,微现露白时,即可播种。

播种量少时,也可以将种子放在木箱(或瓦盆、筐等)中,处理方法同上。将盛有种子的容器放在温室中或火炕上,保持上述温度即可。

也可以将层积过的种子在播种前 5～10 d 移到室内(保持一般室温),任其自然催芽。

(二)厚壳种子的处理

对具有厚壳和难以发芽的种子，可采用以下方法进行处理。

(1)浸水法　有些厚壳种子，如核果类和坚果类种子，层积处理后，种皮硬壳仍未裂开时，在催芽前可先浸水4～5 d。每日换水或置于流水中，使其充分吸水，然后再催芽播种。

(2)外壳破碎法　对于一些难于发芽的种子，也可以采用将外壳打碎的办法，但要注意不要伤及种仁，以免影响其发芽。

(3)冷冻法　对于没有来得及层积处理的小粒种子(如山定子、杜梨等)，可在播前进行冷冻处理。其方法是先将种子放在清水中泡1～2 d，将泡过的种子，放于温度低于5 ℃的冷凉处，有冰箱或冷冻库的地方，可将种子放于其内，把温度调到1～5℃，处理15～20 d左右，然后取出催芽播种。

在进行催芽处理的同时，可将层积过的种子分别放入瓷盘(或发芽皿)中，然后分别放到3个温箱里。将温箱分别调到10～15℃，25～28℃，40～45℃。每12 h观察一次种子萌芽情况，并将观察结果记入实训报告中。

六、实训提示

催芽时要注意掌握好温度和湿度。温度过低，湿度过小，催芽时间延长；温度过高，湿度过大，易使种子死亡而发霉腐烂。

七、考核标准

考核项目	考核要点	分值	考核说明
态度	准备方面，遵守纪律方面，注意安全方面，保护树体方面	30分	1.考核可单独进行，也可结合其他项目进行 2.可用实物结合图片及多媒体材料的方法进行
结果	1.采用合理的方法进行种子催芽处理 2.能对厚壳的种子进行正确的催芽处理	50分	
拓展	将催芽处理技术应用于生产实践中	20分	

八、作业

1.将实训中遇到的问题和体会简述于实训报告中。

2.对种子进行不同催芽处理实训时，可对比说明哪种方法发芽好。

3.填写表5-6。

表5-6　不同催芽方法的比较

种子类型	催芽方法	温度	湿度	处理时间

实训2 果树种子的播种和管理

一、知识点

果树种子的播种和管理是园艺技术专业的基本技术之一。播种前应了解种子的纯度、发芽率等情况来确定播种量。应根据不同的种子的大小，采用不同的播种方法。

二、能力目标

(1)合理掌握砧木种子的播种时期。

(2)根据不同种子的大小，确定播种方法、播种深度及覆土厚度。

(3)根据不同砧木幼苗的要求，进行播种后的管理。

三、实训条件

经过层积处理或浸种催芽的果树种子，镐，锹，耙，皮尺，卷尺，水桶，喷雾器，稻草等。

四、实训实施步骤

全班分5～6个组，每组5～6个人，实训流程如下：

告知(知识点、能力目标、考核标准)→引入任务→教师讲解示范(图片、实物)→学生认知(分组进行)→考核→总结、留作业

五、实训内容

(一)整地

苗圃地在播种前先深翻40～50 cm，同时每亩施入有机肥25 000～5 000 kg，过磷酸钙25 kg，草木炭50 kg。深翻施肥后灌水，水渗下后，根据需要筑垄或作畦。一般垄宽60～70 cm；畦宽1～1.2 m，畦长5～10 m。筑里或作畦时应先将土块打碎、耧平、耙细。

(二)播种

播种时期一般分秋播和春播。播种方法有条播、撒播和点播。简要介绍如下。

(1)条播　一般小粒种子(山定子、海棠、杜梨等)可进行畦内条播或大垄条播，畦内条播每畦可播2～4行(采用4行时可用双行带状条播)，畦内小行距因畦内播种行数而定，畦内边行至少需距畦埂10 cm，以利于嫁接操作。播种时，在整好的畦上开小沟，灌透水，待水渗下后即可往沟里撒种。垄条播一般在垄台上开沟播种。如土壤过干，也要先在沟内灌水后再播种。播后及时覆土。不论畦条播还是垄条播，有条件时，覆土后要盖上覆盖物，以保持温度，利于种子发芽出土。

播种深度因种子大小、土壤性质和干湿情况而异。小粒种子宜浅，大粒种子宜深；黏重土壤宜浅，疏松土壤宜深；湿度大的土壤宜浅，湿度小的土壤宜深。在土壤适宜时，播种深度一般为种子横径的1～3倍为宜。

(2)撒种　小粒种子也可以采用畦内撒播。一般先将畦内土深翻20 cm左右，翻后耧平耙细，如土壤干燥先灌透水，待水渗下后，将种子均匀地撒于畦内。然后覆上细土或再盖上一薄层细沙。有条件时可加覆盖物。

(3)点播　一般大粒种子(如桃、杏、核桃等)可按一定株行距进行点播。畦内点播小行距和株距为 15～20 cm;大垄点播其株距一般为 20 cm 左右,每一穴内可播 1～2 粒种子。

(三)管理

播种后的管理应注意抓住以下几个环节:

(1)要注意土壤湿度的变化,如发现表土过干,影响种子发芽出土时,要适时喷水,使表土经常保持湿润状态,为幼苗正常出土创造良好条件。但切忌漫灌,以免使表土形成硬盖,影响幼苗正常出土。

(2)在畦内或垄上有覆盖物的,当种子拱土时,要及时去掉覆盖物,以保证幼苗正常出土。

(3)幼苗出土后要适时松土和除草若干次,以保证土壤疏松无杂草,有利于幼苗的健壮生长。

(4)当幼苗大部分长到 2 片真叶时,要及时进行间苗移栽,将过弱的、畸形的或有病的幼苗拔掉。生长正常而又过密的幼苗,可进行移栽。移栽前 2～3 d 要灌透水,以利移苗时根系带土易于成活,移苗后要及时灌水。

(5)在幼苗生长过程中,要注意灌水和施肥。发现病虫为害,要及时防治。

(6)当幼苗长到 30 cm 左右高时,要适时进行摘心。并除去苗干基部 5～10 cm 处的副梢,以保证嫁接部位光滑。

六、实训提示

出苗后的管理,可安排利用课余时间(第二课堂)进行。

七、考核标准

考核项目	考核要点	分值	考核说明
态度	准备方面,遵守纪律方面,注意安全方面,保护树体方面	30 分	1. 考核可单独进行,也可结合其他项目进行 2. 可用实物结合图片及多媒体材料的方法进行 3. 以分组考核为主
结果	1. 能根据不同的播种方法进行合理的整地 2. 根据不同的种子,进行不同的播种方法 3. 能进种子的苗期管理,最后的出苗率在 90% 以上	50 分	
拓展	播种后出苗率较高	20 分	

八、作业

1. 比较上述几种播种方法的优缺点,你在本次实训中有哪些经验和教训。

2. 列表 5-7 记载不同果树种子的不同播种日期、出苗日期和幼苗生长发育情况。

表 5-7　不同果树种子播种记录

种子类型	播种日期	出苗日期	幼苗生长发育情况

实训3 果树的嫁接:芽接和枝接

一、知识点

嫁接是将一植物的枝条上的芽或枝条,接到另一株植物的枝、干或根上,使之愈合生长在一起形成一个新植株。通过嫁接培育苗木称嫁接苗。嫁接苗是果树繁殖的主要途径,嫁接后可提早结果,提高抗性,还能保存品种的优良特性,提高经济价值。

二、能力目标

(1)掌握果树芽接和枝接的方法,熟练操作技术。

(2)掌握嫁接成活的关键。

三、实训条件

材料:苹果、梨、桃或其他果树供嫁接用的砧木和接穗;塑料薄膜条。

用具:芽接刀、切接刀、修枝剪、手锯、磨石、水桶。

四、实训步骤

全班分5～6个组,每组5～6个人,实训流程如下:

告知(知识点、能力目标、考核标准)→引入任务→教师讲解示范(图片、实物)→学生认知(分组进行)→考核→总结、留作业

五、实训内容

(一)芽接法

1.芽接的时期

生长季凡皮层能够剥离时均可进行,其中7—9月是主要芽接时期。核果类应适当提早。

2.芽接的方法

主要有下列几种:

(1)T字形芽接

削芽片　选充实健壮的发育枝上的饱满芽作为接芽。先在芽的上方0.5 cm左右处横切一刀,深达木质部,然后在芽的下方1～2 cm处下刀,略倾斜向上推削到横切口,用手捏住芽的两侧,左右轻摇掰下芽片。芽片长度为1.5～2.5 cm,宽0.6～0.8 cm,不带木质部。当不易离皮时也可带木质部。

切砧木　在砧木离地面3～5 cm处选择光滑的部位作为芽接处,用刀切一T字形切口,深达木质部。横切口应略宽于芽片宽度,纵切口应短于芽片。当苹果和梨芽接时,纵切口可只用刀点一下即可。

接芽和绑缚　用刀轻撬纵切口,将芽片顺T字形切口插入,芽片的上边对齐砧木横切口,然后用塑料条从上向下绑紧,但要求芽眼露出。

检查成活率　芽接后10 d左右进行成活率检查,凡接芽呈新鲜状态,叶柄一触即落者表示成活;而芽和叶柄干枯不易脱落者说明未活,可及时进行补接。

(2)嵌芽接

削芽片　先在接穗的芽上方0.8～1 cm处向下斜切一刀，长约1.5 cm，然后在芽下方0.5～0.8 cm处，斜切成30°角到第一刀口底部，取下带木质部芽片。芽片长为1.5～2 cm。

切砧木　按照芽片的大小，相应地在砧木上由上而下切一切口，长度应比芽片略长。

接芽和绑缚　将芽片插入砧木切口中，注意芽片上端必须露出一线砧木皮层，以利愈合，然后用塑料条绑紧。

(3)方块芽接

削芽片　在接穗上芽的上下各0.6～1 cm处横切两个平行刀口，再在距芽左右各0.3～0.5 cm处竖切两刀，切成长1.8～2.5 cm，宽1～1.2 cm的方形芽片。暂时先不取下。

切砧木　按照接芽上下口距离，横割砧木皮层达木质部，偏向一方(左方或右方)竖割一刀，掀开皮层。

接芽和绑缚　将接芽芽片取下，放入砧木切口中，使对齐竖切的一边，然后再竖切另一方的砧木皮，使左右上下切口都紧密对齐，立即用塑料条包紧。

(4)环状芽接(套芽接)

削芽套　先在接穗芽的上方0.8～1 cm处剪截，再在芽的下方0.8～1 cm处环割一刀深达木质部，扭下管状芽套。

切砧木与嫁接　将粗度与接穗近似的砧木剪去枝条上部，留至欲嫁接部位，将皮层向下剥开，套上芽套向下推至紧密为度，再将剥下的砧木皮向上拢住芽套。立即用塑料条绑紧。如砧木不截头，可按接穗芽套长度在砧木上环剥，然后将接芽套纵切开，套在砧木环剥部分加以绑缚即可。

(二)枝接法

1.枝接的时期

只要具备条件，一年四季都可进行枝接，但以春季萌芽前后至展叶期进行较为普遍。只要接穗保存在冷凉处不萌发，枝接时间还可延长。

2.枝接的方法

主要有下列几种。

(1)切接法

削接穗　枝接用的接穗长度通常为6～8 cm，带有2～4个芽。过长的接穗萌芽后生长势常较弱。将接穗基部两侧削成一长一短的两个削面，先略斜切长削面长达3 cm左右，再在其对侧斜削1 cm左右的短削面，削面应平滑。

切砧木及嫁接　砧木应在欲嫁接部位选平滑处截去上端。削平截面，选皮层平整光滑面由截口稍带木质部处向下纵切，切口长度与接穗长削面相适应，然后插入接穗，紧靠一边，使形成层对齐，立即用塑料条包严绑紧。

(2)劈接法　砧木较粗时常用此法。

削接穗　在接穗基部削成两个长度相等的楔形切面，切面长3 cm左右。切面应平滑整齐，一侧的皮层应较厚。

切砧木及嫁接　将砧木截去上部，削平断面，用刀在砧木断面中心处垂直劈下，深度应略长于接穗面。将砧木切口撬开，把接穗插入，较厚的一侧应在外面，接穗削面上端应微露出，然后用塑料薄膜绑紧包严。粗的砧木可同时接上2～4个接穗。

(3)皮下接(插皮接) 砧木较粗、皮层厚易于离皮时采用。

削接穗 在接穗基部与顶端芽的同侧削成单面舌状削面,长度 3 cm 左右,在其对面下部削去 0.2～0.3 cm 的皮层。

切砧木及嫁接 砧木截去上部,用与接穗切削面近似的竹签自形成层处垂直插下。取出竹签,插入削好的接穗。接穗削面应微露出,以利愈合。用塑料条绑紧包严。用刀在砧木上纵切一刀,插入接穗也可。

(4)腹接法(腰接法) 在接穗基部削一长约 3 cm 的削面,再在其对面削一 1.5 cm 左右的短切面,长边厚而短边稍薄。砧木可不必剪断,选平滑处向下斜切一刀,刀口与砧木约成 45°角。切口不可超过砧心。将接穗插入,绑紧包严。在苗圃嫁接时,接后将砧木上部剪断。

(5)舌接法 接穗与砧木切法大致相同。切面长度约 3 cm,然后在接穗与砧木的切面上距尖端 1/3 处下刀,与削面接近平行切入一刀,使成舌状,然后将穗砧插合,对准形成层用塑料条绑紧。

六、实训提示

果树枝接的方法,可根据实训条件选择进行。

七、考核标准

<table>
<tr><th>考核项目</th><th>考核要点</th><th>分值</th><th>考核说明</th></tr>
<tr><td>态度</td><td>准备方面,遵守纪律方面,注意安全方面,保护树体方面</td><td>30 分</td><td rowspan="3">1.考核可单独进行,也可结合其他项目进行
2.可用实物结合图片及多媒体材料的方法进行
3.以个人考核为主</td></tr>
<tr><td>结果</td><td>1.能用不同的方法进行嫁接
2.嫁接的成活率在 90%以上</td><td>50 分</td></tr>
<tr><td>拓展</td><td>能对不同的嫁接方法提出改进意见</td><td>20 分</td></tr>
</table>

八、作业

1.学习掌握几种主要嫁接方法和操作技术。

2.统计本人嫁接株数及成活率,总结嫁接成活的主要关键。

3.总结不同的嫁接技术,并填表 5-8。

表 5-8 不同嫁接技术

嫁接方法	削接穗(芽片)	劈(切)砧木	插接穗(贴芽片)与包扎
T 形芽接			
嵌芽接			
劈接			
皮下接			
切接			

实训 4 果树主要砧木的识别

一、知识点

砧木伴随果树终生，它对果树生长发育、结果习性及对环境的适应性等都有很大影响。因此，对砧木的正确选择是培育优良苗木的一个重要环节。果树的砧木种类很多，砧木的区域化原则是适地、适树、适砧。砧木的选用上，应就地取材，适当引种。引种砧木应对其特性有充分的了解。

二、能力目标

初步掌握观察、认识砧本植株的能力。

三、实训条件

下列果树乔化砧植株和幼苗根系：山定子，海棠果，西府海棠，河南海棠，湖北海棠，花红，新疆野苹果，杜梨，褐梨，秋子梨，山桃，毛桃，山杏，毛樱桃，山葡萄，贝达，酸枣，君迁子等。

下列果树矮化砧植株：M2，M4，M7，M8，M9，M26，M27，渥太华 3 号，水枸子，毛叶水枸子，崂山柰子，榅桲等。

可根据具体条件，一次实训要有 10 种砧木以上，以便比较。

四、实训实施步骤

全班分 5～6 个组，每组 5～6 个人，实训流程如下：

告知（知识点、能力目标、考核标准）→引入任务（所观察的仁果类品种植物及果实）→教师讲解示范（图片、实物）→学生认知（分组进行）→考核→总结、留作业

五、实训内容

（一）乔化砧

（1）山定子　又名山荆子，根系生长较深，枝细长，直立，光滑。新梢无茸毛，红褐色。叶卵圆形，边缘有细锐锯齿。幼叶有时有稀茸毛，老叶无毛。果实较小，重 1 g 左右。果梗细长，脱萼。不耐盐碱，苗圃内有黄化现象。

（2）海棠果　又名楸子、海棠、柰子、海红。根系强大，多须根。新梢紫褐色，密生茸毛。叶宽圆形或椭圆形，边缘有细尖复锯齿，老叶近无毛。果实较大，萼洼凸出，萼片宿存。部分类型可供食用。

（3）西府海棠　又名小果海棠、秋子、林擒。根系生长较小，小枝紫红色或暗褐色，幼嫩时有短柔毛，老时脱落，较细弱。叶阔椭圆形，急尖，基部圆形，边缘有粗尖锯齿。幼时背面有茸毛，后脱落。果较小，果梗较长，萼洼凹入。萼片多脱落，少数宿存。

（4）河南海棠　根系较强大，深褐色。新梢黄褐色，稍有茸毛，不久脱落。叶片三裂，边缘有细锯齿，有茸毛，果实较小，呈圆形，萼片宿存。

（5）湖北海棠　枝条紫色或紫褐色，新梢幼时有短茸毛，不久脱落。芽暗紫色。叶卵形或卵状椭圆形，先端渐尖，基部宽楔形，边缘有细锐锯齿。嫩时有稀疏短茸毛，不久脱落，呈紫红

色。果实较小,脱萼。

(6)花红(沙果) 又名林擒果子。根系较强大,须根多。枝暗紫褐色,无毛,嫩枝有茸毛。芽灰红色。叶卵形或椭圆形,先端急尖或渐尖,基部圆形或宽楔形,边缘有细锐锯齿。叶背有短茸毛。果实较大,呈圆球形,可食用。

(7)新疆野苹果 又名塞威氏苹果。根系强大。枝条暗灰红色,无毛。新梢幼时有短茸毛,不久脱落。芽卵形,先端钝,暗红色。叶卵形或宽椭圆形,先端急尖,基部楔形,边缘具圆钝锯齿。幼叶背面被长茸毛,老叶较少,浅绿色;叶背沿叶脉疏生茸毛,深绿色。果实较大,有的类型可以食用。

(8)杜梨 又名棠梨、灰梨。根系强大,分布较深;幼时主根发达。枝条常具刺。新梢嫩时密被灰白色茸毛,二年生枝具稀疏茸毛,或近于无毛,紫褐色。叶呈菱状卵形或长圆卵形,先端渐尖,基部宽楔形,边缘有粗锐锯齿。幼叶两面均被灰白色茸毛,成长后脱落。老叶叶面无毛,有光泽,叶背微被茸毛或近无毛。果实小,圆球形,褐色,落萼。

(9)褐梨 又名棠杜梨、杜梨。根系强大。新梢幼时有白色茸毛,二年生枝紫褐色,无毛。叶片椭圆卵形或长卵形,先端长而渐尖,基部宽楔形,边缘有尖锐锯齿,齿尖向外,幼时有稀疏茸毛,不久全部脱落。果实椭圆或近球形,褐色,有显著果点,脱萼。

(10)秋子梨 又名山梨、野梨、酸梨。根系强大,分布较深,须根多。幼树多刺,嫩梢无毛或微具毛,二年生枝多黄灰色或黄褐色。叶广卵形或卵圆形,先端渐尖,基部圆形或近心脏形,边缘有刺芒状尖锐锯齿,刺芒直出。果实近球形,黄色或暗绿色,不具明显果点,果梗短,宿萼。

(11)山桃 新梢纤细,无毛。叶为长披针形,先端长而渐尖,基部宽楔形,边缘有细锐锯齿,两面均无毛。果实小,圆球形,成熟时干裂,不能食用。

(12)山杏 新梢紫褐色,无毛。叶卵形或近圆形,先端长而渐尖,基部圆形或近心脏形,边缘有细锯齿,两面均无毛,或背面沿叶脉有短茸毛。果实较小,球形,成熟后浅黄色,可食用。

(13)毛樱桃 新梢青绿色。叶较小,倒卵形或椭圆形,叶面有皱纹和绒毛,边缘有粗锯齿。果实小,圆形或椭圆形,鲜红、黄、黄白及白色,有短茸毛。果梗极短,可食用。

(14)山葡萄 新梢黄绿色,先端微红,密被灰白色长绒毛,成熟枝褐色或黄褐色,卷须间歇性。叶多三裂,少数五裂,叶面光滑或有稀疏长绒毛,叶肉凹凸不平,叶背有稀疏白色短绒毛。果穗多圆柱形,黑粒紫黑色,近圆形。

(15)酸枣 新梢黄褐色,光滑无毛,具刺。叶小,卵圆披针形或椭圆形,边缘有细锯齿,基生三出叶脉。果实较小,呈圆球形或长圆形,成熟后暗红或橙红色,肉薄,味酸,有的类型可食用。

(16)君迁子 又名黑枣、软枣。新梢灰褐色,有短茸毛。叶较大,椭圆形,有光泽,幼时有茸毛,成长后脱落。果实小,圆形或长圆形,初为黄色,成熟后呈黑色,可食用。

(二)矮化砧

(1)M2 原名道生苹果,又名英国乐园。根系较强大,分根较差,须根较少。新梢赤褐色,皮孔较大,呈圆形或广椭圆形,较多,但分布不匀,白色,稍带红褐色。节间短,多茸毛,芽较小。叶片较大,窄卵圆形,深绿色,先端渐尖,基部楔形,边缘有复锯齿,较钝,叶背有茸毛。叶柄长,柄基红褐色,托叶小,披针形。果实圆形或扁圆,黄白色,形如沙果,可食用。

(2)M4 原名霍尔斯坦道生,又名黄色道生或荷兰道生。根系较小,分根较多,部分根上有疣状突起。新梢红褐或青褐色,皮孔呈圆形,分布较少,白色,多茸毛。芽稍大,呈钝三角形。

叶片较小，厚而粗糙，呈广卵圆形，顶部微圆，先端急尖，基部楔形，边缘有重锯齿，大而纯，锯刻深，叶缘略向内褶，叶背多茸毛，叶柄长，较细，棍状，柄基浅绿色，微带褐色，托叶小，尖披针状。果实较小，扁圆形，黄白色，稍带条红晕。果实带涩味，不能食用。

(3)M7　根系发达，分根较多，分布较深。新梢红褐色，较细长而软，皮孔大，椭圆或圆形，少而显，节间长，多茸毛。芽较小，呈等边钝三角形。叶片较小，薄，稍有光泽，近圆形，深绿色，平展，先端急尖，基部圆形，有的叶片呈裂叶状，边缘有重锯齿，较尖。叶柄细长，叶背茸毛较少。果实稍大，圆形，黄白色，可食用。

(4)M8　原名法国乐园、红乐园、矮化克拉克。根系较浅。新梢粗短，较开张，红褐色，节间短，皮孔明显，枝脆。芽较大，灰色，有茸毛。叶呈长卵形，顶部渐尖，光滑平展，边缘有小钝锯齿，叶背茸毛较少。叶柄较短，托叶较小。

(5)M9　原名黄色梅兹乐园。根系较浅，分根较多，根脆易折断。新梢粗短，较开张，节间短，节上有疣状突起，木质较脆，枝上皮孔较大，椭圆或圆形，少而显，多茸毛。枝脆，易劈裂，节间大，呈瘤状，向叶迹左右方突出。芽较长，成长钝三角形。叶较大，较厚，有光泽，长卵形，浓绿色，叶缘向内褶，先端急尖，基部圆形，边缘有大而较钝的重锯齿，叶背茸毛较多。叶柄粗短，托叶细长，宽披针形。果实较大，圆球形，黄白色，可食用。

(6)M26　由 M16×M9 育成。根系较发达，较脆。新梢红褐色，较硬，皮孔小而稀少，黄白色，较突出。芽较小，呈等边三角形。叶片中大，卵圆形或长卵圆形，暗绿色，先端渐尖，向背面反卷，基部阔楔形，边缘有波状锯齿，稍内褶。叶柄紫红色或红色。

(7)M2　由 M9×M13 育成。为苹果的极矮化砧。新梢赤褐色，较粗壮，节间短，节膨大，能发生针刺状二次枝，皮孔稀少，白色，微凸，多茸毛。叶卵圆或椭圆形，叶背多茸毛，叶面暗绿色，边缘有纯圆锯齿。叶柄基部红色。

(8)渥太华 3 号　新梢黄褐色，粗壮，枝条基部有针刺状二次校，多白色短柔毛，皮孔较多而明显，圆形或卵形，乳白色。叶大，卵形，先端渐尖，基部圆形，有时向下反卷，边缘有细锯齿，叶面平滑，暗绿色，稍有光泽，叶背有茸毛。叶柄基部略带红色。托叶大，广披针形。

(9)崂山柰子　须根较少。一年生枝紫褐色，有茸毛，节间较长。叶片椭圆形，平展，先端渐尖，基部广楔形，边缘锯齿较小而钝，叶背面有茸毛，叶柄基部红色。果实近圆形，黄白色，萼洼平浅，萼片宿存，基部略有疣状突起。

(10)武乡海棠　根系强大。新梢黄褐色，较细，光滑。叶为掌状裂叶，叶背有茸毛。果实小，橙红色，圆形，宿萼。

(11)水枸子　枝条细长，棕褐色，嫩时红褐色，有茸毛。叶呈卵形或宽卵形，叶面浓绿色，背面黄绿色，叶面无毛，幼时有茸毛，后渐脱落，先端急尖或钝圆，基部宽楔形或圆形。果实小，近球形或倒卵形，果肉较薄，也可食用，但淡而无味，暗红色。

(12)毛叶水枸子　枝条较细长，深褐色，新梢密生茸毛，皮孔较小而稀，白色，较光滑。时呈卵形、菱状卵形至椭圆形，较小，叶面无毛或幼时微有茸毛，叶背有短茸毛，先端急尖，有针状突出，基部宽楔形，叶面浓绿色，叶背黄绿色。果实小，近球形，呈亮红色。

(13)榅桲　新梢紫褐色，初密被茸毛，后脱落，有稀疏皮孔。叶卵形或长圆形，先端凸尖或微凹，基部圆形或近心脏形，全缘，叶面无毛或幼时有疏柔毛，深绿色，叶背密被长茸毛，浅绿色，叶脉显著。叶柄长，被茸毛。果实卵形，被棕黄色茸毛，有香气。

六、实训提示

以上砧木种类各校可根据具体情况选用当地砧木作实训材料。观察当时的形态特征。

七、考核标准

考核项目	考核要点	分值	考核说明
态度	准备方面，遵守纪律方面，注意安全方面，保护树体方面	30 分	1. 考核可单独进行，也可结合其他项目进行 2. 可用实物结合图片及多媒体材料的方法进行
结果	1. 能识别主要的果树砧木 2. 了解主要砧木的特点	50 分	
拓展	能识别数量较多的砧木	20 分	

八、作业

列表 5-9 比较所观察的砧木枝叶的主要形态特征。

表 5-9　砧木枝叶主要形态特征

树种	砧木名称	砧木特性

实训 5　果树的扦插和压条

一、知识点

由自身的营养器官发出根和芽形成独立植株的繁殖方法称为自根繁殖。由自根繁殖的苗木统称自根苗，其特点是变异小，能保持母株的优良性状；幼苗期短，结果早，投产快；繁殖方法简单，成苗迅速。只有营养器官容易发生不定根或不定芽的树种，生产上采用自根繁殖的方法，如葡萄、草莓、无花果等。

二、能力目标

掌握果树扦插和压条的基本方法。

三、实训条件

材料：葡萄、苹果矮化砧及丛状灌木果树。

用具：修枝剪、手锯、塑料薄膜、竹筒、铁罐、肥沃园土、锯末、麻绳等。

四、实训实施步骤

全班分 5～6 个组，每组 5～6 个人，实训流程如下：

告知(知识点、能力目标、考核标准)→引入任务 →教师讲解示范(图片、实物)→学生认知(分组进行)→考核→总结、留作业

五、实训内容

(一)扦插繁殖(以葡萄为例)

1. 硬枝扦插

在春季利用通过贮藏的一年生枝条进行，其具体步骤如下：

(1)插条的准备　需要催根处理的插条，在露地扦插前 25 d 左右，先将枝蔓放在清水中浸泡一昼夜，然后剪成具有 2～4 芽(5 cm 左右)的插条。上端剪口在离芽 1～2 cm 处平剪，下端在紧靠节处斜剪。

(2)催根处理　在北方寒冷地区多用温床进行催根。在温床底部铺上新鲜马粪，马粪上铺一层沙。当床内温度上升到 25～30 ℃时，将准备好的插条成捆立在床内，用湿锯末添满空隙，只露上部芽眼，床外气温要控制在 10℃以下，避免发芽，约 20 d 即可产生愈伤组织及根原始体。

(3)扦插　可采用平畦插或垄插。一般在土质疏松、降水较少的情况下用平畦插。平畦的大小为 5～10 m、按 40 cm×25 cm 行株距斜插，顶芽与地面平。在土壤黏重的地区用垄插。垄宽 50～60 cm，单行插。株距 25 cm 左右。北部地区可采用东西垄，南北斜插，以利提高土温。插后要灌水。

2. 绿枝扦插

利用半木质化的新梢，于 6 月中下旬扦插 。此法要求管理细致，否则成苗率低。插穗长 2～3 节，两端剪平，最上部留半张叶片。绿枝插成活关键是经常保持土壤一定的湿度，一般要求保持田间持水量的 60%～80%。绿枝扦插一般采用冷床，床内填满河沙，按株行距 5 cm×10 cm 直插。插条顶部露出沙面，插后床面盖草帘遮阴。

(二)压条繁殖

1. 直立压条法(培土压条法，堆土压条法)

适用于苹果矮化砧等果树。压条方法如下：

(1)在早春对供压条的植株进行重剪，留 15～20 cm 长的一段，使夏季发出新梢。

(2)当新梢半木质化时，在其基部培土，厚度为 10～15 cm。

(3)为了增加生根部位，半个月之后再培土 10 cm。使土堆高度达 25～30 cm，宽约 40 cm。

(4)秋季每个新梢便成为带有根系的小植株，即可分株起苗。

2. 曲枝压条法

适用于葡萄及苹果矮化砧等，在春季萌芽前进行。

(1)选择靠近地面的1年生枝条,在其附近挖坑。坑与植株的远近,以枝条的中下部能弯曲在坑内为合适。坑的深和宽为15~20 cm。

(2)将枝条弯曲向下,靠在坑底,用枝杈固定,并在弯曲处进行环剥。

(3)在枝条弯曲部分压土填平,将枝条上部露在外面。在压土部位夏季即可生根,秋季与母株分离,即成新植株。

3.水平压条法

适用于苹果矮化砧木、葡萄等果树。现以苹果矮化砧为例。

(1)春季将母株近地面的枝条分别压在深5~10 cm,宽10~20 cm的沟中,覆盖2~3 cm的松细土。

(2)待一年生枝上的芽萌发后,长到15~20 cm时,培潮湿的细土,高约10 cm,宽20 cm左右。

(3)新梢继续生长高达25~30 cm时进行第二次培土,总高度约30 cm,使之生根。

(4)秋季将生根的小苗自母株上分段剪离成苗,靠近母株基部的地方保留1~2株,供来年再次压条用。

4.高枝压条法

用于扦插不易发根的果树。

(1)在树冠上选部位适当的2~3年生枝条,在预定生根部位环剥或刻伤。

(2)在环剥或刻伤部位套以竹筒或铁罐,或塑料薄膜袋,其内盛松软湿润的园土或鲜苔、锯末,保持湿润,促进生根。生根之后将其剪下栽植,即成一新株。

六、实训提示

(1)插穗的采集、剪截、扦插过程中要注意保护好芽,防止风干和损坏。

(2)扦插的基质要求疏松、通气,保水力好。

(3)扦插时应注意插穗的极性,切勿倒插。

七、考核标准

考核项目	考核要点	分值	考核说明
态度	准备方面,遵守纪律方面,注意安全方面,保护树体方面	30分	1.考核可单独进行,也可结合其他项目进行 2.可用实物结合图片及多媒体材料的方法进行 3.以分组考核为主
结果	1.能采用不同扦插和压条的方法进行果树的繁殖 2.不同扦插方法的成活率在90%以上	50分	
拓展	对自根苗的繁殖能提出改进措施	20分	

八、作业

1.葡萄进行催根处理有什么好处?为什么?催根处理的方法要点是什么?

2.扦插和压条成活的要点是什么?

实训6 苗木的挖掘、分级、包装和假植

一、知识点

苗木的挖掘、分级、包装和假植是果树育苗工作的最后环节，这些工作的好坏直接关系到育苗的质量。

二、能力目标

通过实际操作，使学生掌握起苗、检疫、消毒、分级、包装和假植等苗木出圃的一套技术操作方法。

三、实训条件

准备出圃的各种果树苗木，铁锹，起苗机，草绳和草袋，石硫合剂，波尔多液，熏蒸室(箱)。

四、实训实施步骤

全班分5～6个组，每组5～6个人，实训流程如下：

告知(知识点、能力目标、考核标准)→引入任务→教师讲解示范(图片、实物)→学生认知(分组进行)→考核→总结、留作业

五、实训内容

(1)苗木的挖掘　苗木挖掘的时期，依果树种类及地区的不同而异。落叶果树多在苗木新梢停止生长、秋季落叶时进行；常绿果树苗木可周年出圃，但必须在每次新梢停止生长并充分成熟时进行。一般在春秋两季较多。

起苗方法　一般小型苗圃多用铁锹人工起苗，大型苗圃因起苗工作量大，多用起苗机进行。起苗时，应尽量避免伤根和碰伤苗木。苗木如需带土时，起出后应立即用稻草或塑料薄膜包扎牢固。不带上的苗木可进行适当修剪，应将根系中挖伤及劈裂的部分剪掉，并将不充实的枝梢剪掉。按不同品种分好，根据苗木质量进行分级。

(2)苗木的分级　苗木的分级对保证出圃的苗木质量具有重要的作用。苗木起出后，根据国家或当地规定的苗木出圃规格进行分级。不合格的苗木列为等外苗，仍留在苗圃内继续培养。

(3)苗木的检疫和消毒　苗木检疫和消毒是防止病虫害传播的有效措施。有检疫对象的苗木，禁止出圃外运。

苗木包装前要进行药剂消毒。消毒的方法一般用喷洒、浸苗和熏蒸等方法。喷洒多采用3～5波美度石硫合剂进行；浸苗多用等量式100倍波尔多液或3～5波美度石硫合剂浸10～20 min。消毒后的苗木都必须用清水冲洗。

熏蒸法多用氰酸气，每1 000 m^3 容积可用300 g氰酸钾，450 g硫酸，水900 mL，(苗木数量少亦可用熏蒸箱)熏蒸1 h。熏蒸时先关好门窗，将硫酸倒入水中，然后将氰酸钾放入。1 h后将门窗打开，待氰气散完后，方能入室内取苗。由于氰气毒性较大，处理人员要注意安全。

(4)苗木的包装　苗木分级消毒后，进行包装运输或假植。包装时多将合乎规格的单干苗

50～100 株,或圃内整形的果苗每 25～50 株捆成一捆。每一品种的果苗要拴好品种标记。将捆好的苗木放入草帘中,根部填以潮湿的碎稻草或其他保温物品,以防根系在运输中变干,然后用草帘将根部及苗木包好,再用草绳相结实。拴好标牌,即可运输。

(5)假植　秋天挖出或由外地运入的苗木,如不进行秋季栽植时,在封冻前要将苗木假植起来。应选避风、高燥、平坦的地方假植。

假植的方法,先挖一条假植沟。沟的方向可根据当地情况确定,沟的宽度一般为 50 cm 左右,深度为 60～100 cm,长度因假植苗木数量而定。然后将苗木按不同品种分别放入假植沟中。未能自然落叶的苗木必须将苗上的叶片扒掉,以防苗木发霉。放苗木时,梢部向南,以防日烧。依次地倾斜地放入沟中,随放随用土将苗木埋上。每一品种要放入标签。品种与品种间要相隔 30～50 cm,以防混杂。并绘制一份假植图。覆土时要分层进行,使根系与土壤密接。覆土厚度为苗木的 2/3,干寒地区苗木要全部埋入土中,以防苗木梢部抽干。同时注意防鼠、兔等为害。

六、实训提示

(1)起苗时必须特别注意不伤苗木的根系,保证苗木有一定长度和较多的根系。

(2)不要在大风天起苗,根系易失水过多,影响成活率。

(3)起苗前 2～3 d 灌水,使土壤湿润,以减少起苗时的损伤根系,保证起苗质量。

七、考核标准

考核项目	考核要点	分值	考核说明
态度	准备方面,遵守纪律方面,注意安全方面,保护树体方面	30 分	1. 考核可单独进行,也可结合其他项目进行 2. 可用实物结合图片及多媒体材料的方法进行 3. 以分组考核为主
结果	1. 能进行正确的起苗、包装和假植等处理 2. 能进行苗木的分级	50 分	
拓展	能对苗木的出圃过程提出改进措施	20 分	

八、作业

1. 参加苗木的挖掘、分级、包装和假植工作,提出上述几项工作应掌握的要点和改进意见。

2. 填写表 5-10。

表 5-10　起苗、分级、包装和假植记载表

起苗		苗木的分级		假植	
时期		1 级		时期	
方法		2 级		方法	
注意事项		3 级		温度	
		出圃规格		湿度	

项目四

建园技术

实训1 果园的调查

一、知识点

对现有果园进行园地和果树生长发育的调查。根据调查材料和数据，对现有果园加以研究和分析，以便为果园管理和建园提出意见。

二、能力目标

(1)学会果园调查方法。

(2)应用已学的果树知识，对果园进行分析，提出存在问题。

三、实训条件

材料：选附近管理正常的成年果园。

用具：记载纸，皮尺，卡尺，计数器，铁锹，测糖仪，硬度计，计算机。

四、实训步骤

全班分5～6个组，每组5～6个人，实训流程如下：

告知(知识点、能力目标、考核标准)→引入任务→教师讲解示范(图片、实物)→学生认知(分组进行)→考核→总结、留作业

五、实训内容

(一)调查原则

(1)调查时要调查现状，也要了解历史，但要以调查现状为主。要实事求是，反映真实情况。

(2)要重点调查具有代表性的植株，也要注意到特殊性植株和新发现的问题。调查的株数应根据需要和条件而定，一般调查株数越多，得到的结果越准确。

(3)调查方法　通过访问，掌握部分历史资料。现场观察和调查，以取得第一手资料和数据。

(二)步骤和方法

1.调查

(1)环境条件调查

气候条件　重点调查:年平均温度,最高、最低温度,初霜期和晚霜期的时间;年降雨量,雨量分布情况;不同季节的风向风速。

土壤条件　重点调查:土层厚度(表土和心土,土壤肥力,土壤酸碱度,有害盐含量,地下水情况。

(2)果园基本情况调查　包括:果园面积,小区划分,道路设置;树种,品种,授粉树配置,砧木,树龄,栽植距离,栽植方式;防护林;水源,排灌系统;建筑物;机械化程度;果树缺株情况及果园树体整齐度的调查。

(3)树体调查　树体调查要有数据,以进一步找出果树的生长发育与环境条件和栽培管理的密切关系,从而为因地制宜地制定技术措施提出依据。选择果园主要树种、品种进行调查。调查重点包括:

根系　根系分布的深度和广度,根系生长与施肥、土壤耕作和灌水的关系,嫁接部位的生长是否一致,亲和力等。

树体结构　干高,干周,树高,树形,干高与树形、树高的关系。骨干枝多少,骨干枝角度,主枝与侧枝的从属关系,辅养枝的多少,结果枝组的多少及分布情况,偏冠情况等。

树势　新梢长度(春梢、秋梢)、粗度,节间长短,芽子饱满程度,新梢成熟度(颜色)。叶色,叶片厚薄,叶片大小。

结果情况　平均结果年龄,最早结果年龄,结果部位,结果枝的衰老与更新。

落花落果情况(生理落果和采前落果)。

产量　几年来不同树种品种的平均亩产,最高株产,全园的平均亩产和总产量。果实大小(不同品种每斤平均个数),果色,果实硬度,糖酸含量,果汁多少,芳香及风味。

(4)病虫害调查　危害果树的主要病虫害,发生时期,危害程度及防治情况。

(5)主要栽培管理措施　土壤施肥或喷肥的种类、时期,灌水时期,土壤改良情况,绿肥的施用,整形修剪的主要特点和方法。

(6)其他方面调查　果树生理病害发生和发展程度,如何防治,有无病毒植株、冻害、抽条、日灼、霜害、涝害、风害、冰雹灾害等。

(7)经常管理情况的调查　调查每种果树的用工、用料及成本核算。

2.调查材料的整理及分析

材料整理是一项重要工作。把调查材料进行分门别类地统计,将得出的数据,结合访问了解的情况和栽培管理措施,进行分析,经过去粗取精,去伪存真,找出果树与环境条件和栽培管理的关系。

六、实训提示

调查后要对得出的数据总结,对果园的客观反映做出评论。评论要准确,要有理有据,好的方面要肯定,缺欠的方面和存在的问题要提出改进措施。

七、考核标准

考核项目	考核要点	分值	考核说明
态度	准备方面，遵守纪律方面，注意安全方面，保护树体方面	30分	1.考核可单独进行，也可结合其他项目进行 2.可用实物结合图片及多媒体材料的方法进行 3.以个人考核为主
结果	1.能对调查的数据进行整理，得出结论 2.对存在的问题能提出改进措施	50分	
拓展	能对果园提出改进意见较合理	20分	

八、作业

1.对某果园进行调查，说明当地的环境条件对果树生长发育的影响，并在建园和栽培管理方面提出优缺点和存在的问题。

2.通过本次调查你有哪些体会？在今后建园中应注意哪些问题？

实训2 果园的规划和设计

一、知识点

果园的规划设计是建园前的重要工作。要求学生在学完果园建立的基础上。结合本地情况进行果园设计。通过实际设计，学会果园规划设计的步骤和方法。因实训的内容较多，亦可安排在教学实训内进行。

二、能力目标

(1)能进行园地测量。

(2)能写出果园规划设计书。

(3)能绘果园规划图。

三、实训条件

材料：选好附近要建园的场地作为实训对象。

用具：作好测量和绘图等用具的准备工作，如水准仪，平板仪或经纬仪，标杆，塔尺，木桩，比例尺，三角板，方格坐标纸，铅笔，橡皮，绘图纸，记载纸等。

四、实训实施步骤

全班分5～6个组，每组5～6个人，实训流程如下：

告知(知识点、能力目标、考核标准)→引入任务→教师讲解示范(图片、实物)→学生认知(分组进行)→考核→总结、留作业

五、实训内容

(一)果园的踏查

在建园以前，首先要对园地进行全面踏查；并了解园地边界，地形概貌，找出园地的特点，

并对附近果园进行访问和调查，只有在这项工作调查的基础上，才能设计好新建的果园。调查的内容有：

(1)对自然环境条件的调查和了解。

①土壤条件，挖土壤剖面，观察表土和心土的土壤类型和土层厚度。土壤酸碱度；地下水位。

②了解全年最高最低温度，无霜期，年降雨量和雨量分布情况；不同季节的风向和风力。

③观察园地的坡向和地貌。调查园地植被。

④了解水源的位置和水质；原有建筑物的位置；四周的村庄，交通条件等。

(2)对附近果园进行观察了解。

①各种果树树种和品种的生态反应，主要病虫为害情况，作为选择树种和品种的参考。

②其他自然灾害：日灼，雹害，冻害，霜害，涝害等。

③观察了解防风树树种的生长情况，作为果园选择林木树种的参考。

(3)对建园后当地人力、物力条件的了解。

(二)园地测量

用测量仪器测出园地的地形图，其中包站建筑物、水井等位置。并将野外测量的地形图，回到室内绘出一定比例的地形图。

(三)绘果园规划图

在地形图上按一定比例绘出规划图，其中包括：

(1)小区　绘出每个小区的位置，并注明每个小区的树种和品种。

(2)道路　绘出主路、支路的位置和区内小路的位置。

(3)排灌系统　绘出主渠和支渠的位置，绘出主渠和支渠的剖面图，将此图附在果园规划图上。

(4)防护林的设置　绘出主林带和副林带的位置，绘出栽植方式图，将此图附在果园规划图上。

果园规划图绘好后，在图的一角注明：①小区的区号，每小区的面积，树种、品种、株行距；②用图例表示道路、灌水系统、防护林、建筑物、水井的位置。

(四)写出果园规划设计书

主要是对规划进行说明，对施工的文字说明。其中包括：

(1)小区　每个小区的面积，树种和品种，授粉树的配置，栽植距离。栽植方式，每小区的栽植株数。全园栽植果树的总面积、总株数。每个树种的总面积、总株数、早中晚熟树种和品种所占的比例。

(2)道路　说明主路、支路、小路的宽度，路边的行道树种，栽植距离，路边排水沟的宽度和深度。计算出道路占全国总面积百分数。

(3)灌水排水系统　说明主渠、支渠的宽度和高度，排水沟的宽度和深度。计算排灌系统占全园总面积的百分数。

(4)防护林　说明主林带和副林带行数，树种(乔木和灌木)，栽植方式，距第一行果树的距离。计算防护林占全园总面积的百分数。

(5)建筑物　说明建筑物名称、面积、要求，计算其占全园总面积的百分数。

六、实训提示

当条件不具备时，可利用现有的果园，结合果园调查，进行模拟规划设计。

七、考核标准

考核项目	考核要点	分值	考核说明
态度	准备方面，遵守纪律方面，注意安全方面，保护树体方面	30 分	1. 考核可单独进行，也可结合其他项目进行 2. 可用实物结合图片及多媒体材料的方法进行
结果	1. 能进行园地测量 2. 能写出果园规划设计书 3. 能绘果园规划图	50 分	
拓展	设计书较详细、规划合理	20 分	

八、作业

绘出一份果园规划图，并写出果园设计书。

实训 3　果树栽植技术

一、知识点

果树栽植技术，直接影响果树定植成活率和幼树的生长发育，因此，学会栽植技术是十分重要的。

二、能力目标

要求通过实训，熟练掌握果苗栽植的技术，了解和掌握提高栽植成活率的关键。掌握如下内容：

(1)测定植点。

(2)挖穴。

(3)苗木检查、消毒和处理。

(4)栽植。

(5)栽后管理。

三、实训条件

材料：苹果、梨、桃等 1～2 年生嫁接苗。

用具：修枝剪，镐，铁锹，皮尺，测绳，标杆，石灰，木桩，土粪等。

四、实训实施步骤

全班分 5～6 个组，每组 5～6 个人，实训流程如下：

告知(知识点、能力目标、考核标准)→引入任务 →教师讲解示范(图片、实物)→学生认知(分组进行)→考核→总结、留作业

五、实训内容

(一)测定植点

平地测定植点,按照要求的株行距,在测绳上做好记号,用拉绳法测定植点。首先在小区的四周定点,按测绳上的记号插木桩或撒石灰。如果小区较大,应在小区的中间定出一行定植点,然后拉绳的两端,依次定点。

(二)挖穴

定植穴的大小,依土壤性质和环境条件而定,一般平地可挖直径 1 m,深 1 m 的栽植穴,土层瘠薄的山地宜挖大穴。挖出的土应将表土和心土分别放置。要求穴壁平直,不能挖成上大下小。穴挖好后,将 30～50 kg 土粪与部分表土混合填入穴底,使成丘状。如果下层土壤具有卵石层或白干土的土壤,必须取出卵石和白干土,然后换进好土。

在密植园中,可开成沟(最好在栽前一年开沟),沟的深度和宽度都在 1 m 左右。为了在栽后几年不深施有机肥,可在沟的最底层放入秸秆,在秸秆上面再施入混土的粪肥,不论是挖穴或开沟,在有条件的地方均可采用挖穴机或开沟机。

(三)苗木检查、消毒和处理

未经分级的苗木,栽植前应按苗木大小,根系的好坏进行分级,把相同等级的苗木栽在一起。以利栽后管理。在分级过程中,检查一下品种是否准确,有混杂的苗木必须剔出。对苗木根系要进行修剪,将断伤的、劈裂的、有病的、腐烂的和干死的根剪掉。

将已选好的苗木的根系浸在 20%的石灰水中进行消毒 0.5 h,浸后用清水冲洗。才从外地运来的苗木,由于运输过程中易于失水,最好在栽植前用清水浸泡根系半天至一天,或在栽植前把根系沾稀泥浆,可提高栽植成活率。

(四)栽植

将苗木按品种分别放在挖好的定植穴内。如果苗木多,应先进行临时假值,即挖浅沟,将苗木浅埋。栽植时首先将根系舒展开,一人扶直苗木,另一人填土。如果栽植面积比较大,最好在小区四周设立标杆,并在两头有人照准,保证栽后成行。填土时要先填混以有机肥料的表土,后填心土待根系埋入一半时,轻轻提一提果苗,使土壤与根密接,边填土边踩。苗木栽后。根茎要略高于地面,待灌水后,土壤下沉,根茎即与地面平。

(五)栽后管理

在风大的地区,苗木栽后要设立支柱,把苗木绑在支柱旁,免使树身摇晃。栽后应立即灌水,以使根系与土壤密接,以利根系恢复生长。成活后,芽萌动前,进行定干。

六、实训提示

提高栽植成活率的注意事项:

(1)必须选择生长充实、根系健壮、无病虫害的苗木,栽植前应尽量保持苗木新鲜,根系保持湿润。凡根系干缩,枝干抽条,均会降低栽植成活率。

(2)定植穴要保证质量,并应配合定植施入有机肥料,以利苗木迅速恢复生长。

(3)根系必须与土壤密接,防止根系翻出地面,暴露在空气中。在填土时一定要把土块打碎。

(4)栽后应尽量减少地面蒸腾,如遇干旱,应注意灌水。

七、考核标准

<table>
<tr><th>考核项目</th><th>考核要点</th><th>分值</th><th>考核说明</th></tr>
<tr><td>态度</td><td>准备方面，遵守纪律方面，注意安全方面，保护树体方面</td><td>30 分</td><td rowspan="3">1.考核可单独进行，也可结合其他项目进行
2.可用实物结合图片及多媒体材料的方法进行
3.以分组考核为主</td></tr>
<tr><td>结果</td><td>掌握：
1.测定植点；
2.挖穴；
3.苗木检查、消毒和处理；
4.栽植；
5.栽后管理
成活率 95%以上</td><td>50 分</td></tr>
<tr><td>拓展</td><td>能对不同地理条件的果树定植提出改进措施</td><td>20 分</td></tr>
</table>

八、作业

1.通过栽植果树，体会提高栽植成活率的关键是什么？

2.定植穴的大小根据什么来确定，为什么？

项目五

果树整形修剪技术

实训 1　果树修剪反应的调查

一、知识点

通过冬季修剪处理，调查其修剪的反应，为验证修剪技术措施提供参考。

二、能力目标

(1)学会调查果树修剪反应的方法。

(2)初步了解果树冬剪反应规律，发育枝的修剪反应、徒长枝的修剪反应、秋梢枝的修剪反应。

三、实训条件

材料：生长健壮的苹果树(亦可用其他树种)。

用具：米尺，卡尺，修枝剪，手锯，铅油，标签，铅笔，记录本。

四、实训实施步骤

全班分 5～6 个组，每组 5～6 个人，实训流程如下：

告知(知识点、能力目标、考核标准)→引入任务 →教师讲解示范(图片、实物)→学生认知(分组进行)→考核→总结、留作业

五、实训内容

(1)发育枝的修剪反应　在一株生长健壮的苹果树上，选生长势、方位、角度、长度、粗度相近似的一年生发育枝若干枝，供作不同程度的短截处理。处理前每一枝条用铅油编号或挂标签，并测量其长度、粗度(距基部着生处 2 cm)。剪截处理分留撅(极重载，剪留基部瘪芽，长约 5 cm)，剪留全长 1/3(重截)，剪留全长 1/2(中截)，剪留全长 2/3(轻截)及缓放(即不剪截，亦可作对照用)。每处理 30～50 枝。至秋季落叶后，对各处理枝萌发新梢数量、长度、粗度分别进行调查测量，数据写在记录本表格内。

统计整理调查数据，分析对比不同修剪处理的萌芽率，成枝率(长度 15～20 cm 上枝条百

分数),枝条总生长量。

(2)徒长枝的修剪反应 选取枝条和处理方法以及剪后反应进行测量调查。调查内容可参照发育枝所列项目。

(3)秋梢枝的修剪反应 选枝应注意点同发育枝。处理可分:剪留盲节,秋梢上剪留 1～2 个明显芽;缓放不剪。调查内容同发育枝。

六、实训提示

其他类型枝条的处理方法和数量可根据具体情况和需要进行处理。

七、考核标准

考核项目	考核要点	分值	考核说明
态度	准备方面,遵守纪律方面,注意安全方面,保护树体方面	30 分	1. 考核可单独进行,也可结合其他项目进行 2. 可用实物结合图片及多媒体材料的方法进行 3. 以分组考核为主
结果	1. 掌握果树修剪反应调查的方法 2. 了解不用枝条的修剪反应规律	50 分	
拓展	能对就修剪反应调查的结果,给出调整修剪方法的方案	20 分	

八、作业

1. 对所处理各类枝条的修剪反应规律加以小结,提出各处理方法在冬剪时应注意事项。

2. 填写表 5-11、表 5-12、表 5-13。

表 5-11 发育枝修剪处理基本情况调查表

日期:

枝号	1	2	3	4	5 ……n
长度(cm)					
粗度(cm)					
总芽数					
剪留芽数					
方位、角度					

表 5-12 发育枝修剪后剪口发枝情况调查表

日期:

项目	剪口下枝序				
	1	2	3	4	5 n
长度(cm)					
粗度(cm)					
顶、腋花芽数					

表 5-13 果树树体修剪反应调查表

树号	发枝量				坐果情况		长势		定位叶面积	单位叶面积	叶片含水量
	枝数	长枝数（%）	短枝数（%）	果枝数（%）	成花数	坐果数	长枝数	长枝平均生长量			

实训 2 果树的夏季修剪

一、知识点

果树夏季修剪一般是指果树的生长季的修剪，生长季的修剪时期是从春季果树萌芽后开始到秋季落叶，多数的夏季修剪措施是缓和树势、促进成花的措施。

二、能力目标

(1)能掌握各种不同夏季修剪实施的时期。

(2)掌握种不同夏季修剪方法。

三、实训条件

材料：苹果、桃和葡萄植株。

用具：修枝剪，芽接刀(或环剥刀)，塑料薄膜带。

四、实训步骤

全班分 5～6 个组，每组 5～6 个人，实训流程如下：

告知(知识点、能力目标、考核标准)→引入任务 →教师讲解示范(图片、实物)→学生认知(分组进行)→考核→总结、留作业

五、实训内容

(一)苹果的夏季修剪方法

(1)开张角度　利用拉、撑、坠、压等方法，加大主枝、侧枝角度。可缓和树势，扩大树冠，有利于树冠内部通风透光及枝组形成，提高坐果率，增进果实色泽和品质，促进花芽形成。多在萌芽后进行。

(2)花前复剪　从芽开绽到开花。根据树的负担量，对花芽过多的树，要适当剪掉枝条；花量少的树，把冬剪误认为花芽而保留下来的枝按要求缩剪更新。腋花芽枝，一般剪留 2～4 个腋花芽；成串花芽枝，一般留 1～3 个花芽。

对萌芽力弱的品种，在冬剪的长枝于发芽后进行复剪(二次剪)，剪除枝条顶端萌发的芽，可促使下部增加萌芽数而成中、短枝，有利于促进后期形成花芽。

(3)疏枝　树冠内部过密无用的枝条，全部疏去，以利于树冠内部通风透光，同时减少消耗，节约养分。

(4)扭梢 冬剪采用里芽外蹬时，萌发后将没有停止生长的里芽枝、竞争枝、直立枝、徒长枝和果副梢，从基部扭转180°，使梢尖下垂，适当破坏输导组织。扭梢能控制营养生长，节约养分消耗，有利于花芽分化。在新梢基部半木质化时进行。

(5)拿枝 对竞争枝、强旺的枝条，以及部位不适当的其他枝梢，在有空间可以利用时，将这些枝梢从基部开始，用手轻折。适当折伤木质部，发生轻微的折裂声使之软化，直至枝条折平，或梢部下垂，改变其方位。拿枝可以控制枝梢生长，促进萌发短枝，有利于花芽形成。休眠期在花芽刚要萌动前，生长季在新梢刚开始木质化时进行。

(6)环剥及倒贴皮 根据需要在多年生辅养枝基部，或在枝条不适当长放后的脱节处，以及在主枝、主干上根据枝条的粗细，剥去宽0.5～1 cm的一圈或半圈树皮。也可将剥下的一圈树皮，上下颠倒，重新贴在切口上，用塑料薄膜包扎，以利愈合。环剥可使伤口以上各类枝条加速营养物质的积累，促进花芽形成，并能使伤口以下部位发生枝条。在叶丛枝、短枝停止生长时进行。

(7)短截 夏季新梢生长有一定长度时，对部位适合，有空间，需要分枝培养枝组时，可短截枝条，以便促进分枝。如果发枝力强，可连续截短加以控制。

幼树各级枝头，生长到40～45 cm的，剪去5～10 cm，促发二次枝。到秋后二次分枝仍可长到40～50 cm以上，可扩大树冠和增加分枝级数，有利于缓和树势，提早结果。

(8)摘心 果台副梢尚未停止生长，而生长又较强时，可对果台副梢进行摘心，以提高坐果率，并有利于果实的发育。幼树在新梢二次生长将停止时，摘去新梢的生长点，控制营养生长，有利于新梢的成熟，从而提高苹果幼树枝条的越冬性，防止冬春枝条的抽条现象。

(二)桃的夏季修剪方法

(1)抹芽 萌芽后到新梢生长初期抹除剪锯口丛生梢及枝干上无用嫩梢。对整形期幼树在骨干枝上选留方向和开张角度适当的新梢作延长枝。

(2)摘心 在新梢迅速生长期进行。主侧枝延长梢在40～50 cm时摘心，可促发副梢，选其方向、角度适宜的作延长枝以加速整形。

对未发副梢的竞争枝亦应进行摘心，已发副梢的竞争枝可留1～2个副梢剪截。

内膛无用直立旺枝在有空间时可摘心或留1～2弱副梢剪截。

(3)剪截 在副梢大量发生时进行。为加大骨干枝的角度，可利用延长枝背下的副梢换头。在新梢缓慢生长期(7月下旬至8月中旬)对徒长性果枝和强旺枝进行剪截，可控制其生长。一般剪去未木质化部分。

(4)疏枝 在生长期间对腔内无用的直立旺梢、过密和纤弱枝，可结合夏季疏除，以利通风透光。

(三)葡萄的夏季修剪方法

(1)抹芽疏枝 葡萄嫩梢长到5～10 cm时，可将多年生枝干及根干上发出的隐芽枝和多余生长枝抹去，同一芽眼中发出2个以上嫩梢，则选留最健壮的主梢。

新梢长到15～20 cm时，可进行疏枝、定枝工作。一般立架每隔10～15 cm留1个新梢，棚架每平方米留15～20个新梢。原则上是留结果枝、去生长枝，留壮枝去弱枝。短梢或枝组上，则留下位枝去上位枝。

(2)摘心 结果枝于花前5～6 d至始花期之间，花序以上留7～8片叶摘心较为适宜，发育枝留 10～12 片叶摘心。

(3)副梢处理　结果枝在花序以下各节萌发的副梢，全部疏去。花序以上各节萌发的副梢，每次留 1 叶反复摘心后，在四次副梢处，全部摘除，只留三次副梢的 1 个叶片。另一种处理方法是结果枝顶端留 1 副梢，在 7 月一次摘除；也可留 6～7 片叶摘心，连对发生的二、三、四次副梢同样摘心，7 月最后摘去四次副梢。对生长较弱冬芽不易萌发的品种，除保留顶端 1～2 个副梢、在 2～3 节处摘心外，全部疏除副梢，以节省人工。发育枝在 5 节以下萌发的副梢，全部疏去，5 节以上的副梢，也留 1 叶摘心，处理同结果枝。

(4)疏花序及掐花序尖　根据树势及结果枝的强弱，适当疏去部分过多花序，可使生长与结果得到平衡。在开花前一周左右可将花序顶端掐去其全长的 1/4 或 1/5 左右，可以促进果粒的发育，保证果穗紧凑。

(5)除卷须与新梢引缚　除卷须可节约养分，避免卷须木质化后给管理工作造成不便。

新梢长到 40 cm 左右即需在架面上进行引缚。棚架上可引缚 30%左右的新梢，其余使其直立生长。

(6)留萌蘖　老树需要更新时，应有计划地在多年生枝干或根干上选留一定数量的萌蘖，以作更新时的预备枝。

六、实训提示

本实训各校可根据多具体情况分次选用适合于当地的夏季修剪项目。

七、考核标准

考核项目	考核要点	分值	考核说明
态度	准备方面，遵守纪律方面，注意安全方面，保护树体方面	30 分	1.考核可单独进行，也可结合其他项目进行
结果	1.能掌握各种不同夏季修剪实施的时期 2.掌握种不同夏季修剪方法	50 分	2.可用实物结合图片及多媒体材料的方法进行
拓展	能合理使用各种不同的果树夏季修剪方法	20 分	3.以个人考核为主

八、作业

根据所进行的夏季修剪方法，总结其要点及效应。

项目六

果树地上管理

实训 1　果树树势的判断与估产

一、知识点

梨、苹果树树势判断主要依据一年生枝的长度、成熟度、芽的大小和饱满度、结果枝的种类和数量等来判断。实际判断时,必须收集多种数据,进行综合分析。

二、实训目标

通过实训,达到会判断树势的方法和估产技术,为制订果园管理计划和修剪、疏花疏果方案提供依据。

三、实训条件

材料:苹果、梨、桃等树种各若干株。

用具:钢卷尺,卡尺,计数器等。

四、实训实施步骤

全班分 5～6 个组,每组 5～6 个人,实训流程如下:

告知(知识点、能力目标、考核标准)→引入任务→教师讲解示范(图片、实物)→学生认知(分组进行)→考核→总结、留作业

五、实训内容

(一)梨、苹果树树势判断

(1)田间观察调查　调查一个主枝上的骨干枝和大、中型枝组延长枝的长度、侧芽充实饱满及顶芽性质(花芽或叶芽)等,分别登记在一年生枝生长情况调查表 5-14 中。

表 5-14　一年生枝生长情况调查表

年　　月　　日

品种	枝号	长度(cm)		顶芽性质（花芽或叶芽）	侧花芽数	备注
		春梢	秋梢			

(2)分析统计　根据各枝条的特点进行分类，分别计算出各占百分数并登记在调查枝类统计表 5-15 中。枝条分类标准如下：

封顶枝　健壮幼树或结果树的封顶枝可分为长、中、短三类。枝条健壮，芽充实饱满，长度在 5 cm 以下者为短枝；5～15 cm 者为中枝；15 cm 以上者为长枝。以上三种枝条，如顶芽肥大饱满为花芽者，则相应称为短果枝、中果枝、长果枝。

生长枝　健壮幼树的生长枝长度一般为 60～100 cm，而健壮结果树的生长枝，其长度通常应达 30～60 cm。调查时可分别记载春梢长度和秋梢长度。

表 5-15　调查枝类统计表

品种	树龄	调查枝数	健壮生长枝(%)	长生长枝(%)	中生长枝(%)	短生长枝(%)	秋梢枝(%)	长果枝(%)	中果枝(%)	短果枝(%)

(3)判断　根据表列项目，调查统计的材料，凡健壮生长枝数量多，比重大，长、中果枝多的，属树势健壮；凡健壮生长枝数量少，短果枝比重大的，则属树势衰弱。

(二)估产

估产计有休眠期估产、花期估产、幼果期估产及采果前估产等。今以花期估产为例，进行实训。

要使估产可靠，需要根据花芽数量（桃树则为长中短果枝的数量），历年产量、树势强弱和管理水平等方面的材料。方法步骤是：

(1)选择标准树　根据果园大小，品种排列情况，确定分区、分片或分品种进行。并确定是调查一个对角线、两个对角线，或是按不同地段、不同品种，选择有代表性的植株进行调查。

(2)调查花芽数量　每株调查一个主枝的花芽数，再推算出全树的花芽数。（桃树则调查长中短果枝数）。

(3)估计单株产量　花芽量多的树（桃树则为结果枝多的树），可根据历年的管理和产量情况，树势强弱，结合当时管理水平，确定其合理的负担量。一般上年产量较低，当年管理水平有所提高的，产量可以高些；反之，则应低些。

对于树势弱而花芽数量特别多的树，往往坐果率甚低，不能单纯地按照花芽数量估产。

花芽数量较少的树，根据不同品种的坐果率，计算每一花序可能的坐果数（桃树则按各类结果枝的留果数）。推算全株的果实数量。然后再根据各品种的果个大小，推算出株产量。

(4)计算总产量　先将调查树分别按品种,计算其平均株产量,乘以该品种的株数,则为某一品种的产量。各品种产量之和,即为全园总产量。

六、实训提示

若面积较大或各区树龄不同,或树势差异较大的果园,则应分区或分片进行估产,然后再将各区、片的产量相加,即为全园总产量。

七、考核标准

考核项目	考核要点	分值	考核说明
态度	准备方面,遵守纪律方面,注意安全方面,保护树体方面	30分	1.考核可单独进行,也可结合其他项目进行 2.可用实物结合图片及多媒体材料的方法进行
结果	1.能进行常见果树的树势判断 2.能在各个不同时期对果园进行估产	50分	
拓展	树势判断、果树估产合理并能提出改进措施	20分	

八、作业

写出树势判断与估产报告。

实训2　果树人工辅助授粉

一、知识点

通过对苹果、梨进行人工辅助授粉,达到提高坐果率,改进品质,高产、稳产的目的。

二、能力目标

(1)掌握合理的人工授粉的时期;

(2)掌握人工授粉的过程。

三、实训条件

材料:选择苹果、梨盛果期树30～50株,划分两片,其中一片授粉,另一片为对照。

用具:花药烘干室,要有加温设备(生火或用火坑),亦可用烘干箱,或自制烘干箱,用灯泡加温;机动喷雾器,喷粉器,毛笔,小玻璃瓶,橡皮,白纸,手摇采药机,黑光纸等。

四、实训实施步骤

全班分5～6个组,每组5～6个人,实训流程如下:

告知(知识点、能力目标、考核标准)→引入任务→教师讲解示范(图片、实物)→学生认知(分组进行)→考核→总结、留作业。

五、实训内容

(1)采集花粉　一般含苞待放的花蕾呈"气球期"为采集适期。将鲜花置于采集花药的手摇采药机内,用手摇动,使花药剥落,经过筛选,将花药放入干燥室内,薄薄地摊放在置有黑光纸的架子上，在常温 20～25℃的条件下，经常搅拌，也可放在恒温箱内，使其干燥，花药裂开，再用细箩筐筛过，将花粉装在暗色纸瓶内。放冷凉干燥处备用。

人工剥取花粉　如用量较少，亦可人工剥取花粉。苹果采取花序边花，梨采高位花，用镊子剥去花萼、花瓣，取下花药；也可两手握住花柄，两花相对旋转，使花药脱落，再用镊子除去杂质。花药的处理方法与采药机相同。

苹果每斤鲜花.约有 1 500～2 000 朵，可采鲜花药 50 g 左右，出花粉 10 g 左右。

(2)稀释花粉的方法　为了节约花粉用量，应根据花粉发芽率加以稀释。常用的稀释量因授粉方法而异。一般人工点授为 1∶10(花粉 1 份，稀释剂 10 份)，机械喷粉为 1∶(250～500)，机械喷雾为 1∶10 000 左右。

花粉具体的稀释方法，分粉剂与液剂两种：

粉剂的稀释　在人工点授或机械喷粉之前，按稀释比例分别称量花粉和稀释剂。稀释剂要就地取材(可用滑石粉、甘薯淀粉等)。先取花粉的几倍量稀释剂，与花粉充分混合搅拌均匀，作为母粉，再将母粉分成数份，与全部填充物分别混合均匀，放置一起，即可使用。

液剂的稀释　首先将花粉放入瓷盆内(切忌用塑料盆)，加入少量水搅拌成粥状，再将其放入喷雾机带动的空水箱内，用水冲刷瓷盆多次，加足水量要用喷头把花粉搅拌均匀，不能使花粉浮在水面。即可喷雾。

(3)人工辅助授粉的方法　各地采用的方法有人工点授(少量的可用花直接点授)、鸡毛掸子授粉、机械喷粉和机械喷雾等。

人工点授，可用毛笔、软橡皮、气门芯等用具进行。点授时每沾一次花粉可授 5～10 朵，每花序点授 1～2 朵。

机械喷粉，一般可用农用喷粉器或特制的授粉枪进行。要手持摇把摇动。用力要匀，不得过快、过慢、过猛。喷粉时要顺风进行，使花粉均匀地落在柱头上。喷粉机距花的距离，以喷粉中不使花序摇摆，又稍有吹动为宜。

机械喷雾，小面积使用时可用手执喷雾器，或超低量喷雾器，大面积使用时可采用机动喷雾器。喷雾时，将两个喷枪去掉喷头，放入花粉水悬液内，进行搅拌；利用另外两个喷头进行喷雾。一般 20 年生的大树，1 min 可喷两株，每株用花粉水悬液 10～15 kg。

六、实训提示

人工辅助授粉应几个注意的问题。

(1)人工辅助授粉应该重复进行。同一果园内，常因品种不同、开花的时期有所不同。为此，为了提高授粉的效果，应该重复进行人工辅助授粉，应于开花始期、盛花期各进行一次。

(2)花粉的准备一定要随用随配。不得提前大量配置，搁放于日光下、潮湿处、或长期存放，以防花粉破裂，失去受精能力。值得提出的是，利用花粉水悬液进行喷雾时，要现配现用，在 1 h 内喷完，不宜搁放时间过长。

(3)配置花粉，机械喷粉、喷雾等项作业中，切忌使用塑料用具，以免器壁吸附，影响花粉浓度，降低授粉效果。如在液体授粉时添加少量的硼(0.3%)，则效果更好。

七、考核标准

考核项目	考核要点	分值	考核说明
态度	准备方面，遵守纪律方面，注意安全方面，保护树体方面	30分	1.考核可单独进行，也可结合其他项目进行 2.可用实物结合图片及多媒体材料的方法进行
结果	1.能在合理的时间进行花粉的采集及处理 2.会使用多种人工授粉的方法，并能取得良好的效果	50分	
拓展	改进人工授粉的方法，提出简单高效人工辅助授粉方式	20分	

八、作业

1.调查不同品种，不同授粉方法的坐果率和落果率，提出进行人工辅助授粉效果的报告。

2.通过进行人工辅助授粉工作的实践，比较不同方法的优缺点，提出改进意见。

实训3 果树的疏花、疏果和套袋

一、知识点

果树的疏花、疏果是调整果树负载量的措施，果树只有合理负载才能保证果品的优质、丰产和稳产，达到增强树势、克服大小年的目的。

二、能力目标

通过实际操作，学习疏花、疏果和套袋的方法，并掌握其技术要点。

三、实训条件

盛果期的苹果树、桃树各若干株，疏果剪或修枝剪、套果袋、绑扎物及疏果药剂、喷雾器、天平、量杯等。

四、实训实施步骤

全班分5～6个组，每组5～6个人，实训流程如下：

告知(知识点、能力目标、考核标准)→引入任务(所观察的仁果类品种植物及果实)→教师讲解示范(图片、实物)→学生认知(分组进行)→考核→总结、留作业

五、实训内容

(一)疏花疏果

1.苹果手工疏花疏果

苹果的手工疏花疏果方法很多，主要要根据依树定产，按枝定量，看枝疏花，看梢疏果的原则，首先要根据树龄、树势确定具体单株的适当负载量，然后根据各主枝的大小、强弱来分担产量。一般强树强枝多留花果，病弱树、弱枝少留。果台副梢生长势强的多留，弱的少留或不留。有按距离16～20 cm留1果；或按果枝比例疏果，每2～4个长新梢或5～6个短新梢(包括叶

丛枝)留1果;或一个花序留1～2个果,另一花序不留果;或按副梢长度疏果,梢长的多留果,短的少留果,也可疏花序。其优点是:疏花序比疏果更能节约养分;此时叶片少而小,花序明显,且是疏除全花序,工作简便,工效较高;按枝组类型合理负担,果实分布均匀,符合营养物质的分配规律;留下较多的空台,有利于形成花芽,克服大小年。现将其步骤和方法简述于下。

(1)根据树冠大小,树势强弱和花芽多少,参照估产情况,大体确定该树的预计产量。然后根据该品种的坐果率高低和果个大小,推算出实现预估产量需要保留的花序数量。并为了预防意外损失,多留10%～20%。

(2)根据树的大、中、小型枝组的数量,结合各地枝组的实际大小,确定各类枝组应当保留的花序数量。

(3)按各类枝组应留的花序数,再参照枝组的具体情况,灵活掌握。强枝组适当多留,弱枝组少留。枝组的中上部适当多留,中下部少留。留下的花序要分散均匀。

(4)具体到花序的去留上,则留强壮果枝的花序,疏除弱果枝的花序。疏花序时,要将全花序的花蕾疏净,保留莲座叶。

2.桃树人工疏花疏果

(1)按大枝、枝组依次进行,以防漏枝。对一个枝组来说,上部的果枝多留,下部的果枝少留;壮枝多留,弱枝少留。先疏双蕾双果、病虫果、萎缩果、畸形果,后疏过密果、小果等。

(2)各类果枝的留果标准,一般为长果枝3～4个,中果枝2～3个,短果枝1～2个,花束状果枝留1个或不留。上层枝、外围枝或大、中型枝组的先端长果枝,可以多留果(5～7个)。采果后,将之疏去,用下边的长果枝代替之。也可疏蕾,各类果枝的留蕾数量,应提高1～2倍。

3.药剂疏花疏果

应用药剂疏花疏果,国内外已有用于生产。其用法可参考生长调节剂的配制和应用的内容。

(二)套袋

(1)袋的种类和方法　一般用旧报纸制成。根据果实大小,裁成8～12开,对折,粘成长方形袋。在袋口中央剪一长2 cm左右的裂口。也有做成口窄底宽的梯形袋的,可以节约纸张。此外,还可就地取材,利用其他材料制袋。

(2)扎口材料　麻皮、塑料条、细铁丝等。

(3)套袋的时间和方法　一般在最后一次疏果之后,病虫开始危害果实之前套袋。具体方法以桃为例。先把袋口吹开,套入幼果,袋口中央的裂口对准果柄所附着的枝条,并将之嵌入裂口,然后用麻皮等绑扎袋口即可。一般一袋套1果。

六、实训提示

注意事项:若树上的花芽分布不均时,花序多的大枝上适当多留,以保证株产量。疏花疏果时,应按主枝顺序依次进行,以免漏枝。每留一花序,可放入衣服口袋1个幼果或花蕾。疏完一主枝后,计算口袋中幼果(花蕾)数,即可知道该主枝已留多少花序(或果数)。疏完全树将各主枝疏留花序数相加则得出全树疏留花序(果)数。如留量尚过多,则再根据各主枝情况疏到预定应留数。无论疏花、疏花序或疏果,均应在花梗或果梗中间剪断,勿伤花台或果台,保护好留下来的莲座叶和附近的花序或果实。

七、考核标准

考核项目	考核要点	分值	考核说明
态度	准备方面，遵守纪律方面，注意安全方面，保护树体方面	30分	1.考核可单独进行，也可结合其他项目进行 2.可用实物结合图片及多媒体材料的方法进行
结果	1.能进行果树的疏花疏果 2.合理适时进行果实的套袋	50分	
拓展	能根据树龄、树势进行合理的负载	20分	

八、作业

1.从理论和工效(要计算工时)两方面比较梨、苹果各种疏花疏果方法的优缺点。

2.调查梨、苹果、桃各种疏花疏果方法的效果。

3.套袋有何优缺点?

实训4 反光膜覆盖

一、知识点

银白色反光膜除具有普通薄膜保温、防冷、抑草作用外，其良好的反光能力可显著改善树冠内膛光照条件，提高果面的着色度。

二、能力目标

掌握生产上常用的反光膜覆盖技术操作。

三、实训条件

材料:已结果的苹果(或梨树)反光膜。

用具:铁锹、耙子等整地工具。

四、实训实施步骤

全班分5～6个组，每组5～6个人，实训流程如下:

告知(知识点、能力目标、考核标准)→引入任务(所观察的仁果类品种植物及果实)→教师讲解示范(图片、实物)→学生认知(分组进行)→考核→总结、留作业

五、实训内容

(一)铺膜方法

(1)铺膜时间　在果品成熟前，沿果园树行间铺反光膜。套袋果园一般在摘除果袋3～5 d后进行，没有套袋的果园宜在采收前30～40 d进行，早熟品种要适当提前。

(2)铺膜前几天应做适当的准备工作　乔化果园可在铺膜前清除树行杂草，用耙子将地整平，有条件的果园还可以将地整成内高外低的小坡，以防积水影响使用效果。套袋果园在铺膜前要先除袋，并进行适当的摘叶。为了保证膜的效果，还可修剪、回缩树冠下部拖地裙枝，疏除树冠内遮光较重的长枝，以使更多的阳光投射到反光膜上。

(3)铺膜方法　顺树行铺，铺在树冠两侧，反光膜的外边与树冠的两侧，反光膜的外边与树冠的外缘齐。铺设时将成卷的反光膜放于果园的一端，然后倒退着将膜慢慢滚动展开，边展开边用石头、砖块或绳子压膜，也可将撑枝用的树棍抬起压在膜上。压膜不宜用土，以防将反光面弄脏影响反光效果。压膜应注意不要将膜刺破。

(4)铺膜后的管理　铺膜后注意经常检查，遇到刮风下雨时应及时将被风刮起的膜重新整平，将膜上的泥土、落叶及积水及时清扫干净，保证使用效果。采果前将反光膜收拾干净，卷起妥善保存，注意爱护和保管，以便来年再用。

六、实训提示

(1)由于铺设反光膜的成本较高，在铺设时应注意选择果园。对生产高档无公害外贸出口的果园比较合适，而对综合管理差、果品随行就市出售的果园则收益不大。

(2)铺设时，应注意与果实套袋、摘叶、转果等其他管理技术结合起来，以增加全红果，生产出高品质的苹果。

七、考核标准

考核项目	考核要点	分值	考核说明
态度	准备方面，遵守纪律方面，注意安全方面，保护树体方面	30分	1.考核可单独进行，也可结合其他项目进行 2.可用实物结合图片及多媒体材料的方法进行
结果	1.掌握反光膜的覆盖程序 2.掌握覆膜后的管理	50分	
拓展	在反光膜的覆盖程序上能提出改进措施	20分	

八、作业

1.简述反光膜的作用。

2.简述反光膜的覆盖程序。

实训5　果实的采收、分级和包装

一、知识点

果实采收的关键是适时采收，适时依据是果实的成熟度，根据用途、市场需求可将成熟度分为采收成熟度、食用成熟度和生理成熟度。

二、能力目标

(1)确定成熟度的能力。

(2)通过实践，掌握果实的采收、分级和包装方法。

三、实训条件

材料：苹果、梨、桃、葡萄等的结果树。

用具：采果梯，采果袋(或篮)，包装容器等。

四、实训实施步骤

全班分 5～6 个组，每组 5～6 个人，实训流程如下：

告知（知识点、能力目标、考核标准）→引入任务（所观察的仁果类品种植物及果实）→教师讲解示范（图片、实物）→学生认知（分组进行）→考核→总结、留作业

五、实训内容

（一）观察果实成熟度

观察所采果实处于哪种成熟度。

（二）采收

（1）采收方法　仁果类和核果类供鲜食的，宜直接用手采摘。葡萄、石榴等，则宜剪摘。而核桃、枣、板栗等，则可震落、摇落或打落采收。

（2）注意事项　采果的次序应先摘树冠下部，后摘树冠上部，先摘树冠外围，再摘树冠内膛，以免碰落其他果实。采果时要严防果实落地摔伤。采果时应防止碰伤果实。

（三）分级

（1）分级标准　果实的等级是根据国家制定的规格确定的。目前大宗果品如苹果、梨、柑橘等，已普遍遵照执行。苹果、梨、桃可分为 3～4 级。

（2）分级方法　参照所在地果品分级标准，按照果实大小、着色程度、病斑大小、虫孔有无，以及碰压伤的轻重等进行分级。区别果实大小的方法，目前使用的最简单器械，就是分级板。分级时，将果实送入适合的圆孔，即可分出级别。

表 5-16　富士苹果分级标准

项目	规格质量		
	一级	二级	三级
果实横径(mm)	70 以上	65 以上	60 以上
果形	扁圆形略偏尖，果柄完整	同一级	基本具本品种特点
色泽	底色淡黄绿色	同一级	同一级
果面	新鲜，光滑洁净，允许轻微枝叶磨伤，水锈或药斑总面积不超过 1 cm^2	新鲜，光滑洁净，枝叶磨伤不超过 3 cm^2	新鲜，允许枝叶磨伤不超过 1/4，水锈或药斑不超过 1/2
损伤与病虫害	无刺伤、划伤，无裂果、病虫果，轻微碰压伤总面积不超过 1 cm^2，日灼面积不超过 1/10。允许雹伤一处面积不超过 0.5 cm^2	无刺伤、划伤、裂果和病虫果，碰压伤总面积不超过 1 cm^2，日烧面积不超过 1/8。允许雹伤二处面积不超过 2 cm^2，虫伤 5 处每年累积不超过 0.5 cm^2	无腐烂和食心虫果，刺伤、划伤、雹伤面积不超过 0.3 cm^2，日烧面积不超过 1/4。雹伤三处面积不超过 3 cm^2，虫伤 10 处，面积不超过 3 cm^2

注：果实硬度 7 kg/cm^2 以上；可溶性固形物 14％以上；总酸量 0.31％以下；糖酸比 45.2 以上

表 5-17 核桃坚果不同等级的品质指标

指标	等级			
	优级	1级	2级	3级
外观	坚果整齐端正;果面光或较麻;缝合线平或低		坚果不整齐不端正;果面麻;缝合线高	
平均果重	≥8.8	≥7.5		<7.5
取仁难易	极易	易		较难
种仁颜色	黄白	深黄		黄褐
饱满程度	饱满		较饱满	
风味	香、无异味		稍涩、无异味	
壳厚	≤1.1	1.2～1.8		1.9～2.0
出仁率(%)	≥59.0	50.0～58.9	43.0～49.9	

表 5-18 果实表面颜色指标

着色面积比例			
品种	优等品	一等品	二等品
元帅系	浓红面积 75%以上	浓红面积 66%以上	浓红 50%以上
富士系	红或条红 75%以上	红或条红 66%以上	红或条红 50%以上
津轻	红或条红 75%以上	红或条红 66%以上	红或条红 50%以上
乔纳金	鲜红或浓红 75%	鲜红或浓红 66%	鲜红或浓红 50%
秦冠	红 75%以上	红 66%以上	红 50%以上
国光	红或条红 66%以上	红或条红 50%以上	红或条红 25%以上

(四)包装

(1)包装容器　一般内销果实,可用简装,多用条筐。外销果实,一般用纸箱或木箱。

(2)放置衬垫的和填充物　在装果实之前,容器内需放衬垫物,使果实不与内壁直接接触。常用的有纸张等。为了减少果实在贮运中的损耗,还常在容器底部和果实空隙间加放填充物。

(3)装采方法　装果厚度,因肉质软硬,可分为 2 层、3～4 层、或 6～7 层。放置方法,因容器而异。如为圆形容器,果实宜按圆圈排列,最上层果实外沿与筐沿相平,中间稍微高起,上面铺垫一层软草或纸,盖上筐盖,捆好或用铅丝将箱盖固定。长方形容器,则将果实成行排列,层数以装满果箱或稍微超出为准。外销果品则要严格按规格选好,将果实用蜡纸或软纸包好,箱内分层放进隔板,每格放果实一个。

(4)标签　最后在包装容器上标明品种、等级、重量及产地等。

六、考核标准

考核项目	考核要点	分值	考核说明
态度	准备方面,遵守纪律方面,注意安全方面,保护树体方面	30 分	1.考核可单独进行,也可结合其他项目进行 2.可用实物结合图片及多媒体材料的方法进行
结果	1.能进行果实成熟度的判断 2.掌握果实的采收、分级和包装方法	50 分	
拓展	在果实的采收、分级和包装方法上能提出改进措施	20 分	

七、作业

调查各级果实所占百分数，分析果实降级的原因及存在问题。

实训 6 果树冻害的调查

一、知识点

树体各部分都会发生冻害。由于每年气象条件的差异，在同一地区各年冻害的情况和程度也有很大不同。所以在经常出现冻害的地区每年越冬后应进行检查，了解各树种品种及树体各部分的越冬情况，分析冻害发生的原因，提出防治冻害的有效措施，保证果树生产的安全。

二、能力目标

实训以越冬后地上部冻害调查为主，通过实训应达到以下目标：

(1)了解各种果树冻害在不同部位的表现和当年冻害的程度、特点。

(2)分析冻害发生的原因和规律，提出减轻和防止冻害的有效途径和措施。

(3)冻害调查的方法。

三、实训条件

冬季过后受严寒伤害的果树植株、调查记载用具，笔、记事本等

四、实训实施步骤

全班分 5～6 个组，每组 5～6 个人，实训流程如下：

告知(知识点、能力目标、考核标准)→引入任务(所观察的仁果类品种植物及果实)→教师讲解示范(图片、实物)→学生认知(分组进行)→考核→总结、留作业

五、实训内容

本实训应在冬季及萌芽后至落花前进行。仁果类在严寒过后至芽萌动前调查一次，在花序露出至初花期调查一次。核果类可在萌芽前及萼片露出后进行。步骤如下：

(1)普遍观察各树种品种的越冬情况，检查树干、大枝、小枝、花芽、叶芽等各部分冻害程度，确定重点调查树种品种。

(2)在确定的树种品种中选择有代表性的典型植株，进行详细调查 选择调查植株时应注意，除了对比因子外，其他因子应力求一致，以便于分析和得出正确结论。

(3)根据当年冻害发生特点，确定重点调查项目，填写调查表格及统计百分数并作文字记载。各部分调查方法如下：

①枝干冻害　检查树干、大枝、一年生枝新的剪口或锯口，根据变色程度和范围确定冻害级别(冻害级别标准附后)。同时检查裂干情况(方向、部位、裂干长度、深度等)，根颈冻害及植株死亡情况，抽条程度等，分别进行文字记载。填写表 5-19 及统计百分数。

表 5-19　果树枝干冻害调查表

树种	品种	树龄	嫁接方式	冻害情况																
				全株死亡	主干裂口	大枝					一年生枝					抽条				
						0	1	2	3	4	0	1	2	3	4	0	1	2	3	4

注：0～4 代表冻害级别，标准附后。

②在树冠的上、下、内、外和四周选择有代表性的主枝或侧枝，按顶花芽、腋花芽分别统计花芽受冻芽数，算出百分数（花芽冻害分级标准如表 5-20）。

表 5-20　果树花芽冻害调查表

年　月　日

树种	品种	部位	花芽总数	顶花芽					腋花芽				
				总数	冻花芽				总数	冻花芽			
					0	1	2	3		0	1	2	3
·													

六、实训提示

冻害调查注意事项：

（1）果树冻害程度虽然主要决定于树种品种的特性，但受其他因子（例如砧木、树龄、嫁接方式、树势、小气候和栽培管理条件等）的影响很大，因此如对品种间进行对比，应尽量选择条件一致的果园。如为了调查某项技术措施的效果，例如高接、激素应用、施肥灌水等，则应注意品种及其他条件的一致性。

（2）取样标准和调查数量可根据具体情况确定，但要注意典型性，数量也不可太少。计算植株死亡率可全园或选择一至几个小区进行统计。调查枝干冻害可取样 5～20 株。花芽冻害可选 3～5 株树，统计部分有代表性的主枝或侧枝。

（3）除春季调查外，可在夏秋季再进行一次植株生长状况调查，以了解植株的恢复能力。

七、考核标准

考核项目	考核要点	分值	考核说明
态度	准备方面，遵守纪律方面，注意安全方面，保护树体方面	30 分	1. 考核可单独进行，也可结合其他项目进行 2. 可用实物结合图片及多媒体材料的方法进行
结果	1. 能进行不同冻害类型的观察 2. 掌握各种冻害的级别	50 分	
拓展	能提出防止冻害发生的措施	20 分	

八、作业

1.根据调查要求填写原始表格，自行设计整理表格，算出能代表冻害程度的数据和百分数。

2.根据观察和调查资料，分析冻害与树种品种、嫁接方式、生长势、树龄、花芽着生部位、小气候及管理条件等方面的关系(可从中选择2～3项)。

3.应用当地气象资料，分析该年冻害的主要原因和特点，提出防止措施和意见。

附注 冻害调查记载标准

一、枝干冻害

0级(未受冻害)：各部分组织正常。

1级(轻微冻害)：中心1～2轮木质部变黄褐色。

2级(中等冻害)：中心木质部变褐色，外轮木质部有不同程度变褐色。

3级(严重冻害)：木质部均变褐色。

4级(死亡)：枝干变暗褐色、干枯。

二、一年生枝冻害

0级(未受冻害)：髓部白色，木质部和韧皮部鲜绿色。

1级(轻微冻害)：髓部变黄褐色，木质部和韧皮部鲜绿色。

2级(中等冻害)：髓部变褐色，并已影响木质部。

3级(严重冻害)：髓部褐色，木质部黄褐色。

4级(死亡)：全枝变褐色，干枯。

三、抽条

0级(未抽条)。

1级(轻微抽条)：一年生枝上部未成熟部分抽干。

2级(中等抽条)：一年生枝大部抽干。

3级(严重抽条)：二年生枝以上枝条抽干。

4级(死亡)：地上部全部抽干。

四、花芽冻害

0级：未受冻害。

1级：花序部分冻死，尚保留二个以上的正常花。

2级：花序全部冻死，但枝叶尚能萌发。

3级：花序冻死干枯，不再萌发。

项目七

果树地下管理

实训1　果树土壤改良

一、知识点

进行土壤改良可使果树的根系处于良好的土壤理化状态下，为果树的根系生长发育创造一个良好的环境，为果树的丰产打下良好基础。

二、能力目标

掌握土壤改良的适宜的时期及方法。

三、实训条件

材料：幼年果园或成年果园、沙土或淤土。

用具：铁锹，土筐。

四、实训实施步骤

全班分5～6个组，每组5～6个人，实训流程如下：

告知(知识点、能力目标、考核标准)→引入任务(所观察的仁果类品种植物及果实)→教师讲解示范(图片、实物)→学生认知(分组进行)→考核→总结、留作业

五、实训内容

1.果园的深翻

深翻时期　果园深翻的最佳时期是在秋季，且宜在早秋进行。

深翻深度　80～100 cm。

2.深翻方式

(1)扩穴深翻　又叫放树窝子。幼树定植数年后，再逐年向外深翻扩大栽植穴，直至株间全部翻遍为止，适合劳力较少的果园。但每次深翻范围小，需3～4次以上才能完成全园深翻。每次深翻可结合施入粗质有机肥料。

(2)隔行深翻　即隔一行翻一行，山地和平地果园因栽植方式不同，深翻方式也有差别。

等高撩壕的坡地果园和里高处低的梯田果园，第一次先在下半行进行较浅的深翻施肥。下一次在上半行深翻把土压在下半行上，同时施有机肥料，这种深翻应与修梯田等相结合。平地果园可实行隔行深翻，分两次完成，每次只伤一侧根系，对果树生育的影响较小，行间深翻便于机械化操作。

(3)全园深翻　将栽植穴以外的土壤一次深翻完毕。这种方法一次需要劳力较多，但翻后便于平整土地，有利果园耕作。

上述几种深翻方式，应根据果园具体情况灵活运用。一般小树根量较少，一次深翻伤根不多，对树体影响不大，成年树根系已布满全园，以采用隔行深翻为宜。深翻要结合灌水，也要注意排水。山地果园应根据坡度及面积大小而定，以便于操作，有利于果树生长为原则。

3.培土(压土)与掺沙

培土的时期　北方寒冷地区一般在晚秋初冬进行，可起保温防冻、保墒的作用。压土与掺沙经冬季土壤熟化，有利于次年果树的生长发育。

培土(掺沙)厚度及注意事项　压土厚度要适宜，过薄起不到压土的作用，过厚对果树发育不利，“沙压粘”或“粘压沙”时要薄一些，一般厚度为 5～10 cm；压半风化石块可厚些，但不要超过 15 cm，连续多年压土，土层过厚会抑制果树根系呼吸，从而影响果树生长和发育，造成根颈腐烂，树势衰弱。所以，在果园压土或放淤时，为了防止接穗生根可对根系的不良影响，应扒土露出根颈。

培土的方法是把土块均匀分布全园，经晾晒打碎，通过耕作把所培的土原来的土壤逐步混合起来。培土量视植株的大小、土源、劳力等条件而定。但一次培土不宜太厚，以免影响根系生长。

六、实训提示

本实训可与果树的秋施基肥同时进行。

七、考核标准

考核项目	考核要点	分值	考核说明
态度	准备方面，遵守纪律方面，注意安全方面，保护树体方面	30 分	1.考核可单独进行，也可结合其他项目进行 2.可用实物结合图片及多媒体材料的方法进行
结果	1.掌握果树土壤改良的类型 2.掌握进行各种土壤改良的最佳时期	50 分	
拓展	对土壤的改良方式提出改进措施	20 分	

八、作业

比较不同的土壤改良方式。

实训 2 果树的施肥方法

一、知识点

果树的施肥方法，直接影响肥效。因此，正确地确定施肥方法在果树的栽培管理过程中很重要的。

二、能力目标

(1)通过实际操作，进一步了解施肥方法与肥效的关系。

(2)掌握土壤施肥和根外追肥的方法。

三、实训条件

材料：幼年果园或成年果园，因地制宜地选用下列肥料：土粪，厩肥，硫酸铵，尿素或腐熟的人尿，过磷酸钙或磷酸铵，草木灰或硫酸钾，硼砂等。

用具：镐，铁锹，水桶，喷雾器，土钻。

四、实训实施步骤

全班分 5～6 个组，每组 5～6 个人，实训流程如下：

告知(知识点、能力目标、考核标准)→引入任务(所观察的仁果类品种植物及果实)→教师讲解示范(图片、实物)→学生认知(分组进行)→考核→总结、留作业

五、实训内容

果树的施肥方法，应根据果树根系的分布、肥料种类、施肥时期和土壤性质等条件而定。

(一)土壤施肥方法

(1)环状施肥法　于树冠下比树冠大小略往外的地方，挖一宽 30～60 cm，深 30～60 cm 的环状沟。将肥料撒入沟内或肥料与土混合撒入沟内，然后覆土。此法适于根系分布较小的幼树。基肥、追肥均可采用。

(2)放射状施肥法　于树冠下，距树干约 1 m 处，以树干为中心向外呈放射状挖 4～8 条沟。沟宽 30～60 cm，深 15～60 cm。距树干越远，沟要逐渐加宽加深。将肥料施入沟内或与土拌合施入沟内，然后覆土。此法适用于成年树施肥。

(3)条沟施肥法　以树冠大小为标准，于果树行间或株间开 1～2 条沟。沟宽 50～100 cm，深 30～60 cm。将肥料施入沟内，覆土。如果两行树冠接近时，可采用隔行开沟，次年更换的方法。此法可用拖拉机开沟，适用成年果树施基肥。

(4)全园撒施法　先将肥料均匀撒于果园中，然后将肥料翻入土中，深度约 20 cm。当成年果树根系已布满全园时，用此法较好。

(5)盘状施肥法　先在树盘内撒施肥料，然后结合刨树盘，将肥料翻入土中。幼树施追肥可用此法。

(6)注入施肥法　即将肥料注入土壤深处。可用土钻打眼，深度钻到根系分部最多的部位，然后将化肥稀释后，注入穴内。适用于密植园。

(7)穴施法 于冠下挖若干孔穴，穴深 20～50 cm。在穴内施入肥料。挖穴的多少，可根据树冠大小及需要而定。此法适用于追施磷、钾肥料或干旱地区施肥。

(8)压绿肥 压绿肥的时期，一般在绿肥作物的花期为宜。压绿肥的方法，可在行间或株间开沟，将绿肥压在沟内。一层绿肥，一层土，压后灌水，以利绿肥分解。

(二)根外追肥

将矿质肥料或易溶于水的肥料，配成一定浓度的溶液，喷布在叶面上，利用叶面吸收。一般矿质肥料、草木灰、腐熟的人尿、微量元素、生长素均可采用根外追肥。此法简单易行，用肥量少，发挥作用快，可随时满足果树的需要。还可与防治病虫的药剂混合使用，但要注意混合用后无药害和不减效。

(1)根外追肥的使用浓度 应根据肥料种类、气温、树种等条件而定，在使用前可做小型试验。一般使用浓度为：

尿素 0.3%～0.5%；

过磷酸钙 1%～3%浸出液；

硫酸钾或氯化钾 0.5%～1%；

草木灰 3%～10%浸出液；

腐熟人尿 10%～20%；

硼砂 0.1%～0.3%。

(2)根外追肥的时间 最好选择无风较湿润的天气进行，在一天内则以傍晚时进行较好。喷施肥料要着重喷叶背，喷布要均匀。

六、实训提示

以上几种土壤施肥方法的深度，在操作时要注意，基肥可深、追肥要浅。根浅的地方宜浅，根深的地方宜深，要尽量少伤很。施肥后必须及时灌水。

七、考核标准

考核项目	考核要点	分值	考核说明
态度	准备方面，遵守纪律方面，注意安全方面，保护树体方面	30 分	1.考核可单独进行，也可结合其他项目进行 2.可用实物结合图片及多媒体材料的方法进行
结果	1.掌握土壤施肥的方法和时期 2.掌握根外追肥的浓度及时间	50 分	
拓展	对不同的施肥方法能提出改进措施	20 分	

八、作业

1.通过操作，体会几种施肥方法，各有何优缺点。如何根据不同树龄、肥料种类、施肥时期采用不同施肥方法？

2.为什么根外追肥要着重喷在叶背面？

项目八

果树病害防治

实训1 苹果病害症状和病原菌形态观察

一、目的要求

认识苹果常发生的病害种类，区别苹果主要病害的症状特点及病原菌的形态，为正确诊断和防治病害奠定基础。

二、材料

苹果枝干病害：苹果树腐烂病、苹果干腐病、苹果轮纹病等。

苹果叶部病害：苹果斑点落叶病、苹果褐斑病、苹果锈病、苹果白粉病等。

苹果果实病害：苹果轮纹烂果病、苹果炭疽病、苹果霉心病、苹果褐腐病、苹果黑星病等。

苹果根部病害：苹果圆斑根腐病、苹果白绢病、苹果紫纹羽、苹果立枯病等。

苹果病毒病害：苹果锈果病、苹果衰退病、苹果花叶病等。

以上病害的腊叶标本、浸渍标本、新鲜标本、盒装标本、病原菌玻片标本、照片、挂图、多媒体课件等。

三、仪器和用具

显微镜、多媒体教学设备、放大镜、挑针、解剖刀、镊子、滴瓶、载玻片、盖玻片、废液缸、洗瓶、酒精灯、酒精、吸水纸、镜头纸、纱布、蒸馏水、二甲苯、结晶紫或碱性复红、电视显微镜。

四、内容与方法

(1)观察苹果树腐烂病、苹果干腐病、苹果轮纹病枝干病斑的部位、形状、质地、表面特征和气味。

(2)观察苹果斑点落叶病、褐斑病、锈病、白粉病病斑的形状、颜色和病原特征。

(3)观察苹果轮纹病、苹果炭疽病、苹果霉心病、苹果褐腐病、苹果黑星病为害果实部位、病斑形状、质地和表面特征等。

(4)观察苹果圆斑根腐、苹果白绢病、苹果紫纹羽、苹果立枯病地上、地下症状。

(5)观察苹果锈果病、苹果花叶病、苹果衰退病的果、叶、枝干特征。

五、实训作业

1.绘常见苹果病害的病原菌形态图2～3种,注明各部位名称。

2.描述苹果常见病害的症状特点。

六、思考题

1.怎样区分苹果树腐烂病、干腐病、轮纹病枝干症状?

2.如何区分几种主要苹果烂果病的症状?

实训2　苹果害虫形态和危害状观察

一、目的要求

认识苹果常发生害虫的种类,识别苹果上主要害虫的形态特征及为害特点,为正确识别、鉴定和防治害虫奠定基础。

二、材料

食心虫类:桃小食心虫、梨小食心虫、白小食心虫、苹小食心虫等。

卷叶虫类:苹小卷叶蛾、褐卷叶蛾、苹大卷叶蛾、顶梢卷叶蛾、黄斑卷叶蛾、黑星麦蛾等。

刺吸为害类:苹果瘤蚜、绣线菊蚜、苹果棉蚜、山楂叶螨、苹果叶螨、大青叶蝉等。

食叶类:舟形毛虫、天幕毛虫、舞毒蛾、美国白蛾、金纹细蛾等。

枝干类:苹果小吉丁、苹果透翅蛾、桑天牛等。

以上害虫的瓶装浸渍标本、针插标本、生活史标本、危害状标本、照片、挂图、光盘及多媒体课件等。

三、仪器和用具

体视显微镜、多媒体教学设备、放大镜、挑针、镊子及培养皿等。

四、内容与方法

(1)观察桃小食心虫、梨小食心虫、白小食心虫及苹小食心虫成虫大小、翅的颜色及斑纹形状、幼虫体色、体形、趾钩、臀栉及卵的特征。区别为害果实特点。

(2)观察苹小卷叶蛾、褐卷叶蛾、苹大卷叶蛾、顶梢卷叶蛾、黄斑卷叶蛾及黑星麦蛾等成虫翅的颜色及斑纹形状、幼虫体色、斑纹、臀栉的方面区别。观察不同卷叶蛾被害状特点。

(3)观察苹果瘤蚜、绣线菊蚜、苹果棉蚜、山楂叶螨、苹果叶螨、大青叶蝉等刺吸口器害虫,注意蚜虫的危害部位、卷叶特点、体形、颜色、有无被蜡等特征。观察螨类体形、体色、体背的毛等特征。

(4)观察舟形毛虫、天幕毛虫、舞毒蛾、美国白蛾、金纹细蛾等食叶害虫成虫特征。注意舟形毛虫的腹足数、天幕毛虫的卵环及幼虫结网习性、舞毒蛾幼虫的“翻缩腺”和毛瘤、美国白蛾的卵及幼虫(黑头、灰毛、结网)及金纹细蛾的幼虫危害状等。

(5)观察苹果小吉丁、苹果透翅蛾、桑天牛等枝干害虫成虫和幼虫的主要特征,为害部位及特点。

五、实验实训作业

1. 绘桃小食心虫各虫态图。

2. 列表区别苹小卷叶蛾、褐卷叶蛾、苹大卷叶蛾、顶梢卷叶蛾、黄斑卷叶蛾和黑星麦蛾的形态及危害状。

六、思考题

1. 怎样区分苹果瘤蚜、绣线菊蚜、苹果棉蚜、山楂叶螨和苹果叶螨危害状?

2. 怎样根据形态特征区分舟形毛虫、天幕毛虫、舞毒蛾、美国白蛾和金纹细蛾?

实训3　梨树病害症状和病原菌形态观察

一、目的要求

认识梨常见病害种类,识别梨树主要病害的症状特点及病原菌的形态,为病害的正确诊断和防治奠定基础。

二、材料

叶部病害:梨黑星病、梨锈病、梨黑斑病、梨白粉病等。

果实病害:梨轮纹病、梨黑星病、梨炭疽病、梨褐腐病等。

枝干病害:梨轮纹病、梨干枯病、梨干腐病、梨腐烂病等。

以上病害的腊叶标本、新鲜标本、盒装标本、瓶装浸渍标本、病原菌玻片标本、照片、挂图及多媒体课件等。

三、仪器和用具

显微镜、多媒体教学设备、放大镜、挑针、解剖刀、镊子、滴瓶、载玻片、盖玻片、废液缸、洗瓶、酒精灯、酒精、吸水纸、镜头纸、纱布、蒸馏水、二甲苯、结晶紫或碱性复红。

四、内容与方法

(1)观察梨黑星病、梨黑斑病、梨锈病(性子器、锈子器)、梨白粉病病斑的形状、大小,病原菌生长状态、颜色,分生孢子、锈孢子、闭囊壳及子囊孢子的特点。

(2)观察梨轮纹病、梨黑星病、梨炭疽病、梨褐腐病发病部位是内部,还是外部,病斑有无轮纹,表面是霉层、霉丛还是小黑点。观察分生孢子、分生孢子盘、分生孢子器的特点。

(3)观察梨轮纹病、梨干枯病、梨干腐病、梨腐烂病等枝干病害。注意病斑的形状、质地、小黑点着生情况、有无孢子角及气味等特征。镜检分生孢子、分生孢子器形态特点。

五、实验实训作业

1. 绘梨黑星病、黑斑病、锈病病菌形态图。

2. 描述为害梨果实的轮纹病、梨黑星病、霉心病、炭疽病、褐腐病等的症状特点。

六、思考题

怎样区别梨黑星病症状与梨木虱危害后对梨叶片的污染?

实训4 梨树害虫形态和危害状观察

一、目的要求

认识梨常发生害虫的种类，识别梨树上主要害虫的形态特征及为害特点，为正确识别、鉴定和防治害虫奠定基础。

二、材料

果实类害虫：梨大食心虫、梨小食心虫、梨椿象、梨象甲、梨实蜂等。

刺吸为害类害虫：梨木虱、梨二叉蚜、绣线菊蚜、黄粉蚜、梨网椿象、梨园蚧等。

食叶类害虫：梨斑蛾、天幕毛虫、舞毒蛾、美国白蛾等。

枝干类害虫：梨金缘吉丁虫、梨眼天牛、梨茎蜂等。

以上害虫的瓶装浸渍标本、针插标本、生活史标本、危害状标本、照片、挂图、光盘及多媒体课件等。

三、仪器和用具

体视显微镜、多媒体教学设备、放大镜、镊子、挑针及培养皿等。

四、内容与方法

(1)观察梨大食心虫、梨小食心虫、梨椿象、梨象甲、梨实蜂成、幼虫的形态特征，区别梨果的被害状。

(2)观察梨木虱、梨二叉蚜、绣线菊蚜、黄粉蚜、梨网椿象、梨园蚧的形态大小、体形和触角特点；区别梨二叉蚜、绣线菊蚜、黄粉蚜的体色、腹管、尾片和危害状。

(3)观察梨斑蛾、天幕毛虫和舞毒蛾成虫翅的质地、颜色，幼虫体形及危害状。

(4)观察梨金缘吉丁虫、梨眼天牛、梨茎蜂危害状，成虫的体色、花纹及幼虫的特征。

五、实验实训作业

1.绘梨椿象、梨象甲形态图。

2.描述梨大食心虫、梨小食心虫典型形态特征。

六、思考题

怎样区分梨二叉蚜、绣线菊蚜和黄粉蚜形态及危害状？

实训5 葡萄病害症状和病原菌形态观察

一、目的要求

识别葡萄常见病害种类，区别葡萄主要病害的症状特点与病原形态，为葡萄病害诊断和防治奠定基础。

二、材料

葡萄霜霉病、葡萄白腐病、葡萄黑痘病、葡萄炭疽病、葡萄房枯病、葡萄黑腐病、葡萄白粉病、葡萄褐斑病、葡萄轮斑病、葡萄蔓枯病、葡萄锈病、葡萄扇叶病等病害实物标本、病原菌玻片标本、彩色照片、挂图、光盘及多媒体课件等。

三、仪器和用具

光学显微镜、多媒体教学设备、扩大镜、镊子、挑针、刀片、滴瓶、干净纱布、盖玻片、载玻片、擦镜纸及吸水纸等。

四、内容与方法

(1)观察葡萄霜霉病叶片正面病斑的颜色及形状,注意叶片背面病斑有无密生的白色霜霉状物?注意与葡萄白粉病的症状区别。镜检葡萄霜霉病菌孢囊梗分枝情况和孢子囊形态。

(2)观察葡萄白腐病病果干缩失水及穗轴和果梗干枯缢缩状态,病蔓和病梢皮层形态,病叶病斑形状、大小,注意病部是否生有灰色颗粒状物?是否有同心轮纹?镜检分生孢子器形状及分生孢子梗、分生孢子形状、大小和颜色。

(3)观察葡萄黑痘病叶片、新梢及果实病斑,注意各部位病斑形状、大小、颜色以及有无晕圈?果实病斑有无鸟眼状表现?新梢病斑与叶果有何不同?镜检观察分生孢子梗是否着生在菌丝块上?观察分生孢子的形状、大小及颜色。

(4)观察葡萄炭疽病、锈病、蔓枯病、房枯病、褐斑病在叶片上的症状特点。

五、实验实训作业

1.绘制葡萄霜霉病菌、白粉病菌形态图。

2.将葡萄病害的观察结果填入表5-21。

表5-21 葡萄病害观察结果记录表

病害名称	危害部位和症状特点	病原菌形态特征

六、思考题

1.如何区别葡萄霜霉病与白粉病的症状?

2.葡萄白腐病、黑痘病和炭疽病发病条件如何?在果梗、果粒和穗轴上的症状有何区别?怎样防治?

实训6 葡萄害虫形态和危害状观察

一、目的要求

识别葡萄常见害虫种类,区别当地葡萄主要害虫的形态特征与为害特点。

二、材料

葡萄透翅蛾、葡萄虎蛾、葡萄天蛾、葡萄斑衣蜡蝉、葡萄虎天牛、葡萄十星叶甲、葡萄二点叶蝉、葡萄根瘤蚜、葡萄缺节瘿螨、葡萄短须螨等实物标本、玻片标本和危害状标本，彩色照片、挂图、光盘及多媒体课件等。

三、仪器和用具

体视显微镜、显微镜、多媒体教学设备、扩大镜、镊子、挑针、培养皿及载玻片等。

四、内容与方法

(1)观察葡萄透翅蛾成虫的体形、体色、前翅的特征；幼虫形态和危害状。

(2)观察葡萄天蛾成虫前翅特征；注意幼虫体色、体上线纹和锥状尾角。

(3)观察比较葡萄短须螨和葡萄缺节瘿螨的形态特征及危害状。

(4)对比观察葡萄十星叶甲、葡萄二点叶蝉、葡萄虎蛾及葡萄天牛等形态和危害状。

五、实验实训作业

1.绘制葡萄天蛾幼虫形态图。

2.将葡萄害虫的观察结果填入表5-22。

表5-22 葡萄害虫观察结果记录表

害虫名称	为害虫态	为害部位及危害状	主要形态特征

六、思考题

1.如何区别葡萄透翅蛾和葡萄天牛的危害状？

2.怎样辨别葡萄短须螨和葡萄缺节瘿螨的主要形态特征和危害状？

实训7 桃、李、杏病害症状和病原菌形态观察

一、目的要求

了解桃、李、杏常发生的病害种类，识别桃、李、杏主要病害的症状特点及病原菌的形态，为病害的正确诊断和防治奠定基础。

二、材料

桃(李)细菌性穿孔病、桃(李)真菌性穿孔病、桃缩叶病、桃白粉病；桃(李、杏)褐腐病、桃炭疽病、桃黑星病、桃灰霉病；杏疔病、李红点病；桃腐烂、桃李流胶病、桃根癌病；桃潜隐花叶病毒病等病害的腊叶标本、新鲜标本、盒装标本、瓶装浸渍标本、病原菌玻片标本、照片、挂图、光盘及多媒体课件等。

三、仪器和用具

显微镜、体视显微镜、多媒体教学设备、放大镜、挑针、解剖刀、滴瓶、载玻片、盖玻片、废液缸、洗瓶、酒精灯、酒精、吸水纸、镜头纸、纱布、蒸馏水、二甲苯、结晶紫或碱性复红。

四、内容与方法

(1)叶部病害的诊断识别　观察桃(李)细菌性穿孔病、桃(李)真菌性穿孔病、桃缩叶病、桃白粉病、杏疔病、李红点病等病斑的大小、颜色、形状及病叶的状态(是否穿孔、皱缩、增厚、有无粉状物等),并做徒手切片或细菌染色镜检观察。

(2)果实病害的诊断识别　观察桃(李、杏)褐腐病、桃炭疽病、桃黑星病病、桃灰霉病等被害病果的特征,注意菌丛、菌核、小黑点(轮纹斑)、疮痂、灰霉的有无,并做切片观察病原菌。

(3)枝、根部病害的诊断识别　观察桃腐烂病、桃李流胶病、桃根癌病症状特点,注意病变部位的形状、位置、是否有小黑点等,并做切片观察病原菌。

(4)观察桃潜隐花叶病毒病等病树的长势、叶部特征,了解病害的潜隐性。

五、实验实训作业

1.绘桃(李、杏)褐腐病、桃缩叶病病原菌形态图。

2.将桃常见病害的观察结果填入表5-23。

表5-23　桃常见病害观察结果记录表

病害名称	危害部位和症状特点	病原菌形态特征

六、思考题

如何诊断桃李细菌性穿孔病或真菌性穿孔病?

实训8　桃、李、杏害虫形态和危害状观察

一、目的要求

了解桃、李、杏常发生害虫的种类,识别并描述桃、李、杏主要害虫的鉴别特征及为害特点,为正确识别、鉴定和防治害虫奠定基础。

二、材料

桃蚜、桃粉蚜、桃瘤蚜、桑白蚧、朝鲜球坚蚧、桃皱球蚧、日本球坚蚧、桃潜叶蛾、二斑叶螨、山楂红蜘蛛、桃蛀螟、梨小食心虫、李小食心虫和桃红颈天牛等害虫的瓶装浸渍标本、针插标本、生活史标本及危害状标本等,照片、挂图、光盘及多媒体课件等。

三、仪器和用具

体视显微镜、多媒体教学设备、放大镜、镊子、挑针及培养皿等。

四、内容与方法

(1)观察桃蚜、桃粉蚜、桃瘤蚜等卷叶情况的异同,观察害虫的体色、有无蜡粉、触角、腹管、尾片等特征。借助实物或图片了解卵的形态及产卵位置。

(2)观察桑白蚧、朝鲜球坚蚧、桃皱球蚧、日本球坚蚧等介壳虫的嗜食寄主的种类,各种介壳的大小、形状、体表的刻点、有无蜡粉、壳点的位置等。

(3)观察桃潜叶蛾成虫的体色、大小、翅端的斑纹,幼虫的危害状,化蛹时结茧的位置及形态,产卵的位置。

(4)观察桃蛀螟、梨小食心虫、李小食心虫等幼虫体色、毛片、腹足趾钩、危害状及成虫的大小、翅的斑纹。

(5)观察桃红颈天牛、小蠹等成、幼虫的特征及危害状。观察成虫产卵的位置。

(6)对比观察二斑叶螨和山楂叶螨体色及形态。

五、实训作业

1. 列表区别桑白蚧、朝鲜球坚蚧、桃皱球蚧、日本球坚蚧和梨园蚧的鉴别特征。

2. 绘桃红颈天牛的成虫、幼虫形态图。

六、思考题

了解介壳虫形态及为害特点对防治介壳虫有何帮助?

实训 9　波尔多液和石硫合剂的配制、熬制及使用方法

一、目的要求

掌握波尔多液配制和石硫合剂的熬制及鉴别其优劣的方法。

二、药品和用具

实验药品:硫酸铜($CuSO_4 \cdot 5H_2O$)、生石灰、水、硫黄粉。

仪器用具:酒精灯、牛角勺、试管、天平、量筒、烧杯、玻棒、试管架、盛水容器、研钵、试管刷、小铁刀、石蕊试纸、台秤、玻璃棒、研钵、铁锅(或 1000 mL 烧杯)、灶(电炉)、木棒、水桶、波美比重剂等。

三、内容与方法

1. 波尔多液的配制

(1)配制方法　分别用以下方法配制 1%等量式波尔多液(1∶1∶100)。

方法 1　两液同时注入法:用 1/2 水溶解硫酸铜,用另 1/2 水消解生石灰,然后同时将两液注入第三容器,边倒边搅拌即成。

方法 2　稀硫酸铜液注入浓石灰乳法:用 4/5 水溶解硫酸铜,用另 1/5 水消解生石灰,然后将硫酸铜液倒入生石灰乳中,边倒边搅拌即成。

方法 3　生石灰乳注入硫酸铜液法:原料准备同法 2,但将石灰乳注入硫酸铜液中,边倒边

搅即成。

方法 4　用风化已久的石灰代替生石灰,配制方法同方法 2。

注意:若用块状石灰加水消解时,一定要用少量水慢慢加入,使生石灰逐渐消解化开。

(2)质量鉴别

①物态观察:观察比较不同方法配制的波尔多液的质地和颜色,质量优良的波尔多液应为天蓝色胶态乳状液。

②酸碱测试:用 pH 试纸测定其酸碱性,以碱性为好,即试纸显蓝色。

③置换反应:用磨亮的小刀或铁钉插入波尔多液片刻,观察刀面有无镀铜现象,以不产生镀铜现象为好。

④沉淀测试:将制成的波尔多液分别同时装入 100 mL 量筒中静置 30 min,比较其沉淀情况,沉淀越慢越好,过快者不可采用。将结果填入表 5-24。

表 5-24　波尔多液质量测试项目表

方法	项目					
	悬浮率			物态现象	酸碱测定	置换反应
	30 min	60 min	90 min			
1						
2						
3						
4						

2. 石硫合剂的熬制

(1)原料配比　原料配比大致有以下几种:硫黄粉 2 份、生石灰 1 份、水 8 份或者硫黄粉 2 份、生石灰 1 份、水 10 份或者硫黄粉 1 份、生石灰 1 份、水 10 份,熬出的原液浓度分别为 28～30、26～28、18～21 波美度。目前多采用 2∶1∶10 的重量配比。

(2)熬制方法　称取硫黄粉 100 g,生石灰 50 g,水 500 g。先将硫黄粉研细,然后用少量热水搅成糊状,再用少量热水将生石灰化开,倒入锅中,加上剩余的水,煮沸后慢慢倒入硫黄糊,加大火力,至沸腾时再继续熬煮 45～60 min,直至溶液被熬成暗红褐色(老酱油色)时停火,静置冷却过滤即成原液。观察原液色泽、气味和对石蕊试纸的反应。熬制过程中应注意火力要强而匀,使药液保持沸腾而不外溢;熬制时应不停地搅拌;熬制时应先将药液深度做一标记,然后用热水随时补入蒸发的水量,切忌加冷水或一次加水过多,以免因降低温度而影响原液的质量,大量熬制时可根据经验事先将蒸发的水量一次加足,中途不再补水。

(3)原液浓度测定　将冷却的原液倒入量筒,用波美比重计测定浓度,注意药液的深度应大于比重计之长度,使比重计能漂浮在药液中。观察比重计的刻度时,应以下面一层药液面所表明的度数为准。

四、作业

1. 比较不同方法配成的波尔多液质量的优劣。
2. 简述石硫合剂的熬制方法及注意事项。
3. 调查石硫合剂的防治对象、稀释和使用方法。

参考文献

[1] 蒋锦标.果树生产技术(北方本).2版.北京:中国农业大学出版社,2014.
[2] 北京市农业学校.果树栽培学实验实习指导.北京:农业出版社,1989.
[3] 曹孜义,李长成.葡萄多种栽培技术.兰州:甘肃科学技术出版社,2000.
[4] 杨洪强.绿色无公害果品生产全编.北京:中国农业出版社,2003.
[5] 吴禄平等.甜樱桃无公害生产技术.北京:中国农业出版社,2003.
[6] 黄卫东.草莓反季节栽培.北京:中国农业出版社,2003.
[7] 张金枝,张振军.果树生产学徒岗位手册.北京:中国农业大学出版社,2020.